MÁS DE 70
PROBLEMAS RESUELTOS DE MOTORES TÉRMICOS

Serie: Ingeniería
Manuales y Textos Universitarios, nº 26

Más de 70 problemas resueltos de motores térmicos / Blanca Giménez Olavarría, Andrés Melgar Bachiller. - Valladolid: Ediciones Universidad de Valladolid, 2024

274 p. ; 30 cm. - (Manuales y textos universitarios. Ingeniería; 26)
ISBN 978-84-1320-280-8

1. Ingeniería mecánica - Estudio y enseñanza 2. Motores térmicos 3. Problemas y ejercicios 4. Más de setenta problemas resueltos de motores térmicos I. Giménez Olavarría, Blanca, aut. II. Melgar Bachiller, Andrés, aut. III. Universidad de Valladolid, ed. IV. Serie

621.4(076.1/.3)

BLANCA GIMÉNEZ OLAVARRÍA
ANDRÉS MELGAR BACHILLER

MÁS DE 70 PROBLEMAS RESUELTOS DE MOTORES TÉRMICOS

EDICIONES
Universidad de Valladolid

Diseño de cubierta: Ediciones Universidad de Valladolid

ISBN: 978-84-1320-280-8
Depósito Legal: VA-106-2024

Maquetación: Los autores
Preimpresión: Ediciones Universidad de Valladolid
Imprime: Ulzama Digital - España

ÍNDICE

NOMENCLATURA

LETRAS LATINAS

A	Área m^2
a	Aceleración m/s^2
C	Relación Volumen aire / Volumen mezcla
c	Capacidad calorífica específica J/kg/K, Velocidad absoluta m/s
cm	Velocidad lineal media del pistón m/s
D	Diámetro m
E	Empuje N
e	Empuje especifico N s/kg, Emisiones específicas kg/J
F	Dosado, Fuerza N
GdC	Grado de Carga
GdD	Grado de derivación
g	Aceleración de la gravedad 9.81 m/s^2, consumo específico kg/J
h	Entalpía específica J/kg
h^0	Entalpía específica de formación en condiciones estándar J/kg
H	Altura m
H_c	Poder calorífico por unidad de masa de combustible J/kg
H_p	Poder calorífico por unidad de masa de mezcla J/kg
i	Numero de ciclos por revolución 4T=>½, 2T=>1
K	Índice de calidad de un ciclo
L	Longitud
M	Par Nm
MCIA	Motor de combustión interna alternativo
MEC	Motor de encendido por compresión
MEP	Motor de encendido provocado
m	Masa kg
N	Potencia W
n	Régimen de giro rps
p	Presión bar, Pa
pm	Presión media Pa
Q	Calor transferido J
q	Calor transferido por unidad de masa J/kg
R	Constante de los gases J/kg/K, Radio m, Grado de reacción
r	Relación de compresión volumétrica, radio de la muñequilla m
r_c	Relación de compresión
r_e	Relación de expansión
S	Carrera m
s	Entropía J/kg/K, salida
T	Temperatura °C, K
u	Velocidad tangencial m/s
V	Volumen m^3
v	Volumen específico m^3/kg, volumétrico
W	Trabajo J
w	Trabajo específico J/kg, Velocidad relativa m/s
X	Título de vapor, Fracción molar
Y	Pérdidas específicas J/kg, Fracción másica
Z	Número de cilindros

LETRAS GRIEGAS

α	Ángulo, Ángulo velocidad absoluta, Fracción másica de vapor
β	Ángulo velocidad relativa
γ	relación de calores específicos
Δ	Incremento
δ	Relación de compresión elevada a $(\gamma-1)/\gamma$
ε	Pérdida de carga porcentual
ϵ	Eficiencia de intercambio
η	Rendimiento
θ	Relación de temperaturas
λ	Coeficiente de exceso de aire, Relación de semejanza
ρ	Densidad kg/m^3
φ	Coeficiente de pérdida de velocidad en el estator kg/m^3
ψ	Coeficiente de pérdida de velocidad en el rotor kg/m^3
ω	Velocidad angular rd/s

SUBÍNDICES

0	Condiciones de remanso
a	Aire, axial
amb	Ambiente
B	Bomba
C	Compresor
CC	Cámara de combustión
c	Crítica
cal	Caldera
cc	Por cilindro y ciclo
cond	Condensador
D	Desplazado (relativo al volumen del cilindro)
E	Estático, escalonamiento, estator
e	Efectivo, estator, estequiométrico
esc	Escape
F	Fan
f	Combustible
g	Garganta
i	Indicado, interno
m	Mecánico, medio
max	Máxima
min	Mínimo
mot	motor
mp	Motopropulsivo
p	Presión constante, pistón, propelente
pm	Perdidas mecánicas
prop	Propulsivo
R	Relativo al sistema móvil, rotor
r	Relativo, rotor, radial
rec	Recalentamiento
ref	En condiciones de referencia
reg	Regenerativo
s	Isoentrópico, salida
sob	Sobrealimentado
T	Turbina, total
TD	Toma dinámica
TG	Turbina de gas
TV	Turbina de Vapor
t	Térmico
u	Subíndice trabajo específico, componente tangencial
v	Volumen constante, vapor, volumétrico

1 PROBLEMAS INTRODUCCIÓN

1.1 Expansiones compresible e incompresible

Comparar los procesos de expansión de dos fluidos con velocidad inicial nula, uno compresible como el aire c_p=1 kJ/kg/K, γ=1.4 y otro incompresible como el agua líquida c_p=4.18 kJ/kg, ρ=1000 kg/m3. Antes de la expansión la presión es de 10 bar y la temperatura 300 K, a la salida la presión es de 1 bar.

Calcular:

a. La velocidad de salida de ambos fluidos si la expansión se produce en una tobera isoentrópica.

b. El trabajo específico que se obtiene si la expansión se produce en una turbina adiabática reversible con velocidad de salida nula.

c. El incremento de temperatura a la salida de la turbina respecto del caso reversible si el rendimiento isoentrópico de la turbina es de 0.9

a) c_{2agua}= 42.4 m/s, c_{2aire}= 537.8 m/s

b) w_{agua}=0.9 kJ/kg, w_{aire}=144.6 kJ/kg

c) $(T_2\text{-}T_{2s})_{agua}$=0.0215 ºC, $(T_2\text{-}T_{2s})_{aire}$=14.46 ºC

RESOLUCIÓN

a. La velocidad de salida de ambos fluidos si la expansión se produce en una tobera isoentrópica.

Aire:

La expresión de la evolución isoentrópica en un gas compresible es:

$$p\,v^{\gamma} = cte$$

Aplicando esta expresión a la evolución isoentrópica entre el punto 1 y el punto 2s:

$$p_1 v_1^{\gamma} = p_{2s} v_{2s}^{\gamma}$$

Si se utiliza la ecuación de gas ideal:

$$pv = RT$$

Sustituyendo la expresión del volumen específico en la ecuación de la evolución isoentrópica:

$$p_1 \left(\frac{RT_1}{p_1}\right)^{\gamma} = p_{2s} \left(\frac{R\,T_{2s}}{p_{2s}}\right)^{\gamma}$$

$$T_{2s} = T_1 \left(\frac{p_{2s}}{p_1}\right)^{\frac{\gamma}{\gamma-1}}$$

La temperatura al inicio es T_1=300 K y la presión es p_1=10 bar, y la presión al final es $p_{2s} = p_2$=1 bar:

$$T_{2s} = 300 \left(\frac{1}{10}\right)^{\frac{1.4}{1.4-1}} = 155.38\,K$$

En la evolución en la tobera la entalpía total se mantiene, puesto que no hay aporte de trabajo ni de calor:

$$h_{10} = h_{20}$$

$$h_1 + \frac{c_1^2}{2} = h_2 + \frac{c_2^2}{2}$$

La velocidad inicial es nula $c_1 = 0$:

$$c_p\,T_1 = c_p T_2 + \frac{c_2^2}{2}$$

Despejando la velocidad a la salida:

$$c_2 = \sqrt{2\,c_p(T_1 - T_2)} = \sqrt{2\ \ 1000\,(300 - 155.38)} = 537.8\,m/s$$

Agua:

La energía intercambiada en una máquina de fluido incompresible, donde la variación de temperaturas es despreciable, es:

$$\Delta\frac{p}{\rho} + \Delta gH + \Delta\frac{1}{2}c^2 += \Delta\left(\frac{p}{\rho} + gH + \frac{1}{2}c^2\right) = g\,\Delta H_g = w_u + pérdidas$$

Suponiendo que no hay variación de altura, y que en la tobera isoentrópica no hay intercambio de trabajo ni calor, ni pérdidas:

$$\Delta\left(\frac{p}{\rho} + gH + \frac{1}{2}c^2\right) = 0$$

$$\frac{p_1}{\rho} + \frac{1}{2}c_1^2 - \frac{p_2}{\rho} + \frac{1}{2}c_2^2 = 0$$

La velocidad inicial es nula:

$$c_2 = \sqrt{2\frac{p_1 - p_2}{\rho}} = \sqrt{2\frac{(10-1)10^5}{1000}} = 42.4\,m/s$$

b. El trabajo específico que se obtiene si la expansión se produce en una turbina adiabática reversible con velocidad de salida nula.

Aire:

El trabajo específico es la diferencia de entalpías de parada entre la entrada y la salida:

$$w_u = h_{10} - h_{20} = h_1 + \frac{c_1^2}{2} - \left(h_2 + \frac{c_2^2}{2}\right) = h_1 - h_2 = c_p(T_1 - T_2) = 1\ 10^3\ (300 - 155.38)$$
$$= 144.6\ kJ/kg$$

Agua:
Como se trata de una turbina adiabática y reversible no hay pérdidas, y suponiendo que la variación de altura es despreciable, y la variación de temperatura es nula, el trabajo será:

$$w_u = \Delta\left(\frac{p}{\rho} + gH + \frac{1}{2}c^2\right) = \frac{p_1}{\rho} + \frac{1}{2}c_1^2 - \left(\frac{p_2}{\rho} + \frac{1}{2}c_2^2\right) = \frac{p_1}{\rho} - \frac{p_2}{\rho} = \frac{(10-1)\ 10^5}{1000} = 0.9\ kJ/kg$$

c. El incremento de temperatura a la salida de la turbina respecto del caso reversible si el rendimiento isoentrópico de la turbina es de 0.9

Aire:
El tener la turbina un rendimiento isoentrópico, quiere decir que hay pérdidas dentro de la misma por fricción y choque del fluido en los álabes, con lo cual esa pérdida de energía se transforma en un aumento de la temperatura. Aplicando la expresión del rendimiento:

$$\eta_T = \frac{h_1 - h_2}{h_1 - h_{2s}} = \frac{T_1 - T_2}{T_1 - T_{2s}}$$

$$T_2 = T_1 - (T_1 - T_{2s})\ \eta_T = 300 - (300 - 155.38)0.9 = 169.8\ K$$

$$\Delta T = T_2 - T_{2s} = 169.8 - 155.38 = 14.46\ K$$

Agua:
En el caso de la turbina con fluido incompresible, el rendimiento es el trabajo obtenido dividido por la variación de entalpía que se produciría en el fluido en un proceso reversible, lo cual implica que no hay incremento de temperatura si no hay transferencia de calor como es este caso:

$$\eta_T = \frac{w_u}{\Delta\left(\frac{p}{\rho} + gH + \frac{1}{2}c^2\right)} \qquad \Rightarrow \qquad w_u = \Delta\left(\frac{p}{\rho} + gH + \frac{1}{2}c^2\right)\eta_T$$

$$w_u = \left[\frac{p_1}{\rho} + \frac{1}{2}c_1^2 - \left(\frac{p_2}{\rho} + \frac{1}{2}c_2^2\right)\right]\eta_T = \left(\frac{p_1}{\rho} - \frac{p_2}{\rho}\right)\eta_T = 0.9\ \ 0.9 = 0.81\ kJ/kg$$

En un proceso con irreversibilidades, habría incremento de la temperatura. El trabajo coincide con la variación de entalpía del fluido:

$$w_u = c_p(T_1 - T_2) + v\ (p_1 - p_2) + \frac{1}{2}(c_1^2 - c_2^2)$$

$$T_2 = T_1 - \frac{w_u - v\ (p_1 - p_2) - \frac{1}{2}(c_1^2 - c_2^2)}{c_p} = 300 - \frac{0.81 -\ 10^{-3}\ (10-1)10^5}{4.18}$$
$$= 300.0212\ K$$

$$\Delta T = 300.0215 - 300 = 0.0215\ K$$

2 CICLOS EN TURBINAS DE VAPOR

2.1 Modificación de condiciones del ciclo

Una turbina de vapor trabaja siguiendo un ciclo Rankine, y funciona entre unas condiciones de admisión de 100 bares de presión y temperatura de 500ºC, y unas condiciones en el escape de la turbina de 100 mbar. Se supone una evolución isoentrópica en turbina y bomba.

- **a.** Determinar el rendimiento del ciclo, el trabajo específico y la humedad a la salida de la turbina.
- **b.** Suponiendo que varía la presión de admisión hasta 140 bar, repetir el proceso.
- **c.** Idem para una temperatura de entrada a la turbina de 550ºC.
- **d.** Idem para una presión en el condensador de 200 mbar.
- **e.** Calcular los gastos de vapor en cada caso a fin de que la instalación produzca 1MW
- **f.** Dibujar diagramas T-s y h-s y p-v de la evolución del fluido

	a)	b) Pt ↑	c) Tt ↑	d) Pc ↑
Rendimiento	0.402	0.4122 ↑	0.409 ↑	0.383 ↓
Trabajo esp. (kJ/kg)	1274.7	1285.4 ↑	1349.8 ↑	1192 ↓
Humedad	0.2068	0.234 ↑	0.186 ↓	0.185 ↓
Gasto (Kg/s) e)	0.785	0.778	0.741	0.839

RESOLUCIÓN

Se deben calcular las entalpías en los cuatro puntos. Para ello es necesario conocer dos propiedades termodinámicas en cada punto, y así poder saber las demás propiedades con las tablas del agua o con un programa (como el propagua, steamtab, etc).

Pto1

$X_1 = 0 \quad p_1 = 0.1\ bar$

$h_1 = 191.8\ kJ/kg \qquad s_1 = 0.6493\ kJ/kgK$

Pto2

$s_2 = s_1 = 0.6493\ kJ/kgK \quad p2 = 100\ bar$

$h_2 = 201.89\ kJ/kg$

Pto3

$p_3 = 100\ bar \qquad T_3 = 500\ °C$

$h_3 = 3374.6\ kJ/kg \quad s_3 = 6.5994\ kJ/kgK$

Pto4

$p_4 = 0.1\ bar \qquad s_4 = s_3 = 6.5994\ kJ/kgK$

$h_4 = 2089.8\ kJ/kg \qquad X_4 = 0.7934$

a. Determinar el rendimiento del ciclo, el trabajo específico y la humedad a la salida de la turbina.

El rendimiento del ciclo es el trabajo neto obtenido del ciclo frente al calor aportado al ciclo:

$$\eta_t = \frac{w}{q_{aportado}} = \frac{w_T - w_B}{q_{cald}} = \frac{(h_3 - h_4) - (h_2 - h_1)}{h_3 - h_2} = 0.402$$

El trabajo neto específico es el trabajo de la turbina menos el trabajo de la bomba:

$$w = w_T - w_B = (h_3 - h_4) - (h_2 - h_1) = 1274.7\ \ kJ/kg$$

La humedad a la salida de la turbina es 1 menos el título de vapor en el punto 4:

$$humedad = 1 - X_4 = 1 - 0.7934 = 0.2066 = 20.66\%$$

b. c. y **d.** Suponiendo que varía la presión de admisión hasta 140 bar, repetir el proceso.
Idem para una temperatura de entrada a la turbina de 550ºC.
Idem para una presión en el condensador de 200 mbar

Se repite el proceso variando la presión a la entrada de la turbina, p_3, la temperatura a la entrada de la turbina, T_3, y la presión en el condensador, p_1 o p_4.
Las entalpías en este caso tienen el siguiente valor:

	p_3=140 bar	T_3=550 °C	p_1=p_4=200 mbar
h_1 (kJ/kg)	191.8	191.8	251.5
h_2 (kJ/kg)	205.97	201.89	261.5
h_3 (kJ/kg)	3323.8	3499.8	3374.6
h_4 (kJ/kg)	2024.21	2139.9	2173.36

El rendimiento, trabajo específico y humedad se calculan con estas entalpías igual que en el apartado a):

	Condiciones iniciales	Aumentando Presión de entrada en la turbina	Aumentando temperatura de entrada a la turbina	Aumentando presión en el condensador
η_t	0.402	0.4122	0.409	0.383
w (kJ/kg)	1274.7	1285	1349.8	1192
$humedad$	0.2066	0.234	0.186	0.185
$\dot{m}_v$ (kg/s)	0.785	0.778	0.741	0.839

e. Calcular los gastos de vapor en cada caso a fin de que la instalación produzca 1MW

$$N_e = \dot{m}_v\, w$$

$$\dot{m}_v = \frac{N_e}{w} = \frac{10^3\ (kW)}{w\ (\frac{kJ}{kg})}$$

Los resultados se muestran en la tabla anterior.

f. Dibujar diagramas T-s y h-s y p-v de la evolución del fluido

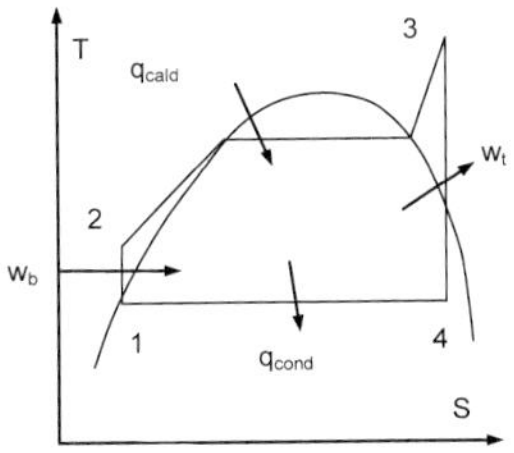

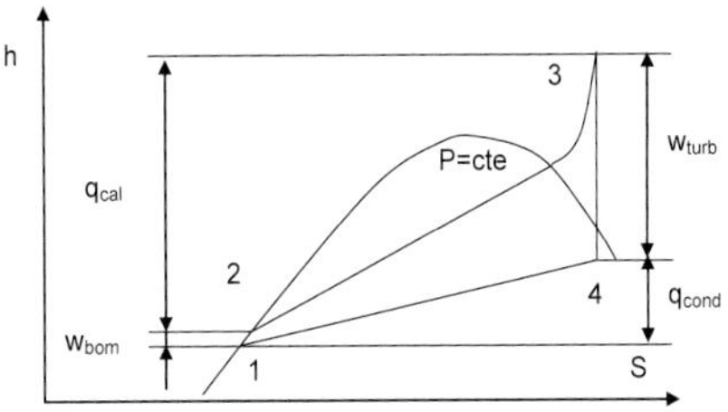

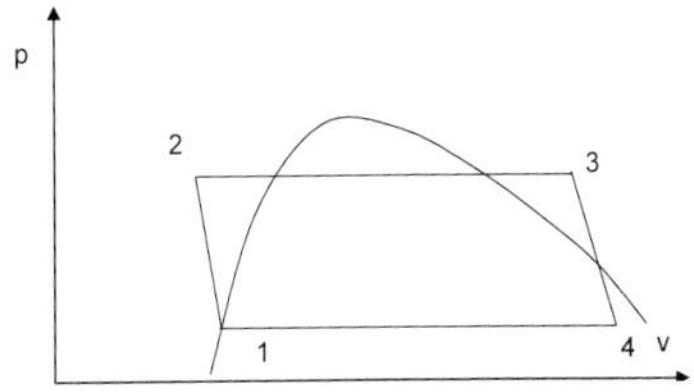

2.2 Parámetros característicos del ciclo

Un ciclo Rankine está determinado por los siguientes valores:

- Presión máxima del ciclo: 90 bar
- Temperatura máxima del ciclo: 550ºC
- Presión a la salida de la turbina: 0.1 bar

No existen pérdidas de carga y los rendimientos isoentrópicos valen 1. Calcular:

a. Dibujar los diagramas h-s, p-v y T-s del ciclo termodinámico.
b. Trabajos por unidad de masa obtenido en la turbina y cedido en la bomba.
c. Calor por unidad de masa aportado en la caldera y cedido en el condensador.
d. Gasto másico necesario para generar una potencia efectiva de 7.9 MW.
e. Potencia necesaria para accionar la bomba.
f. Potencia térmica a aportar en la caldera y potencia térmica a evacuar en el condensador.
g. Rendimiento térmico del ciclo.

Los rendimientos mecánicos de la turbina y de la bomba valen 1.

b) $w_B = 9.14\ kJ/kg,\ w_T = 1351.4\ kJ/kg$
c) $q_{cal} = 3308.9\, kJ/kg,\ q_{cond} = 1966.6\ kJ/kg$
d) $\dot{m}_v = 7.45\, kg/s$
e) $N_B = 53.79\ kW$
f) $\dot{Q}_{cal} = 19474\ kW,\ \dot{Q}_{cond} = 11574\ kW$
g) $\eta_t = 0.406$

RESOLUCIÓN

a. Diagramas h-s, p-v y T-s de la evolución.

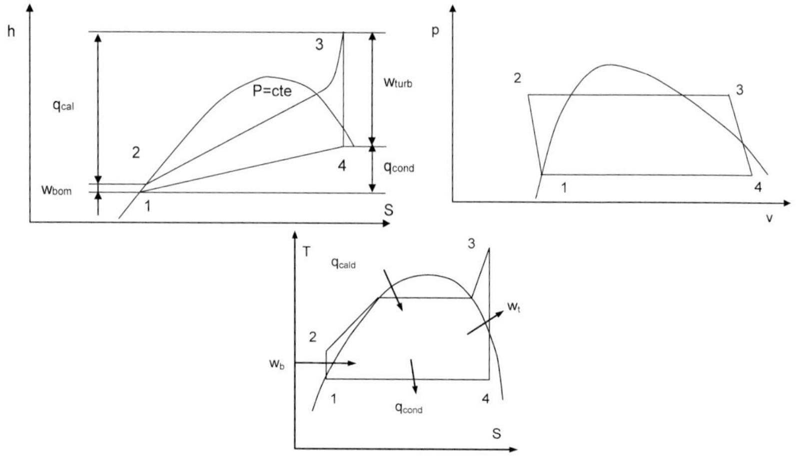

Se deben calcular las entalpías en los cuatro puntos. Para ello es necesario conocer dos propiedades termodinámicas en cada punto, y así poder saber las demás propiedades con las tablas del agua o con un programa (como el propagua, steamtab, etc.)

Pto1:

$X_1 = 0 \qquad p_1 = 0.1\ bar$

$h_1 = 191.8\ kJ/kg$

$s_1 = 0.649\ kJ/kgK$

Pto3:

$p_3 = \ 90\ bar \qquad T_3 = 550\ °C$

$h_3 = 3510\ kJ/kg$

$s_3 = 6.814\ kJ/kgK$

Pto2:

$s_2 = \ s_1 = 0.649\ kJ/kgK$

$p_2 = 90\ bar$

$h_2 = 200.9\ kJ/kg$

Pto4:

$p_4 = \ 0.1\ bar \quad s_4 = \ s_3 = 6.814\ kJ/kgK$

$h_4 = 2158\ kJ/kg$

$X_4 = 0.822$

b. Trabajos por unidad de masa obtenido en la turbina y cedido en la bomba.

$$w_T = h_3 - h_4 = 1351.4\ \ kJ/kg$$

$$w_B = h_2 - h_1 = 9.14\ \ kJ/kg$$

c. Calor por unidad de masa aportado en la caldera y cedido en el condensador.

$$q_{cal} = h_3 - h_2 = 3309\ \ kJ/kg$$

$$q_{cond} = h_4 - h_1 = 1967\ \ kJ/kg$$

d. Gasto másico necesario para generar una potencia efectiva de 7.9 MW.

$$N_e = \dot{m}_v w_e = \dot{m}_v \left(w_T \eta_{mT} - \frac{w_B}{\eta_{mB}} \right) = \dot{m}_v (w_T - w_B)$$

$$\dot{m}_v = \frac{N_e}{w_e} = \frac{7900\ kW}{w_T - w_B} = 5.885\ kg/s$$

e. Potencia necesaria para accionar la bomba.

$$N_B = \dot{m}_v w_B = 53.79\ \ kW$$

f. Potencia térmica a aportar en la caldera y potencia térmica a evacuar en el condensador.

$$\dot{Q}_{cal} = \dot{m}_v\ q_{cal} = 19474\ \ kW$$

$$\dot{Q}_{cond} = \dot{m}_v\ q_{cond} = 11574\ \ kW$$

g. Rendimiento térmico del ciclo.

$$\eta_t = \frac{w}{q_{aportado}} = \frac{w}{q_{cal}} = \frac{w_T - w_B}{h_3 - h_2} = \frac{h_3 - h_4 - (h_2 - h_1)}{h_3 - h_2} = 0.406$$

2.3 Parámetros característicos del ciclo

Un ciclo de turbina de vapor trabaja en un ciclo Rankine modificado, las características del ciclo son las siguientes:

- Presión de admisión de la turbina: 200 bar
- Temperatura de admisión de la turbina: 500ºC
- Presión en el condensador: 0.04 bar

Los rendimientos de los diferentes elementos son los siguientes:

- Rendimiento isoentrópico de la turbina: 0.87
- Rendimiento isoentrópico de la bomba: 0.75
- Rendimientos mecánicos: turbina: 0.94, bomba 0.9

Determinar:

a. Rendimiento interno del ciclo ideal (asumiendo que los rendimientos isoentrópicos valen 1).
b. Rendimiento interno del ciclo.
c. Trabajos específicos de la turbina y de la bomba.
d. Gasto másico de vapor, si la instalación desarrolla 300 MW.
e. Potencia térmica a aportar al fluido en la caldera.
f. Gasto de combustible si el rendimiento de la caldera es de 0.89.
g. Rendimiento total de la instalación.

Poder calorífico del combustible 36000 kJ/kg

a) η_{ideal}=0.442
b) η_{ciclo}=0.3825
c) w_T=1210 kJ/kg w_B=26.72 kJ/kg
d) $\dot{m}_v$=270.9 kg/s
e) Q_{cal}=837.824 MW
f) $\dot{m}_f$=26.15 kg/s
g) η_{inst}=0.3187

RESOLUCIÓN

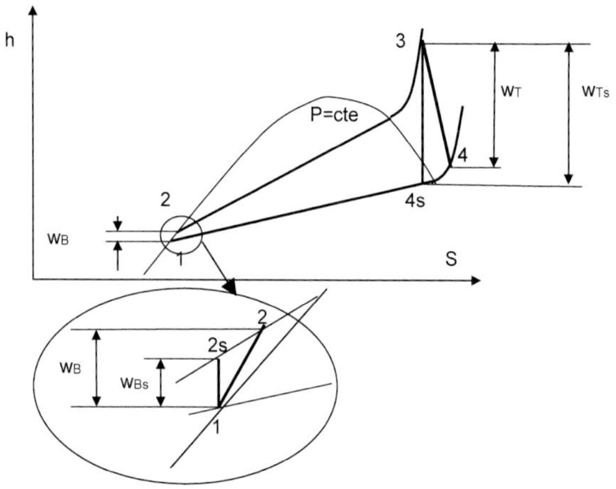

Se calculan las entalpías en todos los puntos

Pto1:

$X_1 = 0$ $\quad p_1 = 0.04\ bar$

$h_1 = 121.4\ kJ/kg$ $\quad s_1 = 0.4225\ kJ/kgK$

Pto2s:

$p_{2s} = p_2 = 200\ bar$ $\quad s_{2s} = s_1 = 0.4225\ kJ/kgK$

$h_{2s} = 141.4\ kJ/kg$

Pto2:

$$\eta_B = \frac{h_{2s} - h_1}{h_2 - h_1}$$

$$h_2 = h_1 + \frac{h_{2s} - h_1}{\eta_B} = 148.12\ kJ/kg$$

Pto3:

$p_3 = 200\ bar$ $\quad T_3 = 500\ °C$

$h_3 = 3241.1\ kJ/kg$ $\quad s_3 = 6.146\ kJ/kgK$

Pto4s:

$p_{4s} = 0.04\ bar$ $\quad s_{4s} = s3 = 6.146\ kJ/kgK$

$h_{4s} = 1850.5\ kJ/kg$

Pto4:

$$\eta_T = \frac{h_3 - h_4}{h_3 - h_{4s}}$$

$$h_4 = h_3 - (h_3 - h_{4s})\,\eta_T = 2031.3\ kJ/kg$$

a. Rendimiento interno del ciclo ideal (asumiendo que los rendimientos isoentrópicos valen 1).

$$\eta_{t\_ideal} = \frac{w_{Ts} - w_{Bs}}{q_{cal\_s}} = \frac{h_3 - h_{4s} - (h_{2s} - h_1)}{h_3 - h_{2s}} = 0.4421$$

b. Rendimiento interno del ciclo.

$$\eta_t = \frac{w_T - w_B}{q_{cal}} = \frac{h_3 - h_4 - (h_2 - h_1)}{h_3 - h_2} = 0.3825$$

c. Trabajos específicos de la turbina y de la bomba.

$$w_T = h_3 - h_4 = 1210 \ kJ/kg$$

$$w_B = h_2 - h_1 = 26.27 \ kJ/kg$$

d. Gasto másico de vapor, si la instalación desarrolla 300 kW.

$$N_e = \dot{m}_v w_e = \dot{m}_v \left(w_T \eta_{mT} - \frac{w_B}{\eta_{mB}} \right)$$

$$\dot{m}_v = \frac{N_e}{w_e} = \frac{300000 \, kW}{w_T \eta_{mT} - \frac{w_B}{\eta_{mB}}} = 270.88 \, kg/s$$

e. Potencia térmica a aportar al fluido en la caldera.

$$\dot{Q}_{cal} = \dot{m}_v \, q_{cal} = \dot{m}_v (h_3 - h_2) = 837824 \ kW$$

f. Gasto de combustible si el rendimiento de la caldera es de 0.89.

$$\dot{Q}_{cal} = \dot{m}_f H_c \eta_{cald}$$

$$\dot{m}_f = \frac{\dot{Q}_{cal}}{H_c \eta_{cald}} = \frac{837824}{36000 \ 0.89} = 26.15 \, kg/s$$

g. Rendimiento total de la instalación.

$$\eta_{inst} = \frac{N_e}{\dot{m}_f H_c} = \frac{300000}{26.15 \ 36000} = 0.3187$$

2.4 Ciclo con recalentamiento

Un ciclo de turbina de vapor con recalentamiento está caracterizado por los siguientes parámetros:

- Presión de admisión de la turbina: 150 bar
- Presión en el recalentador: 60 bar
- Presión en el condensador: 0.07 bar
- Temperatura de admisión de la turbina: 550ºC
- Temperatura del vapor al final del recalentador: 500ºC

Las turbinas tienen un rendimiento isoentrópico de 0.85. La bomba tiene un rendimiento interno de 0.9

a. Calcular los puntos de funcionamiento que caracterizan el ciclo y el rendimiento interno del ciclo.

b. Comparar este ciclo con uno sin recalentamiento en lo referente a:
- Rendimiento del ciclo.
- Trabajo específico.
- Título del vapor al final de la expansión.

Si en la instalación original, el gasto de vapor que pasa por las turbinas es de 7000 kg/h, el rendimiento de la caldera es 0.92 y el rendimiento mecánico de turbinas y bombas es de 0.98 y 0.95 respectivamente, calcular:

c. La potencia neta que suministra la instalación.

d. La potencia térmica necesaria en el ciclo y el gasto de combustible si el poder calorífico es de 36 MJ/kg.

e. El rendimiento del motor térmico.

a) η_{rec}= 0.3652

b) $\eta_{sin\ rec}$= 0.3651, w_{rec}= 1318 kJ/kg, $w_{sin\ rec}$= 1193 kJ/kg

c) x_{rec}= 0.8993, $x_{sin\ rec}$= 0.8612

a) Ne= 2525 kW

b) Q_{rec}= 3484 kW, $\dot{m}_f$= 0.2046 kg/s

c) η_{inst}= 0.3429

RESOLUCIÓN

a. Calcular los puntos de funcionamiento que caracterizan el ciclo y el rendimiento interno del ciclo.

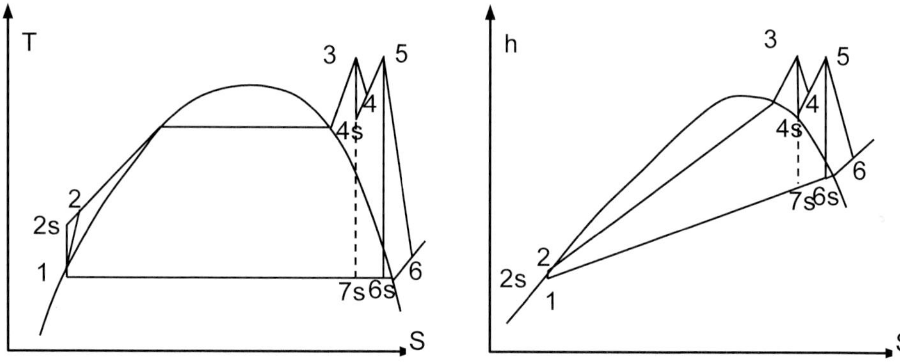

Cálculo de la entalpía de todos los puntos con dos propiedades termodinámicas conocidas de cada uno de ellos. En la siguiente tabla, los datos conocidos en cada punto se representan en las casillas en color gris:

Punto	p (bar)	X	s (kJ/kgK)	T (°C)	h (kJ/kg)
1	0.07	0	0.559		163.4
2s	150	L	0.559		178.5
2		L			$h_2 = h_1 + \frac{h_{2s} - h_1}{\eta_B} = 180.12\ kJ/kg$

Punto	p (bar)	X	s (kJ/kgK)	T (°C)	h (kJ/kg)
3	150	V	6.521	550	3448
4s	60	V	6.521		3163
4		V			$h_4 = h_3 - (h_3 - h_{4s})\eta_T = 3206\ kJ/kg$
5	60	V	6.882	500	3422
6s	0.07	V	6.882		2137
6		0.899			$h_6 = h_5 - (h_5 - h_{6s})\eta_T = 2330\ kJ/kg$
7s	0.07		6.521		2025
7		0.861			$h_7 = h_3 - (h_3 - h_{7s})\eta_T = 2238\ kJ/kg$

$$\eta_t = \frac{w}{q_{apor}} = \frac{w_{T1} + w_{T2} - w_B}{q_{23} + q_{45}} = \frac{(h_3 - h_4) + (h_5 - h_6) - (h_2 - h_1)}{(h_3 - h_2) + (h_5 - h_4)} = 0.3652$$

El trabajo neto será

$$w_{neto} = w_{T1} + w_{T2} - w_B = h_3 - h_4 + h_5 - h_6 - (h_2 - h_1) = 1318\ \ kJ/kg$$

El título de vapor en 6 es:

$$X_6 = 0.899$$

b. Comparar este ciclo con uno simple de Rankine con la misma presión y temperatura de admisión y con la misma presión del condensador, en lo que se refiere a:

- Rendimiento térmico del ciclo.
- Trabajo por unidad de masa.
- Título del vapor al final de la expansión.

En este caso, la turbina se expande isentrópicamente desde el punto 3 hasta el punto 7s que está a la presión de 0.05 bar y la misma entropía que el punto 3. Y luego con el rendimiento de la turbina se calcula el punto 7.

$$\eta_{t\_\sin rec} = \frac{w}{q_{apor}} = \frac{w_{T1} - w_B}{q_{23}} = \frac{(h_3 - h_7) - (h_2 - h_1)}{h_3 - h_2} = 0.3651$$

$$w_{neto\_\sin rec} = w_{T1} - w_B = (h_3 - h_7) - (h_2 - h_1) = 1193\ \ kJ/kg$$

$$X_7 = 0.861$$

c. La potencia neta que suministra la instalación siendo $\dot{m}_v = 7000\ \ kg/h$, $\eta_{cald} = 0.92$, $\eta_{mT} = 0.98$, $\eta_{mB} = 0.95$.

$$N_e = \dot{m}_v w_e = \dot{m}_v \left((w_{T1} + w_{T2})\eta_{mT} - \frac{w_B}{\eta_{mB}} \right) = \frac{7000}{3600} \left((242 + 1092)\ \ 0.98 - \frac{16.72}{0.95} \right)$$
$$= 2525\ \ kW = 2.52\ \ MW$$

d. La potencia térmica necesaria en el ciclo y el gasto de combustible si el poder calorífico es de 36 MJ/kg.

$$\dot{Q}_{térmica} = \dot{m}_v[(h_3 - h_1) + (h_5 - h_4)] = 6775\ kW$$

$$\dot{m}_f\ H_c\ \eta_{cal} = \dot{Q}_{térmica}$$

$$\dot{m}_f = \frac{\dot{Q}_{térmica}}{H_c\ \eta_{cal}} = \frac{6775}{36000\ 0.92} = 0.205\ kg/s = 736.4\ kg/h$$

e. El rendimiento de la instalación.

$$\eta_{inst} = \frac{N_e}{\dot{m}_f\ H_c} = \frac{2525}{0.205\ 36000} = 0.3429$$

2.5 Ciclo regenerativo

Una turbina de vapor trabaja siguiendo un ciclo modificado para ser regenerativo. Se realizan tres extracciones a las presiones de 100 bar, 50 bar y 20 bar para alimentar tres precalentadores de mezcla. Los parámetros del vapor a la entrada de la turbina son: presión = 175 bar, temperatura = 525ºC y la presión en el condensador es de 0.5 bar. Se supone evolución isoentrópica en turbina y bombas.
De cada precalentador se extrae el agua de la parte inferior de manera que se garantiza que lo que sale es líquido saturado. Considerando de valor unidad los rendimientos isoentrópicos, calcular:

a. Identificar cada punto del ciclo y determinar la fracción de vapor con respecto al que pasa por la caldera que se extrae en cada punto.
b. Calcular el trabajo específico referido a gasto que pasa por la caldera y compararlo con el de un ciclo sin extracciones.
c. Rendimiento térmico del ciclo, comparando este con el rendimiento de un ciclo sin extracciones.

a) α_1= 0.122, α_2= 0.102, α_3= 0.179
b) w_{reg} = 821.5 kJ/kg, $w_{sin\ reg}$ = 1132 kJ/kg
c) η_{reg}= 0.4253, $\eta_{sin\ reg}$= 0.3785

RESOLUCIÓN

a. Identificar cada punto del ciclo y determinar la fracción de vapor con respecto al que pasa por la caldera que se extrae en cada punto.

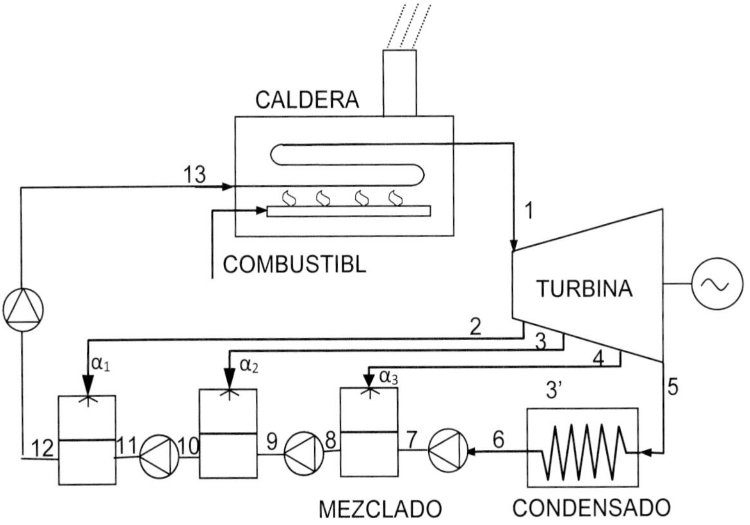

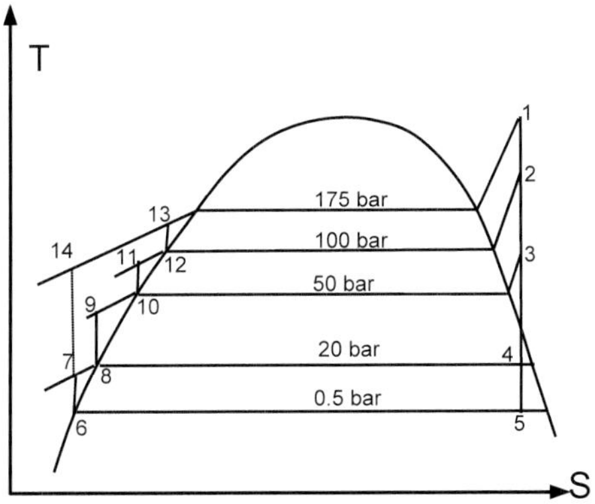

Cálculo de la entalpía de todos los puntos con dos propiedades termodinámicas conocidas de cada uno de ellos. Los dos datos conocidos en cada punto son los de las celdas en gris en la tabla. A partir de ellos se sacan las demás propiedades.

Punto	***p*** (bar)	***X***	***s*** (kJ/kgK)	***T*** (°C)	***h*** (kJ/kg)
1	175	V	6.337	525	3351
2	100	V	6.337	427.7	3182
3	50	V	6.337	324.3	2999.8
4	20	V	6.337	212.5	2798
5	0.5	0.8067	6.337	81.35	2200
6	0.5	0	1.091	81.35	340.6
7	20	L	1.091	81.45	342.6
8	20	0	2.447	212.4	908.6
9	50	L	2.447	212.9	912.1
10	50	0	2.921	263.92	1154

Punto	p (bar)	X	s (kJ/kgK)	T (°C)	h (kJ/kg)
11	100	L	2.921	265.4	1160.9
12	100	0	3.361	311	1408
13	175	L	3.361	314.8	1419
14	175	L	1.0912	82.33	358.5

En cualquier intercambiador de mezcla, como no hay intercambio de calor o de trabajo con el exterior, por el primer principio de la termodinámica se cumple:

$$\sum \dot{m}_i\, h_i = 0$$

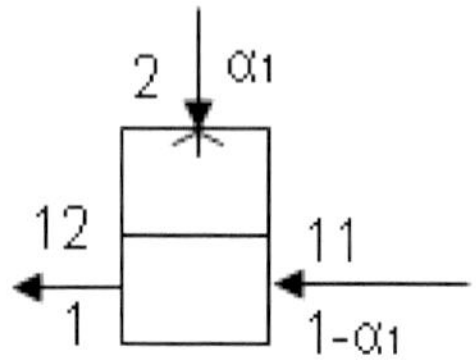

En el primer intercambiador de mezcla:

$$\dot{m}_v \alpha_1 h_2 + \dot{m}_v (1-\alpha_1) h_{11} = \dot{m}_v h_{12}$$

$$\alpha_1 h_2 + (1-\alpha_1) h_{11} = h_{12}$$

$$\alpha_1 = \frac{h_{12} - h_{11}}{h_2 - h_{11}} = 0.122$$

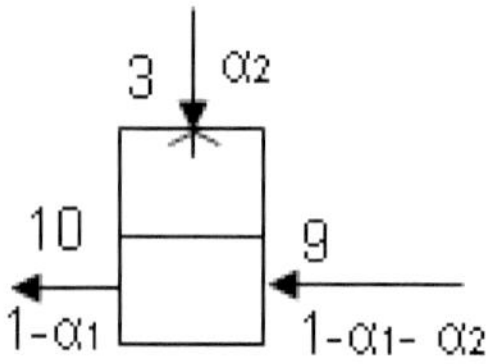

En el segundo intercambiador de mezcla:

$$\alpha_2 h_3 + (1-\alpha_1-\alpha_2) h_9 = (1-\alpha_1) h_{10}$$

$$\alpha_2 = (1-\alpha_1)\frac{h_{10} - h_9}{h_3 - h_9} = 0.102$$

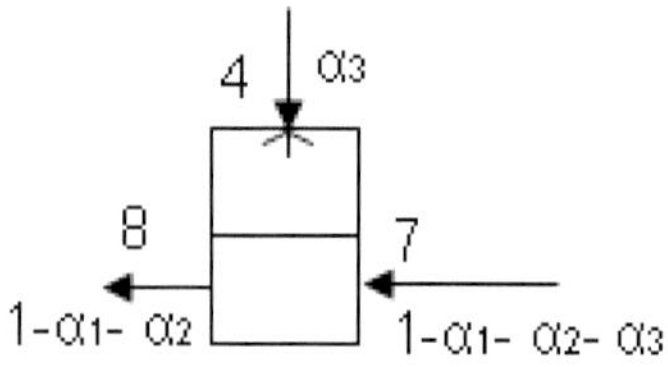

En el tercer intercambiador de mezcla:

$$\alpha_3 h_4 + (1-\alpha_1-\alpha_2-\alpha_3) h_7 = (1-\alpha_1-\alpha_2) h_8$$

$$\alpha_3 = (1-\alpha_1-\alpha_2)\frac{h_8 - h_7}{h_4 - h_7} = 0.179$$

b. Calcular el trabajo específico referido a gasto que pasa por la caldera y compararlo con el del ciclo simple Rankine.

El trabajo específico del ciclo es el trabajo de la turbina teniendo en cuanta el gasto de vapor que se trasiega en cada etapa, menos el trabajo de las bombas teniendo en cuenta el gasto que se trasiega en cada una.

$$\begin{aligned} w_{ciclo} = w_T - w_B \\ &= (h_1 - h_2) + (1-\alpha_1)(h_2 - h_3) + (1-\alpha_1-\alpha_2)(h_3 - h_4) \\ &+ (1-\alpha_1-\alpha_2-\alpha_3)(h_4 - h_5) - (1-\alpha_1-\alpha_2-\alpha_3)(h_7 - h_6) \\ &- (1-\alpha_1-\alpha_2)(h_9 - h_8) - (1-\alpha_1)(h_{11} - h_{10}) - (h_{13} - h_{12}) \end{aligned}$$

$$w_{ciclo} = 821.5\ kJ/kg$$

El ciclo simple será el ciclo 6-14-1-5. El trabajo específico es el trabajo de la turbina sin extracciones menos el trabajo de la única bomba:

$$w_{ciclo\_simple} = w_T - w_B = (h_1 - h_5) - (h_{14} - h_6)$$

$$w_{ciclo\_simple} = 1132.4\ kJ/kg$$

Por tanto, al instalar el ciclo regenerativo con las 3 extracciones, el trabajo específico disminuye:

$$\Delta w = \frac{w_{ciclo\_simple} - w_{ciclo}}{w_{ciclo\_simple}} 100 = 27.45\ \%$$

c. Rendimiento térmico del ciclo, comparando este con el rendimiento de un ciclo simple Rankine.

$$\eta_{t\_ciclo} = \frac{w_{ciclo}}{q_{aportado}} = \frac{w_{ciclo}}{h_1 - h_{13}} = 0.4253$$

El ciclo Rankine será el ciclo 6-14-1-5.

$$\eta_{t\_ciclo\_simple} = \frac{w_{ciclo\_simple}}{q_{aportado\_Rankine}} = \frac{w_{ciclo\_simple}}{h_1 - h_{14}} = 0.3786$$

Por tanto, al instalar un ciclo regenerativo con las 3 extracciones, el rendimiento aumenta:

$$\Delta\eta = \frac{\eta_{t\_ciclo} - \eta_{t\_ciclo\_simple}}{\eta_{t\_ciclo\_simple}} 100 = 12.38\ \%$$

2.6 Ciclo regenerativo, variación de la presión de extracción

Un ciclo de turbina de vapor con una regeneración tiene los siguientes parámetros de funcionamiento:

- Temperatura de entrada a la turbina 475ºC.
- Presión de entrada a la turbina 125 bar.
- Presión en el condensador 0.5 bar.
- Presión de la extracción 60 bar.

El caudal que se extrae es el necesario para llevar el líquido después de la compresión hasta las condiciones de líquido saturado. No se desprecia el trabajo en las bombas que tienen rendimiento isoentrópico unidad.

Las dos turbinas (antes y después de la extracción) tienen un rendimiento isoentrópico de 0.95.

a. Dibujar un esquema de la instalación y representar el ciclo en un diagrama T-s y otro h-s, identificar los puntos característicos empezando con el punto 1 a la salida del condensador

b. Determinar la entalpía de los diferentes puntos característicos del ciclo y la fracción de vapor que hay que extraer en la turbina.

c. Determinar el rendimiento del ciclo, el gasto de vapor que pasa por la caldera si la potencia de la instalación es de 20 MW, el trabajo específico del ciclo referido al gasto másico anterior.

d. Recalcular los dos apartados anteriores para las presiones de extracción de 25 y 90 bar.

	título	presión	temperatura	entalpía específica	entropía específica	volumen específico		título	presión	temperatura	entalpía específica	entropía específica	volumen específico
		bar	°C	kJ/kg	kJ/kg/K	l/kg			bar	°C	kJ/kg	kJ/kg/K	l/kg
a	V	125	475	3274,76	6,37534	24,3214	k	L	125	304,95	1368,67	3,2867	1,4094
b	V	60	358,13	3068,78	6,37534	43,1039	l	L	125	225,95	973,8	2,5542	1,1881
c	0	0,5	81,35	340,6	1,0912	1,0301	m	V	90	420,08	3178,43	6,37534	31,404
d	0	60	275,56	1213,7	3,0274	1,3187	n	V	25	244,15	2862,7	6,37534	85,4651
e	0	90	303,31	1363,8	3,2867	1,4179	o	V	60	361,83	3079,08	6,39162	43,4987
f	0	25	223,94	961,9	2,5542	1,1972	p	V	90	421,82	3183,25	6,38228	31,5281
g	L	60	81,68	346,64	1,0912	1,0274	q	V	25	251,34	2883,3	6,41497	87,3293
h	L	90	81,85	349,72	1,0912	1,0261	r	0,81501	0,5	81,35	2219,53	6,39162	2640,9072
i	L	25	81,49	343,12	1,0912	1,029	s	0,81357	0,5	81,35	2216,21	6,38228	2636,2542
j	L	125	277,74	1222,3	3,0274	1,3084	t	0,8186	0,5	81,35	2227,8	6,41497	2652,5342

b) c) d)	Pext 60 bar	Pext 90 bar	Pext 25 bar
Alfa	0.317	0.358	0.244
w (kJ/kg)	740	671	849
Rendimiento	0.361	0.352	0.369
Gvapor (kg/s)	27.0	29.8	23.6

RESOLUCIÓN

a. Dibujar un esquema de la instalación y representar el ciclo en un diagrama T-s y otro h-s, identificar los puntos característicos empezando con el punto 1 a la salida del condensador

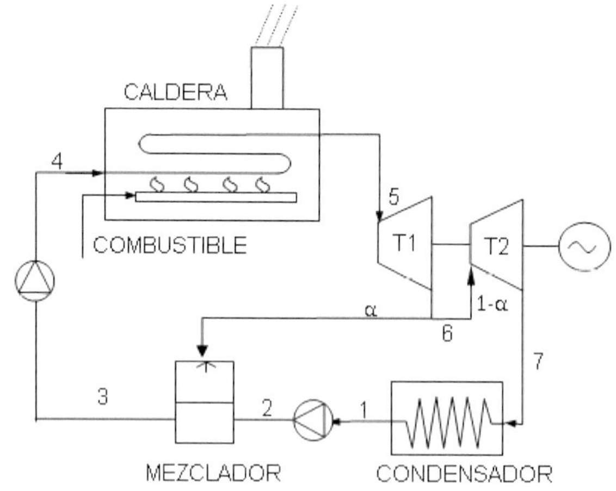

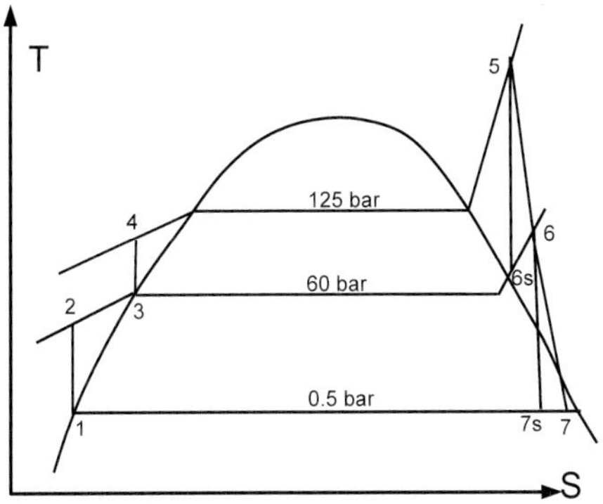

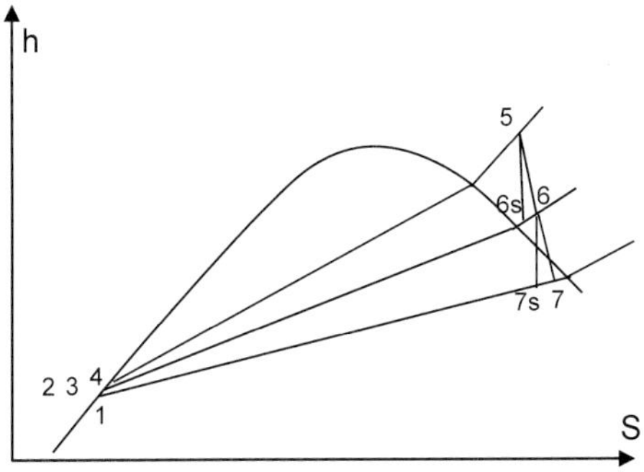

b. Determinar la entalpía de los diferentes puntos característicos del ciclo y la fracción de vapor que hay que extraer en la turbina.

En el enunciado hay una tabla con las propiedades termodinámicas de varios puntos. Lo que hay que hacer es identificar qué punto de la tabla corresponde con cada punto del ciclo. Para ello hay que identificar 2 propiedades conocidas de cada punto del ciclo y buscar en la tabla esas dos propiedades.

Pto del ciclo	Propiedades conocidas	Pto de la tabla	h (kJ/kg)
1	$p_1 = 0.5\ bar$ $X_1 = 0$	c	340.6
2s=2	$p_2 = 60\ bar$ $s_{2s} = s_1 = 1.09\ kJ/kgK$	g	346.64
3	$p_3 = 60\ bar$ $X_3 = 0$	d	1213.7
4s=4	$p_4 = 125\ bar$ $s_{4s} = s_3 = 1.09\ kJ/kgK$	j	1222.3
5	$p_5 = 125\ bar$ $T_5 = 475°C$	a	3274.76
6s	$p_{6s} = 60\ bar$ $s_{6s} = s_5 = 6.375\ kJ/kgK$	b	3068.8
6	η_T $h_6 = h_5 - (h_5 - h_{6s})\eta_T$		2566.2

Pto del ciclo	Propiedades conocidas	Pto de la tabla	h (kJ/kg)
7s	$p_{7s} = 0.5\ bar$ $s_{7s} = s_6 = 6.391\ kJ/kgK$	r	2219.5
7	η_T $h_7 = h_6 - (h_6 - h_{7s})\eta_T$		2262

c. Determinar el rendimiento del ciclo, el gasto de vapor que pasa por la caldera si la potencia de la instalación es de 20 MW, el trabajo específico del ciclo referido al gasto másico anterior.

$$N_e = 20\ MW = \dot{m}_v w_e = \dot{m}_v \left(w_{T1}\eta_{mT1} + w_{T2}\eta_{mT2} - \frac{w_{B1} + w_{B2}}{\eta_{mB}} \right)$$

Como no dicen nada de los rendimientos mecánicos de las turbinas y la bomba, se supone que es la unidad. En este caso los trabajos específicos efectivo y del ciclo coinciden.

$$w_e = w = w_{T1} + w_{T2} - (w_{B1} + w_{B2})$$
$$= (h_5 - h_6) + (1-\alpha)(h_6 - h_7) - (1-\alpha)(h_2 - h_1) - (h_4 - h_3)$$

Para calcular la fracción de vapor que se extrae de la turbina, se plantea un balance de energía em el mezclador:

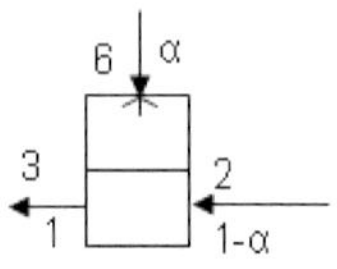

$$\dot{m}_v \alpha\, h_6 + \dot{m}_v (1-\alpha) h_2 = \dot{m}_v h_3$$

$$\alpha\, h_6 + (1-\alpha) h_2 = h_3$$

$$\alpha = \frac{h_3 - h_2}{h_6 - h_2} = 0.317$$

Con lo que el trabajo específico del ciclo es:

$$w = 740.41\ kJ/kg$$

Y el gasto de vapor resulta:

$$\dot{m}_v = \frac{N_e}{w_e} = \frac{20\ 10^3\ kW}{740.41\ kJ/kg} = 27.0\ kg/s$$

El rendimiento térmico del ciclo es:

$$\eta_t = \frac{w}{q_{aportado}} = \frac{w_T - w_B}{q_{cald}}$$
$$= \frac{(h_5 - h_6) + (1-\alpha)(h_6 - h_7) - (1-\alpha)(h_2 - h_1) - (h_4 - h_3)}{h_5 - h_4}$$

$$\eta_t = 0.3607$$

d. Recalcular los dos apartados anteriores para las presiones de extracción de 25 y 90 bar.

Lo primero es buscar el valor de las entalpías en cada punto con las dos nuevas presiones de extracción.

Pto ciclo	$p_{extracción}$=90 bar Propiedades conocidas	Pto tabla	h (kJ/kg)	$p_{extracción}$=25 bar Propiedades conocidas	Pto tabla	h (kJ/kg)
1	$p_1 = 0.5\ bar$ $X_1 = 0$	c	340.6	$p_1 = 0.5\ bar$ $X_1 = 0$	c	340.6
2s=2	$p_2 = 90\ bar$ $s_{2s} = s1 = 1.09\ kJ/kgK$	h	349.72	$p_2 = 25\ bar$ $s_{2s} = s1 = 1.09\ kJ/kgK$	i	343.12
3	$p_3 = 90\ bar$ $X_3 = 0$	e	1213.7	$p_3 = 25\ bar$ $X_3 = 0$	f	961.9
4s=4	$p_4 = 125\ bar$ $s_{4s} = s3 = 1.09\ kJ/kgK$	k	1363.8	$p_4 = 125\ bar$ $s_{4s} = s_3 = 2.554\ kJ/kgK$	l	973.8
5	$p_5 = 125\ bar$ $T_5 = 475°C$	a	3274.76	$p_5 = 0.5\ bar$ $T_5 = 475°C$	a	3274.76
6s	$p_{6s} = 90\ bar$ $s_{6s} = s5 = 6.375\ kJ/kgK$	m	3178.43	$p_{6s} = 25\ bar$ $s_{6s} = s_5 = 6.375\ kJ/kgK$	n	2862.7
6	η_T $h_6 = h_5 - (h_5 - h_{6s})\eta_T$	p	3183.25	η_T $h_6 = h_5 - (h_5 - h_{6s})\eta_T$	q	2883.3
7s	$p_{7s} = 0.5\ bar$ $s_{7s} = s6 = 6.3823\ kJ/kgK$	s	2216.21	$p_{7s} = 0.5\ bar$ $s_{7s} = s_6 = 6.415\ kJ/kgK$	t	2227.8
7	η_T $h_7 = h_6 - (h_6 - h_{7s})\eta_T$		2264	η_T $h_7 = h_6 - (h_6 - h_{7s})\eta_T$		2260

Haciendo los mismos cálculos que en los apartados anteriores se obtienen los resultados de la siguiente tabla:

	Presión de extracción (bar)			
	25	**60**	**90**	
Fracción de vapor extraído α	0.243	0.317	0.3579	↑
Trabajo específico del zciclo w (kJ/kg)	848.7	740.41	670.7	↓
Rendimiento térmico η_t	0.369	0.367	0.352	↓
Gasto de vapor $\dot{m}_v$ (kg/s)	23.5	27.0	29.8	↑

3 CICLOS EN TURBINAS DE GAS

3.1 Ciclo básico

De una turbina de gas está funcionando en las siguientes condiciones:

- Condiciones ambientales: 40ºC y 0.94 bar
- Potencia calorífica del combustible: 39.5 MJ/kg
- El compresor tiene un rendimiento isoentrópico de 0.8, un rendimiento mecánico de 0.95 y trabaja con una relación de compresión de 10
- La cámara de combustión tiene un rendimiento de 0.98 y unas pérdidas de carga caracterizadas por $\varepsilon = 100\ (p_2 - p_3)/p_2$ = 4 %
- La turbina tiene una temperatura de entrada de los gases: 1100ºC, trabaja con un rendimiento isoentrópico de 0.86 y un rendimiento mecánico: 0.95
- El combustible entra en la cámara con la misma entalpía sensible que el aire, Suponer gas perfecto con c_p = 1.2 kJ/kgK y γ= 1.35.

Calcular

a. Las condiciones de todos los puntos del ciclo y el rendimiento térmico.
b. El trabajo específico efectivo (trabajo por unidad de masa de aire en compresor).
c. La potencia específica de la instalación.
d. El rendimiento efectivo de la instalación.

Indicación: No despreciar la masa de combustible frente a la de aire

a) η_{ciclo}=0.
b) w=117.79 kJ/kg
c) N_{inst}=8.226 MW
d) η_{inst}=0.1959

RESOLUCIÓN

a. Las condiciones de todos los puntos del ciclo y el rendimiento térmico.

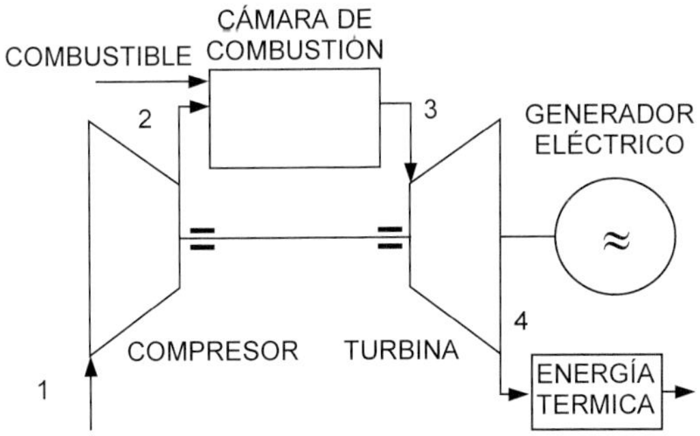

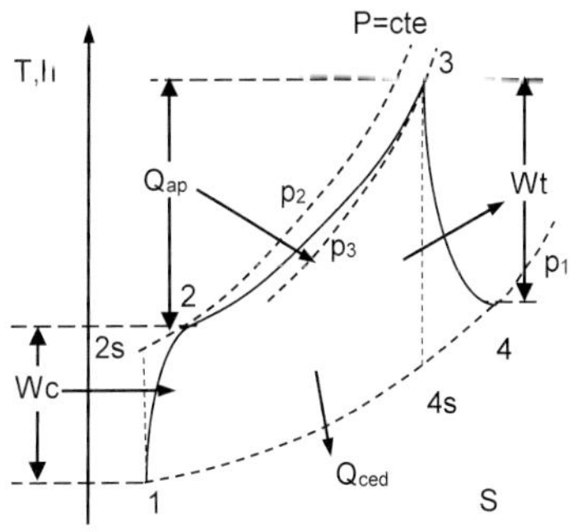

Para calcular los parámetros de la turbina de gas, es necesario calcular la entalpía en todos los puntos del ciclo.

Para ello, se supone que el gas es perfecto, es decir, el calor específico es constante con la temperatura, y de esta forma se puede calcular la entalpía como $h = c_p T$, donde $c_p = cte.$ Por tanto, para un gas con un determinado c_p, si se conoce la temperatura en un punto, se puede calcular la entalpía.

En un gas, un proceso isentrópico (adiabático y reversible) sigue la ecuación $pv^\gamma = cte.$ Con esta ecuación y la ecuación de gas ideal, $pv = RT$, se obtiene la siguiente ecuación para un proceso isoentrópico:

- Evolución isoentrópica del punto 1 al punto 2s:

$$T_{2s} = T_1 \left(\frac{p_{2s}}{p_1}\right)^{\frac{\gamma-1}{\gamma}}$$

- Evolución isoentrópica del punto 3 al punto 4s:

$$T_{4s} = T_3 \left(\frac{p_{4s}}{p_3}\right)^{\frac{\gamma-1}{\gamma}}$$

Con esto, se puede calcular la entalpía en todos los puntos:

Punto 1
La temperatura es la del ambiente

$$T_1 = 40°C = (40 + 273)K = 313\ K$$

Con la temperatura se calcula la entalpía:

$$h_1 = c_p T_1 = 1.2\ \ 313 = 375.6\ kJ/kg$$

Punto 2s

$$T_{2s} = T_1 \left(\frac{p_{2s}}{p_1}\right)^{\frac{\gamma-1}{\gamma}}$$

La presión en el punto 2s es la presión en el punto 2, que se calcula con la relación de compresión del compresor:

$$p_{2s} = p_2 = r_c\, p_1 = 10\ \ 0.94 = 9.4\ bar$$

$$T_{2s} = T_1 \left(\frac{p_{2s}}{p_1}\right)^{\frac{\gamma-1}{\gamma}} = T_1\, r_c^{\frac{\gamma-1}{\gamma}} = 313\ \ 10^{\frac{1.35-1}{1.35}} = 568.6\ K$$

$$h_{2s} = c_p T_{2s} = 1.2\ \ 568.6 = 682.39\ kJ/kg$$

Punto 2
Conociendo la entalpía en 1 y 2s, la entalpía en 2 se calcula con el rendimiento interno del compresor

$$\eta_C = \frac{h_{2s} - h_1}{h_2 - h_1}$$

$$h_2 = h_1 + \frac{(h_{2s} - h_1)}{\eta_C} = 759\ kJ/kg$$

Punto 3

$$T_3 = 1100\ °C = (273 + 1100)K = 1373\ K$$

$$h_3 = c_p\ T_3 = 1.2\quad 1373 = 1647.6\ kJ/kg$$

Como hay una pérdida de presión de remanso en la cámara de combustión, $\varepsilon = \frac{p_2 - p_3}{p_2} 100 = 2.5\%$, la presión en el punto 3 es:

$$p_3 = p_2 - \frac{\varepsilon}{100} p_2 = p_2 \left(1 - \frac{\varepsilon}{100}\right) = 9.4\ (1 - 0.04) = 9.4\quad 0.96 = 9.024\ bar$$

Punto 4s
La presión en 4s es la misma que en el punto 4 a la salida de la turbina, que es la presión ambiente

$$p_{4s} = p_4 = 0.94\ bar$$

El proceso de 3 a 4s es isoentrópico, por tanto:

$$T_{4s} = T_3 \left(\frac{p_{4s}}{p_3}\right)^{\frac{\gamma-1}{\gamma}} = 1373 \left(\frac{0.94}{9.024}\right)^{\frac{1.35-1}{1.35}} = 763.85\ K$$

$$h_{4s} = c_p T_{4s} = 1.2\quad 763.85 = 916.62\ kJ/kg$$

Punto 4
Conociendo la entalpía en 3 y 4s, la entalpía en 4 se calcula con el rendimiento interno de la turbina

$$\eta_T = \frac{h_3 - h_4}{h_3 - h_{4s}}$$

$$h_4 = h_3 - (h_3 - h_{4s})\eta_T = 1018.95\ kJ/kg$$

Una vez conocidas las entalpías en todos los puntos, ya se pueden calcular los demás parámetros.
Rendimiento térmico del ciclo:

$$\eta_t = \frac{w}{q_{aportado}}$$

Como el gasto que circula por el compresor, la turbina y la cámara de combustión no es el mismo, se trabaja con potencias

$$\eta_t = \frac{N_i}{\dot{Q}_{aportado}} = \frac{N_{iT} - N_{iC}}{\dot{Q}_{aportado}} = \frac{(\dot{m}_a + \dot{m}_f)(h_3 - h_4) - \dot{m}_a(h_2 - h_1)}{(\dot{m}_a + \dot{m}_f)h_3 - \dot{m}_a h_2 - \dot{m}_f h_2}$$
$$= \frac{(1 + F)(h_3 - h_4) - (h_2 - h_1)}{(1 + F)(h_3 - h_2)}$$

Donde $F = \frac{\dot{m}_f}{\dot{m}_a}$ es el dosado.

No se conoce el dosado. Para ello se utiliza el rendimiento de la cámara de combustión. Partiendo del primer principio aplicado a la cámara de combustión:

$$\sum \dot{m}_{salida} h_{salida} - \sum \dot{m}_{entrada} h_{entrada} = 0$$

$$\sum \dot{m}_{salida} h_{salida} = \sum \dot{m}_{entrada} h_{entrada}$$

$$(\dot{m}_a + \dot{m}_f) h_3 = \dot{m}_f H_c \eta_{CC} + \dot{m}_f h_2 + \dot{m}_a h_2$$

$$(1 + F) h_3 = F H_c \eta_{CC} + F h_2 + h_2$$

$$F = \frac{h_3 - h_2}{H_c \eta_{CC} + h_2 - h_3} = \frac{1648 - 759}{39500\ 0.98 + 759 - 1648} = 0.0235$$

Una vez calculado el dosado ya se puede calcular el rendimiento térmico del ciclo:

$$\eta_t = 0.2859$$

b. El trabajo específico efectivo (trabajo por unidad de masa de aire en compresor).

$$w_e = \frac{N_e}{\dot{m}_a} = \frac{N_{eT} - N_{eC}}{\dot{m}_a} = \frac{(\dot{m}_a + \dot{m}_f)(h_3 - h_4)\eta_{mT} - \dot{m}_a \dfrac{(h_2 - h_1)}{\eta_{mC}}}{\dot{m}_a}$$
$$= (1 + F)(h_3 - h_4)\eta_{mT} - \frac{(h_2 - h_1)}{\eta_{mC}}$$

$$w_e = 207.7\ kJ/kg$$

c. La potencia específica de la instalación.

$$N_{e_e} = \frac{N_e}{\dot{m}_f} = \frac{N_e}{F\ \dot{m}_a} = \frac{w_e}{F} = \frac{207.7}{0.0235} = 8839\ kJ/kg$$

d. El rendimiento de la instalación

El rendimiento de la instalación es la potencia obtenida en la instalación (la efectiva) frente a la potencia introducida en la misma en forma de combustible:

$$\eta_{inst} = \frac{N_e}{\dot{m}_f H_c} = \frac{8839}{39500} = 0.2238$$

3.2 Ciclo básico relación de compresión máximo trabajo

En una turbina de gas industrial que tiene una potencia en el eje de 20000 kW, se pide determinar:

a. Combustible consumido por unidad de tiempo en la cámara de combustión
b. Rendimiento de la instalación y rendimiento termodinámico

Conociendo los datos complementarios siguientes:

- Condiciones ambientales: 10°C y 0.95 bar
- Temperatura entrada turbina: 850°C
- Rendimiento del compresor: 0.83
- Rendimiento de la turbina: 0.89
- Rendimientos mecánicos de la turbina y del compresor: 0.98
- Rendimiento de la cámara de combustión: 0.97
- Pérdida de presión de remanso en la cámara de combustión: 3 %
- Potencia calorífica del combustible empleado: 41000 kJ/kg

La turbina está funcionando con la relación de compresión de máxima potencia con pérdidas de carga ε en la cámara de combustión nulas, $r_{c\_Nmax} = \left(\frac{T_3}{T_1}\eta_T\eta_C\right)^{\frac{\gamma}{2(\gamma-1)}}\frac{1}{(1-\varepsilon)^{1/2}}$, y se tomará como valor medio de gamma 1.38, c_p=1.2 kJ/kg/K

Indicación: No despreciar la masa de combustible frente a la de aire, derivar la expresión del trabajo específico para calcula la relación de compresión de máximo trabajo.

a) $\dot{m}_f$=1.878 kg/s
b) η_{inst}=0.2597, η_{ciclo}=0.2899

RESOLUCIÓN

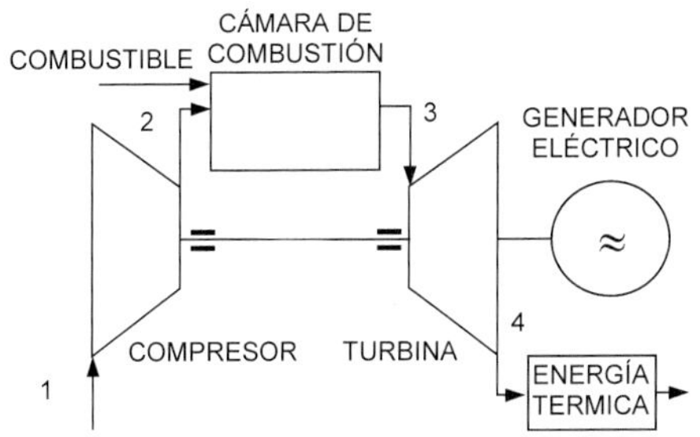

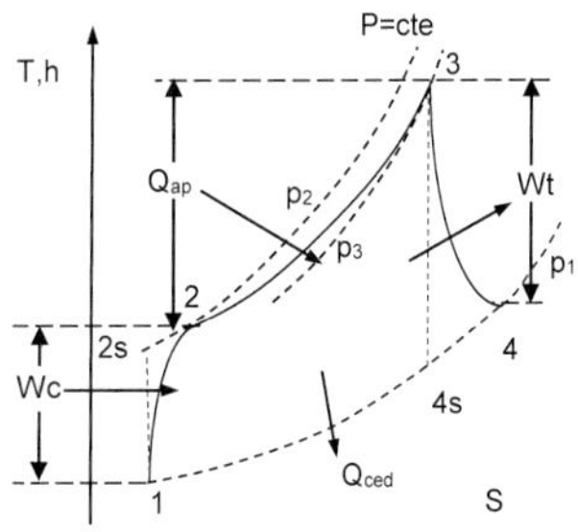

Igual que en problema anterior, hay que calcular la entalpía en todos los puntos del ciclo.
La relación de compresión en el compresor es la de máxima potencia. Esta se obtiene de la expresión del trabajo específico de una turbina de gas, derivándola respecto a la relación de compresión e igualando a cero.
Se calcula primero la expresión del trabajo específico:

$$w_i = w_T - w_C = (h_3 - h_4) - (h_2 - h_1) = c_p(T_3 - T_4) - c_p\,(T_2 - T_1)$$

Se calcula cada uno de los dos sumandos por separado:

$$(T_2 - T_1) = \frac{(T_{2s} - T_1)}{\eta_C}$$

$$T_{2s} = T_1\left(\frac{p_{2s}}{p_1}\right)^{\gamma-1/\gamma} = T_1\,\delta$$

donde

$$\delta = \left(\frac{p_2}{p_1}\right)^{\gamma-1/\gamma} = r_c^{\gamma-1/\gamma}$$

$$(T_2 - T_1) = \frac{T_{2s} - T_1}{\eta_C} = \frac{T_1\,\delta - T_1}{\eta_C} = \frac{T_1}{\eta_C}(\delta - 1)$$

Por otro lado:

$$(T_3 - T_4) = \eta_T(T_3 - T_{4s})$$

$$T_{4s} = T_3\,\left(\frac{p_{4s}}{p_3}\right)^{\gamma-1/\gamma}$$

Como hay pérdida de carga en la cámara de combustión:

$$p_3 = p_2\,(1 - \varepsilon)$$

Además, como los gases de la turbina salen al ambiente, $p_{4s} = p_4 = p_1$

$$T_{4s} = T_3\,\left(\frac{p_1}{p_2\,(1-\varepsilon)}\right)^{\gamma-1/\gamma} = T_3\,\left(\frac{p_1}{p_2}\right)^{\gamma-1/\gamma}\left(\frac{1}{1-\varepsilon}\right)^{\gamma-1/\gamma} = T_3\,\frac{1}{\delta}\,\frac{1}{(1-\varepsilon)^{\gamma-1/\gamma}}$$

$$(T_3 - T_4) = \eta_T(T_3 - T_{4s}) = \eta_T\left(T_3 - T_3\,\frac{1}{\delta}\,\frac{1}{(1-\varepsilon)^{\gamma-1/\gamma}}\right) = \eta_T T_3\left(1 - \frac{1}{\delta(1-\varepsilon)^{\gamma-1/\gamma}}\right)$$

Sustituyendo en la expresión del trabajo específico:

$$w_i = c_p\eta_T T_3\left(1 - \frac{1}{\delta(1-\varepsilon)^{\gamma-1/\gamma}}\right) - c_p\,\frac{T_1}{\eta_C}(\delta - 1)$$

Llamando θ ala relación entre la temperatura máxima del ciclo y la ambiente:

$$\theta = \frac{T_3}{T_1}$$

la expresión del trabajo queda:

$$w_i = c_p\,\frac{T_1}{\eta_C}\left[\eta_T\,\eta_C\,\theta\left(1 - \frac{1}{\delta(1-\varepsilon)^{\gamma-1/\gamma}}\right) - \,\delta + 1\right]$$

Derivando esta expresión respecto de δ, o lo que es lo mismo, respecto a la relación de compresión, e igualando a cero, se obtendrá la relación de compresión de máximo trabajo específico cuando hay pérdidas de carga en la cámara de combustión:

$$\frac{dw_i}{d\delta} = -\,\frac{-\eta_T\,\eta_C\,\theta\,(1-\varepsilon)^{\gamma-1/\gamma}}{\delta^2(1-\varepsilon)^{2\,(\gamma-1)/\gamma}} - 1 = 0$$

$$\eta_T\,\eta_C\,\theta = \delta^2(1-\varepsilon)^{\gamma-1/\gamma}$$

$$\delta_{w_{max}} = \sqrt{\frac{\eta_T\ \eta_C\ \theta}{(1-\varepsilon)^{\gamma-1/\gamma}}}$$

Por tanto, la relación de compresión de máximo trabajo efectivo será:

$$\delta = \left(\frac{p_2}{p_1}\right)^{\gamma-1/\gamma} = r_c^{\gamma-1/\gamma}$$

$$r_{c_{w_{max}}} = \delta_{w_{max}}^{\gamma/\gamma-1} = \left[\frac{\eta_T\ \eta_C\ \theta}{(1-\varepsilon)^{\gamma-1/\gamma}}\right]^{\gamma/2(\gamma-1)} = \left(\eta_T\ \eta_C\ \frac{T_3}{T_1}\right)^{\gamma/2(\gamma-1)} \frac{1}{(1-\varepsilon)^{1/2}}$$

Sustituyendo los valores de este problema:

$$r_{c\_Nmax} = \left(\frac{850+273}{283} 0.83\ 0.89\right)^{\frac{1.38}{2(1.38-1)}} \frac{1}{(1-0.03)^{1/2}} = 7.156$$

Las propiedades en todos los puntos se muestran en la tabla siguiente. Como se considera un gas perfecto, una vez conocida la temperatura, la entalpía se puede calcular como $h = c_p T$, donde $c_p = cte = 1.2\ kJ/kgK$.

Punto	***p* (bar)**	***T* (K)**	***h* (kJ/kg)**
1	0.95	283	$= c_p T_1 = 339{,}6$
2s	$= r_{c\_Nmax}\ p_1 = 6.7986$	$= T_1 (r_c)^{\frac{\gamma-1}{\gamma}} = 486.56$	$= c_p T_{2s} = 583{,}87$
2	6.7986	$= T_1 + \frac{(T_{2s}-T_1)}{\eta_C} = 528.25$	$= c_p T_2 = 633{,}91$
3	$= p_2\left(1-\frac{\varepsilon}{100}\right) = 6.594$	1123	$= c_p T_3 = 1347{,}6$
4s	0.95	$= T_3\left(\frac{p_{4s}}{p_3}\right)^{\frac{\gamma-1}{\gamma}} = 658.67$	$= c_p T_{4s} = 790{,}41$
4	0.95	$= T_3 - (T_3 - T_{4s})\eta_T = 709.75$	$= c_p T_4 = 851.7$

a. Combustible consumido por unidad de tiempo en la cámara de combustión

Haciendo un balance de energías en la cámara de combustión:

$$(\dot{m}_a + \dot{m}_f)h_3 = \dot{m}_f H_c \eta_{CC} + \dot{m}_f h_2 + \dot{m}_a h_2$$

$$(1+F)h_3 = F H_c \eta_{CC} + F h_2 + h_2$$

$$F = \frac{h_3 - h_2}{H_c \eta_{CC} + h_2 - h_3} = \frac{c_p(T_3 - T_2)}{H_c \eta_{CC} - c_p(T_3 - T_2)} = 0.01827$$

Una vez que se tiene el dosado, si se conoce el gasto de aire, podremos obtener el gasto de combustible. Para el calcular el gasto de aire, se utiliza el valor de la potencia efectiva que es dato:

$$N_e = \dot{m}_a w_e$$

$$\dot{m}_a = \frac{N_e}{w_e}$$

Se calcula el trabajo efectivo específico:

$$w_e = \frac{N_e}{\dot{m}_a} = \frac{N_{eT} - N_{eC}}{\dot{m}_a} = \frac{(\dot{m}_a + \dot{m}_f)(h_3 - h_4)\eta_{mT} - \dot{m}_a \frac{(h_2 - h_1)}{\eta_{mC}}}{\dot{m}_a}$$
$$= (1 + F)(h_3 - h_4)\eta_{mT} - \frac{(h_2 - h_1)}{\eta_{mC}}$$

$$w_e = 194.55\ kJ/kg$$

En este caso la potencia efectiva es 20MW:

$$\dot{m}_a = \frac{N_e}{w_e} = \frac{20\ 10^3}{194.55} = 102.8\ kg/s$$

Y sabiendo que el dosado es $F = \frac{\dot{m}_f}{\dot{m}_a}$, el gasto de combustible:

$$\dot{m}_f = F\dot{m}_a = 0.01827\ \ 102.8 = 1.878\ kg/s$$

b. Rendimiento de la instalación y rendimiento termodinámico

El rendimiento de la instalación es la potencia efectiva obtenida en la instalación frente a la potencia introducida en la misma en forma de combustible:

$$\eta_{inst} = \frac{N_e}{\dot{m}_f H_c} = \frac{20\ 10^3}{1.878\ \ 41000} = 0.2596$$

El rendimiento térmico del ciclo es:

$$\eta_t = \frac{w}{q_{aportado}} = \frac{w_T - w_C}{(h_3 - h_2)} = \frac{(h_3 - h_4) - (h_2 - h_1)}{(h_3 - h_2)}$$

$$\eta_t = 0.2898$$

3.3 Ciclo regenerativo

Una turbina de gas para producción de electricidad trabaja con un ciclo abierto regenerativo. En el compresor están entrando 20 kg/s de aire y la relación de compresión es de 8:1. El aire pasa a través del regenerador y de la cámara de combustión alcanzando finalmente una temperatura de 900ºC, con una pérdida de presión en el recalentador de 0.20 bar y en la cámara de combustión de 0.15 bar. En el escape de la turbina existe asimismo una pérdida de presión de 0.18 bar, hasta la salida a la atmósfera, debido al regenerador. La etapa de expansión está compuesta por dos turbinas, la de alta presión para accionar el compresor y otra que acciona un generador. Sabiendo que el rendimiento isoentrópico del compresor es de 0.83, el de las turbinas de 0.88, el mecánico del conjunto compresor y primera turbina 0.94, el de la segunda turbina se puede considerar unidad, la eficiencia del intercambiador de calor de 0.8 y el rendimiento de la cámara de combustión de 0.96, calcular:

- **a.** Dibujar un esquema de la instalación y un diagrama h-s de la evolución del fluido
- **b.** Presión a la salida de la primera turbina.
- **c.** Rendimiento del ciclo, compararlo con el ciclo sin regeneración.
- **d.** Potencia que desarrolla la instalación.
- **e.** Rendimiento de la instalación.

Las condiciones ambientales son: 15ºC y 1 bar, c_p=1.15 kJ/kgK, y γ=1.35
Despreciar la masa de combustible frente a la de aire

a) p_5= 2.45 bar
b) η_{ciclo}=0.343, $\eta_{ciclo\ sin\ reg}$=0.242. Hay que tener en cuenta un aumento de presión a la entrada de la cámara de combustión y la disminución de presión a la salida de la turbina debido a la no existencia de regenerador
c) N_{inst}=3.177 MW
d) η_{inst}=0.295

RESOLUCIÓN

a. Dibujar un esquema de la instalación y un diagrama h-s de la evolución del fluido

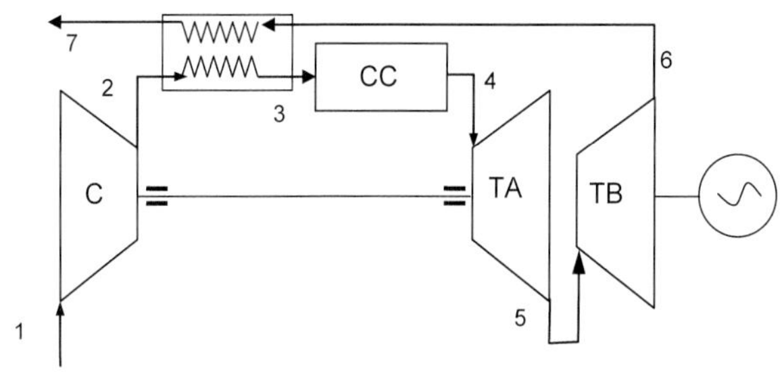

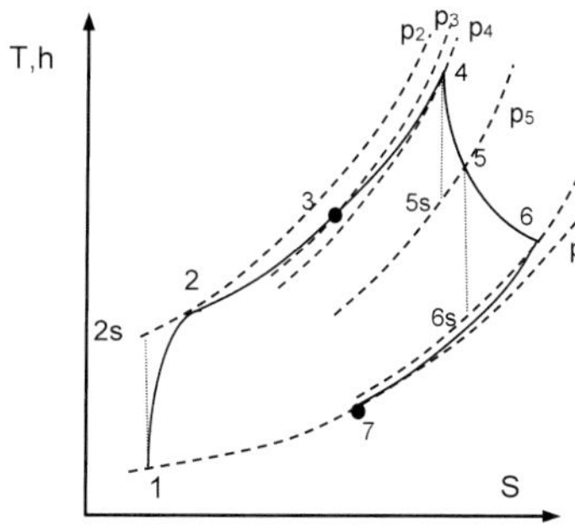

b. Presión a la salida de la primera turbina.

Lo primero que hay que hacer es calcular las entalpías en todos los puntos. Para ello, una vez conocida la temperatura, se calcula la entalpía como $h = c_pT$, donde $c_p = cte = 1.15kJ/kgK$.

Punto	p **(bar)**	T **(K)**	h **(kJ/kg)**
1	1	288	$= c_pT_1 = 331.2$
2s	$= r_c\, p_1 = 8$	$= T_1(r_c)^{\frac{\gamma-1}{\gamma}} = 493.8$	$= c_pT_{2s} = 567.9$

Punto	p (bar)	T (K)	h (kJ/kg)
2	8	$= T_1 + \frac{(T_{2s} - T_1)}{\eta_C} = 616.3$	$= c_p T_2 = 630.96$
3	$= p_2 - 0.20 = 7.8$	En principio no se puede calcular	
4	$= p_3 - 0.18 = 7.65$	1173	$= c_p T_4 = 1348.95$

Para el cálculo de las propiedades a la salida de la turbina de alta presión, en principio del punto 5 no se sabe ninguna propiedad. La turbina de alta expande hasta la presión justa para que su potencia efectiva sea igual a la potencia del compresor.

$$N_{e\_TA} = N_{e\_C}$$

$$(\dot{m}_a + \dot{m}_f)\ w_{e\_TA}\ \eta_{m\_eje} = \dot{m}_a w_C$$

$$(\dot{m}_a + \dot{m}_f)(h_4 - h_5)\ \eta_{m\_eje} = \dot{m}_a (h_2 - h_1)$$

$$(1 + F)(h_4 - h_5)\ \eta_{m\_eje} = (h_2 - h_1)$$

Si se desprecia la masa de combustible frente a la de aire, $\dot{m}_f \ll \dot{m}_a$, $(1 + F) \cong 1$

$$h_5 = h_4 - \frac{(h_2 - h_1)}{\eta_{m_{eje}}} = 1045.6\ kJ/kg$$

$$T_5 = \frac{h_5}{c_p} = \frac{1045.6\ kJ/kg}{1.15\ kJ/kgK} = 909.3\ K$$

Una vez conocido el punto 5, con el rendimiento interno de la turbina, se calcula el punto 5s.

$$\eta_{TA} = \frac{(h_4 - h_5)}{(h_4 - h_{5s})}$$

$$h_{5s} = h_4 - \frac{(h_4 - h_5)}{\eta_{TA}} = 1004.28\ kJ/kg$$

$$T_{5s} = \frac{h_{5s}}{c_p} = \frac{1004.28\ kJ/kg}{1.15\ kJ/kgK} = 873.29\ K$$

Y con la expansión isoentrópica desde 4 a 5s, se puede obtener la presión en el punto 5s, que es la presión a la salida de la turbina de alta.

$$T_{5s} = T_4 \left(\frac{p_{5s}}{p_4}\right)^{\frac{\gamma-1}{\gamma}}$$

De aquí se despeja la presión en el punto 5, salida de la turbina de alta:

$$p_{5s} = p_4 \left(\frac{T_{5s}}{T_4}\right)^{\frac{\gamma}{\gamma-1}} = 7.65 \left(\frac{873.29}{1173}\right)^{\frac{1.35}{1.35-1}} = 2.45\ bar$$

Se calculan ahora los puntos 6s y 6, salida de la turbina de baja presión. La evolución desde 5 a 6s es a entropía constante, por lo que:

$$T_{6s} = T_5 \left(\frac{p_{6s}}{p_5}\right)^{\frac{\gamma-1}{\gamma}}$$

Como los gases de escape a la salida de la turbina de baja presión pasan por el regenerador, y este tiene una pérdida de presión de 0.18 bar, y el punto 7 está a la presión ambiente, la presión en 6 es $p_6 = p_7 + 0.18\, bar = 1\, bar + 0.18\, bar = 1.18\, bar$.

$$T_{6s} = T_5 \left(\frac{p_{6s}}{p_5}\right)^{\frac{\gamma-1}{\gamma}} = 909.3 \left(\frac{1.18}{2.45}\right)^{\frac{1.35-1}{1.35}} = 752.25\, K$$

$$h_{6s} = c_p T_{6s} = 865.1\, kJ/kg$$

Con el rendimiento de la turbina de baja, se obtiene el punto 6:

$$\eta_{TB} = \frac{(h_5 - h_6)}{(h_5 - h_{6s})}$$

$$h_6 = h_5 - (h_5 - h_{6s})\eta_{TB} = 886.75\ kJ/kg$$

$$T_6 = \frac{h_6}{c_p} = \frac{886.75\ kJ/kg}{1.15\ kJ/kgK} = 771.1\ K$$

Para calcular la entalpía en el punto 3, se plantea la ecuación de la eficiencia del regenerador:

$$\epsilon = \frac{T_3 - T_2}{T_6 - T_2} = \frac{T_6 - T_7}{T_6 - T_2}$$

$$T_3 = T_2 + \epsilon(T_6 - T_2) = 724\, K$$

$$h_3 = c_p T_3 = 832.67\, kJ/kg$$

$$T_7 = T_6 - \epsilon(T_6 - T_2) = 583\ K$$

$$h_7 = c_p T_7 = 670.40\, kJ/kg$$

c. Rendimiento del ciclo, compararlo con el ciclo sin regeneración.

$$\eta_t = \frac{w}{q_{aportado}} = \frac{w_T - w_C}{(h_4 - h_3)} = \frac{(h_4 - h_5) + (h_5 - h_6) - (h_2 - h_1)}{(h_4 - h_3)}$$

$$\eta_t = 0.343$$

El ciclo sin regeneración, no tendrá las pérdidas de carga en el regenerador, por lo que hay que calcular otra vez las entalpías en los puntos 5s, 6 y 7 teniendo esto en cuenta. La presión en 4 es $p_4 = p_2 - 0.15\, bar = 8 - 0.15 = 7.85\, bar$, y la presión en 6 es 1bar.

$$p'_{5s} = p'_4 \left(\frac{T_{5s}}{T_4}\right)^{\frac{\gamma}{\gamma-1}} = 7.85 \left(\frac{873.29}{1173}\right)^{\frac{1.35}{1.35-1}} = 2.515\, bar$$

$$T'_{6s} = T_5 \left(\frac{p'_{6s}}{p'_5}\right)^{\frac{\gamma-1}{\gamma}} = 909.3 \left(\frac{1}{2.515}\right)^{\frac{1.35-1}{1.35}} = 823.23\ K$$

$$h'_{6s} = c_p T'_{6s} = 823.23\ kJ/kg$$

$$h'_6 = h_5 + (h_5 - h'_{6s})\eta_{TB} = 849.91\ \ kJ/kg$$

$$T'_6 = \frac{h'_6}{c_p} = \frac{881.68\ \ kJ/kg}{1.15\ \ kJ/kgK} = 739.06\ \ K$$

$$\eta'_t = \frac{(h_4 - h_5) + (h_5 - h'_6) - (h_2 - h_1)}{(h_4 - h_2)} = 0.292$$

Regenerando el rendimiento aumenta en:

$$\Delta\,\eta_t = \frac{\eta_t - \eta'_t}{\eta'_t} 100 = 17.47\%$$

d. Potencia que desarrolla la instalación

$$N_e = (\dot{m}_a + \dot{m}_f)w_e = (\dot{m}_a + \dot{m}_f)w_{e_{TB}} = (\dot{m}_a + \dot{m}_f)(h_5 - h_6)\eta_{m_{TB}}$$

Depreciando la masa de combustible frente a la de aire, y como el rendimiento mecánico de la segunda turbina es la unidad:

$$N_e = \dot{m}_a(h_5 - h_6) = 20\ \left(\frac{kg}{s}\right)\ (1045.6 - 886.75)\ \left(\frac{kJ}{kg}\right) = 3177\ kW$$

e. Rendimiento de la instalación

$$\eta_{inst} = \frac{N_e}{\dot{m}_f H_c}$$

Para saber algo sobre el gasto de combustible, se hace un balance de energías en la cámara de combustión:

$$(\dot{m}_a + \dot{m}_f)h_3 = \dot{m}_f H_c \eta_{CC} + \dot{m}_f h_2 + \dot{m}_a h_2$$

Despreciando el gasto de combustible frente a la del aire

$$\dot{m}_a h_3 = \dot{m}_f H_c \eta_{CC} + \dot{m}_a h_2$$

$$\dot{m}_f H_c = \frac{\dot{m}_a(h_3 - h_2)}{\eta_{CC}}$$

Substituyendo en la expresión del rendimiento de la instalación:

$$\eta_{inst} = \frac{N_e}{\dot{m}_f H_c} = \frac{N_e}{\dfrac{\dot{m}_a(h_3 - h_2)}{\eta_{CC}}} = 0.295$$

3.4 Ciclo regenerativo doble eje

Una turbina de gas, que se emplea para la producción de energía eléctrica, está compuesta por un grupo Turbina-Compresor en eje libre y una turbina adicional acoplada a un alternador para la optimización del control y regulación de la carga. Se utilizan dos cámaras de combustión, la primera eleva la temperatura de los gases que salen del compresor hasta la temperatura de entrada a la turbina que acciona el compresor. La segunda cámara sobrecalienta los gases que salen de la primera cámara de combustión hasta la temperatura de entrada a la turbina de potencia que acciona el alternador.

De esta forma se puede controlar el caudal de gases que pasa por el compresor y por otro lado la potencia eléctrica que se está generando.

A fin de mejorar el rendimiento de la instalación, las corrientes que salen de las dos turbinas, se mezclan y pasan a un intercambiador que precalienta la corriente de gases que sale del compresor antes de que entre en la primera cámara de combustión. El intercambiador no tiene pérdidas de carga y enfría los gases calientes hasta 350 °C.

Se desprecia la pérdida de carga en las cámaras de combustión y el rendimiento de las mismas es de 0.94.

La turbina que acciona el compresor tiene un rendimiento de 0.91 y el rendimiento mecánico del conjunto en eje libre es de 0.96 y la turbina que acciona el alternador tiene un rendimiento isoentrópico de 0.9 y el mecánico 0.98.

En unas determinadas condiciones de funcionamiento, el aire entra en el compresor en condiciones ambiente 0.97 bar y una temperatura de 25ºC, y sale a la presión de 10 bar, la compresión se efectúa con un rendimiento interno de 0.85.

La potencia suministrada por la turbina de potencia es de 5 MW y la temperatura de entrada a la misma de 1300°C. La turbina del compresor tiene una temperatura de entrada de 1000°C.

Los gastos de combustible son despreciables frente a los de aire, gas perfecto con Cp = 1.1 kJ/kgK y γ = 1.35. El poder calorífico del combustible es 42000 kJ/kg.

Dibujar en un diagrama h-s la evolución del fluido y calcular:

- **a.** Condiciones en todos los puntos de funcionamiento del ciclo.
- **b.** Gastos másicos que atraviesan cada una de las turbinas.
- **c.** Gasto de combustible (kg/h).
- **d.** Rendimiento de la instalación y rendimiento térmico del ciclo. Comparar este último si no hubiese regeneración
- **e.** Eficiencia del intercambiador

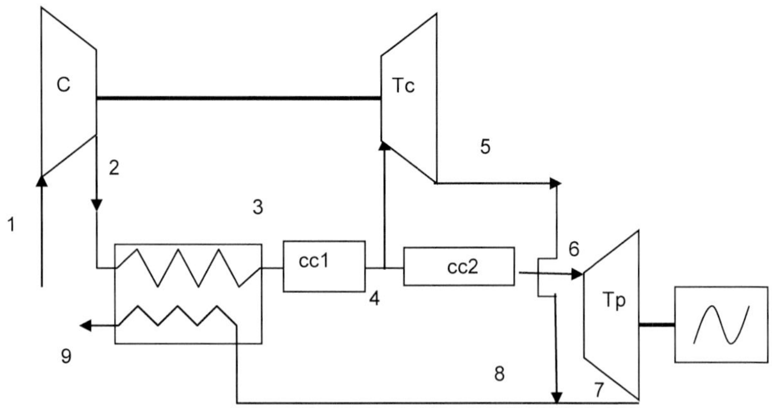

a) $\dot{m}_{Tc}$=9.768 kg/s $\dot{m}_{Tp}$=7.288 kg/s
b) $\dot{m}_f$=1041.6 kg/h
c) η_{inst}=0.4114, η_{ciclo}=0.4662, $\eta_{ciclo\ sin\ reg}$=0.3475
d) ϵ=0.8431

RESOLUCIÓN

La evolución del fluido en un diagrama h-s será:

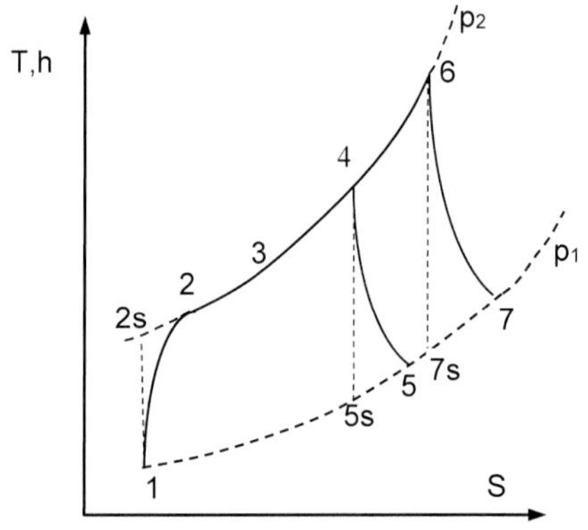

a. Condiciones en todos los puntos de funcionamiento del ciclo.

En la tabla siguiente se muestran las propiedades del fluido en cada punto. Las propiedades conocidas en cada punto se representan en color gris.

Punto	*p* (bar)	*T* (K)	*h* (kJ/kg)
1	0.97	$= 25 + 273 = 298$	$= c_p T_1 = 327.8$
2s	$= r_c\, p_1 = 9.7$	$= T_{2s}(r_c)^{\frac{\gamma-1}{\gamma}} = 541.3$	$= c_p T_{2s} = 595.5$
2	9.7	$= \dfrac{h_2}{c_p} = 584.3$	$= h_1 + \dfrac{(h_{2s} - h_1)}{\eta_C} = 642.7$

Punto	p (bar)	T (K)	h (kJ/kg)
3	9.7	No se puede calcular hasta conocer la entalpía	No se puede calcular hasta conocer el punto 8
4	9.7	$= 1000 + 273 = 1273$	$= c_p T_4 = 1400.3$
5s	0.97	$= T_4 \left(\frac{p_{5s}}{p_4}\right)^{\frac{\gamma-1}{\gamma}} = 700.76$	$= c_p T_{5s} = 770.8$
5	0.97	$= \frac{h_5}{c_p} = 752.26$	$= h_4 - (h_4 - h_{5s})\eta_{Tc} = 827.5$
6	9.7	$= 1300 + 273 = 1573$	$= c_p T_6 = 1730.3$
7s	0.97	$= T_6 \left(\frac{p_{7s}}{p_6}\right)^{\frac{\gamma-1}{\gamma}} = 865.9$	$= c_p T_{7s} = 952.5$
7	0.97	$= \frac{h_7}{c_p} = 936.61$	$= h_6 - (h_6 - h_{7s})\eta_{Tp} = 0130.27$

b. Gastos másicos que atraviesan cada una de las turbinas.

La masa de aire total que entra en el compresor, $\dot{m}_{aC}$, se divide en dos masas de aire: una que pasa por la turbina del compresor, $\dot{m}_{aTc}$, y otra que pasa por la turbina de potencia, $\dot{m}_{aTp}$.

Para calcular el punto 8 se plantea un balance de energía en el nodo de unión de las dos corrientes a la salida de las turbinas:

$$\dot{m}_5 h_5 + \dot{m}_7 h_7 = \dot{m}_8 h_8$$

Despreciando las masas de combustible frente a las de aire:

$$\dot{m}_{aTc} h_5 + \dot{m}_{aTp} h_7 = \dot{m}_{aC} h_8$$

En esta ecuación hay 3 incógnitas: h_8, $\dot{m}_{aTc}$, $\dot{m}_{aTp}$ y $\dot{m}_{aC}$. Se necesita plantear 3 ecuaciones más.

Por otro lado, si se hace un balance de masa en el nodo:

$$\dot{m}_{aTc} + \dot{m}_{aTp} = \dot{m}_{aC}$$

Se plantea un balance de energía en el eje libre:

$$N_{iTc}\, \eta_{mTC} = N_{iC}$$

Despreciando el gasto de combustible frente al del aire:

$$\dot{m}_{aTc}(h_4 - h_5)\eta_{mTC} = \dot{m}_{aC}(h_2 - h_1)$$

Se necesita otra ecuación para resolver el problema. Para ello se plantea el balance de energía en la turbina de potencia:

$$N_{eTp} = 5000\ kW$$

Despreciando la masa de combustible frente a la de aire:

$$\dot{m}_{aTp}(h_6 - h_7)\eta_{mTp} = 5000kW$$

De aquí se puede despejar la masa de aire $\dot{m}_{aTp}$:

$$\dot{m}_{aTp} = \frac{5000kW}{(h_6 - h_7)\eta_{mTp}}$$

$$\dot{m}_{aTp} = 7.288\ kg/s$$

Con ese gasto conocido, sustituyendo en la ecuación del balance de energía en el eje libre, la ecuación de conservación de la masa se puede despejar $\dot{m}_{aTc}$:

$$\dot{m}_{aTc}(h_4 - h_5)\eta_{mTC} = \dot{m}_{aC}(h_2 - h_1) = \left(\dot{m}_{aTc} + \dot{m}_{aTp}\right)(h_2 - h_1)$$

$$\dot{m}_{aTc} = \frac{\dot{m}_{aTp}(h_2 - h_1)}{(h_4 - h_5)\eta_{mTC} - (h_2 - h_1)}$$

$$\dot{m}_{aTc} = 9.768\ kg/s$$

También se puede calcular $\dot{m}_{aC}$:

$$\dot{m}_{aC} = \dot{m}_{aTc} + \dot{m}_{aTp} = 17.056\ kg/s$$

Y ya se puede despejar h_8 de la ecuación del balance de energía en el nodo:

$$\dot{m}_{aTc}h_5 + \dot{m}_{aTp}h_7 = \dot{m}_{aC}h_8$$

$$h_8 = \frac{\dot{m}_{aTc}h_5 + \dot{m}_{aTp}h_7}{\dot{m}_{aC}} = 914.14\ kJ/kg$$

Una vez conocida la entalpía en el punto 8, se puede calcular su temperatura:

$$T_8 = \frac{h_8}{c_p} = 831\ K$$

Se plantea un balance de energía en el intercambiador (regenerador):

$$\dot{m}_{aC}(h_3 - h_2) = \left(\dot{m}_{aC} + \dot{m}_{f1} + \dot{m}_{f2}\right)(h_8 - h_9)$$

Despreciando la masa de combustible frente a la de aire:

$$\dot{m}_{aC}(h_3 - h_2) = \dot{m}_{aC}(h_8 - h_9)$$

$$h_3 - h_2 = h_8 - h_9$$

$$h_3 = h_8 - \mathrm{c_p}T_9 + h_2 = 914.14 - 1.1\ (350 + 273) + 642.72 = 871.6\ kJ/kg$$

c. Cantidad de combustible consumido por hora en la instalación

Para el cálculo de combustible se plantea un balance de energía en las cámaras de combustión:
Cámara de combustión 1:

$$\dot{m}_{aC}h_3 + \dot{m}_{fCC1}h_{f3} + \dot{m}_{fCC1}H_C\eta_{CC1} = \left(\dot{m}_{aC} + \dot{m}_{fCC1}\right)h_4$$

Despreciando la masa de aire frente a la de combustible:

$$\dot{m}_{aC}h_3 + \dot{m}_{fCC1}H_C\eta_{CC1} = \dot{m}_{aC}h_4$$

$$\dot{m}_{fCC1} = \frac{\dot{m}_{aC}(h_4 - h_3)}{H_C\eta_{CC1}}$$

$$\dot{m}_{fCC1} = 0.2284\ kg/s$$

Cámara de combustión 2: planteando lo mismo se llega a:

$$\dot{m}_{fCC2} = \frac{\dot{m}_{aTp}(h_6 - h_4)}{H_C\eta_{CC2}} = 0.06092\ kg/s$$

La cantidad de combustible consumido por hora será:

$$\dot{m}_f = \dot{m}_{fCC1} + \dot{m}_{fCC2} = 0{,}2893\ kg/s = 1041.65\ kg/h$$

d. Rendimiento de la instalación y rendimiento térmico del ciclo, comparar este último si no hubiese regeneración

Rendimiento de la instalación:

$$\eta_{inst} = \frac{N_e}{\dot{m}_f H_c} = 0.4114$$

Rendimiento térmico del ciclo, despreciando la masa de combustible frente a la de aire:

$$\eta_t = \frac{w_i}{q_{aportado}} = \frac{N_{i_{Tp}} + N_{i_{Tc}} - N_{i_C}}{\dot{m}_{aC}(h_4 - h_3) + \dot{m}_{aTp}(h_6 - h_4)} = \frac{\dot{m}_{aTc}(h_4 - h_5) + \dot{m}_{aTp}(h_6 - h_7) - \dot{m}_{aC}(h_2 - h_1)}{\dot{m}_{aC}(h_4 - h_3) + \dot{m}_{aTp}(h_6 - h_4)}$$

$$\eta_t = 0.466$$

Si no hubiera regeneración, el calor aportado adicional correspondería con el que suministra el intercambiador, es decir, hay que calentar en la primera cámara de combustión desde el punto 2:

$$\eta_t = \frac{w_i}{q_{aportado}} = \frac{N_{i_{Tp}} + N_{i_{Tc}} - N_{i_C}}{\dot{m}_{aC}(h_4 - h_2) + \dot{m}_{aTp}(h_6 - h_4)} = \frac{\dot{m}_{aTc}(h_4 - h_5) + \dot{m}_{aTp}(h_6 - h_7) - \dot{m}_{aC}(h_2 - h_1)}{\dot{m}_{aC}(h_4 - h_2) + \dot{m}_{aTp}(h_6 - h_4)}$$

$$\eta_{t\_SR} = 0.3475$$

e. Eficiencia del intercambiador

$$\epsilon = \frac{T_3 - T_2}{T_8 - T_2} = \frac{T_8 - T_9}{T_8 - T_2}$$

$$\epsilon = 0.843$$

4 CICLOS COMBINADOS TV-TG Y COGENERACIÓN

4.1 Ciclo TG regenerativo vs Ciclo combinado

Una turbina de gas para producción de electricidad funciona con la relación de compresión de máximo trabajo específico, según las condiciones que se detallan. El aire a la salida del compresor es precalentado con los gases salientes de la turbina hasta que estos últimos tienen una temperatura de 50°C por encima de la de salida del compresor.

T_{amb}=20 °C
p_{amb}=1 bar
T entrada turbina=950 °C
H_c=40 MJ/kg
R=287 J/kg/K
Rendimiento isoentrópico compresor=0.9
Rendimiento isoentrópico turbina=0.92
Potencia=50 MW
Exponente politrópico=1.4

Determinar:

- **a.** La relación de compresión a la que está funcionando.
- **b.** Rendimiento térmico del ciclo.
- **c.** Gasto de aire y gasto de combustible.

Se considera que no hay pérdidas de presión en el intercambiador ni en la cámara de combustión y no tienen pérdidas de calor.
Despreciar la masa de combustible frente a la de aire.

Comparar el sistema anterior con un ciclo combinado en el que se usa la misma turbina de gas y el calor del escape de la misma se utiliza para calentar el agua de un ciclo de vapor con temperatura de entrada a la turbina de vapor 50°C por debajo de la de salida de la turbina de gas, el gas se enfría hasta 120°C. La presión de entrada a la turbina es de 60 bar y la de salida de 0.1 bar. El rendimiento isoentrópico de la turbina es de 0.9 y el de la bomba de 0.85

Calcular:

- **d.** Rendimiento térmico del ciclo de vapor.
- **e.** El gasto de vapor y la potencia de este nuevo ciclo.
- **f.** Rendimiento térmico del conjunto.
- **g.** Determinar el rendimiento del nuevo ciclo de TG y de la caldera de recuperación y calcular a partir de ellos el rendimiento del conjunto.
- **h.** Calcular el rendimiento de la instalación.

Punto	Título Vapor	Presión (bar)	Temp. (°C)	Entalpía (kJ/kg)	Entropía (kJ/kg/K)
A	Vapor	60,0	379,97	3128,21	6,46786
B	0	0.1	45,83	191,80	0,64930
C	L	60,0	46,04	197,87	0,64930
D	0,77562	0,1	45,83	2047,86	6,46786
E	1	60	275,56	2785	5,8907

Punto	Título Vapor	Presión (bar)	Temp. (ºC)	Entalpía (kJ/kg)	Entropía (kJ/kg/K)
F	1	0,1	45,83	2584,8	8,1511
G	0	60	275,56	1213,7	3,0274

a) r_C=8.76
b) η=0.4215
c) $\dot{m}_a$=207.18 kg/s, $\dot{m}_f$=2.97 kg/s
d) η_{TV}=0.329
e) $\dot{m}_v$=22.03 kg/s, N_{TV}=21.26 W
f) $\eta_{ciclo\_combinado}$=0.5265
g) η_{TG}=0.369, η_{CR}=0.7561
h) η_{inst}=0.5265

RESOLUCIÓN

La primera parte del problema es un ciclo regenerativo de una TG

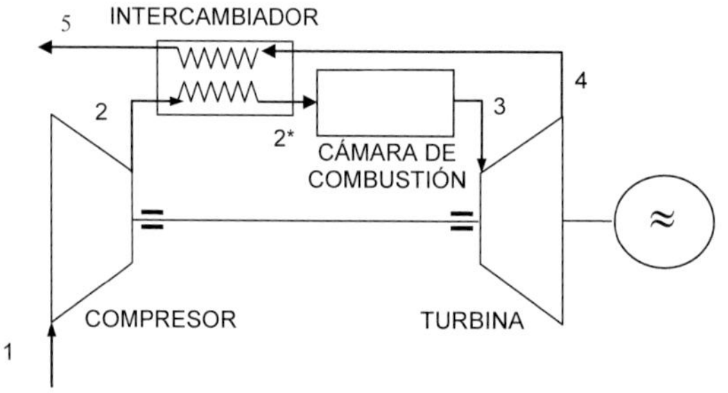

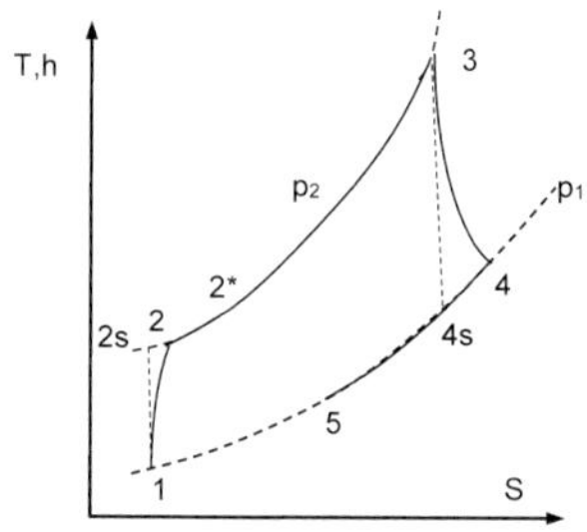

Hay que calcular las entalpías en todos los puntos. Para ello es necesario conocer la relación de compresión del compresor, que en este caso es la de máximo trabajo específico.

a. La relación de compresión a la que está funcionando.

El trabajo de una turbina de gas sin pérdidas de presión en la cámara de combustión tiene la siguiente expresión

$$w_i = \frac{c_p T_1}{\eta_C}(\delta - 1)\left(\frac{\theta}{\delta}\eta_C \eta_T - 1\right)$$

Donde

$$\delta = \frac{T_{2s}}{T_1} = \left(\frac{p_{2s}}{p_1}\right)^{\frac{\gamma-1}{\gamma}} = r_c^{\frac{\gamma-1}{\gamma}} = \left(\frac{p_3}{p_{4s}}\right)^{\frac{\gamma-1}{\gamma}} = \frac{T_3}{T_{4s}}$$

$$\theta = T_3/T_1$$

Derivando dicha expresión respecto a la relación de compresión, o de δ, e igualando a cero, se obtendrá la relación de compresión de máximo trabajo:

$$\frac{\partial w_i}{\partial \delta}=\frac{c_pT_1}{\eta_C}\left[\left(\frac{\theta}{\delta}\eta_C\eta_T-1\right)+(\delta-1)\left(-\frac{\theta}{\delta^2}\eta_C\eta_T\right)\right]=0$$

$$\frac{\theta}{\delta^2}\eta_C\eta_T=0$$

$$\delta=\sqrt{\theta\eta_C\eta_T}$$

$$r_c^{\frac{\gamma-1}{\gamma}}=\sqrt{\theta\eta_C\eta_T}$$

$$r_{c\_wmax}=(\theta\eta_C\eta_T)^{\frac{\gamma}{2(\gamma-1)}}$$

$$r_c=\left(\frac{950+273}{20+273}0.9\ 0.92\right)^{\frac{1.4}{2(1.4-1)}}=8.76$$

b. Rendimiento térmico del ciclo.

Se calcula la entalpía en todos los puntos.
Como en este problema es dato R =287 J/kgK y γ=1.4, se puede calcular c_p:

$$R=c_p-c_v \qquad \gamma=\frac{c_p}{c_v}$$

$$c_p=\gamma\, c_v=\gamma\,(c_p-R)$$

$$c_p=\frac{\gamma R}{\gamma-1}=\frac{R}{1-\frac{1}{\gamma}}$$

$$c_p=\frac{287}{1-\frac{1}{1.4}}=1.0045\ kJ/kgK$$

Punto	***p* (bar)**	***T* (K)**	***h* (kJ/kg)**
1	1	$=20+273=293$	$=c_pT_1=294.32$
2s	$=r_c\,p_1=8.76$	$=T_1(r_c)^{\frac{\gamma-1}{\gamma}}=544.7$	$=c_pT_{2s}=547.16$
2	8.76	$=\frac{h_2}{c_p}=572.67$	$=h_1+\frac{(h_{2s}-h_1)}{\eta_C}=575.25$
2*	8.76		No se puede calcular hasta conocer el punto 4
3	8.76	$=950+273=1223$	$=c_pT_3=1228.50$

Punto	p (bar)	T (K)	h (kJ/kg)
4s	1	$= T_3 \left(\frac{p_{4s}}{p_3}\right)^{\frac{\gamma-1}{\gamma}} = 657.86$	$= c_p T_{4s} = 660.82$
4	1	$= \frac{h_4}{c_p} = 703.07$	$= h_3 - (h_3 - h_{4s})\eta_T = 706.23$
5	1	$= T_2 + 50 = 622.67$	$= c_p T_5 = 625.47$

Falta calcular la entalpía en el punto 2*. Para ello se plantea un balance de energía en el intercambiador (regenerador):

$$\dot{m}_a(h_{2^*} - h_2) = (\dot{m}_a + \dot{m}_f)(h_4 - h_5)$$

Despreciando la masa de combustible frente a la de aire:

$$(h_{2^*} - h_2) = (h_4 - h_5)$$

$$h_{2^*} = h_2 + (h_4 - h_5)$$

$$h_{2^*} = 656.01 \ kJ/kg$$

$$T_{2^*} = \frac{h_{2^*}}{c_p} = 653.07 \ K$$

Una vez calculadas las entalpías de todos los puntos, se puede calcular el rendimiento térmico del ciclo:

$$\eta_t = \frac{w_i}{q_{aportado}} = \frac{(1+F)w_T - w_C}{(1+F)h_3 - h_{2^*}}$$

Despreciando la masa de combustible frente a la de aire:

$$\eta_t = \frac{(h_3 - h_4) - (h_2 - h_1)}{h_3 - h_{2^*}}$$

$$\eta_t = 0.4215$$

c. Gasto de aire y gasto de combustible.

$$N_e = 50MW = \dot{m}_a \left[(1+F)w_T \eta_{mT} - \frac{w_C}{\eta_{mC}}\right]$$

Despreciando la masa de combustible frente a la de aire, y suponiendo que los rendimientos mecánicos son la unidad:

$$\dot{m}_a = \frac{N_e}{w_T - w_C} = \frac{50 \ 10^3}{(h_3 - h_4) - (h_2 - h_1)}$$

$$\dot{m}_a = 207.18 \ kg/s$$

Para calcular el gasto de combustible se plantea balance de energía en la cámara de combustión. Suponiendo que el gasto de combustible es despreciable frente al de aire:

$$\dot{m}_f H_c \eta_{CC} = \dot{m}_a (h_3 - h_{2^*})$$

Como no dicen nada del rendimiento de la cámara de combustión, se supone que es la unidad

$$\dot{m}_f = \frac{\dot{m}_a (h_3 - h_{2^*})}{H_c}$$

$$\dot{m}_f = 2.97 \ kg/s$$

Segunda parte del problema: ciclo combinado:

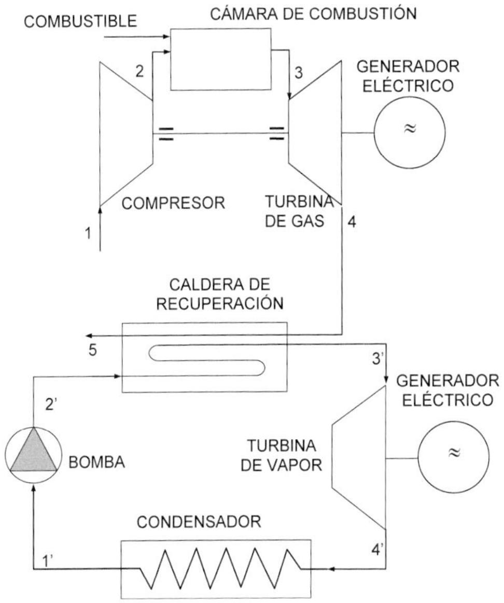

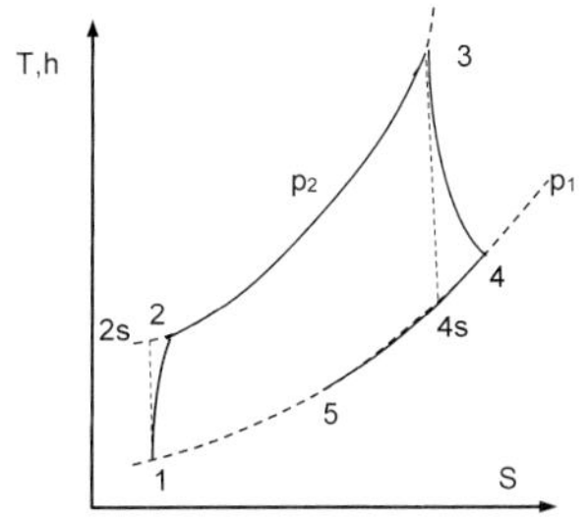

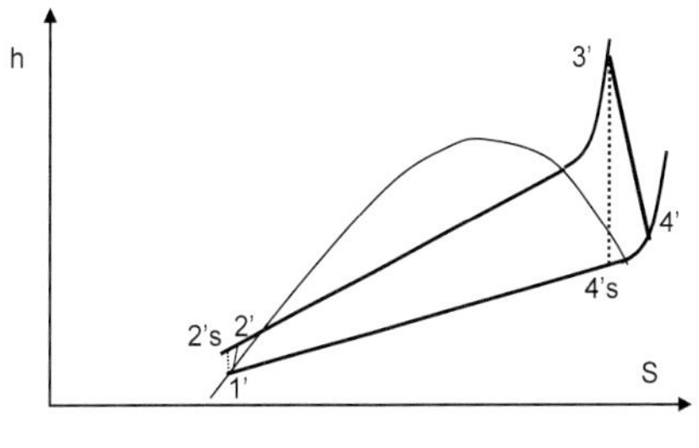

d. Rendimiento térmico del ciclo de vapor.

Para calcular el rendimiento térmico hay que calcular las entalpías en todos los puntos del ciclo de vapor. Para ello hay que saber dos propiedades en cada punto y entrando en la tabla del enunciado se identifica el punto y se obtiene la entalpía.

Pto del ciclo	Propiedades conocidas	Pto de la tabla	*h* (kJ/kg)
1'	$p_{1'} = 0.1 \ bar$ $X_{1'} = 0$	B	191,80
2's	$p_{2's} = 60 \ bar$ $s_{2's} = s_1 = 0,64930 \ kJ/kgK$	C	197.87
2'	$p_{2'} = 60 \ bar$		$= h_{1'} + \dfrac{(h_{2's} - h_{1'})}{\eta_B} = 198.9$

Pto del ciclo	Propiedades conocidas	Pto de la tabla	h (kJ/kg)
3'	$p_{3'} = 60\ bar$ $T_{3'} = T_4 - 50 = 703.1 - 50 = 653.1K = 380°C$	A	3128.21
4's	$p_{4's} = 0.1\ bar$ $s_{4's} = s_{3'} = 6{,}46786\ kJ/kgK$	D	2047,86
4'	$p_{4'} = 60\ bar$		$= h_{3'} - (h_{3'} - h_{4's})\eta_T = 2155.9$
5	$T_5 = 120 + 273 = 393\ k$		$= c_p T_5 = 394.77$

El rendimiento térmico de la turbina de vapor será:

$$\eta_{t\_TV} = \frac{w_i}{q_{aportado}} = \frac{w_{T\_TV} - w_B}{h_{3'} - h_{2'}} = \frac{h_{3'} - h_{4'} - (h_{2'} - h_{1'})}{h_{3'} - h_{2'}}$$

$$\eta_{t\_TV} = 0.3295$$

e. El gasto de vapor y la potencia de este nuevo ciclo.

Haciendo un balance de energía en la caldera de recuperación:

$$\left(\dot{m}_a + \dot{m}_f\right)(h_4 - h_5) = \dot{m}_v(h_{3'} - h_{2'})$$

Despreciando la masa de combustible frente a la de aire:

$$\dot{m}_a(h_4 - h_5) = \dot{m}_v(h_{3'} - h_{2'})$$

$$\dot{m}_v = \frac{\dot{m}_a(h_4 - h_5)}{h_{3'} - h_{2'}}$$

$$\dot{m}_v = 22.03\ kg/s$$

La potencia de este ciclo combinado es:

$$N_{e\_TV} = \dot{m}_v\left(w_{T\_TV}\eta_{mTV} - \frac{w_B}{\eta_{mB}}\right)$$

Suponiendo que los rendimientos mecánicos de la turbina y de la bomba son la unidad:

$$N_{e\_TV} = \dot{m}_v\left(w_{T\_TV} - w_B\right) = \dot{m}_v\ [h_{3'} - h_{4'} - (h_{2'} - h_{1'})]$$

$$N_{e\_TV} = 21261.67\ kW = 21.26\ MW$$

La potencia total de la instalación de ciclo combinado es:

$$N'_e = 50MW + 21.262\ \ MW = 71.26\ \ MW$$

f. Rendimiento térmico del conjunto.

Como el gasto del fluido trasegado no es el mismo, se expresa el rendimiento con potencias

$$\eta_{t\_CicloComb} = \frac{N_i}{\dot{Q}_{aportado}} = \frac{\dot{m}_a[(1+F)w_T - w_C] + \dot{m}_v(w_{T\_TV} - w_B)}{\dot{m}_a[(1+F)h_3 - h_2]}$$

Despreciando la masa de combustible frente a la de aire:

$$\eta_{t\_CicloComb} = \frac{\dot{m}_a(w_T - w_C) + \dot{m}_v(w_{T\_TV} - w_B)}{\dot{m}_a(h_3 - h_2)}$$

$$\eta_{t\_CicloComb} = \frac{\dot{m}_a[(h_3 - h_4) - (h_2 - h_1)] + \dot{m}_v[(h_{3'} - h_{4'}) - (h_{2'} - h_{1'})]}{\dot{m}_a(h_3 - h_2)}$$

$$\eta_{t\_CicloComb} = 0.5265$$

g. Determinar el rendimiento del nuevo ciclo de TG y de la caldera de recuperación y calcular a partir de ellos el rendimiento del conjunto

El rendimiento del ciclo combinado también se puede calcular con la siguiente expresión, obtenida a partir de la anterior, como:

$$\eta_{CicloComb} = \eta_{TG} + (1 - \eta_{TG})\eta_{CR}\eta_{TV}$$

Siendo el rendimiento de la TG:

$$\eta_{TG} = \frac{w_T - w_C}{h_3 - h_2} = \frac{(h_3 - h_4) - (h_2 - h_1)}{h_3 - h_2} = 0.3694$$

El rendimiento de la caldera de recuperación:

$$\eta_{CR} = \frac{\dot{m}_v(h_{3'} - h_{4'})}{\dot{m}_a(h_4 - h_{amb})} = \frac{\dot{m}_a(h_4 - h_5)}{\dot{m}_a(h_4 - h_{amb})} = \frac{h_4 - h_5}{h_4 - h_{amb}}$$

$$\eta_{CR} = 0.7561$$

Y el rendimiento térmico de la TV que ye estaba calculado $\eta_{t\_TV} = 0.3295$

$$\eta_{CicloComb} = 0.3694 + (1 - 0.3694)0.7561 \ 0.3295 = 0.5265$$

h. Calcular el rendimiento de la instalación.

$$\eta_{inst} = \frac{N_e}{\dot{m}_f H_c} = \frac{N_{eTG} + N_{eTV}}{\dot{m}_f H_c}$$

$$N_{eTG} = \dot{m}_a\left[(1+F)w_T\eta_{mT} - \frac{w_C}{\eta_{mC}}\right]$$

$$N_{eTV} = \dot{m}_v\left[w_{TV}\eta_{mT} - \frac{w_B}{\eta_{mB}}\right]$$

Como en este caso no hay datos de los rendimientos mecánicos, y despreciando la masa de combustible frente a la del aire, las potencias efectivas coinciden con las potencias internas (utilizada en el cálculo del rendimiento térmico).

Por otro lado, para el cálculo del gasto de combustible, se parte de la expresión del rendimiento de la cámara de combustión. Planteando el balance de energía en la cámara de combustión despreciando la masa de combustible frente a la del aire:

$$\dot{m}_a h_2 + \dot{m}_f H_C \eta_{CC} = \dot{m}_a h_3$$

$$\dot{m}_f H_C = \frac{\dot{m}_a (h_3 - h_2)}{\eta_{CC}}$$

Como no dicen nada del rendimiento de la cámara de combustión, se supone la unidad, por lo que:

$$\dot{m}_f H_C = \dot{m}_a (h_3 - h_2)$$

Y entonces el rendimiento de la instalación, al no contabilizar las pérdidas mecánicas ni las pérdidas de la cámara de combustión, coincide con el rendimiento térmico del ciclo.

4.2 Ciclo combinado con sobrecalentamiento

Un ciclo combinado turbina de gas de ciclo simple y turbina de vapor ciclo Rankine con recalentamiento intermedio funciona según las siguientes características:

- Relación de compresión de la TG: 8
- Temperatura de entrada a la TG: 900ºC
- Presión de entrada compresor y salida TG: 1bar
- Temperatura ambiente: 20ºC
- Rendimiento isoentrópico del compresor: 0.82
- Rendimiento isoentrópico de la turbina del motor TG: 0.9
- Rendimiento isoentrópico de las turbinas del motor TV: 0.95
- Presión de entrada TV1: 30 bar
- Temperatura de entrada TV1 y TV2: 350ºC
- Presión de recalentamiento: 10 bar
- Presión salida TV2: 0.5 bar

El flujo de gases procedente de la turbina de gas se conduce a un intercambiador para sobrecalentar el vapor que entra en la turbina 2 y el que entra en la turbina 1. El gas luego se lleva a un intercambiador evaporador, donde la temperatura de salida de los gases es 50ºC por encima de la del vapor en el evaporador. Esta misma corriente termina calentando el líquido que sale de la bomba hasta llevarlo a saturación.

Las pérdidas de carga se consideran despreciables y se desprecia el gasto de combustible frente al gasto de aire.

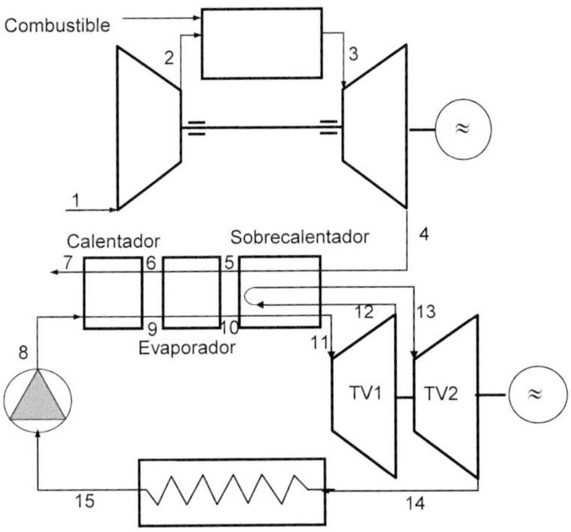

Dibujar un diagrama T-s de la evolución de los dos fluidos y calcular:

a. El trabajo específico obtenido en el ciclo de la turbina de gas.
b. El rendimiento del ciclo de la turbina de gas.
c. El trabajo específico obtenido en la turbina de vapor.
d. El rendimiento del ciclo de la turbina de vapor.
e. Si la potencia de la turbina de gas es de 10MW calcular el gasto de vapor que se puede calentar si no se utiliza combustible adicional en el ciclo de la turbina de vapor. Calcular la temperatura del gas a la salida de los tres intercambiadores.
f. La potencia total del ciclo.
g. El rendimiento total de la instalación.
h. El rendimiento de la caldera de recuperación y el rendimiento del ciclo combinado a partir de los tres rendimientos.

γ_{aire}=1.4, $C_{p_{aire}}$=1 kJ/kg/K.

n°	x	p bar	t °C	h kJ/kg	s kJ/kg/K	v dm³/kg
A	0	0,5	81,35	340,6	1,0912	1,0301
B	L	30	81,51	343,63	1,0912	1,0288
C	0	30	233,84	1008,3	2,6455	1,2163
D	1	30	233,84	2802,3	6,1838	66,632
E	V	30	350	3117,5	6,7471	90,526
F	V	10	210,89	2853,13	6,7471	211,9707
G	V	10	350	3158,5	7,3031	282,43
H	0,95516	0,5	81,35	2542,63	7,3031	3094,8687

a) w_{TG}=182.96 kJ/kg
b) η_{TG}=0.31
c) w_{TV}=833.2 kJ/kg
d) η_{TV}=0.2717
e) $\dot{m}_v$=3.26 kg/s, Tg sal sob=663.8 K, Tg sal evap=556.8 K, Tg sal cal=517.2 K

f) Ne vapor=2716 kW

g) η_{inst}=0.394

h) η_{CR}=0.4493 η_{cc}=0.394

RESOLUCIÓN

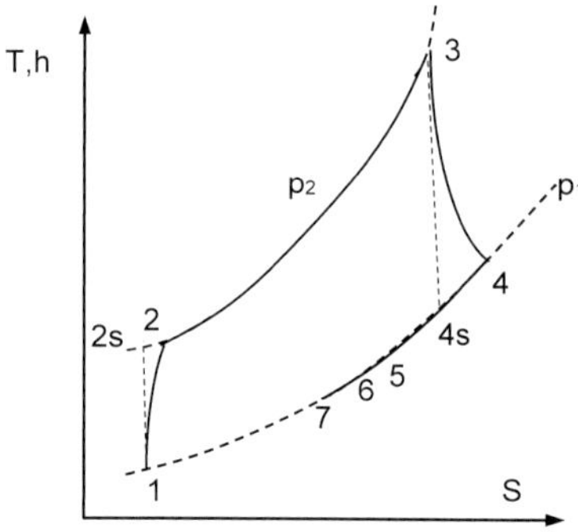

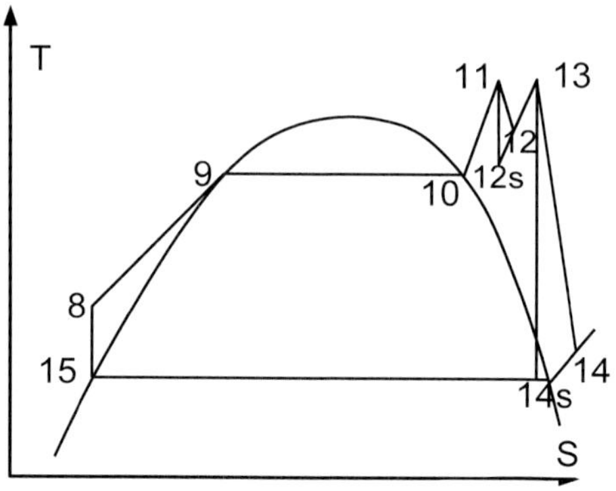

Se necesita calcular las entalpías en todos los puntos.

Turbina de gas:

Punto	p (bar)	T (K)	h (kJ/kg)
1	1	293	$= c_p T_1 = 293$
2s	$= r_{c\_Nmax}\, p_1 = 8$	$= T_1 (r_c)^{\frac{\gamma-1}{\gamma}} = 530.7$	$= c_p T_{2s} = 530.7$
2	8	$= T_1 + \dfrac{(T_{2s} - T_1)}{\eta_C} = 582.9$	$= c_p T_2 = 582.9$
3	8	1173	$= c_p T_3 = 1173$
4s	1	$= T_3 \left(\dfrac{p_{4s}}{p_3}\right)^{\frac{\gamma-1}{\gamma}} = 647$	$= c_p T_{4s} = 647$
4	1	$= T_3 - (T_3 - T_{4s})\eta_T = 700$	$= c_p T_4 = 700$

Turbina de vapor

Pto del ciclo	Propiedades conocidas	Pto de la tabla	h (kJ/kg)
15	$p_{15} = 0.5\ bar$ $X_{15} = 0$	A	340,6
8	$p_8 = 30\ bar$ $s_8 = s_{15} = 1{,}0912\ kJ/kgK$	B	343,63
9	$p_9 = 30\ bar$	C	1008,3

Pto del ciclo	Propiedades conocidas	Pto de la tabla	h (kJ/kg)
	$X_9 = 0$		
10	$p_{10} = 30\ bar$ $X_{10} = 1$	D	2802,3
11	$p_{11} = 30\ bar$ $T_{11} = 350°C$	E	3117,5
12s	$p_{12s} = 10\ bar$ $s_{12s} = s_{11} = 6{,}7471\ kJ/kgK$	F	2853,13
12	$p_{12} = 10\ bar$		$= h_{11} - (h_{11} - h_{12s})\eta_{T_{TV1}} = 2866.3$
13	$p_{13} = 10\ bar$ $T_{13} = 350°C$	G	3158,5
14s	$p_{14s} = 0.5\ bar$ $s_{14s} = s_{13} = 7{,}3031\ kJ/kgK$	H	2542,63
14	$p_{14} = 0.5\ bar$		$= h_{13} - (h_{13} - h_{14s})\eta_{T_{TV2}} = 2573.4$

a. El trabajo específico obtenido en el ciclo de la turbina de gas.

El trabajo específico de la turbina de gas será:

$$w_{i\_TG} = (1 + F)w_T - w_C$$

Despreciando el gasto de combustible frente al de aire:

$$w_{i\_TG} = w_T - w_C = (h_3 - h_4) - (h_2 - h_1)$$

$$w_{i\_TG} = 182.96\ kJ/kg$$

b. El rendimiento del ciclo de la turbina de gas.

$$\eta_{TG} = \frac{(1 + F)w_T - w_C}{(1 + F)h_3 - h_2}$$

Despreciando el gasto de combustible frente al de aire

$$\eta_{TG} = \frac{w_T - w_C}{h_3 - h_2} = \frac{(h_3 - h_4) - (h_2 - h_1)}{h_3 - h_2}$$

$$\eta_{TG} = 0.31$$

c. El trabajo específico obtenido en la turbina de vapor

$$w_{i\_TV} = w_T - w_B = (h_{11} - h_{12}) + (h_{13} - h_{14}) - (h_8 - h_{15})$$

$$w_{i\_TV} = 833.20\ kJ/kg$$

d. El rendimiento del ciclo de la turbina de vapor

$$\eta_{TV} = \frac{w_{i\_TV}}{q_{aportado}} = \frac{w_T - w_C}{h_{11} - h_8 + h_{13} - h_{12}} = \frac{(h_{11} - h_{12}) + (h_{13} - h_{14}) - (h_8 - h_{15})}{h_{11} - h_8 + h_{13} - h_{12}}$$

$$\eta_{TV} = 0.2717$$

e. Si la potencia de la turbina de gas es de 10MW calcular el gasto de vapor que se puede calentar si no se utiliza combustible adicional en el ciclo de la turbina de vapor. Calcular la temperatura del gas a la salida de los tres intercambiadores.

$$N_{e\_TG} = \dot{m}_a w_{e\_TG} = \dot{m}_a \left[(1+F)\, w_{TG}\, \eta_{mTG} - \frac{w_C}{\eta_{mC}} \right]$$

Despreciando la masa de combustible frente a la de aire, y suponiendo un rendimiento mecánico la unidad pues no dice nada el enunciado:

$$N_{e\_TG} = \dot{m}_a (w_{TG} - w_C) = \dot{m}_a w_{i\_TG}$$

$$\dot{m}_a = \frac{N_{e\_TG}}{w_{i\_TG}} = \frac{10.\,10^3}{182.96} = 54.65\ kg/s$$

Para calcular el gasto de vapor se plantea un balance de energía en los intercambiadores evaporador y sobrecalentador. Antes de plantearla, el enunciado dice que la temperatura de los gases a la salida del evaporador, T_6, es 50°C por encima de la del vapor en el evaporador, $T_9 = T_{10} = 233.84°C$

$$T_6 = T_9 + 50 = 233.84 + 50 = 283.84\ °C = 556.84\ K$$

$$h_6 = c_p\, T_6 = 556.84\ kJ/kg$$

El balance de energía en el evaporador:

$$(\dot{m}_a + \dot{m}_f)(h_5 - h_6) = \dot{m}_v (h_{10} - h_9)$$

Despreciando la masa de combustible frente a la de aire:

$$\dot{m}_a (h_5 - h_6) = \dot{m}_v (h_{10} - h_9)$$

La entalpía en 5 no se conoce. Se necesita otra ecuación. Para ello se plantea balance de energía en el sobrecalentador:

$$(\dot{m}_a + \dot{m}_f)(h_4 - h_5) = \dot{m}_v (h_{11} - h_{10}) + \dot{m}_v (h_{13} - h_{12})$$

Despreciando la masa de combustible frente a la de aire:

$$\dot{m}_a (h_4 - h_5) = \dot{m}_v (h_{11} - h_{10}) + \dot{m}_v (h_{13} - h_{12})$$

Se tienen dos ecuaciones y dos incógnitas, $\dot{m}_v$ y h_5. Se puede resolver.

Como se conoce h_6, también se puede resolver planteando el balance de energía en el evaporador más el sobrecalentador:

$$\dot{m}_a (h_4 - h_6) = \dot{m}_v (h_{10} - h_9) + \dot{m}_v (h_{11} - h_{10}) + \dot{m}_v (h_{13} - h_{12})$$

$$\dot{m}_v = \frac{\dot{m}_a (h_4 - h_6)}{(h_{10} - h_9) + (h_{11} - h_{10}) + (h_{13} - h_{12})}$$

$$\dot{m}_v = 3.26\ kg/s$$

f. La potencia total del ciclo.

$$N_e = N_{e\_TG} + N_{e\_TV}$$

$$N_{e\_TV} = \dot{m}_v \ w_{e\_TV} = \dot{m}_v \left(w_{TV} \, \eta_{mTV} - \frac{w_B}{\eta_{mB}} \right)$$

Suponiendo que el rendimiento mecánico es la unidad, ya que no dice nada el enunciado:

$$N_{e\_TV} = \dot{m}_v \ w_{e\_TV} = \dot{m}_v \, (w_{TV} \ - w_B) = \dot{m}_v \, w_{i\_TV}$$

$$N_{e\_TV} = 2716 \, kW$$

$$N_e = N_{e\_TG} + N_{e\_TV} = 10.10^3 + 2716 = 12716 \, kW = 12.716 \, MW$$

g. El rendimiento total de la instalación.

$$\eta_{inst} = \frac{N_e}{\dot{m}_f H_c}$$

Suponiendo que el rendimiento de la cámara de combustión es la unidad ya que no dice nada el enunciado, y despreciando la masa de combustible frente a la de aire, si se plantea el balance de energía en la cámara de combustión:

$$\dot{m}_f H_c = \dot{m}_a (h_3 - h_2)$$

$$\eta_{inst} = \frac{N_e}{\dot{m}_a (h_3 - h_2)}$$

$$\eta_{inst} = 0.394$$

h. El rendimiento de la caldera de recuperación y el rendimiento del ciclo combinado a partir de los tres rendimientos.

$$\eta_{CR} = \frac{\left(\dot{m}_a + \dot{m}_f\right)(h_4 - h_7)}{\left(\dot{m}_a + \dot{m}_f\right)(h_4 - h_{amb})} = \frac{h_4 - h_7}{h_4 - h_{amb}}$$

Hay que calcular h_7. Para ello se plantea un balance de energía en el calentador:

$$\left(\dot{m}_a + \dot{m}_f\right)(h_6 - h_7) = \dot{m}_v (h_9 - h_8)$$

Despreciando la masa de combustible frente a la de aire:

$$h_7 = h_6 - \frac{\dot{m}_v (h_9 - h_8)}{\dot{m}_a}$$

$$h_7 = 517.2 \, kJ/kg$$

Y la entalpía del ambiente será:

$$h_{amb} = c_p T_{amb} = 293 \, kJ/kg$$

Sustituyendo en la ecuación del rendimiento de la caldera de recuperación se obtiene:

$$\eta_{CR} = 0.449$$

El rendimiento del ciclo combinado es:

$$\eta_{t\_CicloComb} = \frac{N_i}{\dot{Q}_{aportado}} = \frac{\dot{m}_a[(1+F)w_T - w_C] + \dot{m}_v(w_{T\_TV} - w_B)}{\dot{m}_a[(1+F)h_3 - h_2]}$$

Desarrollando esta expresión, despreciando la masa de combustible frente a la de aire, se llega a:

$$\eta_{CicloComb} = \eta_{TG} + (1 - \eta_{TG})\eta_{CR}\eta_{TV}$$

$$\eta_{CicloComb} = 0.3943$$

Si se compara con el rendimiento de la turbina de gas, el aumento del rendimiento utilizando el ciclo combinado es:

$$\Delta\eta = \frac{\eta_{CicloComb} - \eta_{TG}}{\eta_{TG}} 100 = 27.2\%$$

4.3 Aplicación industrial para generación de vapor

En una industria papelera se necesita generar 10 kg/s de vapor saturado a 250ºC. Para ello se parte de líquido saturado a 1 bar que es comprimido isoentrópicamente hasta 39.78 bar, después calentado hasta líquido saturado y después evaporado hasta vapor saturado.
Para el proceso de aportación de calor al agua se utilizan los gases de escape un ciclo de turbina de gas para la producción de electricidad que toma el aire del ambiente. La turbina de gas tiene una temperatura de entrada de 900ºC y la relación de compresión en el compresor es de 9 con rendimiento isoentrópico de 0.85, el rendimiento isoentrópico de la turbina es de 0.9 y los mecánicos de ambas máquinas de 0.95, la cámara de combustión tiene rendimiento unidad.
Los gases de salida de la turbina pasan por el evaporador y después por el calentador, con una pérdida de carga total de 0.3 bar.
Calcular:

a. Dibujar un esquema de la instalación y en un diagrama T-s la evolución del agua y del gas. indicar los puntos en los esquemas y en el diagrama.
b. Potencia de compresión y de calentamiento del agua líquida.
c. Potencia de evaporación del agua.
d. Propiedades de los puntos característicos del ciclo de TG.
e. Dosado en la cámara de combustión asumiendo que el combustible tiene la misma entalpía que el aire a la entrada.
f. Rendimiento interno del ciclo.
g. El gasto de aire y de combustible en la TG para que la temperatura del gas a la salida del evaporador sea 50º por encima de la del agua en el evaporador.
h. Temperatura del gas a la salida del calentador.
i. Potencia efectiva del ciclo de turbina de gas.

P_{amb}=1bar, T_{amb}=20ºC, R=287 J/kgK, C_p=1.1 kJ/kgK, H_c=38 MJ/kg

Indicaciones:

- No despreciar la masa de combustible frente a la del aire.
- El proceso que sufre el agua es como el de un ciclo de TV desde la salida del condensador hasta la salida de la caldera sin sobrecalentamiento.

Pto	título	p (bar)	T (ºC)	h (kJ/kg)	s (kJ/kg/K)	v (dm³/kg)
A	0	1,000	99,63	417,50	1,30270	1,0434
B	0	39,777	250,00	1085,79	2,79347	1,2513
C	L	39,777	99,90	421,56	1,30270	1,0416
D	1	39,777	250,00	2800,43	6,07081	50,0364

a) Ne_{comp}=40.6 kW, Ne_{cal}=6.642 MW, Ne_{evap}=17.146 MW
b) F=0.018, η_{int}=0.251
c) $\dot{m}_a$=84.34 kg/s, $\dot{m}_f$=1.524 kg/s, T_{sal}=230ºC, Ne_{TG}=11.491 MW

RESOLUCIÓN

a. Dibujar un esquema de la instalación y en un diagrama T-s la evolución del agua y del gas. indicar los puntos en los esquemas y en el diagrama.

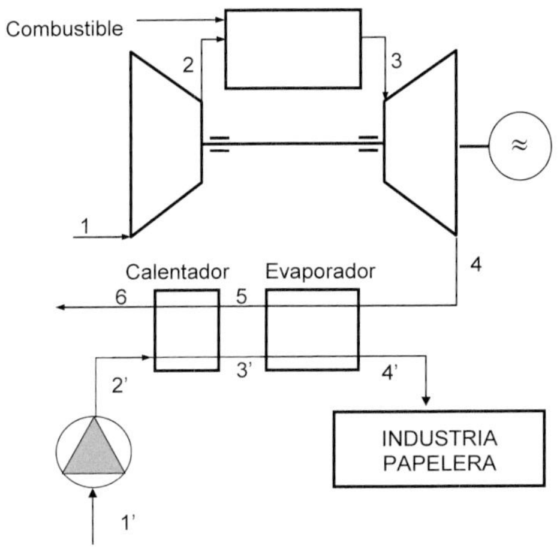

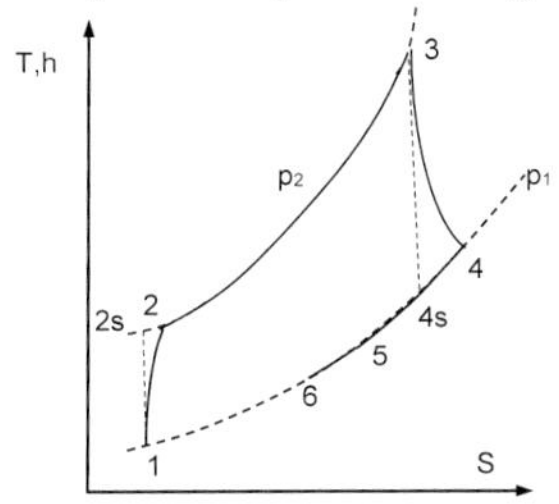

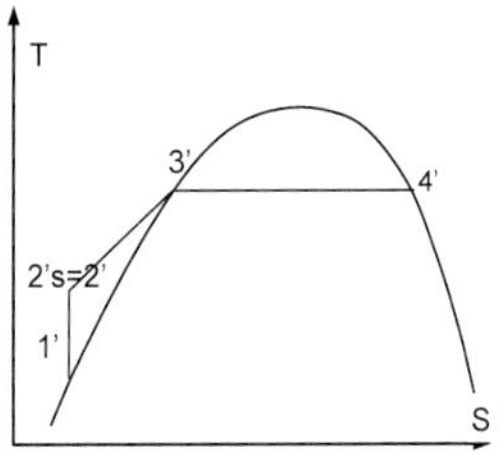

b. Potencia de compresión y de calentamiento del agua líquida.

Hay que calcular la entalpía en los puntos correspondientes del agua. Para ello se identifica cada punto en la tabla de datos del agua que se da en el enunciado

Pto del ciclo	Propiedades conocidas	Pto de la tabla	h (kJ/kg)
1'	$p_{1'} = 1\ bar$ $X_{1'} = 0$	A	417.5
2'	$p_{2'} = 39.78\ bar$ $s_{2'} = s_{2's} = s_{1'} = 1{,}30270\ kJ/kgK$	C	421.56
3'	$p_{3'} = 39.78\ bar$ $X_{3'} = 0$	B	1085.79
4'	$p_{4'} = 39.78\ bar$ $X_{4'} = 1$	D	2800,43

Potencia de compresión del agua:

$$N_{e\_compresión} = \dot{m}_v(h_{2'} - h_{1'}) = 10\ (421.56 - 417.5) = 4.06\ kJ/kg$$

Potencia de calentamiento del agua:

$$N_{e\_calentamiento} = \dot{m}_v(h_{3'} - h_{2'}) = 10\ (1085.79 - 421.56) = 6642.3\ kJ/kg$$

c. Potencia de evaporación del agua.

$$N_{e\_evaporación} = \dot{m}_v(h_{4'} - h_{3'}) = 10\ (2800.43 - 1085.79) = 17146\ kJ/kg$$

d. Propiedades de los puntos característicos del ciclo de TG.

Punto	*p* (bar)	*T* (K)	*h* (kJ/kg)
1	1	293	$= c_p T_1 = 322.3$
2s	$= r_c\, p_1 = 9$	$= T_1 (r_c)^{\frac{\gamma-1}{\gamma}} = 519.8$	$= c_p T_{2s} = 571.8$
2	9	$= T_1 + \dfrac{(T_{2s} - T_1)}{\eta_C} = 559.83$	$= c_p T_2 = 615.81$
3	9	1173	$= c_p T_3 = 1290.3$
4s	1.3	$= T_3 \left(\dfrac{p_{4s}}{p_3}\right)^{\frac{\gamma-1}{\gamma}} = 708.04$	$= c_p T_{4s} = 778.84$
4	1.3	$= T_3 - (T_3 - T_{4s})\eta_T = 754.53$	$= c_p T_4 = 829.99$

e. Dosado en la cámara de combustión asumiendo que el combustible tiene la misma entalpía que el aire a la entrada.

Haciendo un balance de energía en la cámara de combustión:

$$\dot{m}_a h_2 + \dot{m}_f h_2 + \dot{m}_f H_C \eta_{CC} = (\dot{m}_a + \dot{m}_f) h_3$$

El rendimiento de la cámara de combustión es la unidad. Dividiendo todo por el gasto de aire:

$$h_2 + F h_2 + F = (1 + F) h_3$$

$$F = \frac{h_3 - h_2}{H_C + h_2 - h_3}$$

$$F = 0.018$$

f. Rendimiento interno del ciclo (o rendimiento térmico del ciclo).

$$\eta_t = \frac{(1+F)w_T - w_C}{(1+F)h_3 - h_2} = \frac{(1+F)(h_3 - h_4) - (h_2 - h_1)}{(1+F)h_3 - h_2}$$

$$\eta_t = 0.251$$

g. El gasto de aire y de combustible en la TG para que la temperatura del gas a la salida del evaporador sea 50º por encima de la del agua en el evaporador.

$$T_5 = 50 + T_{3'} = 50 + 250 = 300\ °C = 573\ K$$

Se plantea un balance de energía en el evaporador:

$$(\dot{m}_a + \dot{m}_f)(h_4 - h_5) = \dot{m}_v(h_{4'} - h_{3'})$$

$$\dot{m}_a(1+F)(h_4 - h_5) = \dot{m}_v(h_{4'} - h_{3'}) = N_{e\_evaporación}$$

$$\dot{m}_a = \frac{\dot{m}_v(h_{4'} - h_{3'})}{(1+F)(h_4 - h_5)}$$

$$\dot{m}_a = 84.34\ kg/s$$

$$\dot{m}_f = \dot{m}_a\, F = 1.524\ kg/s$$

h. Temperatura del gas a la salida del calentador.

Se plantea un balance de energía en el calentador:

$$(\dot{m}_a + \dot{m}_f)(h_5 - h_6) = \dot{m}_v(h_{3'} - h_{2'})$$

$$h_6 = h_5 - \frac{\dot{m}_v(h_{3'} - h_{2'})}{(\dot{m}_a + \dot{m}_f)}$$

$$h_6 = 552.94$$

$$T_6 = \frac{h_6}{c_p} = 502.67\ K = 229.67\ °C$$

i. Potencia efectiva del ciclo de turbina de gas.

$$N_e = \dot{m}_a w_e = \dot{m}_a\left[(1+F)\, w_T\, \eta_{mT} - \frac{w_C}{\eta_{mC}}\right] = \dot{m}_a\left[(1+F)\,(h_3 - h_4)\,\eta_{mT} - \frac{(h_2 - h_1)}{\eta_{mC}}\right]$$

$$N_e = 11.491\ MW$$

5 OTROS PROBLEMAS DE CICLOS DE TG

5.1 Doble eje con recalentamiento

El montaje de turbina de gas integrado por 2 compresores, 2 turbinas y 2 cámaras de combustión de la figura opera en las siguientes condiciones:

- Condiciones del aire ambiente P_{amb}=1 bar, T_{amb}=30°C
- Relación de compresión del primer compresor r_{c1}=3.0 y la del segundo r_{c2}=3.5
- Rendimientos internos de ambos compresores y ambas turbinas son η_C=0.82 y η_T=0.86
- Temperatura a la entrada en ambas turbinas 780 °C
- Potencia generada 4.5 MW
- Poder calorífico del combustible utilizado H_C=42000 kJ/kg
- Rendimiento de ambas cámaras de combustión η_{CC}=0.98
- Comportamiento de gas perfecto con c_p=1.0 kJ/kg/K y c_v=0.713 kJ/kg/K

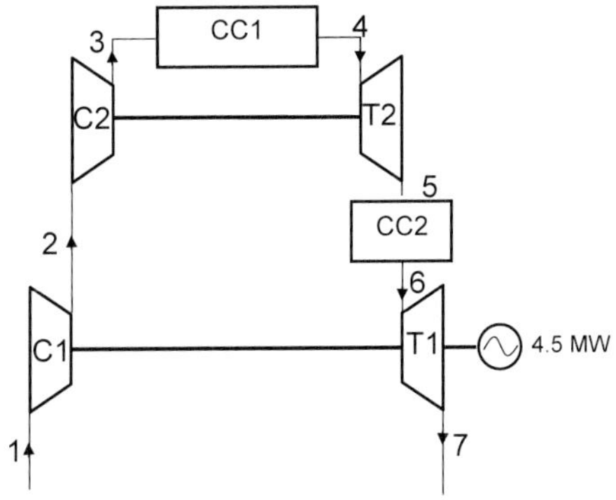

a. Dibújese el diagrama h-s.

b. Calcúlese el gasto de combustible introducido en cada cámara de combustión, el gasto de aire y el rendimiento de la instalación suponiendo que no hay pérdidas de presión en la cámara de combustión y que los rendimientos mecánicos son iguales a la unidad.

Indicación: Despreciar el gasto de combustible frente al de aire.

b) $\dot{m}_{f_1}$=0.2804 kg/s, $\dot{m}_{f_2}$=0.1709 kg/s, η_{inst}=0.237

RESOLUCIÓN

a. Dibújese el diagrama h-s

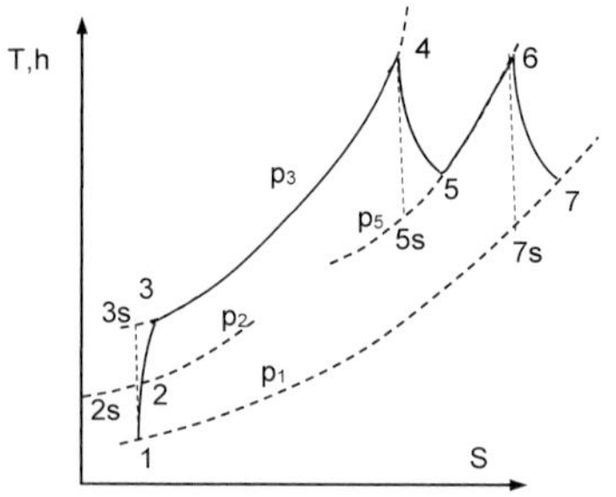

b. Calcúlese el gasto de combustible introducido en cada cámara de combustión, el gasto de aire y el rendimiento de la instalación suponiendo que no hay pérdidas de presión en la cámara de combustión y que los rendimientos mecánicos son iguales a la unidad.

Hay que calcular las entalpías en todos los puntos para poder realizar los cálculos correspondientes

Punto	*p* (bar)	*T* (K)	*h* (kJ/kg)
1	1	303	$= c_p T_1 = 303$
2s	$= r_{c1}\, p_1 = 3\ \ 1 = 3$	$= T_1 (r_{c1})^{\frac{\gamma-1}{\gamma}} = 415.31$	$= c_p T_{2s} = 415.3$
2	3	$= T_1 + \dfrac{(T_{2s} - T_1)}{\eta_C} = 439.99$	$= c_p T_2 = 439.99$
3s	$= r_{c2\_}\, p_2 = 3.5\ \ 3 = 10.5$	$= T_2 (r_{c2})^{\frac{\gamma-1}{\gamma}} = 630.33$	$= c_p T_{3s} = 630.33$
3	10.5	$= T_2 + \dfrac{(T_{3s} - T_2)}{\eta_C} = 672.12$	$= c_p T_3 = 672.12$
4	10.5	1053	$= c_p T_4 = 1053$
5s			

En principio no se sabe la presión a la salida de la primera turbina. Esta presión será aquella con la que se consigue que la potencia efectiva de la turbina T2 sea igual a la potencia efectiva necesaria para accionar el compresor C2:

$$N_{eT2} = N_{eC2}$$

$$N_{eT2} = \dot{m}_a w_{eT2} = \dot{m}_a [(1 + F_1)\, w_{T2}\, \eta_{mT2}]$$

Despreciando el gasto de combustible frente al de aire, y como el rendimiento mecánico es la unidad:

$$N_{eT2} = \dot{m}_a w_{T2} = \dot{m}_a (h_4 - h_5)$$

Haciendo las mismas hipótesis con el compresor, la potencia del compresor 2 será:

$$N_{eC2} = \dot{m}_a w_{eC2} = \dot{m}_a (h_3 - h_2)$$

Igualando las dos potencias:

$$h_4 - h_5 = h_3 - h_2$$

$$h_5 = h_4 - (h_3 - h_2) = 820.85\ kJ/kg$$

$$T_5 = \frac{h_5}{c_p} = 820.85\ K$$

Una vez conocida la temperatura en el punto 5 se puede calcular la temperatura en 5s con el rendimiento de la turbina T2:

$$T_{5s} = T_4 - \frac{(T_4 - T_5)}{\eta_{T2}} = 783.06\ K$$

Se puede calcular la presión en 5s con la evolución isoentrópica desde 4 a 5s:

$$p_{5s} = p_4 \left(\frac{T_{5s}}{T_4}\right)^{\frac{\gamma}{\gamma-1}}$$

$$p_{5s} = 3.74\ bar$$

Punto	p **(bar)**	T **(K)**	h **(kJ/kg)**
5	3.74	$= h_5/c_p = 820.85$	$= h_4 - (h_3 - h_2) = 820.85$
5s	$= p_4 \left(\frac{T_{5s}}{T_4}\right)^{\frac{\gamma}{\gamma-1}} = 3.74$	$= T_4 - \frac{(T_4 - T_5)}{\eta_{T2}} = 783.06$	$= c_p T_{5s} = 783.06$
6	3.74	1053	$= c_p T_6 = 1053$
7s	1	$= T_6 \left(\frac{p_{7s}}{p_6}\right)^{\frac{\gamma-1}{\gamma}} - 721.08$	$= c_p T_{7s} = 721.08$
7	1	$= T_6 - (T_6 - T_{7s})\eta_{T1} = 767.55$	$= c_p T_7 = 767.55$

La potencia de la turbina T1 es 4.5 MW. Con este dato se plantea la expresión de la potencia y de ahí se obtiene el gasto de aire:

$$N_e = \dot{m}_a (w_{eT1} - w_{eC1}) = \dot{m}_a \left[(1 + F_2)\, w_{T1}\, \eta_{mT1} - \frac{w_{eC1}}{\eta_{mC1}}\right]$$

Despreciando el gasto de combustible frente al de aire, y como el rendimiento mecánico es la unidad:

$$N_{eT2} = 4500\ kW = \dot{m}_a (w_{T2} - w_{C2}) = \dot{m}_a [(h_4 - h_5) - (h_2 - h_1)]$$

$$\dot{m}_a = \frac{N_{eT2}}{(h_4 - h_5) - (h_2 - h_1)}$$

$$\dot{m}_a = 30.31\ kg/s$$

Para el cálculo de los gastos de combustibles, se plantea el balance de energía en cada cámara de combustión. Para la cámara de combustión CC1:

$$\dot{m}_a h_3 + \dot{m}_{f1} h_{f1} + \dot{m}_{f1} H_C \eta_{CC} = \left(\dot{m}_a + \dot{m}_{f1}\right) h_4$$

Despreciando el gasto de combustible frente al de aire:

$$\dot{m}_a h_3 + \dot{m}_{f1} H_C \eta_{CC} = \dot{m}_a h_4$$

$$\dot{m}_{f1} = \frac{\dot{m}_a (h_4 - h_3)}{H_C \eta_{CC}}$$

$$\dot{m}_{f1} = \frac{30.31\ (1053 - 672.12)}{42\ 10^3\ \ 0.98} = 0.28\ kg/s$$

$$\dot{m}_{f2} = \frac{\dot{m}_a (h_6 - h_5)}{H_C \eta_{CC}}$$

$$\dot{m}_{f2} = \frac{30.31\ (1053 - 820.85)}{42\ 10^3\ \ 0.98} = 0.171\ kg/s$$

El rendimiento de la instalación es:

$$\eta_{inst} = \frac{N_e}{\left(\dot{m}_{f1} + \dot{m}_{f2}\right) H_C}$$

$$\eta_{inst} = 0.237$$

5.2 Deducción de expresiones

Con las variables indicadas en la figura, las entalpías específicas en cada uno de los puntos, los rendimientos mecánicos de cada máquina η_{mA}, η_{mC} y η_{mF}, y utilizando las siguientes hipótesis:

- No se desprecia la masa de combustible frente a la de aire.
- El combustible entra en la cámara de combustión con la misma entalpía específica que el punto 5.
- La entalpía específica no depende de la composición.
- Las potencias indicadas en cada máquina son las que entran por el eje de cada una.
- El calor de las pérdidas mecánicas se disipa al ambiente.

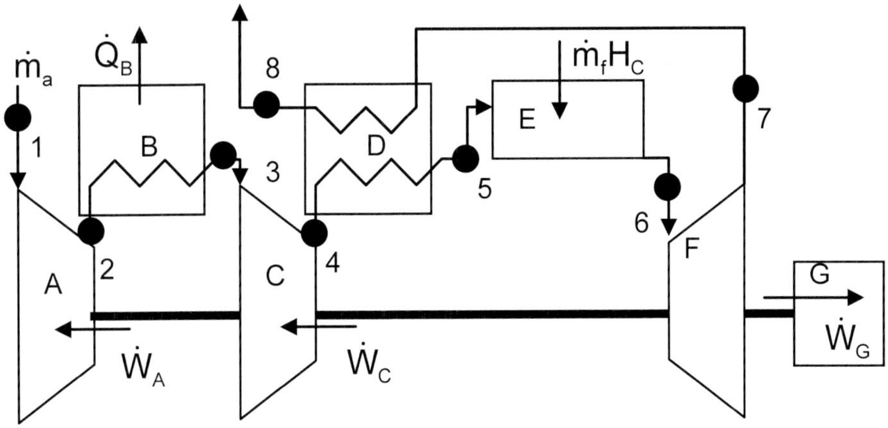

a. Aplicar el balance de energía de un sistema abierto a cada uno los elementos indicados con letras.

b. Determinar dos expresiones del rendimiento del conjunto motor térmico (instalación), una en función de las variables y otra en función de las entalpías, la relación combustible-aire "F" y los rendimientos mecánicos.

c. Aplicando el balance de energía al conjunto del motor térmico sin considerar el alternador determinar una expresión de la potencia específica (potencia en G entre gasto de aire) en la que SOLO intervengan el dosado "F" y las entalpías de los puntos 1,2 ,3, 5, 6 y 8.

a)

$$\dot{W}_A = \frac{\dot{m}_a(h_2 - h_1)}{\eta_{mA}}$$

$$\dot{Q}_B = \dot{m}_a(h_2 - h_3)$$

$$\dot{W}_C = \frac{\dot{m}_a(h_4 - h_3)}{\eta_{mC}}$$

$$\dot{m}_a(h_5 - h_4) = (\dot{m}_a + \dot{m}_f)(h_7 - h_8)$$

$$\dot{m}_f H_C = (\dot{m}_a + \dot{m}_f)(h_6 - h_5)$$

$$\dot{W}_A + \dot{W}_C + \dot{W}_G = (\dot{m}_a + \dot{m}_f)(h_6 - h_7)\eta_{mF}$$

$$\eta_{inst} = \frac{\dot{W}_G}{\dot{m}_f H_C}$$

$$\eta_{inst} = \frac{(1+F)(h_6 - h_7)\eta_{mF} - \frac{(h_2 - h_1)}{\eta_{mA}} - \frac{(h_4 - h_3)}{\eta_{mC}}}{(1+F)(h_6 - h_5)}$$

b) $w_G = h_1 - h_2 + h_3 - h_5 + (1 + F)(h_6 - h_8)$

RESOLUCIÓN

a. Aplicar el balance de energía de un sistema abierto a cada uno los elementos indicados con letras.

Compresor A:

$$\dot{W}_A\,\eta_{mA} = \dot{m}_a(h_2 - h_1)$$

$$\dot{W}_A = \frac{\dot{m}_a(h_2 - h_1)}{\eta_{mA}}$$

Intercambiador B:

$$\dot{Q}_B = \dot{m}_a(h_2 - h_3)$$

Compresor C:

$$\dot{W}_C\,\eta_{mC} = \dot{m}_a(h_4 - h_3)$$

$$\dot{W}_C = \frac{\dot{m}_a(h_4 - h_3)}{\eta_{mC}}$$

Intercambiador D (regenerador):

$$\dot{m}_a(h_5 - h_4) = (\dot{m}_a + \dot{m}_f)(h_7 - h_8)$$

Cámara de combustión E:

$$\dot{m}_a h_5 + \dot{m}_f h_5 + \dot{m}_f H_C \eta_{CC} = (\dot{m}_a + \dot{m}_f) h_6$$

Como no se dice nada del rendimiento de la cámara de combustión:

$$\dot{m}_f H_C = (\dot{m}_a + \dot{m}_f)(h_6 - h_5)$$

Turbina F:

$$\dot{W}_A + \dot{W}_C + \dot{W}_G = (\dot{m}_a + \dot{m}_f)(h_6 - h_7)\eta_{mF}$$

b. Determinar dos expresiones del rendimiento del conjunto motor térmico (instalación), una en función de las variables y otra en función de las entalpías, la relación combustible-aire "F" y los rendimientos mecánicos.

$$\eta_{inst} = \frac{\dot{W}_G}{\dot{m}_f H_C}$$

$$\eta_{inst} = \frac{\dot{W}_G}{\dot{m}_f H_C} = \frac{(\dot{m}_a + \dot{m}_f)(h_6 - h_7)\eta_{mF} - \dot{W}_A - \dot{W}_C}{(\dot{m}_a + \dot{m}_f)(h_6 - h_5)}$$

$$= \frac{(\dot{m}_a + \dot{m}_f)(h_6 - h_7)\eta_{mF} - \frac{\dot{m}_a(h_2 - h_1)}{\eta_{mA}} - \frac{\dot{m}_a(h_4 - h_3)}{\eta_{mC}}}{(\dot{m}_a + \dot{m}_f)(h_6 - h_5)}$$

$$\eta_{inst} = \frac{(1 + F)(h_6 - h_7)\eta_{mF} - \frac{(h_2 - h_1)}{\eta_{mA}} - \frac{(h_4 - h_3)}{\eta_{mC}}}{(1 + F)(h_6 - h_5)}$$

c. Aplicando el balance de energía al conjunto del motor térmico sin considerar el alternador determinar una expresión de la potencia específica (potencia en G entre gasto de aire) en la que SOLO intervengan el dosado "F" y las entalpías de los puntos 1,2 ,3, 5, 6 y 8.

$$\dot{W}_G = (\dot{m}_a + \dot{m}_f)(h_6 - h_7) - \dot{W}_A - \dot{W}_C$$
$$= (\dot{m}_a + \dot{m}_f)(h_6 - h_7) - \dot{m}_a(h_2 - h_1) - \dot{m}_a(h_4 - h_3)$$

$$\frac{\dot{W}_G}{\dot{m}_a} = w_G = (1 + F)(h_6 - h_7) - (h_2 - h_1) - (h_4 - h_3)$$

Teniendo en cuenta que en el regenerador (intercambiador D)

$$\dot{m}_a(h_5 - h_4) = (\dot{m}_a + \dot{m}_f)(h_7 - h_8)$$

$$h_5 - h_4 = (1 + F)(h_7 - h_8)$$

$$h_4 = h_5 - (1 + F)(h_7 - h_8)$$

$$w_G = (1 + F)(h_6 - h_7) - (h_2 - h_1) - [h_5 - (1 + F)(h_7 - h_8) - h_3]$$

$$w_G = (1 + F)(h_6 - h_7) - h_2 + h_1 - h_5 \mp (1 + F)(h_7 - h_8) + h_3$$

$$w_G = h_1 - h_2 + h_3 - h_5 + (1 + F)(h_6 - h_8)$$

6 MOTORES A REACCIÓN: COHETES

6.1 Cohete despegue

Un cohete de 100 toneladas en el momento del despegue, tiene el motor funcionando en condiciones de diseño. La velocidad de salida de los gases es de 1700 m/s, la temperatura de combustión 2500 K.

- **a.** Determinar la presión en la cámara de combustión.
- **b.** Si tiene una aceleración de 10m/s^2, calcular el gasto másico.
- **c.** Calcular el área de salida de los gases de la tobera.
- **d.** Calcular el área de la garganta de la tobera.

c_p=1000 J/kg/K, R=287 J/kg/K, se supone un proceso de expansión isoentrópico, p_{amb}=1bar

a) p_0=20.21 bar
b) $\dot{m}_a+\dot{m}_f$=1165.3 kg/s
c) A_1=2.075 m^2
d) A_c=0.713 m^2

RESOLUCIÓN

En un cohete, la evolución del fluido es a través de una tobera. El objetivo del diseño de la tobera es que, por un lado, se consiga el mayor rendimiento posible, es decir, la mayor energía de empuje por unidad de energía del combustible utilizado. Para conseguir la mayor energía de empuje, la velocidad de salida de los gases de escape debe ser lo mayor posible. En una tobera adaptada, se consigue las condiciones críticas en la garganta de la tobera. Si la tobera es convergente, se pretende que se alcancen las condiciones críticas en la salida de la misma, de forma que la velocidad a la salida sea la velocidad del sonido, que es la máxima que se puede alcanzar. Si la tobera es convergente divergente, si se diseña para que se consigan las condiciones críticas en la garganta, resulta que en la parte divergente la velocidad sigue creciendo por encima de la velocidad del sonido, con lo que se tiene mayor rendimiento.

Por otro lado, la presión en la salida de la tobera siempre debe ser mayor que la presión ambiente, porque si fuera menor se crearía una onda de choque no deseable dentro de la tobera. Si la presión en la salida es igual a la presión ambiente cuando el cohete está en tierra, se dice que la tobera está en condiciones de diseño. A medida que el cohete va ascendiendo, la presión ambiente irá disminuyendo y así la presión ambiente siempre será menor que la presión a la salida. En este caso se produce fuera de la tobera una expansión de Prandtl-Meyer.

De este modo, lo mejor es que la tobera sea convergente divergente, con condiciones críticas en la garganta, sin no se dice lo contrario.

La evolución del fluido en el motor es una expansión isoentrópica desde la presión p_0 en la cámara de combustión hasta la presión p_1 en la salida de la tobera. En la cámara de combustión la velocidad es despreciable $c_0 = 0$. El descenso de entalpía (temperatura) durante la expansión produce un aumento de la energía cinética (velocidad).

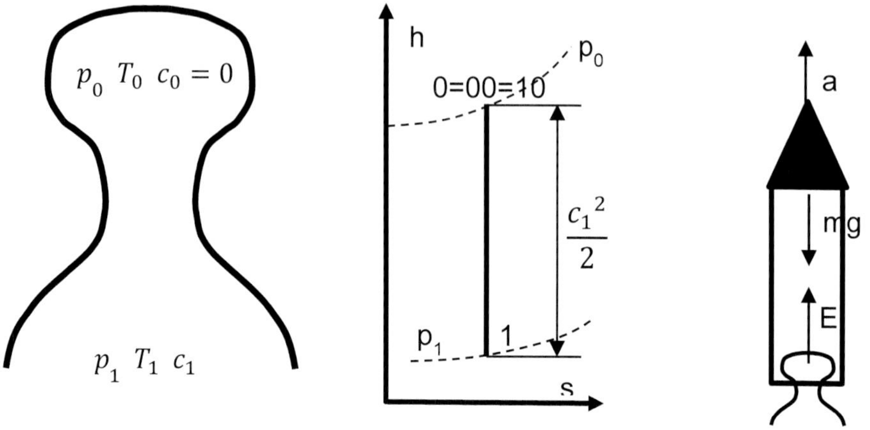

a. Determinar la presión en la cámara de combustión.

Como el cohete está funcionando en condiciones de diseño, le presión en el punto 1 coincide con la presión ambiente $p_1 = p_{amb} = 1\ bar$. Se conoce la presión y la velocidad en el punto 1 y la temperatura y la velocidad en el punto 2.

Utilizando un balance de energía entre el punto 0 y el punto 1 se puede calcular T_1.

$$h_{00} = h_{10} \quad \Rightarrow \quad h_0 = h_1 + \frac{c_1^2}{2}$$

Con la hipótesis de gas perfecto y tomando como referencia de entalpía 0 K.

$$c_p T_0 = c_p T_1 + \frac{c_1^2}{2} \quad \Rightarrow \quad T_1 = T_0 - \frac{c_1^2}{2c_p} = 2500 - \frac{1700^2}{2\ 1000} = 1055\ K$$

Con la ecuación de la evolución isoentrópica entre el punto 0 y el punto 1 se puede calcular p_0.
Es necesario calcular γ previamente a partir de c_p y R.

$$\gamma = \frac{c_p}{c_v} = \frac{c_p}{c_p - R} = \frac{1000}{1000 - 287} = 1.4025$$

También se puede calcular directamente $\frac{\gamma}{\gamma-1}$ con los valores de c_p y R:

$$\gamma = \frac{c_p}{c_v} = \frac{c_p}{c_p - R} = \frac{1}{1 - \frac{R}{c_p}} \Longrightarrow 1 - \frac{R}{c_p} = \frac{1}{\gamma} \Longrightarrow \frac{\gamma - 1}{\gamma} = \frac{R}{c_p}$$

$$p_0 = p_1 \left(\frac{T_0}{T_1}\right)^{\frac{\gamma}{\gamma-1}} = p_1 \left(\frac{T_0}{T_1}\right)^{\frac{c_p}{R}} = 1 \left(\frac{2500}{1055}\right)^{\frac{1000}{287}} = 20.21\ bar$$

b. Si tiene una aceleración de 10m/s², calcular el gasto másico.

El empuje del motor viene dado en las condiciones de diseño por el producto del gasto másico saliente por su velocidad a la salida:

$$E = \dot{m}c_s = \dot{m}c_1$$

Por lo tanto, si se conoce el empuje se puede determinar el gasto másico necesario para obtenerlo. A su vez, el empuje necesario depende de la masa y de las prestaciones que se quieren tener en el vuelo (aceleración). Aplicando la primera ley de Newton al cohete:

$$\sum F = m_{cohete}\, a \quad \Rightarrow \quad E - m_{cohete}\, g = ma \quad \Rightarrow \dot{m}c_1 - m_{cohete}\, g = m_{cohete}\, a$$

$$\dot{m} = \frac{m_{cohete}\,(a+g)}{c_1} = \frac{100\ \ 10^3\ (10+9.81)}{1700} = 1165.3\ kg/s$$

c. Calcular el área de salida de los gases de la tobera.

El gasto másico por la tobera se puede expresar como:

$$\dot{m} = c_s\rho_s A_s = c_1\rho_1 A_s = c_1\frac{p_1}{RT_1}A_s$$

$$A_s = \frac{\dot{m}\,R\,T_1}{c_1\,p_1} = \frac{1165.3\ \ 287\ \ 1055}{1700\ 1\ 10^5} = 2.075\ m^2$$

d. Calcular el área de la garganta de la tobera.

El mismo gasto másico al pasar por la garganta se puede expresar:

$$\dot{m} = c_g\rho_g A_g = c_g\frac{p_g}{RT_g}A_g \quad \Rightarrow \quad A_g = \frac{\dot{m}RT_g}{c_g p_g}$$

Se requiere conocer las condiciones en la garganta, esas condiciones son las críticas.

$$T_g = T_c = T_0\frac{2}{\gamma+1} = 2500\frac{2}{1.4025+1} = 2081.1\ K$$

$$p_g = p_c = p_0\left(\frac{T_c}{T_0}\right)^{\frac{\gamma}{\gamma-1}} = p_0\left(\frac{2}{\gamma+1}\right)^{\frac{c_p}{R}} = 20.21\left(\frac{2}{1.4025+1}\right)^{\frac{1000}{287}} = 10.67\ bar$$

$$c_g = c_c = \sqrt{\gamma RT_c} = \sqrt{1.4025\ \ 287\ \ 2081.1} = 915.25\ m/s$$

Ya se puede calcular el área de la garganta:

$$A_s = \frac{\dot{m}RT_g}{c_g p_g} = \frac{1165.3\ \ 287\ \ 2081.1}{915.25\ \ 10.67\ \ 10^5} = 0.713\ m^2$$

6.2 Cohete pirotécnico

Un cohete pirotécnico, con una tobera de salida solo convergente, en el momento de su lanzamiento está quemando un combustible sólido de poder calorífico 3 MJ/kg. El gas producto tiene un c_p de 1.2kJ/kg/K y γ=1.3. Si su masa es de 1kg y por cuestiones de resistencia no se desea que la presión en su interior supere los 10 bar. Suponiendo que el proceso en la tobera del cohete es isoentrópico, calcular:

- **a.** La velocidad de salida por la tobera.
- **b.** La tasa de combustible que debe quemarse para que su aceleración inicial sea de 1m/s^2.
- **c.** La sección de paso de la garganta.

T_{amb}=20ºC, p_{amb}=0.98 bar

a) C_s = 935.05 m/s
b) $\dot{m}_a+\dot{m}_f$= 7.088 g/s
c) A_c = 9.34 mm^2

RESOLUCIÓN

a. La velocidad de salida por la tobera.

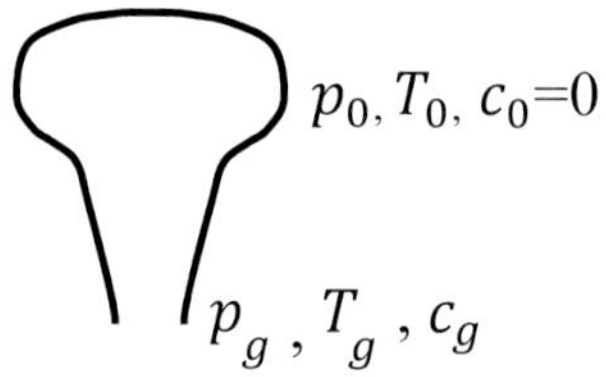

La temperatura en la cámara de combustión es la temperatura adiabática de llama. Haciendo un balance del proceso de combustión, el subíndice "p" indica propelente, que es la mezcla de combustible y comburente, que en el cohete ya está mezclado en estado sólido. Durante el proceso de combustión esta masa se convierte en gas y pasa de la temperatura ambiente a la temperatura en la cámara de combustión T_0.

$$\dot{m}_p H_p = \dot{m}_p c_p (T_0 - T_{amb}) \quad \Rightarrow \quad T_0 = T_{amb} + \frac{H_p}{c_p} = 20 + \frac{3\ 10^6}{1.2\ \ 10^3} = 2520\ °C = 2793\ K$$

Como la tobera es solo convergente, a la salida de la misma, si la presión en la cámara es suficiente elevada, existirán condiciones críticas que se pueden calcular a partir de T_0 y de la presión máxima admisible p_0:

$$T_s = T_g = T_c = T_0 \frac{2}{\gamma + 1} = 2793 \frac{2}{1.3 + 1} = 2428.7\ K$$

$$p_s = p_g = p_c = p_0 \left(\frac{T_c}{T_0}\right)^{\frac{\gamma}{\gamma-1}} = 10 \left(\frac{2}{1.3+1}\right)^{\frac{1.3}{1.3-1}} = 5.457\ bar$$

R se calcula a partir de c_p y γ:

$$R = c_p - c_v = c_p - \frac{c_p}{\gamma} = 1200 - \frac{1200}{1.3} = 276.92 \frac{J}{kg}/K$$

$$c_s = c_g = c_c = \sqrt{\gamma\, R\, T_c} = \sqrt{1.3 \;\; 276.92 \;\; 2428.7} = 935.05\, m/s$$

b. La tasa de combustible que debe quemarse para que su aceleración inicial sea de 1m/s^2.

El empuje necesario para tener una aceleración de 1 m/s2 se puede determinar de un balance de fuerzas sobre el cohete en el momento del lanzamiento.

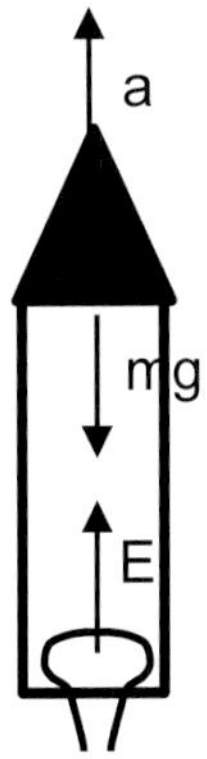

$$\sum F = m_{cohete}\, a$$

$$E - m_{cohete}\, g = m_{cohete}\, a \qquad \Rightarrow E = m_{cohete}\, g + m_{cohete}\, a = m_{cohete}\, (g + a)$$

$$E = 1(9.81 + 1) = 10.81\, N$$

El empuje del cohete viene dado por la siguiente expresión, en la que se incluye el término debido a que la presión en la salida de la tobera no es la ambiente.

$$E = \dot{m} c_s + A_s (p_s - p_{amb})$$

La sección de salida no está definida, pero se puede expresar en función de las condiciones en la garganta y el gasto másico:

$$\dot{m} = A_s \rho_s c_s = A_s \frac{p_s}{R T_s} c_s$$

$$E = \dot{m} c_s + \dot{m} \frac{R T_s}{p_s c_s} (p_s - p_{amb})$$

Se puede calcular el empuje específico (por unidad de gasto másico de combustible).

$$e = \frac{E}{\dot{m}} = c_s + \frac{R T_s}{p_s c_s} (p_s - p_{amb}) = 935.05 \frac{276.92 \;\; 2428.7}{5.457 \;\; 935.05} (5.457 - 0.98) = 1525.17 \frac{N}{kg/s}$$

El gasto másico corresponde con la tasa de combustible que se está quemando ya que el proceso se asume estacionario y en la cámara de combustión no se acumula el combustible quemado.

Por lo tanto, el gasto másico es:

$$\dot{m} = \frac{E}{e} = \frac{10.81}{1525.17} = 7.088\frac{g}{s}$$

c. La sección de paso de la garganta.

$$A_s = \dot{m}\frac{RT_s}{p_s c_s} = 0.007088\ \frac{276.92\ \ 2428.7}{5.457\ \ 10^5\ \ 935.05} = 9.3417\ mm^2$$

6.3 Variación de las condiciones ambientales

Un cohete atraviesa la atmósfera donde la presión ambiente es de 0.1 bar, tiene la tobera diseñada para funcionar a una presión exterior de 0.5 bar, con unas condiciones de remanso en la cámara de combustión de 25 bar y 3000K. El diámetro en la sección de la garganta de la tobera isentrópica es de 100 mm.

Calcular:

a. Velocidad de salida de los gases por la tobera y en la garganta de la misma.
b. Gasto másico y diámetro a la salida de la tobera.
c. Empuje en las condiciones de vuelo y empuje si la presión exterior fuese de 0.5 bar.
d. Empuje si la tobera se diseñase para las condiciones de 0.1 bar y diámetro de la nueva sección de salida.

R=373 J/kg/K y γ=1.2

a) c_s=2536 m/s, c_g=1105 m/s
b) $\dot{m}$=12.04 kg/s, D_s=0.265 m
c) $E_{Pamb=0.1\ bar}$=32743 N, $E_{Pamb=0.5\ bar}$=30529 N
d) $E_{diseño\ p=0.1bar}$=34312 N, $D_{diseño\ p=0.1\ bar}$=0.49 m

RESOLUCIÓN

En este problema el motor cohete está diseñado para unas condiciones exteriores de 0.5 bar. Al disminuir la presión exterior, se produce en la salida de la tobera una expansión de Prandtl-Meyer, pero dentro del cohete todo sigue funcionando igual que en diseño. En el caso de que la presión exterior subiese por encima de 0.5 bar se produciría una onda de choque en el interior de la tobera que conduciría a un proceso irreversible en el que la velocidad de salida del fluido por la tobera pasa a ser subsónica, esta situación hay que evitarla siempre en el funcionamiento del cohete. Sin embargo, si la presión exterior es menor que la de diseño, también se producen irreversibilidades pero en el exterior de la tobera y el motor funcionaría. Aunque no se conseguiría el mismo empuje que sin irreversibilidades, la situación no es tan mala ya que aparece un término en el empuje debido a la diferencia de presión entre la salida y el ambiente.

a. Velocidad de salida de los gases por la tobera y en la garganta de la misma.

Las condiciones en la cámara de combustión son conocidas, por lo tanto, se puede conocer las condiciones en la garganta y a la salida. Evidentemente, la tobera se diseña para que en la garganta se consigan las condiciones críticas.

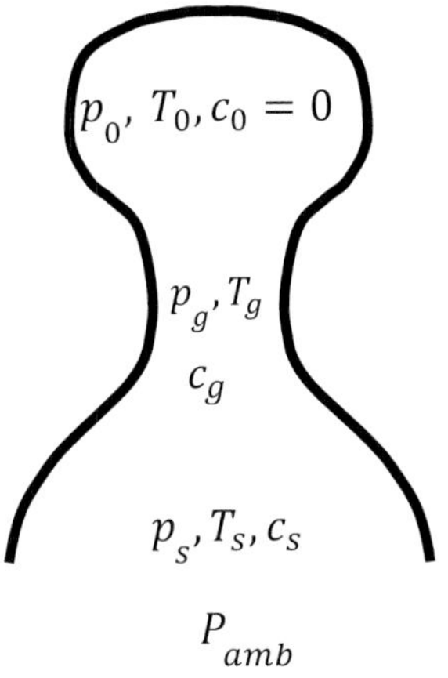

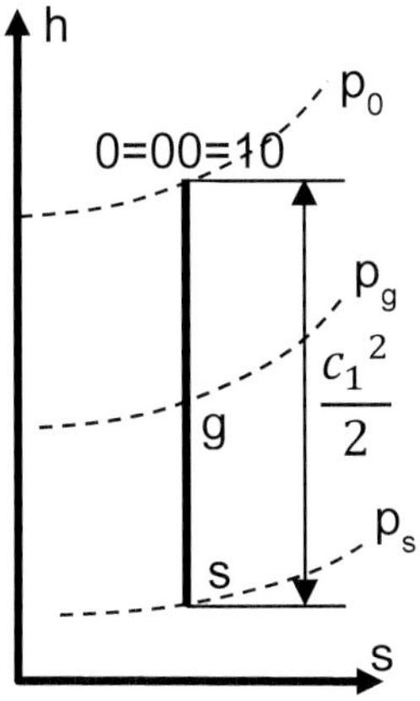

$$T_g = T_c = T_0 \frac{2}{\gamma + 1} = 3000 \frac{2}{1.2 + 1} = 2727.27\ K$$

$$p_g = p_c = p_0 \left(\frac{T_c}{T_0}\right)^{\frac{\gamma}{\gamma - 1}} = 25 \left(\frac{2}{1.2 + 1}\right)^{\frac{1.2}{1.2 - 1}} = 14.11\ bar$$

$$c_g = c_c = \sqrt{\gamma R T_c} = \sqrt{1.2\ \ 373\ \ 2727.27} = 1104.87\ m/s$$

Las condiciones a la salida se calculan asumiendo una evolución isoentrópica desde la cámara de combustión hasta la salida:

$$T_s = T_0 \left(\frac{p_s}{p_0}\right)^{\frac{\gamma - 1}{\gamma}} = 3000 \left(\frac{0.5}{25}\right)^{\frac{1.2 - 1}{1.2}} = 1563\ K$$

Le velocidad se calcula igualando las entalpías de parada:

$$h_{s0} = h_{00} \quad \Rightarrow \quad c_p T_s + \frac{c_s^2}{2} c_p T_0 \quad \Rightarrow \quad c_s = \sqrt{2\ c_p (T_0 - T_s)}$$

c_p se calcula a partir de R y γ:

$$R = c_p - c_v = c_p - \frac{c_p}{\gamma} \quad \Rightarrow \quad c_p = R \frac{\gamma}{\gamma - 1} = 373 \frac{1.2}{1.2 - 1} = 2238 \frac{J}{kg}/K$$

$$c_s = \sqrt{2\ \ 2238 (3000 - 1563)} = 2536.14\ m/s$$

b. Gasto másico y diámetro a la salida de la tobera.

El gasto másico se puede calcular en la garganta, ya que se conoce su tamaño:

$$\dot{m} = A_g \rho_g c_g = \frac{\pi D_g^2}{4} \frac{p_g}{R T_g} c_g = \frac{\pi 0.1^2}{4} \frac{14.11\ 10^5}{373\ 2727.27} 1104.87 = 12.378\ kg/s$$

Este gasto másico es el que sale por la sección de salida, por lo tanto se puede calcular sus dimensiones:

$$D_s = \sqrt{\frac{4 \dot{m} R T_s}{\pi p_s c_s}} = \sqrt{\frac{4\ 12.378\ 373\ 1563}{\pi\ 0.5\ 10^5\ 2536.14}} = 0.26545\ m$$

c. Empuje en las condiciones de vuelo y empuje si la presión exterior fuese de 0.5 bar.

El empuje para cualquier condición es:

$$E = \dot{m} c_s + A_s (p_s - p_{amb}) = \dot{m} c_s + \frac{\pi D_s^2}{4} (p_s - p_{amb})$$
$$= 12.378\ 2536.14 + \frac{\pi\ 0.26545^2}{4} (0.5 - 0.1) 10^5 = 32743.2\ N$$

Con la presión exterior en 0.5 bar, el segundo sumando del empuje vale 0:

$$E = \dot{m} c_s = 12.378\ 2536.14 = 30529.4\ N$$

d. Empuje si la tobera se diseñase para las condiciones de 0.1 bar y diámetro de la nueva sección de salida.

Si la tobera se diseña para una presión exterior de 0.1 bar, las condiciones a la salida de la tobera serían:

$$T_s = T_0 \left(\frac{p_s}{p_0}\right)^{\frac{\gamma - 1}{\gamma}} = 3000 \left(\frac{0.1}{25}\right)^{\frac{1.2-1}{1.2}} = 1195.27 K$$

Le velocidad se calcula igualando las entalpías de parada:

$$h_{s0} = h_{00} \quad \Rightarrow \quad c_p T_s + \frac{c_s^2}{2} c_p T_0 \quad \Rightarrow \quad c_s = \sqrt{2\ c_p (T_0 - T_s)}$$

$$c_s = \sqrt{2\ 2238(3000 - 1195.27)} = 2842.18\ m/s$$

El empuje solo tendría el primer sumando, el gasto másico sería el mismo ya que lo impone la geometría de la garganta y las condiciones en ella, pero eso no ha cambiado:

$$E = \dot{m} c_s = 12.378\ 2842.18 = 34213.5\ N$$

Como se puede ver el empuje mejora un 4.5%, sin embargo esto obliga a tener un diámetro de salida de:

$$D_s = \sqrt{\frac{4\dot{m}RT_s}{\pi p_s c_s}} = \sqrt{\frac{4\ 12.378\ 373\ 1195.27}{\pi\ 0.1\ 10^5\ 2842.18}} = 0.4903\ m$$

Que supone un tamaño de la salida un 84.7% mayor.

6.4 Condiciones de diseño

Un cohete vuela en una presión ambiente de 0.9 bar, consume una mezcla compuesta de combustible y comburente a una tasa de 0.3 kg/s que antes de la combustión está a 100ºC. El poder calorífico de la mezcla es de 3 MJ/kg y se quema en la cámara de combustión con un rendimiento de 0.95.

Calcular:

a. La temperatura de la cámara de combustión.

b. El diámetro de la garganta (sección donde se alcanzan las condiciones críticas) de la tobera de salida para que la presión en la cámara no supere 50 bar.

c. El empuje del cohete si la tobera es solo convergente.

d. Si se diseñase la tobera para trabajar en condiciones de diseño a presión ambiente, calcular el empuje y el diámetro de salida de la tobera.

Consideran los gases como gas perfecto con c_p=1.3 kJ/kg/K y R=244 J/kg/K, los procesos en la tobera se consideran isoentrópicos.

a) T=2292 ºC
b) D_g=9.61 mm
c) E=445.3 N
d) E=563.8 N, D_s=25.8 mm

RESOLUCIÓN

a. La temperatura de la cámara de combustión.

La temperatura es la adiabática de llama desde las condiciones iniciales del combustible T_f:

$$\dot{m}_p H_p \eta_{cc} = \dot{m}_p c_p (T_0 - T_f) \quad \Rightarrow \quad T_0 = T_f + \frac{H_p \eta_{cc}}{c_p} = 100 + \frac{3\ 10^6\ 0.95}{1.3\ 10^3} = 2565.31\ K$$

b. El diámetro de la garganta (sección donde se alcanzan las condiciones críticas) de la tobera de salida para que la presión en la cámara no supere 50 bar.

Suponiendo que la cámara de combustión está a la presión máxima admisible, las condiciones en la garganta son:

$$T_g = T_c = T_0 \frac{2}{\gamma + 1}$$

γ se calcula apartir de $c_p y\ R$:

$$\gamma = \frac{c_p}{c_v} = \frac{c_p}{c_p - R} = \frac{1300}{1300 - 244} = 1.231$$

$$T_g = T_c = 2565.31 \frac{2}{1.231 + 1} = 2299.63\ K$$

$$p_g = p_c = p_0 \left(\frac{T_c}{T_0}\right)^{\frac{\gamma}{\gamma-1}} = p_0 \left(\frac{T_c}{T_0}\right)^{\frac{c_p}{R}} = 50 \left(\frac{2}{1.2 + 1}\right)^{\frac{1300}{244}} = 27.925\ bar$$

$$c_g = c_c = \sqrt{\gamma R T_c} = \sqrt{1.2\ \ 373\ \ 2727.27} = 1104.87\ m/s$$

Como se conoce el gasto másico se puede calcular la sección de la garganta:

$$\dot{m} = A_g \rho_g c_g = \frac{\pi D_g^2}{4} \frac{p_g}{R T_g} c_g$$

$$D_g = \sqrt{\frac{4 \dot{m} R T_g}{\pi p_g c_g}} = \sqrt{\frac{4\ \ 0.3\ \ 244\ \ 2299.63}{\pi\ \ 27.925\ \ 10^5\ \ 1104.87}} = 9.61\ mm$$

c. El empuje del cohete si la tobera es solo convergente.

En este caso, las condiciones a la salida serán las condiciones críticas. El empuje de un cohete para condiciones fuera de diseño es:

$$E = \dot{m} c_s + A_s (p_s - p_{amb}) = 0.3\ \ 1104.87 + \frac{\pi\ 0.00961^2}{4} (27.925 - 0.9) 10^5 = 445.35\ N$$

d. Si se diseñase la tobera para trabajar en condiciones de diseño a presión ambiente, calcular el empuje y el diámetro de salida de la tobera.

Ahora se trata de una tobera convergente divergente, con condiones críticas en la garganta. Como se está en condiciones de diseño, la presión a la salida de la tobera sería la presión ambiente y el resto de condiciones se calculan. La temperatura se calcula planteando una evolución isoentrópica desde las condiciones en la cámara de combustión hasta la presión ambiente:

$$T_s = T_0 \left(\frac{p_s}{p_0}\right)^{\frac{\gamma-1}{\gamma}} = 2565.31 \left(\frac{0.9}{50}\right)^{\frac{1.3-1}{1.3}} = 1206.89\ K$$

La velocidad se calcula igualando las entalpías de parada del interior de la cámara y a la salida:

$$h_{s0} = h_{00} \quad \Rightarrow \quad c_p T_s + \frac{c_s^2}{2} c_p T_0 \quad \Rightarrow \quad c_s = \sqrt{2\ c_p (T_0 - T_s)}$$

$$c_s = \sqrt{2\ 1300 (2565.31 - 1206.89)} = 1879.33\ m/s$$

El empuje en condiciones de diseño:

$$E = \dot{m}c_s = 0.3\ 1879.33 = 563.8\ N$$

La tobera tendría un diámetro que se calcula a partir del gasto másico:

$$\dot{m} = A_s\rho_s c_s = \frac{\pi D_s^2}{4}\frac{p_s}{RT_s}c_s$$

$$D_s = \sqrt{\frac{4\dot{m}RT_s}{\pi p_s c_s}} = \sqrt{\frac{4\ 0.3\ 244\ 1206.89}{\pi\ 0.1\ 10^5\ 1879.33}} = 25.79\ mm$$

6.5 Variación de las condiciones de funcionamiento

Se pretende diseñar un cohete que funcione haciendo reaccionar hidrógeno y oxígeno puros de H_p=13.4 MJ/kg. El proceso de combustión tiene un rendimiento unidad y las propiedades de los gases son R=462 J/kg/K y c_p=2.7 KJ/kg/K. La presión admisible en la cámara de combustión es 50 bar y el proceso en la tobera se considera isoentrópico. En el momento del despegue en vertical el cohete pesa 10 ton y se pretende tener una aceleración de 2g, el combustible está a la temperatura ambiente 20ºC y la presión ambiente es de 1 bar.

Asumiendo que la tobera se diseña para que esté adaptada en el momento del despegue, calcular:

- **a.** El empuje necesario, la temperatura de la cámara de combustión y la velocidad de salida del gas del cohete.
- **b.** El gasto másico necesario, área de salida y el de la garganta.
- **c.** El rendimiento térmico del motor y el rendimiento propulsivo.

Cuando el cohete está alejándose de la tierra (presión ambiente 0.01 bar), su masa se ha reducido al 10%.

- **d.** Calcular la presión en la cámara de combustión y el gasto másico para que la tobera siga estando adaptada.
- **e.** Determinar la aceleración que tiene en ese momento si la gravedad se considera despreciable.

a) E=294.3 kN, T_{CC}=5256 K, c_s=3721.5 m/s
b) $\dot{m}$=79.1 kg/s, As=0.2642 m^2, Ag=0.03793 m^2
c) η_p=0, η_t=0.516
d) p_0=0.5 bar, G=0.791 kg/s
e) a=2.943 m/s^2

RESOLUCIÓN

- **a.** El empuje necesario, la temperatura de la cámara de combustión y la velocidad de salida del gas del cohete.

El empuje necesario para realizar el despegue con la aceleración requerida se puede calcular de un equilibrio de fuerzas en el cohete:

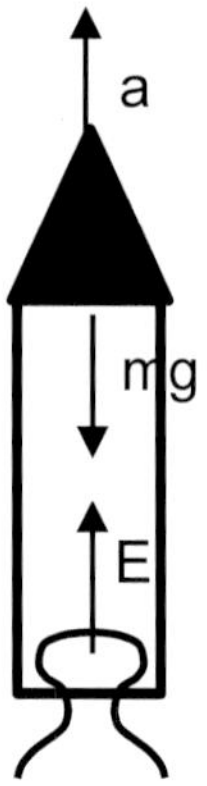

$$\sum F = m_{cohete}\, a$$

$$E - m_{cohete}\, g = m_{cohete}\, a \quad \Rightarrow E = m_{cohete}\, g + m_{cohete}\, a = m_{cohete}\, (g + a)$$

$$E = 10\ 10^3(9.81 + 2\ \ 9.81) = 294.3\ kN$$

La temperatura en la cámara de combustión es la adiabática de llama desde las condiciones iniciales del combustible, como no se dice nada se asume que es la T_{amb} y que el rendimiento de la cámara de combustión es la unidad:

$$\dot{m}_p H_p \eta_{cc} = \dot{m}_p c_p (T_0 - T_{amb}) \quad \Rightarrow \quad T_0 = T_{amb} + \frac{H_p \eta_{cc}}{c_p} = 20 + 273 + \frac{13.4\ \ 10^6}{2.7\ \ 10^3}$$
$$= 5255.96\ K$$

Como la tobera está adaptada para el momento del despegue, la presión a la salida de la tobera es la ambiente y las condiciones se pueden calcular como una evolución isoentrópica desde las condiciones en la cámara de combustión hasta la presión ambiente:

La temperatura a la salida es:

$$T_s = T_0 \left(\frac{p_s}{p_0}\right)^{\frac{\gamma-1}{\gamma}} = T_0 \left(\frac{p_s}{p_0}\right)^{\frac{R}{c_p}} = 5255.96 \left(\frac{1}{50}\right)^{\frac{462}{2700}} = 2691.16\ K$$

La velocidad se calcula igualando las entalpías de parada del interior de la cámara y a la salida:

$$h_{s0} = h_{00} \quad \Rightarrow \quad c_p T_s + \frac{c_s^2}{2} = c_p T_0 \quad \Rightarrow \quad c_s = \sqrt{2\ c_p (T_0 - T_s)}$$

$$c_s = \sqrt{2\ \ 2700(5255.96 - 2691.16)} = 3721.55\ m/s$$

b. El gasto másico necesario, área de salida y el de la garganta.

Como la tobera trabaja en condiciones de diseño:

$$E = \dot{m} c_s \quad \Rightarrow \quad \dot{m} = \frac{E}{c_s} = \frac{294300}{3721.55} = 79.08\ kg/s$$

Como se conoce el gasto másico se puede calcular la sección de la garganta:

$$\dot{m} = A_s \rho_s c_s \quad \Rightarrow \quad A_s = \frac{\dot{m} R T_s}{p_s c_s} = \frac{79.08 \;\; 462 \;\; 2691.16}{10^5 \;\; 3721.55} = 0.2642 \; m^2$$

Para el cálculo de área en la garganta:

$$\dot{m} = A_s \rho_s c_s = A_g \rho_g c_g$$

Las condiciones en la garganta son las condiciones críticas:

$$T_g = T_c = T_0 \frac{2}{\gamma + 1}$$

γ se calcula apartir de c_p y R:

$$\gamma = \frac{c_p}{c_v} = \frac{c_p}{c_p - R} = \frac{2700}{2700 - 462} = 1.206$$

$$T_g = T_c = 5255.96 \frac{2}{1.206 + 1} = 4764.2 \; K$$

$$p_g = p_c = p_0 \left(\frac{T_c}{T_0}\right)^{\frac{\gamma}{\gamma - 1}} = p_0 \left(\frac{T_c}{T_0}\right)^{\frac{c_p}{R}} = 50 \left(\frac{2}{1.206 + 1}\right)^{\frac{2700}{462}} = 28.16 \; bar$$

$$c_g = c_c = \sqrt{\gamma R T_c} = \sqrt{1.206 \;\; 462 \; 4764.2} = 1629.5 \; m/s$$

Como se conoce el gasto másico se puede calcular la sección de la garganta:

$$\dot{m} = A_g \rho_g c_g = \mathrm{A_g} \frac{p_g}{R T_g} c_g$$

$$A_g = \frac{\dot{m} R T_g}{p_g c_g} = \frac{79.08 \;\; 462 \;\; 4764.2}{28.16 \; 10^5 \; 1629.5} = 0.03793 \; m^2$$

$$D_g = \sqrt{\frac{4 \, A_g}{\pi}} = \sqrt{\frac{4}{\pi}} = 219.75 \; mm$$

c. El rendimiento térmico del motor y el rendimiento propulsivo.

El rendimiento térmico es la potencia que se le ha dado al fluido a la salida dividido por el gasto energético del combustible:

$$\eta_t = \frac{\dot{m} c_s^2}{2 \dot{m} H_p} = \frac{c_s^2}{2 H_p} = \frac{3721.55^2}{2 \;\; 13.4 \;\; 10^6} = 0.5168$$

El rendimiento propulsivo en el momento del despegue vale 0 ya que el efecto útil de propulsor es la potencia mecánica que se aprovecha dividida por la energía mecánica puesta a disposición del proceso. La potencia mecánica aprovechada es la fuerza (empuje) por la velocidad, como la velocidad es cero en el momento del despegue, el rendimiento vale 0.

d. La masa se ha reducido al 10% (presión ambiente 0.01 bar). Calcular la presión en la cámara de combustión y el gasto másico para que la tobera siga estando adaptada.

Aplicando evolución isoentrópica entre la cámara de combustión y la salida, la presión en la cámara de combustión se puede expresar como:

$$\frac{p_0'}{p_s'} = \left(\frac{T_0'}{T_s'}\right)^{\frac{\gamma}{\gamma-1}}$$

La temperatura en la cámara de combustión sigue siendo la misma, ya que no se ha cambiado nada que afecta a la temperatura adiabática de llama calculada previamente, $T_0' = T_0$. Por tanto, la temperatura en la garganta también será la misma:

$$T_g' = T_0' \frac{2}{\gamma + 1} = T_g = 4764.2\ k$$

Si se demuestra que la temperatura a la salida T_s' es la misma que T_s, entonces la relación de presiones es la misma que en el caso anterior. A continuación, se demuestra que la temperatura a la salida es la misma, $T_s' = T_s$.

Para ello, se plantea, de forma general, que el gasto másico tiene que ser el mismo en cualquier sección de la tobera, particularmente entre la garganta y en la salida:

$$\dot{m} = A\rho c = A_s\rho_s c_s = A_g\rho_g c_g$$

$$A_s \frac{p_s}{RT_s}\sqrt{2c_p(T_0 - T_s)} = A_g \frac{p_g}{RT_g}\sqrt{\gamma R T_g}$$

Las presiones en la garganta y en la salida están relacionadas por la ecuación del proceso isoentrópica entre la garganta y la salida:

$$\frac{p_g}{p_s} = \left(\frac{T_g}{T_s}\right)^{\frac{\gamma}{\gamma-1}}$$

Se puede dejar toda la expresión solo en función de T_g y T_s, las propiedades del fluido y la relación de áreas.

$$A_s\sqrt{2c_p(T_0 - T_s)} = A_g \left(\frac{T_g}{T_s}\right)^{\frac{\gamma}{\gamma-1}-1} \sqrt{\gamma R T_g} \quad \Rightarrow \quad \sqrt{2c_p(T_0 - T_s)} = \frac{A_g}{A_s}\left(\frac{T_g}{T_s}\right)^{\frac{1}{\gamma-1}} \sqrt{\gamma R T_g}$$

$$\frac{2c_p(T_0 - T_s)}{\gamma R T_g} = \left(\frac{A_g}{A_s}\right)^2 \left(\frac{T_g}{T_s}\right)^{\frac{2}{\gamma-1}}$$

$$\frac{c_p}{R} = \frac{c_p}{c_v - c_p} = \frac{1}{\gamma - 1}$$

$$\frac{2}{\gamma(\gamma-1)}\left(\frac{T_0}{T_g} - \frac{T_s}{T_g}\right) = \left(\frac{A_g}{A_s}\right)^2 \left(\frac{T_g}{T_s}\right)^{\frac{2}{\gamma-1}}$$

Como en la garganta se producen las condiciones críticas:

$$\frac{T_0}{T_g} = \frac{\gamma + 1}{2}$$

Sustituyendo en la expresión:

$$\frac{\gamma + 1}{2} - \frac{T_s}{T_g} = \frac{\gamma(\gamma - 1)}{2}\left(\frac{A_g}{A_s}\right)^2 \left(\frac{T_g}{T_s}\right)^{\frac{2}{\gamma-1}}$$

Si en la expresión anterior la relación de áreas entre la de la garganta y la de la salida se mantiene (es la misma geometría del cohete), como ya se ha dicho que T_g es la misma, entonces la T_s debe ser la misma para que se cumpla la expresión, como queríamos demostrar.

Por tanto:

$$\frac{p_0'}{p_s'} = \left(\frac{T_0'}{T_s'}\right)^{\frac{\gamma}{\gamma-1}} = \left(\frac{T_0}{T_s}\right)^{\frac{\gamma}{\gamma-1}} = \frac{p_0}{p_s}$$

La relación de presiones entre la cámara de combustión y la salida no cambia, por lo tanto, la presión en la cámara de combustión se multiplicará por el mismo coeficiente que la presión a la salida:

$$p_0' = p_0 \frac{p_s'}{p_s} = 50 \ \frac{0.01}{1} = 0.5 \ bar$$

El gasto másico ahora será:

$$\dot{m}' = A_s' \rho_s' c_s' = \frac{A_s' \, p_s'}{R T_s'} c_s'$$

El área de salida es la misma, por ser el mismo cohete. La temperatura a la salida es la misma que antes, como se dijo anteriormente, $T_s' = T_s$. La velocidad c_s' se obtiene planteando la igualdad de entalpías de parada entre la cámara de combustión y la salida, y depende de la diferencia de temperaturas, con lo cual $c_s' = c_s$:

$$c_s' = \sqrt{2 \ c_p (T_0 - T_s)} = c_s$$

Por tanto, el gasto másico se verá afectado por la variación de la presión, ya que la velocidad y la temperatura no cambia.

$$\dot{m}' = A_s' \rho_s' c_s' = \frac{A_s p_s'}{R T_s} c_s = \dot{m} \frac{p_s'}{p_s}$$

$$\dot{m}' = 79.08 \ \frac{0.01}{1} = 0.7908 \frac{kg}{s}$$

Del balance de fuerzas en el cohete se puede despejar la aceleración, teniendo en cuenta que la masa del cohete se ha reducido al 10% de la inicial:

$$a = \frac{E}{m_{cohete}} + g \approx \frac{E}{m_{cohete}} = \frac{\dot{m} c_s}{m_{cohete}} = \frac{0.7908 \ 3721.55}{10 \ 0.1} = 2.943 \frac{m}{s^2}$$

7 TURBORREACTORES

7.1 Turborreactor subsónico

Un avión equipado con un turborreactor vuela a una altura de 5000 m. De dicho turborreactor se conocen los siguientes datos:

Temperatura de entrada a la turbina	930ºC
Atmósfera estándar a 5000 m	0.5405 bar y -17.3 ºC
Mach de vuelo	0.78
Rendimiento de la toma dinámica	0.93
Rendimiento interno del compresor	0.87
Relación de compresión del compresor	8:1
Pérdida presión remanso en cc	4%
Rendimiento mecánico del eje	0.99
Rendimiento de la cámara de combustión	0.98
Rendimiento interno de la turbina	0.9
Rendimiento de la tobera (convergente)	1
Poder calorífico del combustible	43200 kJ/kg

c_p = 1 kJ/kgK y γ = 1.4, ctes durante todo el ciclo.

Despreciando el gasto de combustible frente al de aire, calcular:

a. Empuje específico y consumo de combustible especifico por unidad de empuje (kg/hN).

Si se sustituye la tobera propulsiva convergente anterior por una tobera convergente divergente que tenga igual sección de garganta y que trabaje también con flujo isoentrópico y en condiciones de diseño, determinar:

b. Empuje específico, consumo específico de combustible y relación entre la sección de salida y la sección de garganta

a) e = 522.18 N s/kg, g_f = 0.1056 kg/N h

b) e = 536.82 N s/kg, gf = 0.1027 kg/Nh, As/Ag = 1.23

RESOLUCIÓN

a. Empuje específico y consumo de combustible especifico por unidad de empuje (kg/hN).

La expresión del empuje viene dada por:

$$E = (p_s - p_e)A_s + \left(\dot{m}_a + \dot{m}_f\right)\, c_s - \dot{m}_a\; c_e$$

Donde los subíndices s y e indican salida y entrada.

Es necesario conocer la presión y la velocidad en la salida de la tobera del turborreactor, para ello hay que calcular la evolución del fluido por el interior del sistema e identificar todos los puntos.

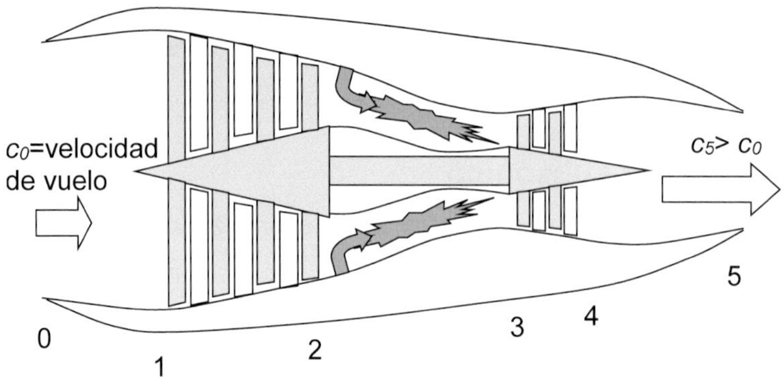

El diagrama h-s de la evolución del fluido es el siguiente:

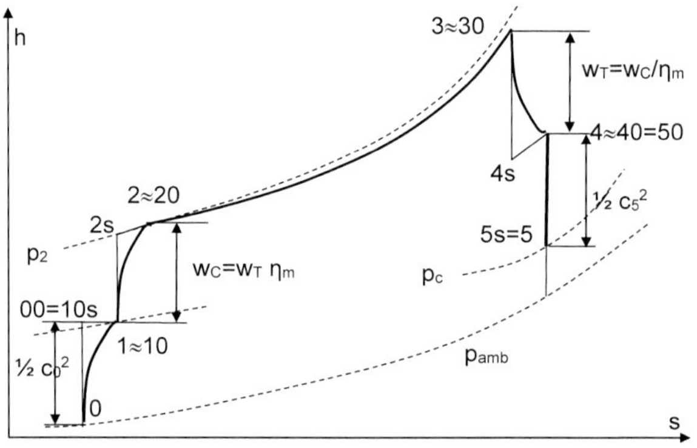

El punto 5 coincide con el 5s debido a que el proceso en la tobera es isoentrópico, sin embargo, no se sabe si se alcanzarán condiciones críticas en la tobera. En la figura se ha supuesto que sí se alcanzan.

La evolución del punto 0 al 1 es una compresión irreversible caracterizada por el rendimiento isoentrópico:

$$\eta_{TD} = \frac{Ecs}{\frac{c_0^2}{2}} = \frac{h_s - h_0}{\frac{c_0^2}{2}}$$

El punto s es un punto con la misma entropía que el punto 0 pero con la presión del punto 1. Esa diferencia de entalpías representa la energía cinética que tendría que tener el fluido para alcanzar la misma presión que el punto 1 en un proceso reversible. c_0 hay que calcularlo a partir del Mach de vuelo y R a partir de c_p y γ:

$$R = c_p - c_v = c_p - \frac{c_p}{\gamma} = 1000 - \frac{1000}{1.4} = 285.71 \frac{J}{kg}/K$$

$$c_0 = M\sqrt{\gamma R T_0} = 0.78\sqrt{1.4 \ 285.71 \ 255.7} = 249.45 \, m/s$$

El punto s, se utiliza para conocer la presión del punto 2.

$$\eta_{TD} = \frac{h_s - h_0}{\frac{c_0^2}{2}} \quad \Rightarrow \quad T_s = T_0 + \eta_{TD}\frac{c_0^2}{2c_p} = 255.7 + 0.93 \ \frac{249.45^2}{2 \ 1000} = 284.64 \, K$$

Ahora se puede conocer la presión del punto 1 con la ecuación de la isoentrópica:

$$p_1 = p_0 \left(\frac{T_s}{T_0}\right)^{\frac{\gamma}{\gamma-1}} = 0.5405 \left(\frac{284.64}{255.7}\right)^{\frac{1.4}{1.4-1}} = 0.7866\ bar$$

La temperatura del punto 2 se puede calcular de un balance de energía en la toma dinámica, despreciando la velocidad en 1, $c_1 \cong 0$:

$$h_{00} = h_{10} \quad \Rightarrow \quad c_p T_0 + \frac{c_0^2}{2} = c_p T_1 \quad \Rightarrow \quad T_1 = T_0 + \frac{c_0^2}{2c_p} = 255.7 + \frac{249.45^2}{2\ 1000} = 286.81\ K$$

Ahora se calcula la evolución a través del compresor, del que se conoce la relación de compresión:

$$p_2 = p_1 r_c = 0.7866\ 8 = 6.293\ bar$$

La temperatura del punto 2s se puede calcular con la expresión de la isoentrópica

$$T_{2s} = T_1 \left(\frac{p_2}{p_1}\right)^{\frac{\gamma-1}{\gamma}} = 286.81\ 8^{\frac{1.4-1}{1.4}} = 519.56\ K$$

Con la expresión del rendimiento del compresor se calcula la temperatura real del punto 2:

$$\eta_C = \frac{h_{2s} - h_1}{h_2 - h_1} = \frac{T_{2s} - T_1}{T_2 - T_1} \quad \Rightarrow \quad T_2 = T_1 + \frac{T_{2s} - T_1}{\eta_c} = 286.81 + \frac{519.56 - 286.81}{0.87} = 554.3\ K$$

La evolución en la cámara de combustión está caracterizada por una elevación de temperatura y una pérdida de presión. La presión del punto 3 se calcula con la característica de pérdida de carga en la cámara de combustión y la temperatura de salida de la cámara de combustión es un dato.

$$\varepsilon = 100\ \frac{p_2 - p_3}{p_2} \quad \Rightarrow \quad p_3 = p_2 - p_2 \frac{\varepsilon}{100} = p_2 \left(1 - \frac{\varepsilon}{100}\right) = 6.293 \left(1 - \frac{4}{100}\right) = 6.041\ bar$$

El siguiente paso es una expansión irreversible en la turbina caracterizada por el rendimiento isoentrópico de la misma y el equilibrio entre la potencia de la turbina y el compresor. Como se desprecia el gasto de combustible frente al de aire:

$$w_T \eta_m = w_C \quad \Rightarrow \quad (h_4 - h_3)\eta_m = h_2 - h_1 \quad \Rightarrow \quad c_p(T_4 - T_3)\eta_m = c_p(T_2 - T_1)$$

$$T_4 = T_3 - \frac{T_2 - T_1}{\eta_m} = 1203 - \frac{519.56 - 286.81}{0.99} = 932.79\ K$$

Para conocer la presión del punto 4 hay que calcular primero la temperatura del punto 4s y después con una isoentrópica calcular su presión. La temperatura se calcula con el rendimiento isoentrópico de la turbina:

$$\eta_T = \frac{h_3 - h_4}{h_3 - h_{4s}} = \frac{T_3 - T_4}{T_3 - T_{4s}} \quad \Rightarrow \quad T_{4s} = T_3 - \frac{T_3 - T_4}{\eta_T} = 1203 - \frac{1203 - 932.79}{0.9} = 902.76\ K$$

$$p_4 = p_{4s} = p_3 \left(\frac{T_{4s}}{T_3}\right)^{\frac{\gamma}{\gamma-1}} = 6.041 \left(\frac{902.76}{1203}\right)^{\frac{1.4}{1.4-1}} = 2.212\ bar$$

El siguiente paso es la expansión isoentrópica en la tobera convergente. Si la presión critica está por encima de la presión ambiente, la tobera estará bloqueada y las condiciones a la salida serán las críticas, después de la tobera se producirá una expansión de Prandtl-Meyer.

$$p_c = p_4 \left(\frac{2}{\gamma+1}\right)^{\frac{\gamma}{\gamma-1}} = 2.212 \left(\frac{2}{1.4+1}\right)^{\frac{1.4}{1.4-1}} = 1.1683\; bar > p_{amb}$$

Como la presión crítica está por encima de la presión ambiente, $p_5 = p_c$ y la temperatura y la velocidad serán las críticas:

$$p_5 = p_c = 1.1683\; bar$$

$$T_5 = T_c = T_4 \frac{2}{\gamma+1} = 932.79 \frac{2}{1.4+1} = 777.32\; K$$

$$c_5 = c_c = \sqrt{\gamma R T_c} = \sqrt{1.4\;\; 285.71\;\; 777.32} = 557.61\; m/s$$

Ya se puede calcular el empuje específico.

$$E = (p_s - p_e)A_s + \left(\dot{m}_a + \dot{m}_f\right)\, c_s - \dot{m}_a c_e$$

Como no se conoce el área de salida, se sustituye en función del gasto másico que pasará dividiendo al término de la izquierda para calcular el empuje por unidad de gasto másico de combustible:

$$\dot{m} = A\rho c = A\frac{p}{RT}c \quad \Rightarrow \quad A = \frac{\dot{m}RT}{p\;c}$$

$$E = (p_s - p_e)A_s + \left(\dot{m}_a + \dot{m}_f\right)\, c_s - \dot{m}_a c_e$$

$$E = (p_s - p_e)\frac{\left(\dot{m}_a + \dot{m}_f\right)RT_s}{p_s c_s} + \left(\dot{m}_a + \dot{m}_f\right)\, c_s - \dot{m}_a c_e$$

$$e = \frac{E}{\dot{m}_f} = (p_s - p_e)\frac{\left(\frac{1}{F}+1\right)RT_s}{p_s c_s} + \left(\frac{1}{F}+1\right)\, c_s - \frac{1}{F}c_e$$
$$= (p_5 - p_0)\left(\frac{1}{F}+1\right)\frac{RT_5}{p_5 c_5} + \left(\frac{1}{F}+1\right)\, c_5 - \frac{1}{F}c_1$$

Si se desprecia la masa de combustible frente a la del aire 1 es mucho más pequeño que $1/F$:

$$e = (p_5 - p_0)\frac{RT_5}{F p_5 c_5} + \frac{c_5}{F} - \frac{c_0}{F}$$

Es necesario conocer el dosado. Haciendo un balance en la cámara de combustión con la hipótesis de que el combustible tiene la misma entalpía que el aire a la entrada de la cámara de combustión:

$$\left(\dot{m}_a + \dot{m}_f\right)c_p(T_3 - T_2) = \dot{m}_f H_c\, \eta_{CC} \quad \Rightarrow \quad (1+F)c_p(T_3 - T_2) = F H_c\, \eta_{cc}$$

Si se desprecia la masa de combustible frente a la de aire $(1+F)\approx 1$:

$$F=\frac{c_p(T_3-T_2)}{H_c\ \eta_{cc}}=\frac{1000(1203-554.3)}{43200\ 1000\ 0.98}=0.1056$$

$$e=\frac{\frac{1.1683-0.5405}{1.1683}\ \frac{285.71\ 777.32}{557.61}+\ 557.61-249.45}{0.1056}=34.080\frac{kN}{kg/s}$$

La inversa es el consumo específico de combustible, se multiplica por 3600 para pasarlo a kg/h:

$$g_f=\frac{\dot{m}_f}{E}=\frac{3600}{34080}=0.1056\ kg/hN$$

b. Empuje específico, consumo específico de combustible y relación entre la sección de salida y la sección de garganta

En estas condiciones la evolución del fluido por el turborreactor es igual salvo en la tobera, ahora la presión del punto 5 es la del ambiente. Como la evolución en la tobera es isoentrópica las condiciones del punto 5 se calculan:

$$p_5=p_{amb}=0.5405\ bar$$

$$T_5=T_4\left(\frac{p_5}{p_4}\right)^{\frac{\gamma-1}{\gamma}}=932.79\left(\frac{0.5405}{2.212}\right)^{\frac{1.4-1}{1.4}}=623.67\ K$$

La velocidad se calcula igualando las entalpías de parada del puno 4 y 5, despreciando la velocidad en el punto 4, $c_4\cong 0$.

$$h_{40}=h_{50}\quad\Rightarrow\quad c_pT_4=\frac{c_5^2}{2}+c_pT_5\quad\Rightarrow\quad c_5=\sqrt{2\ c_p(T_4-T_5)}$$

$$c_5=\sqrt{2\ 1000(932.79-623.67)}=786.28\ m/s$$

El empuje específico pierde los términos debidos a la presión:

$$e=\frac{c_5}{F}-\frac{c_0}{F}=\frac{786.28-249.45}{0.1056}=35.036\frac{kN}{kg/s}$$

El consumo específico es la inversa del anterior multiplicado por 3600:

$$g_f=\frac{\dot{m}_f}{E}=\frac{3600}{35036}=0.1028\ kg/hN$$

La mejora es de:

$$\frac{0.1056-0.1028}{0.1056}=2.73\%$$

La relación de áreas se obtiene igualando los gastos en la garganta y en la salida de la tobera:

$$\dot{m}=A_g\rho_gc_g=A_s\rho_sc_s\quad\Rightarrow\quad\frac{A_s}{A_g}=\frac{\rho_gc_g}{\rho_sc_s}=\frac{p_gT_sc_g}{p_sT_gc_s}$$

Los valores de la garganta corresponden con los valores críticos (antiguo punto 5) y la salida con el nuevo punto 5:

$$\frac{A_s}{A_g} = \frac{1.1683\ \ 623.67\ \ 557.61}{0.5405\ \ 932.79\ \ 786.28} = 1.23$$

7.2 Turborreactor supersónico con postcombustión

Un avión supersónico equipado con motor turborreactor vuela a Mach 1.5 a 7000 m sobre el nivel del mar con presión de 0.41 bar y temperatura de -30 ºC.

Las características del motor son:

- Relación de compresión del compresor 10.
- Temperatura de entrada a la turbina 1100 ºC y no hay pérdidas de carga en la cámara de combustión y el rendimiento de la misma es 1.
- Los procesos en la toma dinámica y en la tobera se consideran isoentrópicos, el compresor y la turbina tienen un rendimiento interno de 0.87 y 0.92 respectivamente y el rendimiento mecánico del conjunto turbina compresor 0.97.
- Diámetro de salida de la tobera convergente: 0.7 m.

  a. Dibujar en un diagrama h-s la evolución del fluido por el motor, indicando las condiciones de parada respecto del motor y los puntos isoentrópicos cuando los procesos sean no isoentrópicos.

Calcular:

  b. Las condiciones de presión, temperatura y velocidad en los diferentes puntos del ciclo y el dosado en la cámara de combustión.
  c. El gasto de aire que pasa por el motor y el gasto de combustible.
  d. El empuje y el empuje específico por gasto de combustible.

A fin de aumentar el empuje del motor, a la salida de la turbina y antes de la tobera se puede elevar la temperatura de los gases hasta 1300ºC con un postcombustor sin pérdidas de carga y posteriormente expandirlos en la tobera convergente que permite cambiar su sección.

  e. Dibujar un nuevo diagrama h-s de la evolución del fluido por el motor y calcular las condiciones después del postcombustor y a la salida de la tobera.
  f. Calcular el gasto de combustible adicional y el nuevo diámetro de la tobera para que el gasto de aire se mantenga.
  g. Calcular los nuevos valores de empuje y empuje específico por gasto de combustible.

Datos adicionales: R=287 J/kg/K, c_p=1002 J/kg/K, H_c=45 MJ/kg

Indicaciones:

- Gas perfecto.
- Entalpía sensible del combustible igual que la del aire en el punto de entrada a la cámara de combustión.
- No despreciar la masa de combustible frente la del aire.

b) p_1=1.506 bar, T_1=352.7 K, p_2=15.06, T_2=731.4 K, F=0.0145, p_4=4.236 bar T_4=988.2 K, p_5=2.237 bar, T_5=823.1 K, c_5=575.4 m/s

c) $\dot{m}_f$=2.996 kg/s, $\dot{m}_a$=206.7 kg/s
d) E=94033 N, e=31.39 kN/(kg/s)
e) p_6=2.237 bar, c_6=725.9 m/s, T_6=1310 K
f) $\dot{m}_{f_2}$=2.766 kg/s, D_6=0.791 m
g) E=127.6 kN, e=22.145 kN/(kg/s)

RESOLUCIÓN

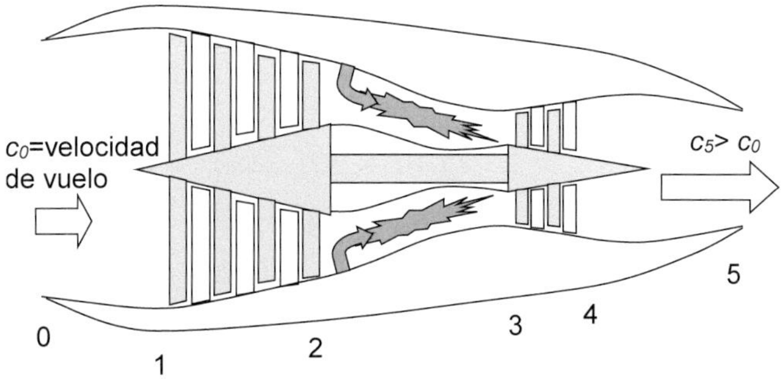

a. Dibujar en un diagrama h-s la evolución del fluido por el motor, indicando las condiciones de parada respecto del motor y los puntos isoentrópicos cuando los procesos sean no isoentrópicos.

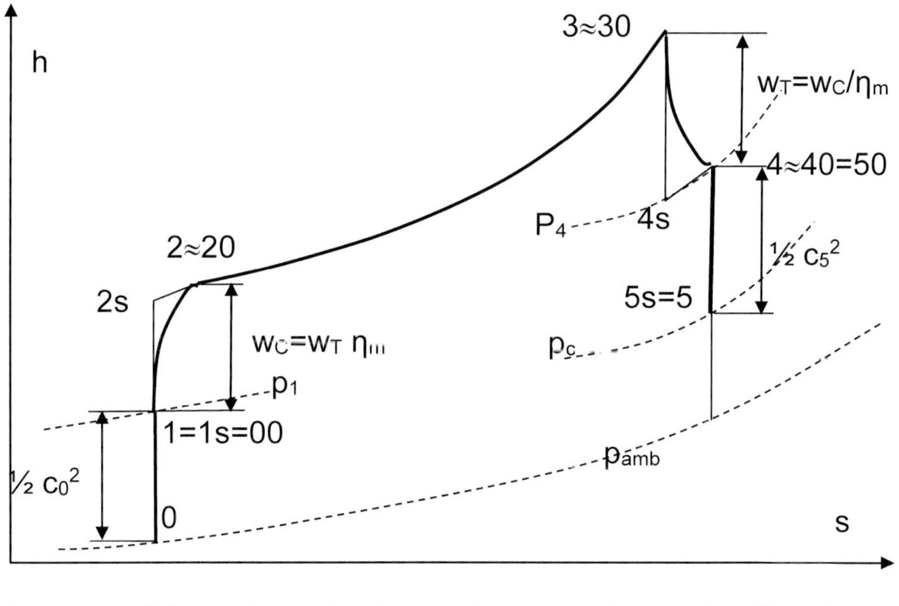

b. Las condiciones de presión, temperatura y velocidad en los diferentes puntos del ciclo y el dosado en la cámara de combustión.

El punto 1 coincide con el 1s debido a que el proceso de compresión dinámica es isoentrópico, lo mismo ocurre en la tobera y los puntos 5 y 5s. A la salida de la tobera no se sabe si se alcanzarán condiciones críticas en la tobera. En la figura se ha supuesto que sí se alcanzan.

La evolución del punto 0 al 1 es una compresión reversible en la que el fluido pierde energía cinética, ganando entalpía sensible y elevando su presión. Las entalpías de parada de los dos puntos tienen que ser iguales. Despreciando la velocidad a la entrada del compresor, $c_1 \cong 0$:

$$h_{00} = h_{10} \quad \Rightarrow \quad c_p T_0 + \frac{c_0^2}{2} = c_p T_1$$

c_0 hay que calcularlo a partir del Mach de vuelo y γ a partir de c_p y R:

$$\gamma = \frac{c_p}{c_p - c_v} = \frac{1002}{1002 - 287} = 1.4014$$

$$c_0 = M\sqrt{\gamma R T_0} = 1.5\,\sqrt{1.4014\ \ 287\ \ 243} = 468.94\,m/s$$

$$T_1 = T_0 + \frac{c_0^2}{2c_p} = (273 - 30) + \frac{468.94^2}{2\ \ 1002} = 352.73\,K$$

Ahora se puede conocer la presión del punto 1 con la ecuación de la isoentrópica:

$$p_1 = p_0 \left(\frac{T_1}{T_0}\right)^{\frac{\gamma}{\gamma-1}} = p_1 \left(\frac{T_1}{T_0}\right)^{\frac{c_p}{R}} = 0.41 \left(\frac{352.73}{243}\right)^{\frac{1002}{287}} = 1.506\,bar$$

Ahora se calcula la evolución a través del compresor, del que se conoce la relación de compresión:

$$p_2 = p_1 r_C = 1.506\ \ 10 = 15.06\,bar$$

La temperatura del punto 2s se puede calcular con la expresión de la isoentrópica:

$$T_{2s} = T_1 \left(\frac{p_{2s}}{p_1}\right)^{\frac{\gamma-1}{\gamma}} = T_1 \left(\frac{p_2}{p_1}\right)^{\frac{R}{c_p}} = 352.73\ 10^{\frac{287}{1002}} = 682.14\,K$$

Con la expresión del rendimiento del compresor se calcula la temperatura real del punto 2:

$$\eta_C = \frac{h_{2s} - h_1}{h_2 - h_1} = \frac{T_{2s} - T_1}{T_2 - T_1}$$

$$T_2 = T_1 + \frac{T_{2s} - T_1}{\eta_c} = 352.73 + \frac{682.14 - 352.73}{0.87} = 731.36\,K$$

La evolución en la cámara de combustión está caracterizada por una elevación de temperatura y no hay pérdida de presión, por lo que la presión del punto 3 es la misma que la del punto 2. La temperatura de salida de la cámara de combustión es un dato.

$$p_3 = p_2 = 15.06\,bar \qquad\qquad T_3 = 1100°C$$

El siguiente paso es una expansión irreversible en la turbina caracterizada por el rendimiento isoentrópico de la misma y el equilibrio entre la potencia de la turbina y el compresor:

$$(\dot{m}_a + \dot{m}_f) w_T \eta_m = \dot{m}_a w_C \quad \Rightarrow \quad (\dot{m}_a + \dot{m}_f)(h_4 - h_3)\eta_m = \dot{m}_a (h_2 - h_1)$$

Dividiendo por la masa de aire y con la hipótesis de gas perfecto:

$$(1 + F) c_p (T_4 - T_3)\eta_m = c_p (T_2 - T_1)$$

Es necesario conocer el dosado para poder calcular T_4, para ello hay que hacer un balance de energía en la cámara de combustión con la hipótesis de que el combustible tiene la misma entalpía que el aire a la entrada de la cámara de combustión y teniendo en cuenta que el rendimiento de la cámara de combustión es la unidad:

$$(\dot{m}_a + \dot{m}_f)c_p(T_3 - T_2) = \dot{m}_f H_c \eta_{CC} \;\Rightarrow\; (1+F)c_p(T_3 - T_2) = FH_c$$

$$F = \frac{c_p(T_3 - T_2)}{H_c - c_p(T_3 - T_2)} = \frac{1002(1373 - 731.36)}{43\ 10^6 - 1002(1373 - 731.36)} = 0.0145$$

$$T_4 = T_3 - \frac{T_2 - T_1}{(1+F)\,\eta_m} = 1373 - \frac{731.36 - 352.73}{(1 + 0.145)\ 0.97} = 988.24\ K$$

Para conocer la presión del punto 4 hay que calcular primero la temperatura del punto 4s que tiene la misma presión que el punto 4, y después con una isoentrópica calcular la presión, la temperatura se calcula con el rendimiento isoentrópico de la turbina:

$$\eta_T = \frac{h_3 - h_4}{h_3 - h_{4s}} = \frac{T_3 - T_4}{T_3 - T_{4s}} \;\Rightarrow\; T_{4s} = T_3 - \frac{T_3 - T_4}{\eta_T} = 1373 - \frac{1373\ - 988.24}{0.92} = 954.78\ K$$

$$p_4 = p_{4s} = p_3\left(\frac{T_{4s}}{T_3}\right)^{\frac{\gamma}{\gamma-1}} = p_3\left(\frac{T_{4s}}{T_3}\right)^{\frac{c_p}{R}} = 15.06\left(\frac{954.78}{1373}\right)^{\frac{1002}{287}} = 4.2365\ bar$$

El siguiente paso es la expansión isoentrópica en la tobera convergente. Si la presión crítica está por encima de la presión ambiente, la tobera estará bloqueada y las condiciones a la salida serán las críticas, después de la tobera se producirá una expansión de Prandtl-Meyer.

$$p_c = p_4\left(\frac{2}{\gamma+1}\right)^{\frac{\gamma}{\gamma-1}} = p_4\left(\frac{2}{\gamma+1}\right)^{\frac{c_p}{R}} = 4.2365\left(\frac{2}{1.4+1}\right)^{\frac{1002}{287}} = 2.237\ bar > p_{amb}$$

Como está por encima de la presión ambiente, $p_5 = p_c$ y la temperatura y la velocidad serán las críticas:

$$p_5 = p_c = 2.237\ bar$$

$$T_5 = T_c = T_4\frac{2}{\gamma+1} = 988.24\frac{2}{1.4014+1} = 823.1\ K$$

$$c_5 = c_c = \sqrt{\gamma R T_c} = \sqrt{1.4014\ \ 287\ \ 823.1} = 575.4\ m/s$$

c. El gasto de aire que pasa por el motor y el gasto de combustible.

El gasto que pasa por el turborreactor está condicionado por la tobera de salida. Se supone que la entrada de aire al turborreactor es lo suficientemente grande. Por la tobera pasan el gasto de aire y el de combustible:

$$\dot{m}_a + \dot{m}_f = A_5\rho_5 c_5 = \frac{\pi D_5^2}{4}\frac{p_5}{RT_5}c_5 = \frac{\pi\ 0.7^2}{4}\frac{2.237\ \ 10^5}{287\ \ 823.1}575.4 = 209.7\ kg/s$$

$$\dot{m}_a + \dot{m}_f = (1+F)\,\dot{m}_a \;\Rightarrow\; \dot{m}_a = \frac{299.56}{1+0.0145} = 206.7\ kg/s$$

$$\dot{m}_f = F\dot{m}_a = 0.0145\ \ 295.3 = 2.996\ kg/s$$

d. El empuje y el empuje específico por gasto de combustible.

Con los datos disponibles es posible calcular el empuje:

$$E = (p_s - p_e)A_s + \left(\dot{m}_a + \dot{m}_f\right)\ c_s - \dot{m}_a c_e$$

$$\begin{aligned} E = (p_5 - p_0)\frac{\pi D_5^2}{4} + \left(\dot{m}_a + \dot{m}_f\right)\ c_5 - \dot{m}_a c_0 \\ = (2.237 - 0.41)10^5\ \frac{\pi\ 0.7^2}{4} + 209.7\ \ 575.4 - 206.7\ \ 468.94 \\ = 94.033\ kN \end{aligned}$$

El empuje específico:

$$e = \frac{E}{\dot{m}_f} = \frac{94.033}{2.996} = 31.387\frac{kN}{kg/s}$$

La inversa es el consumo específico de combustible, se multiplica por 3600 para pasarlo a kg/h:

$$g_f = \frac{\dot{m}_f}{E} = \frac{1}{e} = \frac{3600}{31387} = 0.1147\frac{kg}{hN}$$

e. Elevación de la temperatura de los gases hasta 1300 °C con un postcombustor. Dibujar un nuevo diagrama h-s de la evolución del fluido por el motor y calcular las condiciones después del postcombustor y a la salida de la tobera.

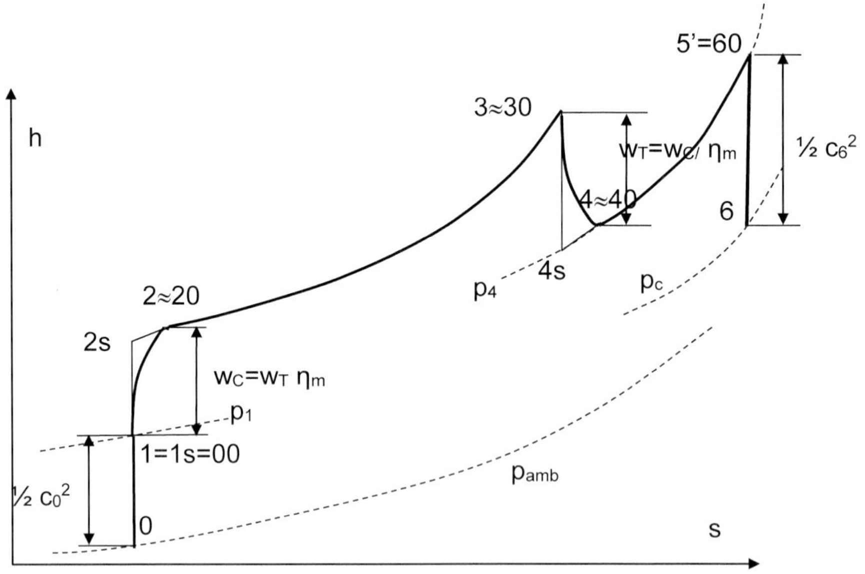

La presión a la salida del postcombustor (nuevo punto 5') es la misma que a la entrada, ya que no tiene pérdidas de carga, y la temperatura es un dato:

$$p_{5'} = p_4 = 4.2365\ bar \qquad\qquad T_{5'} = 1300°C$$

El siguiente paso es la expansión isoentrópica en la tobera convergente desde el punto 5' al 6. Si la presión crítica está por encima de la presión ambiente, la tobera estará bloqueada y las condiciones a la salida serán las críticas, después de la tobera se producirá una expansión de Prandtl-Meyer.

$$p_c = p_{5'}\left(\frac{2}{\gamma+1}\right)^{\frac{\gamma}{\gamma-1}} = p_{5'}\left(\frac{2}{\gamma+1}\right)^{\frac{c_p}{R}} = 4.2365\left(\frac{2}{1.4+1}\right)^{\frac{1002}{287}} = 2.237\ bar > p_{amb}$$

La misma presión que antes. Como está por encima de la presión ambiente, $p_6 = p_c$ y la temperatura y la velocidad serán las críticas:

$$p_6 = p_c = 2.237\ bar$$

La temperatura cambia, ya que cambia la temperatura inicial de la expansión

$$T_6 = T_c = T_{5'}\frac{2}{\gamma+1} = 1573\frac{2}{1.4014+1} = 1310\ K$$

$$c_6 = c_c = \sqrt{\gamma R T_c} = \sqrt{1.4014\ \ 287\ \ 1310} = 725.89\ m/s$$

f. El gasto de combustible adicional y el nuevo diámetro de la tobera para que el gasto de aire se mantenga

El gasto de combustible adicional se calcula con un balance de energía en el postcombustor, se mantiene la hipótesis de que el combustible tiene la misma entalpía sensible que el comburente, los subíndices 1 y 2 de los gastos de combustible corresponde a la cámara de combustión y postcombustor respectivamente:

$$(\dot{m}_a + \dot{m}_{f1} + \dot{m}_{f2})c_p(T_{5'} - T_4) = \dot{m}_{f2}H_c\eta_{CC} \quad\Rightarrow\quad \dot{m}_{f2} = \frac{(\dot{m}_a + \dot{m}_{f1})c_p(T_{5'} - T_4)}{H_c - c_p(T_{5'} - T_4)}$$

$$\dot{m}_{f2} = \frac{209.7\ \ 1002\ (1573 - 988.24)}{43\ \ 10^6 - 1002\ (1573 - 988.24)} = 2.766\ kg/s$$

El nuevo diámetro de la tobera se calcula a partir del gasto másico total:

$$\dot{m}_a + \dot{m}_{f1} + \dot{m}_{f2} = \frac{\pi D_6^2}{4}\rho_6 c_6 = \frac{\pi D_6^2}{4}\frac{p_6}{RT_6}c_6 \quad\Rightarrow\quad D_6 = \sqrt{(\dot{m}_a + \dot{m}_{f1} + \dot{m}_{f2})\frac{4RT_6}{\pi p_6 c_6}}$$

$$D_6 = \sqrt{(209.7 + 2.766)\frac{4\ \ 287\ \ 1310}{\pi\ 2.237\ \ 10^5\ \ 725.89}} = 0.791\ m$$

g. Los nuevos valores de empuje y empuje específico por gasto de combustible

$$E = (p_s - p_e)A_s + (\dot{m}_a + \dot{m}_f)\ c_s - \dot{m}_a c_e$$

$$E = (p_6 - p_0)\frac{\pi D_6^2}{4} + \left(\dot{m}_a + \dot{m}_{f1} + \dot{m}_{f2}\right) c_6 - \dot{m}_a c_0$$
$$= (2.237 - 0.41)10^5 \ \frac{\pi \ 0.791^2}{4} + (209.7 + 2.766) \ 725.89$$
$$- \ 206.7 \ \ 468.94 = 147.17 \ kN$$

El empuje específico:

$$e = \frac{E}{\dot{m}_{f1} + \dot{m}_{f2}} = \frac{147.17}{2.996 + 2.766} = 25.541 \frac{kN}{kg/s}$$

El empuje aumenta y el empuje específico disminuye. Esta postcombustión solo se utiliza en momentos que se requiere el máximo empuje a costa de empeorar el rendimiento motopropulsivo. La inversa del empuje específico es el consumo específico de combustible, se multiplica por 3600 para pasarlo a kg/h:

$$g_f = \frac{\dot{m}_{f1} + \dot{m}_{f2}}{E} = \frac{1}{e} = \frac{3600}{25541} = 0.141 \frac{kg}{hN}$$

8 TURBOFÁN, TURBOHÉLICE Y ESTATORREACTOR

8.1 Turbofán vuelo de crucero

De un turbofán se conocen los siguientes datos:

- Temperatura de entrada a la turbina: 1100ºC
- Empuje: 50000 N
- Presión ambiente 0.3 bar, temperatura ambiente 220 K
- Velocidad de vuelo 950 km/h
- Grado de derivación ($GdD = G_{fan}/G_{comp}$): 6:1
- Pérdida presión remanso en la cámara de combustión: 5 %
- Relación de compresión del compresor 10:1
- Relación de compresión del fan: 1.5:1
- Rendimiento de la turbina: 0.92
- Rendimiento de la toma dinámica: 0.95
- Rendimientos del compresor y del fan: 0.85
- Rendimiento del fan: 0.92
- Rendimiento mecánico del conjunto turbina-compresor-fan: 0.98

Toberas convergentes en los dos flujos.

c_p = 1000 J/kgK y R=287 J/kgK

Despreciar el gasto de combustible frente al de aire. Los flujos en las toberas son isoentrópicos. Se pide:

a. Dibujar un diagrama h-s de la evolución de los fluidos en toda la máquina, y calcular las propiedades en cada punto. Calcular las velocidades de salida del flujo en cada una de las toberas.
b. Gastos másicos de aire primario y secundario.
c. Secciones de salida de las toberas.

a) $c_{3'}$ = 311.2 m/s, c_5 = 542.2 m/s
b) $\dot{m}_T$ = 50.367 kg/s, $\dot{m}_F$= 302.2 kg/s
c) As_5 = 0.428 m^2, $As_{3'}$ = 1.733 m^2

RESOLUCIÓN

a. Dibujar un diagrama h-s de la evolución de los fluidos en toda la máquina, y calcular las propiedades en cada punto. Calcular las velocidades de salida del flujo en cada una de las toberas.

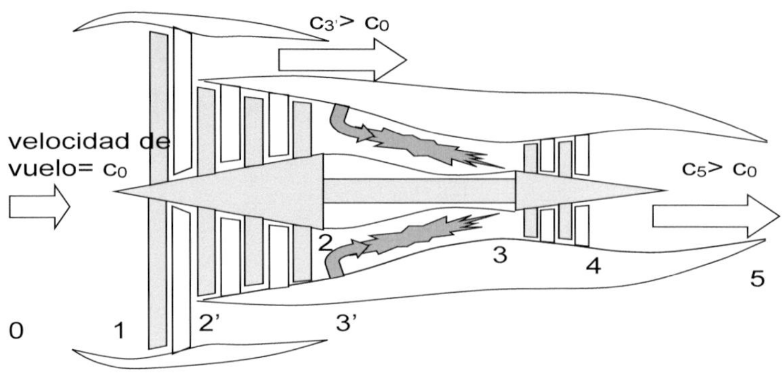

Para conocer las velocidades a la salida hay que calcular la evolución del fluido por todo el motor. En un diagrama h-s la evolución sería la que se muestra en la figura.

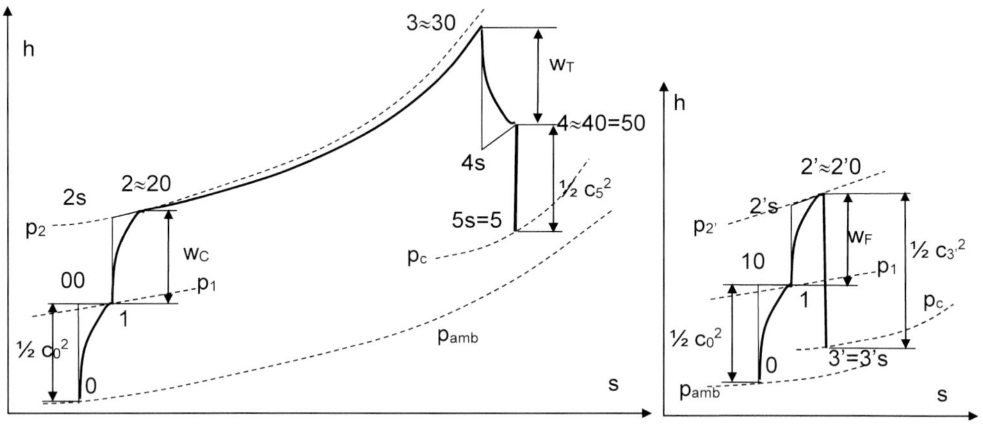

El punto 5 coincide con el 5s debido a que el proceso de expansión en la tobera es isoentrópico, lo mismo ocurre en la tobera del fan y los puntos 3' y 3's. A la salida de las toberas no se sabe si se alcanzarán condiciones críticas en la tobera, en la figura se ha supuesto que sí se alcanzan.

Los puntos 0 y 1 de los dos diagramas corresponden a los mismos estados, ya que el fluido que entra en el fan o en el compresor tiene la misma evolución en la toma dinámica.

La evolución del punto 0 al 1 es una compresión irreversible caracterizada por el rendimiento isoentrópico:

$$\eta_{TD} = \frac{Ecs}{\frac{c_0^2}{2}} = \frac{h_s - h_0}{\frac{c_0^2}{2}}$$

El punto s es un punto con la misma entropía que el punto 0 pero con la presión del punto 1. Esa diferencia de entalpías representa la energía cinética que tendría que tener el fluido para alcanzar la misma presión que el punto 1 en un proceso reversible. c_0 hay que calcularlo en metros por segundo:

$$c_0 = \frac{950}{3.6} = 263.9\frac{m}{s}$$

El punto s, se utiliza para conocer la presión del punto 2:

$$\eta_{TD} = \frac{h_s - h_0}{\frac{c_0^2}{2}} \quad \Rightarrow \quad T_s = T_0 + \eta_{TD}\frac{c_0^2}{2c_p} = 220 + 0.95\ \frac{263.9^2}{2\ 1000} = 253.1\,K$$

Ahora se puede conocer la presión del punto 1 con la ecuación de la evolución isoentrópica desde 0 hasta s:

$$p_1 = p_0\left(\frac{T_s}{T_0}\right)^{\frac{\gamma}{\gamma-1}} = p_0\left(\frac{T_s}{T_0}\right)^{\frac{c_p}{R}} = 0.3\left(\frac{253.1}{220}\right)^{\frac{1000}{287}} = 0.489\ bar$$

La temperatura del punto 2 se puede calcular de un balance de energía en la toma dinámica, despreciando la velocidad en el punto 1, $c_1 \cong 0$:

$$h_{00} = h_{10} \quad \Rightarrow \quad c_pT_0 + \frac{c_0^2}{2} = c_pT_1 \quad \Rightarrow \quad T_1 = T_0 + \frac{c_0^2}{2c_p} = 220 + \frac{263.9^2}{2\ 1000} = 254.8\,K$$

A partir de aquí se va a calcular la evolución del fluido que pasa por el fan, ya que se dispone de todos los datos para calcularlo, mientras que para calcular la evolución del fluido que pasa por la turbina, es necesario conocer el trabajo que consume el fan.

La presión a la salida del fan se calcula con la relación de compresión del mismo:

$$p_{2'} = p_1 r_{c_F} = 0.489\ \ 1.5 = 0.733\ bar$$

La temperatura del punto 2's se puede calcular con la expresión de la evolución isoentrópica entre el punto 1 y el 2's:

$$T_{2's} = T_1\left(\frac{p_{2's}}{p_1}\right)^{\frac{\gamma-1}{\gamma}} = T_1\left(\frac{p_{2'}}{p_1}\right)^{\frac{R}{c_p}} = 254.8\ \ 1.5^{\frac{287}{1000}} = 286.3\,K$$

Con la expresión del rendimiento isoentrópico del fan se calcula la temperatura real del punto 2':

$$\eta_F = \frac{h_{2's} - h_1}{h_{2'} - h_1} = \frac{T_{2's} - T_1}{T_{2'} - T_1} \quad \Rightarrow \quad T_{2'} = T_1 + \frac{T_{2's} - T_1}{\eta_F} = 254.8 + \frac{286.3\ - 254.8}{0.85} = 289\,K$$

El siguiente paso es la expansión isoentrópica en la tobera convergente del fan. Si la presión critica está por encima de la presión ambiente, la tobera estará bloqueada y las condiciones a la salida serán las críticas, después de la tobera se producirá una expansión de Prandtl-Meyer.

$$p_c = p_{2'}\left(\frac{2}{\gamma+1}\right)^{\frac{\gamma}{\gamma-1}} = p_{2'}\left(\frac{2}{\gamma+1}\right)^{\frac{c_p}{R}} = 0.733\left(\frac{2}{1.403+1}\right)^{\frac{1000}{287}} = 0.387\ bar > p_{amb}$$

γ se calcula a partir de c_p y R

$$\gamma = \frac{c_p}{c_v} = \frac{c_p}{c_p - R} = \frac{1000}{1000 - 287} = 1.403$$

Como la presión crítica está por encima de la presión ambiente, $p_{3'} = p_c$ y la temperatura y la velocidad serán las críticas:

$$p_{3'} = p_c = 0.387\ bar$$

$$T_{3'} = T_c = T_{2'} \frac{2}{\gamma + 1} = 289 \frac{2}{1.403 + 1} = 240.6\ K$$

$$c_{3'} = c_c = \sqrt{\gamma R T_c} = \sqrt{1.403\ \ 287\ \ 240.6} = 311.2\ m/s$$

Ahora se seguirá con la evolución a través del compresor y la turbina. Del compresor se conoce la relación de compresión:

$$p_2 = p_1 r_c = 0.489\ \ 10 = 4.89\ bar$$

La temperatura del punto 2s se puede calcular con la expresión de la evolución isoentrópica entre el punto 1 y el 2s:

$$T_{2s} = T_1 \left(\frac{p_{2s}}{p_1}\right)^{\frac{\gamma-1}{\gamma}} = T_1 \left(\frac{p_2}{p_1}\right)^{\frac{R}{c_p}} = 254.8\ \ 7^{\frac{287}{1000}} = 493.4\ K$$

Con la expresión del rendimiento del compresor se calcula la temperatura real del punto 2:

$$\eta_C = \frac{h_{2s} - h_1}{h_2 - h_1} = \frac{T_{2s} - T_1}{T_2 - T_1} \quad \Rightarrow \quad T_2 = T_1 + \frac{T_{2s} - T_1}{\eta_C} = 254.8 + \frac{493.4\ - 254.8}{0.85} = 535.5\ K$$

La evolución en la cámara de combustión está caracterizada por una elevación de temperatura y una pérdida de presión. La presión del punto 3 se calcula con la característica de pérdida de carga en la cámara de combustión y la temperatura de salida de la cámara de combustión es un dato.

$$\varepsilon = 100\ \frac{p_2 - p_3}{p_2} \quad \Rightarrow \quad p_3 = p_2 - p_2 \frac{\varepsilon}{100} = p_2 \left(1 - \frac{\varepsilon}{100}\right) = 4.89\ \left(1 - \frac{5}{100}\right) = 4.64\ bar$$

$$T_3 = 1373\ K$$

El siguiente paso es una expansión irreversible en la turbina caracterizada por el rendimiento isoentrópico de la misma y el equilibrio entre la potencia de la turbina minorada por el rendimiento mecánico y la absorbida por el compresor y el fan. Hay que tener en cuenta los gastos másicos que circulan por cada máquina para calcular las potencia de cada una. Como se desprecia el gasto de combustible frente al de aire, por el compresor y la turbina circula la misma cantidad de fluido:

$$\dot{m}_T w_T \eta_m = \dot{m}_T w_C + \dot{m}_F w_F$$

$$\dot{m}_T (h_4 - h_3) \eta_m = \dot{m}_T (h_2 - h_1) + \dot{m}_F (h_{2'} - h_1)$$

Dividiendo por el gasto de la turbina desaparecen todos los gastos másicos y solo queda la relación entre ellos, es decir, el grado de derivación $GdD = \dot{m}_F / \dot{m}_C$. Con la hipótesis de gas perfecto, las entalpias se sustituyen por temperaturas:

$$(T_4 - T_3)\eta_m = (T_2 - T_1) + GdD\ (T_{2'} - T_1) \ \Rightarrow \quad T_4 = T_3 - \frac{(T_2 - T_1) + GdD\ (T_{2'} - T_1)}{\eta_m}$$

$$T_4 = 1373 - \frac{(535.5 - 254.8) + 6(289 - 254.8)}{0.98} = 877.3\,K$$

Para conocer la presión del punto 4 hay que calcular primero la temperatura del punto 4s y después con una isoentrópica calcular su presión, la temperatura se calcula con el rendimiento isoentrópico de la turbina:

$$\eta_T = \frac{h_3 - h_4}{h_3 - h_{4s}} = \frac{T_3 - T_4}{T_3 - T_{4s}} \quad \Rightarrow \quad T_{4s} = T_3 - \frac{T_3 - T_4}{\eta_T} = 1373 - \frac{1373 \ - 877.3}{0.92} = 834.2\,K$$

$$p_4 = p_{4s} = p_3 \left(\frac{T_{4s}}{T_3}\right)^{\frac{\gamma}{\gamma-1}} = p_3 \left(\frac{T_{4s}}{T_3}\right)^{\frac{c_p}{R}} = 4.64 \left(\frac{834.2}{1373}\right)^{\frac{1000}{287}} = 0.861\,bar$$

El siguiente paso es la expansión isoentrópica en la tobera convergente. Si la presión crítica está por encima de la presión ambiente, la tobera estará bloqueada y las condiciones a la salida serán las críticas, después de la tobera se producirá una expansión de Prandtl-Meyer.

$$p_c = p_4 \left(\frac{2}{\gamma + 1}\right)^{\frac{\gamma}{\gamma-1}} = p_4 \left(\frac{2}{\gamma + 1}\right)^{\frac{c_p}{R}} = 0.861 \left(\frac{2}{1.403 + 1}\right)^{\frac{1000}{287}} = 0.454\,bar > p_{amb}$$

Como la presión crítica está por encima de la presión ambiente, $p_5 = p_c$ y la temperatura y la velocidad serán las críticas:

$$p_5 = p_c = 0.454\,bar$$

$$T_5 = T_c = T_4 \frac{2}{\gamma + 1} = 877.3 \frac{2}{1.403 + 1} = 730.3\,K$$

$$c_5 = c_c = \sqrt{\gamma R T_c} = \sqrt{1.403\ 287\ 730.3} = 542.2\,m/s$$

b. Gastos másicos de aire primario y secundario.

No se conocen las secciones de paso de las toberas. La variable conocida que es dependiente del gasto es el empuje, la expresión del empuje adaptada a un turbofán:

$$E = (p_{sF} - p_e)A_{sF} + \dot{m}_{aF} c_{sF} + (p_{sT} - p_e)A_{sT} + \left(\dot{m}_{aT} + \dot{m}_f\right) c_{sT} - (\dot{m}_{aF} + \dot{m}_{aT})c_e$$

Donde los subíndices corresponden: s salida, e entrada, F fan, T turbina, a aire, f fuel. Pasando los subíndices a los puntos del problema y agrupando los términos del fan en los tres primeros sumandos y después los correspondientes a la turbina:

$$E = (p_{3'} - p_0)A_{3'} + \dot{m}_{aF} c_{3'} - \dot{m}_{aF} c_0 + (p_5 - p_0)A_5 + \left(\dot{m}_{aT} + \dot{m}_f\right) c_5 - \dot{m}_{aT} c_0$$

Las áreas desconocidas se pueden expresar en función de los gastos másico y de las condiciones en las toberas.

$$\dot{m} = A\rho c = A\frac{p}{RT}c \qquad \Rightarrow \qquad A = \frac{\dot{m}RT}{pc}$$

Si se desprecia el gasto de combustible frente al de aire, solo quedan dos incógnitas en la ecuación que son los gastos másicos por turbina y fan que a su vez están relacionados a través del grado de derivación:

$$GdD = \frac{\dot{m}_{aF}}{\dot{m}_{aT}}$$

Finalmente, el empuje en función del gasto másico queda:

$$E = (p_{3'} - p_0)\frac{\dot{m}_{aF} R T_{3'}}{p_{3'}\, c_{3'}} + \dot{m}_{aF} c_{3'} + (p_5 - p_0)\frac{\dot{m}_{aT} R T_5}{p_5 c_5} + \dot{m}_{aT} c_5 - (\dot{m}_{aF} + \dot{m}_{aT}) c_0$$

$$E = \dot{m}_{aT}\left[GdD\,\left(\frac{p_{3'} - p_0}{p_{3'}}\,\frac{RT_{3'}}{c_{3'}} + c_{3'} - c_0\right) + \left(\frac{p_5 - p_0}{p_5}\,\frac{RT_5}{c_5} + c_5 - c_0\right)\right]$$

Donde los términos dentro de los paréntesis corresponden a los empujes por unidad de aire que atraviesa cada elemento.

$$\begin{aligned} E = \dot{m}_{aT}\Bigg[6\left(\frac{0.387 - 0.3}{0.387}\;\frac{287\;\;240.6}{311.2} + 311.2 - 263.9\right) \\ + \left(\frac{0.454 - 0.3}{0.454}\;\frac{287\;\;730.3}{542.2} + 542.2 - 263.9\right)\Bigg] \\ = \dot{m}_{aT}(6\;\;97.17 + 409.69) = \dot{m}_{aT}\;\;992.7 \end{aligned}$$

$$\dot{m}_{aT} = \frac{50000}{992.7} = 50.37\;kg/s$$

$$\dot{m}_{aF} = GdD\;\dot{m}_{aT} = 6\;\;50.37 = 302.2\frac{kg}{s}$$

c. Secciones de salida de las toberas.

$$A_{sF} = \frac{\dot{m}_{aF} R T_{3'}}{p_{3'} c_{3'}} = \frac{302.2\;\;287\;\;240.6}{0.387\;\;10^5\;\;311.2} = 1.733\;m^2$$

$$A_{sT} = \frac{\dot{m}_{aT} R T_5}{p_5 c_5} = \frac{50.37\;\;287\;\;730.3}{0.454\;\;10^5\;\;542.2} = 0.428\;m^2$$

8.2 Turbofán vuelo de crucero y despegue

Un turbofán vuela en unas condiciones atmosféricas de p_{amb}=0.5 bar y T_{amb}= -50ºC, y con una velocidad de 1000 km/h.

El gasto de aire que pasa por la turbina es del 25%, el resto pasa por el fan con una relación de compresión de 1.25.

Los rendimientos isoentrópicos de los diferentes elementos son: toma dinámica 0.95, compresor y fan 0.92, turbina 0.9. Las toberas convergentes a la salida de la turbina y del fan se consideran isoentrópicas.

El compresor tiene una relación de compresión de 7 y la cámara de combustión no tiene pérdidas de presión y calienta el aire hasta 1000ºC.

Calcular:

- **a.** Las condiciones termodinámicas de los diferentes puntos por los que pasa el fluido tanto el aire primario (compresor y turbina) como secundario (fan).
- **b.** El empuje especifico [N/(kg/s)] siendo éste la fuerza por unidad de gasto másico de aire que atraviesa el turbofán.

c. La sección de salida de las toberas (fan y turbina) para que produzca un empuje de 50 kN. Calcular el área frontal de la toma dinámica antes de que el fluido se frene.

d. El empuje que se obtendría con unas toberas convergentes divergentes adaptadas. En esas condiciones calcular el rendimiento motor, el rendimiento propulsivo y el motopropulsivo.

e. Calcular el empuje en el momento del despegue con velocidad de vuelo nula y condiciones ambientales de 20ºC y 1 bar si el resto de rendimientos isoentrópicos, relaciones de compresión y temperaturas son las mismas.

Despreciar la masa de combustible frente a la de aire, R=287 J/kg/K, c_p=1kJ/kg/K

a)

Punto	1	2	4	5	2'	3'
Presión (bar)	0.8496	5.94	2.14	1.129	1.06	0.56
Temperatura (K)	261.6	491.8	981.7	817.3	281.9	234.7
Velocidad (m/s)	0	0		573.5		307.4

b) e=171.53 N/(kg/s)

c) A_{fan}= 0.8522 m^2, A_{tub}=0.2594 m^2

d) e=182.28 N/(kg/s), η_{mot}=0.474, η_p=0.5471, η_{mp}=0.2592

e) 82040 N. Si se mantiene en 25% el gasto que pasa por la turbina los gastos en las toberas calculados con el salto de presión y la sección de paso no cumplen esa relación. Se debe ajustar este valor al.28.28% y entonces el resultado es 83835 N

RESOLUCIÓN

a. Las condiciones termodinámicas de los diferentes puntos por los que pasa el fluido tanto el aire primario (compresor y turbina) como secundario (fan).

Se presenta un esquema del turbofán con los puntos correspondientes:

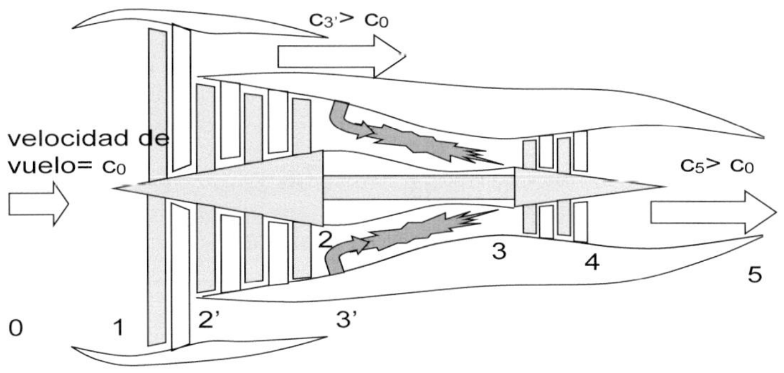

La evolución del fluido por el motor se presenta en los diagramas h-s de la figura:

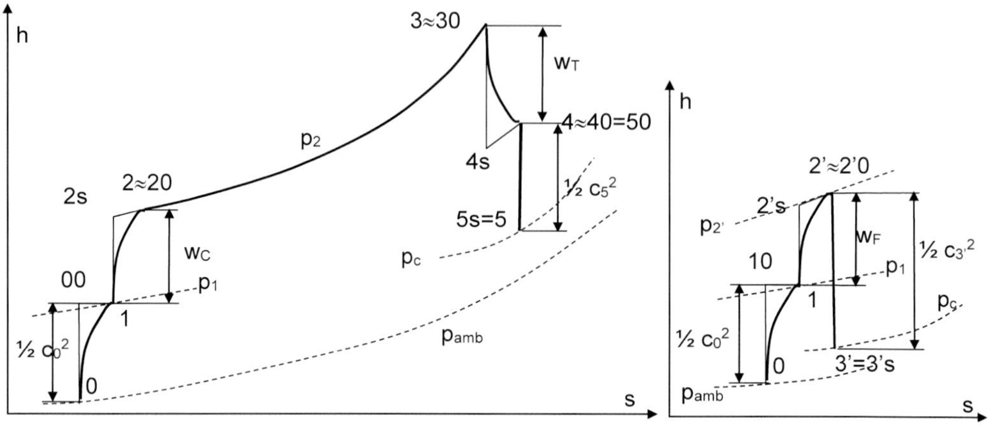

El punto 5 coincide con el 5s debido a que el proceso de expansión en la tobera es isoentrópico, lo mismo ocurre en la tobera del fan y los puntos 3' y 3's. A la salida de las toberas no se sabe si se alcanzarán condiciones críticas en la tobera, en la figura se ha supuesto que sí se alcanzan.

Los puntos 0 y 1 de los dos diagramas corresponden a los mismos estados, ya que el fluido que entra en el fan o en el compresor tiene la misma evolución en la toma dinámica.

La evolución del punto 0 al 1 es una compresión irreversible caracterizada por el rendimiento isoentrópico:

$$\eta_{TD} = \frac{Ecs}{\frac{c_0^2}{2}} = \frac{h_s - h_0}{\frac{c_0^2}{2}}$$

El punto s es un punto con la misma entropía que el punto 0 pero con la presión del punto 1. Esa diferencia de entalpías representa la energía cinética que tendría que tener el fluido para alcanzar la misma presión que el punto 1 en un proceso reversible. c_0 hay que calcularlo en metros por segundo:

$$c_0 = \frac{1000}{3.6} = 277.8\frac{m}{s}$$

El punto s, se utiliza para conocer la presión del punto 2:

$$\eta_{TD} = \frac{h_s - h_0}{\frac{c_0^2}{2}} \quad \Rightarrow \quad T_s = T_0 + \eta_{TD}\frac{c_0^2}{2c_p} = 223 + 0.95\,\frac{277.8^2}{2\ 1000} = 259.7\,K$$

Ahora se puede conocer la presión del punto 1 con la ecuación de la evolución isoentrópica en la toma dinámica desde 0 a s:

$$p_1 = p_0\left(\frac{T_s}{T_0}\right)^{\frac{\gamma}{\gamma-1}} = p_0\left(\frac{T_s}{T_0}\right)^{\frac{c_p}{R}} = 0.5\left(\frac{259.7}{223}\right)^{\frac{1000}{287}} = 0.8496\,bar$$

La temperatura del punto 2 se puede calcular de un balance de energía en la toma dinámica:

$$h_{00} = h_{10} \quad \Rightarrow \quad c_p T_0 + \frac{c_0^2}{2} = c_p T_1 \quad \Rightarrow \quad T_1 = T_0 + \frac{c_0^2}{2c_p} = 223 + \frac{277.8^2}{2\ 1000} = 261.6\ K$$

A partir de aquí se va a calcular la evolución del fluido que pasa por el fan, ya que se dispone de todos los datos para calcularlo, mientras que para calcular la evolución del fluido que pasa por la turbina, es necesario conocer el trabajo que consume el fan.

La presión a la salida del fan se calcula con la relación de compresión del mismo:

$$p_{2'} = p_1\, r_{c_F} = 0.8496\ \ 1.25 = 1.062\ bar$$

La temperatura del punto 2's se puede calcular con la expresión de la evolución isoentrópica entre el punto 1 y el 2's:

$$T_{2's} = T_1 \left(\frac{p_{2's}}{p_1}\right)^{\frac{\gamma-1}{\gamma}} = T_1 \left(\frac{p_{2'}}{p_1}\right)^{\frac{R}{c_p}} = 261.6\ \ 1.25^{\frac{287}{1000}} = 278.9\ K$$

Con la expresión del rendimiento isoentrópico del fan se calcula la temperatura real del punto 2':

$$\eta_F = \frac{h_{2's} - h_1}{h_{2'} - h_1} = \frac{T_{2's} - T_1}{T_{2'} - T_1} \quad \Rightarrow \quad T_{2'} = T_1 + \frac{T_{2's} - T_1}{\eta_F} = 261.6 + \frac{278.9\ - 261.6}{0.92} = 280.4\ K$$

El siguiente paso es la expansión isoentrópica en la tobera convergente del fan. Si la presión critica está por encima de la presión ambiente, la tobera estará bloqueada y las condiciones a la salida serán las críticas, después de la tobera se producirá una expansión de Prandtl-Meyer.

$$p_c = p_{2'} \left(\frac{2}{\gamma+1}\right)^{\frac{\gamma}{\gamma-1}} = p_{2'} \left(\frac{2}{\gamma+1}\right)^{\frac{c_p}{R}} = 1.062 \left(\frac{2}{1.403+1}\right)^{\frac{1000}{287}} = 0.561\ bar > p_{amb}$$

γ se calcula a partir de c_p y R

$$\gamma = \frac{c_p}{c_v} = \frac{c_p}{c_p - R} = \frac{1000}{1000 - 287} = 1.403$$

Como la presión crítica está por encima de la presión ambiente, $p_{3'} = p_c$ y la temperatura y la velocidad serán las críticas:

$$p_{3'} = p_c = 0.561\ bar$$

$$T_{3'} = T_c = T_{2'} \frac{2}{\gamma+1} = 280.4 \frac{2}{1.403+1} = 233.41\ K$$

$$c_{3'} = c_c = \sqrt{\gamma R T_c} = \sqrt{1.403\ \ 287\ \ 240.6} = 306.5\ m/s$$

Ahora se seguirá con la evolución a través del compresor y la turbina. Del compresor se conoce la relación de compresión:

$$p_2 = p_1\, r_{c_c} = 0.8496\ \ 7 = 5.947\ bar$$

La temperatura del punto 2s se puede calcular con la expresión de la evolución isoentrópica entre el punto 1 y el 2s:

$$T_{2s} = T_1\left(\frac{p_{2s}}{p_1}\right)^{\frac{\gamma-1}{\gamma}} = T_1\left(\frac{p_2}{p_1}\right)^{\frac{R}{c_p}} = 261.6\ 7^{\frac{287}{1000}} = 457.2\ K$$

Con la expresión del rendimiento del compresor se calcula la temperatura real del punto 2:

$$\eta_C = \frac{h_{2s}-h_1}{h_2-h_1} = \frac{T_{2s}-T_1}{T_2-T_1} \quad \Rightarrow \quad T_2 = T_1 + \frac{T_{2s}-T_1}{\eta_C} = 261.6 + \frac{457.2\ -261.6}{0.85} = 491.8\ K$$

La evolución en la cámara de combustión está caracterizada por una elevación de temperatura, no hay pérdida de presión y la temperatura de salida de la cámara de combustión es un dato:

$$p_3 = p_2 = 5.947\ bar$$

$$T_3 = 1273\ K$$

El siguiente paso es una expansión irreversible en la turbina caracterizada por el rendimiento isoentrópico de la misma y el equilibrio entre la potencia de la turbina minorada por el rendimiento mecánico, y la absorbida por el compresor y el fan. Hay que tener en cuenta los gastos másicos que circulan por cada máquina para calcular las potencia de cada una:

$$(\dot m_{aT} + \dot m_f)\, w_T\eta_m = \dot m_{aC}w_C + \dot m_{aF}w_F$$

Como se desprecia el gasto de combustible frente al de aire, por el compresor y la turbina circula la misma cantidad de fluido:

$$\dot m_{aT}(h_3-h_4)\eta_m = \dot m_{aT}(h_2-h_1) + \dot m_{aF}(h_{2'}-h_1)$$

Dividiendo por el gasto de aire de la turbina desaparecen todos los gastos másicos y solo queda la relación entre ellos, es decir el grado de derivación $GdD = \dot m_{aF}/\dot m_{aC}$. Si el gasto por la turbina es el 25% del total, el grado de derivación es:

$$\dot m_{aT} = 0.25\,(\dot m_{aT} + \dot m_{aF}) \qquad \Rightarrow \qquad GdD = \frac{\dot m_{aF}}{\dot m_{aT}} = \frac{1-0.25}{0.25} = 3$$

Con la hipótesis de gas perfecto, las entalpías se sustituyen por temperaturas:

$$(T_3-T_4)\eta_m = (T_2-T_1) + GdD(T_{2'}-T_1) \ \Rightarrow \quad T_4 = T_3 - \frac{(T_2-T_1) + GdD(T_{2'}-T_1)}{\eta_m}$$

El rendimiento mecánico vale 1:

$$T_4 = 1273 - \frac{(491.8-261.6) + 3(280.4-261.6)}{1} = 986.4\ K$$

Para conocer la presión del punto 4 hay que calcular primero la temperatura del punto 4s y después con una isoentrópica calcular su presión. La temperatura en el punto 4s se calcula con el rendimiento isoentrópico de la turbina:

$$\eta_T = \frac{h_3-h_4}{h_3-h_{4s}} = \frac{T_3-T_4}{T_3-T_{4s}} \quad \Rightarrow \quad T_{4s} = T_3 - \frac{T_3-T_4}{\eta_T} = 1273 - \frac{1273\ -986.4}{0.9} = 954.5\ K$$

$$p_4 = p_{4s} = p_3 \left(\frac{T_{4s}}{T_3}\right)^{\frac{\gamma}{\gamma-1}} = p_3 \left(\frac{T_{4s}}{T_3}\right)^{\frac{c_p}{R}} = 5.947 \left(\frac{954.5}{1373}\right)^{\frac{1000}{287}} = 2.181\, bar$$

El siguiente paso es la expansión isoentrópica en la tobera convergente. Si la presión critica está por encima de la presión ambiente, la tobera estará bloqueada y las condiciones a la salida serán las críticas, después de la tobera se producirá una expansión de Prandtl-Meyer.

$$p_c = p_4 \left(\frac{2}{\gamma+1}\right)^{\frac{\gamma}{\gamma-1}} = p_4 \left(\frac{2}{\gamma+1}\right)^{\frac{c_p}{R}} = 2.181 \left(\frac{2}{1.403+1}\right)^{\frac{1000}{287}} = 1.151\, bar > p_{amb}$$

Como la presión crítica está por encima de la presión ambiente, $p_5 = p_c$ y la temperatura y la velocidad serán las críticas:

$$p_5 = p_c = 1.151\, bar$$

$$T_5 = T_c = T_4 \frac{2}{\gamma+1} = 986.4 \frac{2}{1.403+1} = 821.1\, K$$

$$c_5 = c_c = \sqrt{\gamma R T_c} = \sqrt{1.403\;\; 287\;\; 730.3} = 574.9\, m/s$$

b. El empuje especifico [N/(kg/s)]. Fuerza por unidad de gasto másico de aire que atraviesa el turbofán.

El empuje de un turbofán funcionando en condiciones de bloqueo en las toberas:

$$E = (p_{sF} - p_e)A_{sF} + \dot{m}_{aF} c_{sF} + (p_{sT} - p_e)A_{sT} + \left(\dot{m}_{aT} + \dot{m}_f\right) c_{sT} - (\dot{m}_{aF} + \dot{m}_{aT}) c_e$$

Donde los subíndices corresponden: s salida, e entrada, F fan, T turbina, a aire, f fuel. Pasando los subíndices a los puntos del problema y agrupando los términos del fan en los tres primeros sumandos y después los correspondientes a la turbina:

$$E = E_F + E_T = (p_{3'} - p_0)A_{3'} + \dot{m}_{aF} c_{3'} - \dot{m}_{aF} c_0 + (p_5 - p_0)A_5 + \left(\dot{m}_{aT} + \dot{m}_f\right) c_5 - \dot{m}_{aT} c_0$$

Las áreas desconocidas se pueden expresar en función de los gastos másicos y de las condiciones en las toberas:

$$\dot{m} = A\rho c = A \frac{p}{RT} c \qquad \Rightarrow \qquad A = \frac{\dot{m} R T}{p c}$$

Si se desprecia el gasto de combustible frente al de aire, el empuje en función del gasto másico queda:

$$E = (p_{3'} - p_0) \frac{\dot{m}_{aF} R T_{3'}}{p_{3'}\, c_{3'}} + \dot{m}_{aF} c_{3'} - \dot{m}_{aF} c_0 + (p_5 - p_0) \frac{\dot{m}_{aT} R T_5}{p_5 c_5} + \dot{m}_{aT} c_5 - \dot{m}_{aT} c_0$$

$$E = \dot{m}_{aF} \left(\frac{p_{3'} - p_0}{p_{3'}} \frac{R T_{3'}}{c_{3'}} + c_{3'} - c_0\right) + \dot{m}_{aT} \left(\frac{p_5 - p_0}{p_5} \frac{R T_5}{c_5} + c_5 - c_0\right)$$

Si se divide por la masa de aire total que atraviesa el turbofán se obtiene el empuje específico por unidad de aire que entra en el motor:

$$e = \frac{E}{\dot{m}_{aF} + \dot{m}_{aT}} = \frac{\dot{m}_{aF}}{\dot{m}_{aF} + \dot{m}_{aT}} \left(\frac{p_{3'} - p_0}{p_{3'}} \frac{RT_{3'}}{c_{3'}} + c_{3'} - c_0 \right) + \frac{\dot{m}_{aT}}{\dot{m}_{aF} + \dot{m}_{aT}} \left(\frac{p_5 - p_0}{p_5} \frac{RT_5}{c_5} + c_5 - c_0 \right)$$

Solo quedan dos incógnitas en la ecuación que son los gastos másicos de aire por turbina y fan que se relacionan a través del grado de derivación:

$$GdD = \frac{\dot{m}_{aF}}{\dot{m}_{aT}}$$

$$\dot{m}_{aF} + \dot{m}_{aT} = \dot{m}_{aF} + \frac{\dot{m}_{aF}}{GdD} = \dot{m}_{aF} \left(1 + \frac{1}{GdD} \right) = \dot{m}_{aF} \frac{GdD + 1}{GdD}$$

$$\frac{\dot{m}_{aF}}{\dot{m}_{aF} + \dot{m}_{aT}} = \frac{GdD}{GdD + 1}$$

$$\frac{\dot{m}_{aT}}{\dot{m}_{aF} + \dot{m}_{aT}} = \frac{\dot{m}_{aT}}{\dot{m}_{aF}} \frac{GdD}{GdD + 1} = \frac{1}{GdD + 1}$$

Sustituyendo en la expresión del empuje específico:

$$e = \frac{GdD}{GdD + 1} \left(\frac{p_{3'} - p_0}{p_{3'}} \frac{RT_{3'}}{c_{3'}} + c_{3'} - c_0 \right) + \frac{1}{GdD + 1} \left(\frac{p_5 - p_0}{p_5} \frac{RT_5}{c_5} + c_5 - c_0 \right)$$

Donde cada uno de los términos dentro de los paréntesis corresponde al empuje por unidad de aire que atraviesa cada elemento.

$$e = \frac{3}{3+1} \left(\frac{0.561 - 0.5}{0.561} \frac{287\ 233.41}{306.5} + 306.5 - 277.8 \right) + \frac{1}{3+1} \left(\frac{1.151 - 0.5}{1.151} \frac{287\ 821.1}{574.9} + 574.9 - 277.8 \right)$$

$$e = 0.75\ 52.37 + 0.25\ 529 = 171.53\ Ns/kg$$

c. La sección de salida de las toberas (fan y turbina) para que produzca un empuje de 50 kN. Calcular el área frontal de la toma dinámica antes de que el fluido se frene.

Las secciones de las toberas junto con las condiciones a la salida condicionan los gastos másicos, y el gasto másico tiene que ser el necesario para producir el empuje especificado. El gasto másico total se puede calcular con el empuje específico y el empuje:

$$E = (\dot{m}_{aT} + \dot{m}_{aF}) e \Rightarrow \dot{m}_{aT} + \dot{m}_{aF} = \frac{E}{e} = \frac{50000}{171.53} = 291.5\ kg/s$$

Este gasto se reparte:

$$\dot{m}_{aT} = (\dot{m}_{aT} + \dot{m}_{aF}) \frac{1}{1 + GdD} = 291.5 \frac{1}{1+3} = 72.87\ kg/s$$

$$\dot{m}_{aF} = (\dot{m}_{aT} + \dot{m}_{aF}) \frac{GdD}{1 + GdD} = 291.5 \frac{3}{1+3} = 218.6\ kg/s$$

El área de salida en función del gasto másico:

$$A_{sF} = \frac{\dot{m}_{aF} R T_{3'}}{p_{3'} c_{3'}} = \frac{218.6 \;\; 287 \;\; 233.41}{0.561 \;\; 10^5 \;\; 306.5} = 0.8522 \; m^2$$

$$A_{sT} = \frac{\dot{m}_{aT} R T_5}{p_5 c_5} = \frac{72.87 \;\; 287 \;\; 821.1}{1.151 \;\; 10^5 \;\; 574.9} = 0.2594 \; m^2$$

La sección de la toma dinámica:

$$A_{TD} = \frac{(\dot{m}_{aT} + \dot{m}_{aF}) R T_0}{p_0 c_0} = \frac{291.5 \;\; 287 \;\; 223}{0.5 \;\; 10^5 \;\; 277.8} = 1.343 \; m^2$$

d. El empuje que se obtendría con unas toberas convergentes divergentes adaptadas. En esas condiciones el rendimiento motor, el rendimiento propulsivo y el motopropulsivo.

En este caso, los gastos másicos no cambian ya que lo que los restringe es el área de salida bloqueada, como esta área es igual, nada cambia respecto a antes de las gargantas de las toberas, solo hay que calcular las nuevas condiciones a la salida de las toberas ya que ahora están adaptadas.

Empezando por el fan, la nueva presión a la salida es igual a la presión ambiente. Conocida la presión, se puede calcular la temperatura con una evolución isoentrópica desde el punto 2' a 3' y finalmente, por un balance de energía entre dichos puntos despreciando la velocidad en 2', la velocidad a la salida:

$$p_{3'} = p_{amb} = 0.5 \; bar$$

$$T_{3's} = \mathrm{T}_{3'} = T_{2'} \left(\frac{p_{3's}}{p_{2'}}\right)^{\frac{\gamma-1}{\gamma}} = T_{2'} \left(\frac{p_{3'}}{p_{2'}}\right)^{\frac{R}{c_p}} = 280.4 \; \left(\frac{0.5}{1.062}\right)^{\frac{287}{1000}} = 225.88 \; K$$

$$h_{2'0} = h_{3'0} \quad \Rightarrow \quad c_p T_{2'} = c_p T_{3'} + \frac{c_{3'}^2}{2}$$

$$c_{3'} = \sqrt{2 c_p (T_{2'} - T_{3'})} = \sqrt{2 \;\; 1000 (280.4 - 225.88)} = 330.2 \; m/s$$

Procediendo de la misma manera a la salida de la turbina:

$$p_5 = p_{amb} = 0.5 \; bar$$

$$T_{5s} = \mathrm{T}_5 = T_4 \left(\frac{p_{5s}}{p_4}\right)^{\frac{\gamma-1}{\gamma}} = T_4 \left(\frac{p_5}{p_4}\right)^{\frac{R}{c_p}} = 986.4 \; \left(\frac{0.5}{2.181}\right)^{\frac{287}{1000}} = 625.5 \; K$$

$$h_{40} = h_{50} \quad \Rightarrow \quad c_p T_4 = c_p T_5 + \frac{c_5^2}{2}$$

$$c_5 = \sqrt{2 c_p (T_4 - T_5)} = \sqrt{2 \;\; 1000 (986.4 - 625.5)} = 849.6 \; m/s$$

El empuje específico se puede calcular con la misma expresión que antes pero ahora la presión de salida es la misma que la ambiente. El empuje ahora solo depende de las velocidades:

$$e=\frac{GdD}{GdD+1}(c_{3'}-c_0)+\frac{1}{GdD+1}(c_5-c_0)$$

$$e=\frac{3}{3+1}(330.2-277.8)+\frac{1}{3+1}(849.6-277.8)=182.28\,Ns/kg$$

$$E=(\dot{m}_{aT}+\dot{m}_{aF})e=291.5\;\;182.28=53131\,N$$

El empuje mejora sin modificar los gastos másicos, ni siquiera el del combustible, pero no sustancialmente 3.1/50 un 6.2% aproximadamente.

El rendimiento del motor es la potencia que se entrega a los fluidos en forma de energía cinética, dividido por la energía térmica aportada por el combustible.

$$\eta_{mot}=\frac{\dot{m}_{aT}\left(\frac{c_5^2}{2}-\frac{c_0^2}{2}\right)+\dot{m}_{aF}\left(\frac{c_{3'}^2}{2}-\frac{c_0^2}{2}\right)+\dot{m}_f\frac{c_5^2}{2}}{\dot{m}_fH_c}$$

Como se desprecia la masa de combustible, se desprecia la energía cinética del combustible, es decir el tercer término del sumando del numerador. En el denominador aparece el gasto de combustible que en principio no se conoce. Otra forma de expresar el calor aportado en la cámara de combustión sería a través del incremento de entalpía que sufre el fluido que pasa por la cámara de combustión suponiendo un rendimiento de la cámara de combustión igual a la unidad:

$$\eta_{mot}=\frac{\dot{m}_{aT}\left(\frac{c_5^2}{2}-\frac{c_0^2}{2}\right)+\dot{m}_{aF}\left(\frac{c_{3'}^2}{2}-\frac{c_0^2}{2}\right)}{\dot{m}_{aT}c_p(T_3-T_2)}=\frac{\left(\frac{c_5^2}{2}-\frac{c_0^2}{2}\right)+GdD\left(\frac{c_{3'}^2}{2}-\frac{c_0^2}{2}\right)}{c_p(T_3-T_2)}$$

$$\eta_{mot}=\frac{1}{2}\frac{(849.6^2-277.8^2)+3(330.2^2-277.8^2)}{1000(1273-491.8)}=0.474$$

El rendimiento propulsivo es la potencia del empuje dividido por la energía cinética generada. Como se desprecia la masa de combustible, la energía cinética del combustible no se tiene en cuenta:

$$\eta_{prop}=\frac{E\,c_0}{\dot{m}_{aT}\left(\frac{c_5^2}{2}-\frac{c_0^2}{2}\right)+\dot{m}_{aF}\left(\frac{c_{3'}^2}{2}-\frac{c_0^2}{2}\right)}$$

$$=\frac{2\;\;53131\;\;277.8}{72.87(849.6^2-277.8^2)+218.6(330.2^2-277.8^2)}=0.5471$$

En esas condiciones el rendimiento motopropulsivo es el producto de los dos anteriores:

$$\eta_{mp}=\eta_{mot}\eta_{prop}=0.474\;\;0.5471=0.2592$$

e. Calcular el empuje en el momento del despegue con velocidad de vuelo nula y condiciones ambientales de 20ºC y 1 bar si el resto de rendimientos isoentrópicos, relaciones de compresión y temperaturas son las mismas.

En este caso se supone que no hay compresión dinámica, el fluido se acelera para entrar en el compresor, pero su velocidad es pequeña y se considera despreciable, por lo tanto, se considera que la velocidad del fluido a la entrada del compresor es nula y que la presión es la ambiente.

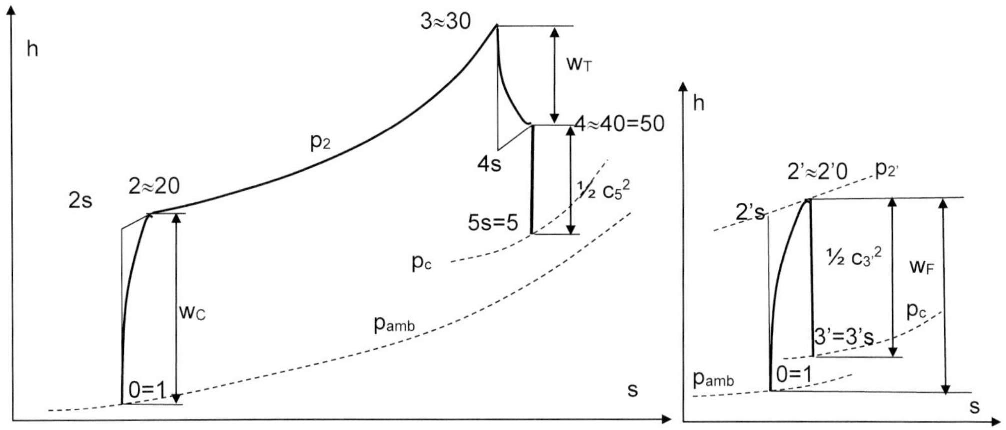

Se supone que sigue habiendo condiciones críticas a la salida de las toberas, esto se sabrá con certeza cuando se calculen las condiciones.

A partir de aquí se va a calcular la evolución del fluido que pasa por el fan, ya que se dispone de todos los datos para calcularlo, mientras que para calcular la evolución del fluido que pasa por la turbina, es necesario conocer el trabajo que consume el fan.
La presión a la salida del fan se calcula con la relación de compresión del mismo:

$$p_{2'} = p_1 r_{c_F} = 1 \ \ 1.25 = 1.25 \ bar$$

La temperatura del punto 2's se puede calcular con la expresión de la isoentrópica

$$T_{2's} = T_1 \left(\frac{p_{2's}}{p_1}\right)^{\frac{\gamma-1}{\gamma}} = T_1 \left(\frac{p_{2'}}{p_1}\right)^{\frac{R}{c_p}} = 293 \ \ 1.25^{\frac{287}{1000}} = 312.38 \ K$$

Con la expresión del rendimiento isoentrópico del fan se calcula la temperatura real del punto 2':

$$\eta_F = \frac{h_{2's} - h_1}{h_{2'} - h_1} = \frac{T_{2's} - T_1}{T_{2'} - T_1} \ \Rightarrow \ T_{2'} = T_1 + \frac{T_{2's} - T_1}{\eta_F} = 293 + \frac{312.38 \ - 293}{0.92} = 314.1 \ K$$

El siguiente paso es la expansión isoentrópica en la tobera convergente del fan. Si la presión crítica está por encima de la presión ambiente, la tobera estará bloqueada y las condiciones a la salida serán las críticas, después de la tobera se producirá una expansión de Prandtl-Meyer.

$$p_{3'} = p_c = p_{2'}\left(\frac{2}{\gamma+1}\right)^{\frac{\gamma}{\gamma-1}} p_{2'}\left(\frac{2}{\gamma+1}\right)^{\frac{c_p}{R}} = 1.25\left(\frac{2}{1.403+1}\right)^{\frac{1000}{287}} = 0.6598\ bar < p_{amb}$$

Como la presión crítica está por debajo de la presión ambiente, no se conseguirán condiciones críticas en la tobera, por lo tanto, $p_{3'} = p_{amb}$ y la temperatura y la velocidad se calculan según una expansión isoentrópica, ya que la tobera tiene rendimiento unidad:

$$p_{3'} = p_{amb} = 1\ bar$$

$$T_{3'} = T_{3's} = T_{2'}\left(\frac{p_{3's}}{p_{2'}}\right)^{\frac{\gamma-1}{\gamma}} = 314.1\left(\frac{1}{1.25}\right)^{\frac{\gamma-1}{\gamma}} = 294.6\ K$$

Con un balance de energía en la tobera se calcula la velocidad a la salida, suponiendo despreciable la velocidad en el punto 2':

$$h_{2'0} = h_{3'0} \quad \Rightarrow \quad c_p T_{2'} = c_p T_{3'} + \frac{c_{3'}^2}{2}$$

$$c_{3'} = \sqrt{2c_p(T_{2'} - T_{3'})} = \sqrt{2\ 1000(314.1 - 294.6)} = 197.4\ m/s$$

Ahora se seguirá con la evolución a través del compresor y la turbina. Del compresor se conoce la relación de compresión:

$$p_2 = p_1 r_{c_c} = 1\ 7 = 7\ bar$$

La temperatura del punto 2s se puede calcular con la expresión de la evolución isoentrópica desde el punto 1 al punto 2s:

$$T_{2s} = T_1\left(\frac{p_{2s}}{p_1}\right)^{\frac{\gamma-1}{\gamma}} = T_1\left(\frac{p_2}{p_1}\right)^{\frac{R}{c_p}} = 293\ 7^{\frac{287}{1000}} = 512.2\ K$$

Con la expresión del rendimiento del compresor se calcula la temperatura real del punto 2:

$$\eta_C = \frac{h_{2s} - h_1}{h_2 - h_1} = \frac{T_{2s} - T_1}{T_2 - T_1} \quad \Rightarrow \quad T_2 = T_1 + \frac{T_{2s} - T_1}{\eta_C} = 293 + \frac{512.2\ - 293}{0.85} = 550.8\ K$$

La evolución en la cámara de combustión está caracterizada por una elevación de temperatura, no hay pérdida de presión y la temperatura de salida de la cámara de combustión es un dato:

$$p_3 = p_2 = 7\ bar$$

$$T_3 = 1273\ K$$

El siguiente paso es una expansión irreversible en la turbina caracterizada por el rendimiento isoentrópico de la misma y el equilibrio entre la potencia de la turbina minorada por el rendimiento mecánico y la absorbida por el compresor y el fan. Hay que tener en cuenta los gastos másicos que circulan por cada máquina para calcular las potencia de cada una. Como se desprecia el gasto de combustible frente al de aire, por el compresor y la turbina circula la misma cantidad de fluido:

$$\dot{m}_{aT} w_T \eta_{mec} = \dot{m}_{aT} w_C + \dot{m}_{aF} w_F$$

$$\dot{m}_{aT}(h_4 - h_3)\eta_{mec} = \dot{m}_{aT}(h_2 - h_1) + \dot{m}_{aF}(h_{2'} - h_1)$$

Dividiendo por el gasto de la turbina desaparecen todos los gastos másicos y solo queda la relación entre ellos es decir el grado de derivación GdD. Si el gasto por la turbina es el 25% del total el grado de derivación es:

$$\dot{m}_{aT} = 0.25\,(\dot{m}_{aT} + \dot{m}_{aF}) \qquad \Rightarrow \qquad GdD = \frac{\dot{m}_{aF}}{\dot{m}_{aT}} = \frac{1 - 0.25}{0.25} = 3$$

Con la hipótesis de gas perfecto, las entalpias se sustituyen por temperaturas:

$$(T_4 - T_3)\eta_{mec} = (T_2 - T_1) + GdD(T_{2'} - T_1) \;\Rightarrow\; \quad T_4 = T_3 - \frac{(T_2 - T_1) + GdD(T_{2'} - T_1)}{\eta_{mec}}$$

El rendimiento mecánico vale 1:

$$T_4 = 1273 - \frac{(550.8 - 293) + 3(314.1 - 293)}{1} = 951.97\,K$$

Para conocer la presión del punto 4 hay que calcular primero la temperatura del punto 4s y después, con una evolución isoentrópica desde el punto 3 al 4s, calcular su presión. La temperatura en el punto 4s se calcula con el rendimiento isoentrópico de la turbina:

$$\eta_T = \frac{h_3 - h_4}{h_3 - h_{4s}} = \frac{T_3 - T_4}{T_3 - T_{4s}} \;\Rightarrow\; T_{4s} = T_3 - \frac{T_3 - T_4}{\eta_T} = 1273 - \frac{1273\ - 951.97}{0.9} = 916.3\,K$$

$$p_4 = p_{4s} = p_3 \left(\frac{T_{4s}}{T_3}\right)^{\frac{\gamma}{\gamma-1}} = p_3 \left(\frac{T_{4s}}{T_3}\right)^{\frac{c_p}{R}} = 7\,\left(\frac{916.3}{1373}\right)^{\frac{1000}{287}} = 2.226\,bar$$

El siguiente paso es la expansión isoentrópica en la tobera convergente. Si la presión crítica está por encima de la presión ambiente, la tobera estará bloqueada y las condiciones a la salida serán las críticas, después de la tobera se producirá una expansión de Prandtl-Meyer.

$$p_c = p_4 \left(\frac{2}{\gamma + 1}\right)^{\frac{\gamma}{\gamma-1}} = p_4 \left(\frac{2}{\gamma + 1}\right)^{\frac{c_p}{R}} = 2.226 \left(\frac{2}{1.403 + 1}\right)^{\frac{1000}{287}} = 1.175\,bar > p_{amb}$$

Como está por encima de la presión ambiente, $p_5 = p_c$ y la temperatura y la velocidad serán las críticas:

$$p_5 = p_c = 1.175\,bar$$

$$T_5 = T_c = T_4 \frac{2}{\gamma + 1} = 951.97 \frac{2}{1.403 + 1} = 792.47\,K$$

$$c_5 = c_c = \sqrt{\gamma R T_c} = \sqrt{1.403\ \ 287\ \ 792.47} = 564.79\,m/s$$

El empuje de un turbofán funcionando en condiciones de bloqueo en las toberas:

$$E = (p_{sF} - p_e)A_{sF} + \dot{m}_{aF} c_{sF} + (p_{sT} - p_e)A_{sT} + \left(\dot{m}_{aT} + \dot{m}_f\right)\, c_{sT} - (\dot{m}_{aF} + \dot{m}_{aT})c_e$$

A diferencia de los apartados anteriores, ahora se conocen las secciones de paso, y se puede calcular los gastos másicos por el fan y por la turbina.

$$\dot{m}_T = A_5 \rho_5 c_5 = A_5 \frac{p_5}{RT_5} c_5 = 0.2594 \frac{1.175\ 10^5}{287\ 792.47} 564.79 = 75.71\ kg/s$$

$$\dot{m}_F = A_{3'} \rho_{3'} c_{3'} = A_{3'} \frac{p_{3'}}{RT_{3'}} c_{3'} = 0.8523 \frac{1\ 10^5}{287\ 294.6} 197.4 = 199\ kg/s$$

Finalmente, el empuje:

$$E = \dot{m}_F c_{3'} + (p_5 - p_0) A_5 + \dot{m}_T\ c_5$$

$$E = 199\ 197.4 + (1.175 - 1)10^5 0.2594 + 75.71\ 564.79 = 82040\ N$$

Se puede ver cómo el empuje es mucho mayor que en las condiciones de vuelo.

El porcentaje de masa que se va por la turbina respecto del total es:

$$\%_{m_T} = \frac{\dot{m}_T}{\dot{m}_T + \dot{m}_F} = \frac{75.71}{75.71 + 199} = 0.2756$$

No coincide con la fracción que se ha utilizado para calcular la potencia necesaria en la turbina para mover el fan, que era 25%. Se debería rehacer todo el cálculo con esta nueva fracción hasta que se cumplan las hipótesis iniciales. Iterando se llega a que la fracción másica correcta es $\%_{mT} = 0.28286$.
En esas condiciones, los resultados que se obtienen son:

$$T_4 = 961.75\ K$$

$$p_4 = 2.32\ bar$$

$$T_5 = 800.62\ K$$

$$p_5 = 1.2244\ bar$$

$$c_5 = 567.68\ m/s$$

$$\dot{m}_T = 78.49 kg/s$$

$$\dot{m}_F = 199\ kg/s$$

El gasto por el fan no varía ya que ni las condiciones ni las secciones cambian al cambiar el grado de derivación.
El empuje definitivo sería:

$$E = 199\ 197.4 + (1.2244 - 1)10^5 0.2594 + 78.49\ 567.68 = 83835\ N$$

8.3 Turbofán doble eje

Un turbofán de doble eje tiene la estructura que se presenta en la figura y consiste en un difusor de entrada con rendimiento isoentrópico unidad y un fan que comprime el aire de entrada con una relación de compresión de 1.3 y rendimiento isoentrópico 0.8. Posteriormente la corriente de aire se divide y el 80% se envía a la tobera convergente isoentrópica exterior (punto 3) y el resto se comprime en un compresor con seis escalonamientos, cada uno de ellos con una relación de compresión 1.25 y rendimiento isoentrópico del compresor entero de 0.8. El fluido pasa por la cámara de combustión de rendimiento 0.96 y sin pérdidas de carga alcanzando a la salida una temperatura de 900ºC. Posteriormente se expande en una turbina con un solo escalonamiento. La turbina acciona el compresor a través de un eje solidario con rendimiento mecánico 0.95. Posteriormente el fluido pasa a una segunda turbina de dos escalonamientos que acciona el fan a través de otro eje independiente del anterior con rendimiento mecánico 0.95. Finalmente, el fluido se expande isoentrópicamente en una tobera convergente. Las dos turbinas tienen un rendimiento isoentrópico de 0.9.

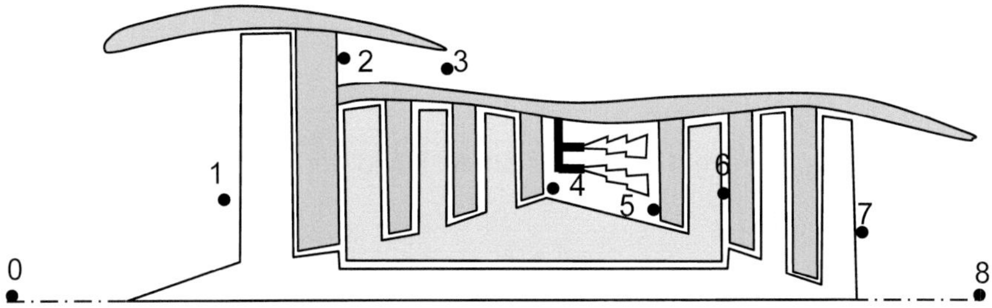

El motor está instalado en un avión que vuela a 900 km/h en un ambiente de -40ºC y 0.5 bar. Sin depreciar la masa de combustible frente a la del aire, calcular:

- **a.** Diagrama termodinámico de la evolución del fluido por el fan y por la turbina.
- **b.** Las condiciones termodinámicas y velocidad en los puntos indicados del fluido que evoluciona por el fan y el trabajo específico necesario para accionar el fan.
- **c.** Las condiciones termodinámicas del fluido antes y después de la cámara de combustión y el dosado en la cámara de combustión suponiendo que la entalpía del combustible es la misma que la del fluido en el punto 4.
- **d.** Las relaciones de expansión en cada una de las turbinas para que puedan accionar el fan y el compresor, las condiciones termodinámicas en los puntos 6 y 7, y la velocidad en el punto 8.
- **e.** Empuje por unidad de masa de combustible.
- **f.** Dimensionar el motor en lo referente a las secciones de salida de las dos toberas para que tenga un empuje de 50000 N. Determinar el empuje debido al fan y el debido a los gases que pasan por la turbina.

Si el turbofán tuviese toberas convergentes divergentes adaptadas calcular:

- **g.** Empuje por unidad de masa de combustible, rendimiento motor y rendimiento propulsivo.

c_p=1000 J/kg/K, γ=1.4, H_c=39 MJ/kg

b)

Punto	1	2	3
Presión (bar)	0.777	1.01	0.533
Temperatura (K)	264.25	290	241.6
Velocidad (m/s)	0	0	310.9

w_F=25712 J/kg

c) F=0.01907

Punto 4

Presión (bar)	3.852		
Temperatura (K)	458.9		
Velocidad (m/s)	0		

d) $r_{eT1}=1.882$, $r_{eT2}=1.75$

Punto	6	7	8
Presión (bar)	2.047	1.17	0.618
Temperatura (K)	998.5	865.74	721.5
Velocidad (m/s)	0	0	537.2

e) $e_f=35195$ N/(kg/s)

f) $A_f = 0.471$ m^2, $A_T = 1.24$ m^2, $E_F=22.29$ kN, $E_C=27.71$ kN

g) $e_f=35226$ N/(kg/s), $\eta_m=0.3293$, $\eta_p=0.684$, $\eta_{mp}=0.2256$

RESOLUCIÓN

a. Diagrama termodinámico de la evolución del fluido por el fan y por la turbina.

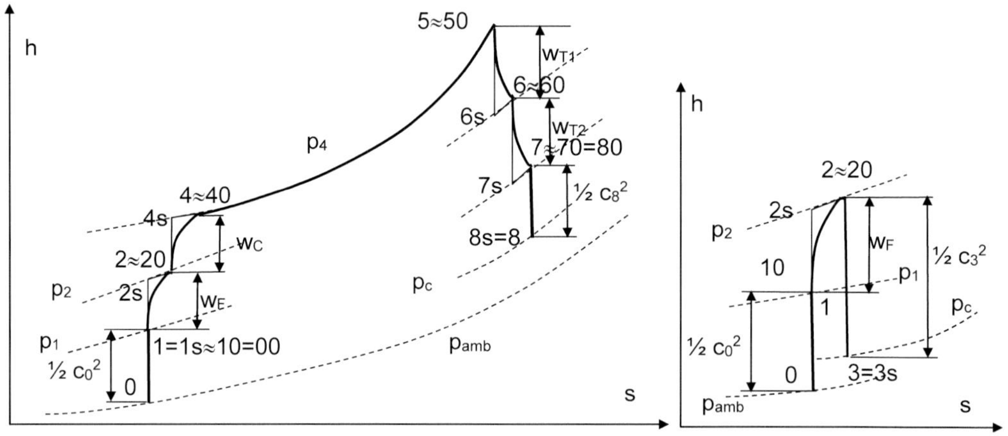

El punto 1 es prácticamente igual que el 10 ya que se supone que la velocidad en ese punto es despreciable, coincide con el 1s debido a que el proceso de compresión dinámica es isoentrópico, lo mismo ocurre en la tobera y los puntos 8 y 8s. Lo mismo ocurre en la tobera del fan y los puntos 3 y 3s. A la salida de las toberas no se sabe si se alcanzarán condiciones críticas en la tobera, en la figura se ha supuesto que sí se alcanzan.

Los puntos 0, 1 y 2 de los dos diagramas corresponden a los mismos estados, ya que todo el fluido se comprime primeramente en la toma dinámica y después en el fan. A partir del punto 2 una parte se expande en la tobera y la otra va hacia el compresor.

A partir del punto 5 se producen dos expansiones irreversibles, la primera en la turbina que mueve el compresor y la segunda en la turbina que mueve el fan. Finalmente, el fluido se expande de forma reversible en la tobera.

b. Las condiciones termodinámicas y velocidad en los puntos indicados del fluido que evoluciona por el fan y el trabajo específico necesario para accionar el fan.

La evolución del punto 0 al 1 es una compresión dinámica reversible en la que el fluido pierde energía cinética, gana entalpia sensible y eleva su presión. Las entalpías de parada de los dos puntos tienen que ser iguales. Despreciando la velocidad en el punto 1, $c_1 \cong 0$:

$$h_{00} = h_{10} \quad \Rightarrow \quad c_p T_0 + \frac{c_0^2}{2} = c_p T_1$$

Hay que calcular c_0 en metros por segundo:

$$c_0 = \frac{900}{3.6} = 250 \frac{m}{s}$$

$$T_1 = T_{1s} = T_0 + \frac{c_0^2}{2c_p} = 233 + \frac{250^2}{2\ 1000} = 264.25\ K$$

Ahora se puede conocer la presión del punto 1 con la ecuación de la isoentrópica:

$$p_1 = p_{1s} = p_0 \left(\frac{T_{1s}}{T_0}\right)^{\frac{\gamma}{\gamma-1}} = 0.5 \left(\frac{264.25}{233}\right)^{\frac{1.4}{1.4-1}} = 0.777\ bar$$

Ahora se calcula la evolución a través del fan, del que se conoce la relación de compresión:

$$p_2 = p_{2s} = p_1 r_{c_F} = 0.777\ \ 1.3 = 1.01\ bar$$

La temperatura del punto 2s se puede calcular con la expresión de la evolución isoentrópica entre el punto 1 y el 2s:

$$T_{2s} = T_1 \left(\frac{p_{2s}}{p_1}\right)^{\frac{\gamma-1}{\gamma}} = 264.25\ 1.3^{\frac{1.4-1}{1.4}} = 284.8\ K$$

Con la expresión del rendimiento isoentrópico del fan se calcula la temperatura real del punto 2:

$$\eta_F = \frac{h_{2s} - h_1}{h_2 - h_1} = \frac{T_{2s} - T_1}{T_2 - T_1} \quad \Rightarrow \quad T_2 = T_1 + \frac{T_{2s} - T_1}{\eta_F} = 264.25 + \frac{284.8 - 264.25}{0.8} = 290\ K$$

El siguiente paso es la expansión isoentrópica en la tobera convergente del fan. Si la presión crítica está por encima de la presión ambiente, la tobera estará bloqueada y las condiciones a la salida serán las críticas, después de la tobera se producirá una expansión de Prandtl-Meyer.

$$p_c = p_2 \left(\frac{2}{\gamma + 1}\right)^{\frac{\gamma}{\gamma-1}} = 1.01 \left(\frac{2}{1.4 + 1}\right)^{\frac{1.4}{1.4-1}} = 0.533\ bar > p_{amb}$$

Como está por encima de la presión ambiente, $p_3 = p_c$ y la temperatura y la velocidad serán las críticas:

$$p_3 = p_c = 0.533\ bar$$

$$T_3 = T_c = T_2 \frac{2}{\gamma + 1} = 290 \frac{2}{1.4 + 1} = 241.6\ K$$

$$c_3 = c_c = \sqrt{\gamma R T_c} = \sqrt{1.4\ \ 287\ \ 241.6} = 310.9\ m/s$$

R se calcula a partir de c_p y γ:

$$R = c_p - c_v = c_p - \frac{c_p}{\gamma} = 1000 - \frac{1000}{1.4} = 285.7\frac{J}{kg}/K$$

El trabajo específico en el fan:

$$w_F = h_2 - h_1 = c_p(T_2 - T_1) = 1000(290 - 264.25) = 25712\frac{J}{kg}$$

c. Las condiciones termodinámicas del fluido antes y después de la cámara de combustión y el dosado en la cámara de combustión suponiendo que la entalpía del combustible es la misma que la del fluido en el punto 4.

El fluido que va a la cámara de combustión parte del punto 2 y primeramente pasa por el compresor. La relación de compresión del compresor es el producto de la relación de compresión de cada uno de los escalonamientos:

$$r_{c_C} = {r_{c_E}}^N = 1.25^6 = 3.815$$

$$p_4 = p_2\ r_{c_C} = 1.01\ \ 3.815 = 3.852\ bar$$

La temperatura del punto 4s se puede calcular con la expresión de la evolución isoentrópica entre el punto 2 y el 4s:

$$T_{4s} = T_2\left(\frac{p_4}{p_2}\right)^{\frac{\gamma-1}{\gamma}} = T_2 {r_{c_C}}^{\frac{\gamma-1}{\gamma}} = 290\ \ 3.815^{\frac{1.4-1}{1.4}} = 425.1\ K$$

Con la expresión del rendimiento del compresor se calcula la temperatura real del punto 4:

$$\eta_C = \frac{h_{4s} - h_2}{h_4 - h_2} = \frac{T_{4s} - T_2}{T_4 - T_2} \Rightarrow T_4 = T_2 + \frac{T_{4s} - T_2}{\eta_c} = 290 + \frac{425.1\ - 290}{0.8} = 458.9\ K$$

La evolución en la cámara de combustión está caracterizada por una elevación de temperatura, no hay pérdida de presión y la temperatura de salida de la cámara de combustión es un dato:

$$p_5 = p_4 = 3.852\ bar$$

$$T_3 = 1173\ K$$

El dosado se calcula haciendo un balance de energía en la cámara de combustión con la hipótesis de que el combustible tiene la misma entalpía que el aire a la entrada de la cámara de combustión. El gasto de aire que pasa por las turbinas y por el compresor es el mismo, y se tomará siempre el gasto de aire que pasa por el compresor $\dot{m}_{aC}$:

$$(\dot{m}_{aC} + \dot{m}_f)c_p(T_5 - T_4) = \dot{m}_f H_c \eta_{CC} \Rightarrow (1 + F)c_p(T_5 - T_4) = F H_c \eta_{CC}$$

$$F = \frac{c_p(T_5 - T_4)}{H_c\eta_{CC} - c_p(T_5 - T_4)} = \frac{1000(1173 - 458.9)}{39\ \ 10^6\ \ 0.96 - 1000(1173 - 458.9)} = 0.01907$$

d. Las relaciones de expansión en cada una de las turbinas para que puedan accionar el fan y el compresor, las condiciones termodinámicas en los puntos 6 y 7, y la velocidad en el punto 8.

En la evolución del punto 5 al punto 6 el fluido se expande en la primera turbina hasta la presión justa para obtener el trabajo necesario para mover el compresor. Planteando un balance de potencias entre la primera turbina y el compresor:

$$(\dot{m}_{aC} + \dot{m}_f) w_{T1} \eta_m = \dot{m}_{aC} w_C$$

$$(\dot{m}_{aC} + \dot{m}_f)(h_5 - h_6)\eta_m = \dot{m}_{aC}(h_4 - h_2)$$

Dividiendo por $\dot{m}_{aC}$ y con la hipótesis de gas perfecto:

$$(1+F)c_p(T_6 - T_5)\eta_m = c_p(T_4 - T_2) \;\Rightarrow\; T_6 = T_5 - \frac{(T_4 - T_2)}{(1+F)\eta_{mec}}$$

$$T_6 = 1173 - \frac{(458.9 - 290)}{(1 + 0.01907)0.95} = 998.5\ K$$

Para conocer la presión del punto 6 hay que calcular primero la temperatura del punto 6s y después, con la expresión de una evolución isoentrópica entre el punto 5 y el 6s, calcular su presión. La temperatura en el punto 6s se calcula con el rendimiento isoentrópico de la turbina:

$$\eta_{T1} = \frac{h_5 - h_6}{h_5 - h_{6s}} = \frac{T_5 - T_6}{T_5 - T_{6s}} \;\Rightarrow\; T_{6s} = T_5 - \frac{T_5 - T_6}{\eta_{T1}} = 1173 - \frac{1173\ - 998.5}{0.9} = 979.2\ K$$

$$p_6 = p_{6s} = p_5\left(\frac{T_{6s}}{T_5}\right)^{\frac{\gamma}{\gamma-1}} = 3.852\ \left(\frac{979.2}{1173}\right)^{\frac{1.4}{1.4-1}} = 2.047\ bar$$

La relación de expansión de la turbina 1 vale:

$$r_{e_{T1}} = \frac{p_5}{p_6} = \frac{3.852}{2.047} = 1.882$$

La expansión en la siguiente turbina se realiza hasta la presión justa para obtener el trabajo necesario para mover el fan. Planteando un balance de potencias entre la segunda turbina y el fan:

$$(\dot{m}_{aC} + \dot{m}_f) w_{T2} \eta_m = (\dot{m}_{aC} + \dot{m}_{aF}) w_F$$

$$(\dot{m}_{aC} + \dot{m}_f)(h_6 - h_7)\eta_m = (\dot{m}_{aC} + \dot{m}_{aF})(h_2 - h_1)$$

Dividiendo por $\dot{m}_{aC}$ y con la hipótesis de gas perfecto:

$$(1+F)c_p(T_6 - T_7)\eta_m = (1 + GdD)c_p(T_2 - T_1) \;\Rightarrow\; T_7 = T_6 - \frac{(1+GdD)(T_2 - T_1)}{(1+F)\eta_m}$$

El grado de derivación es la fracción de aire que se va por el fan respecto de lo que se va por el compresor:

$$GdD = \frac{\dot{m}_{aF}}{\dot{m}_{aC}} = \frac{80}{20} = 4$$

$$T_7 = 979.2 - \frac{(1+4)(290-264.25)}{(1+0.01907)0.95} = 865.74\,K$$

Para conocer la presión del punto 7 hay que calcular primero la temperatura del punto 7s y después, con la expresión de una evolución una isoentrópica, calcular su presión. La temperatura en el punto 7s se calcula con el rendimiento isoentrópico de la turbina:

$$\eta_{T2} = \frac{h_6 - h_7}{h_6 - h_{7s}} = \frac{T_6 - T_7}{T_6 - T_{7s}} \Rightarrow T_{7s} = T_6 - \frac{T_6 - T_7}{\eta_{T2}} = 979.2 - \frac{979.2 - 865.74}{0.9} = 851\,K$$

$$p_7 = p_{7s} = p_6 \left(\frac{T_{7s}}{T_6}\right)^{\frac{\gamma}{\gamma-1}} = 2.047\left(\frac{851}{979.2}\right)^{\frac{1.4}{1.4-1}} = 1.17\,bar$$

La relación de expansión de la turbina 2 vale:

$$r_{e_{T2}} = \frac{p_6}{p_7} = \frac{2.047}{1.17} = 1.75$$

Desde el punto 7 al punto 8 es una expansión reversible en la tobera. Si la presión crítica está por encima de la presión ambiente, la tobera estará bloqueada y las condiciones a la salida serán las críticas, después de la tobera se producirá una expansión de Prandtl-Meyer.

$$p_c = p_7 \left(\frac{2}{\gamma+1}\right)^{\frac{\gamma}{\gamma-1}} = 1.17\left(\frac{2}{1.4+1}\right)^{\frac{1.4}{1.4-1}} = 0.618\,bar > p_{amb}$$

Como la presión crítica está por encima de la presión ambiente, $p_8 = p_c$ y la temperatura y la velocidad serán las críticas:

$$p_8 = p_c = 0.618\,bar$$

$$T_8 = T_c = T_7 \frac{2}{\gamma+1} = 865.74\frac{2}{1.4+1} = 721.5\,K$$

$$c_8 = c_c = \sqrt{\gamma R T_c} = \sqrt{1.4\ 287\ 241.6} = 537.2\,m/s$$

e. Empuje por unidad de masa de combustible.

$$E = (p_{sF} - p_e)A_{sF} + \dot{m}_{aF}c_{sF} + (p_{sT} - p_e)A_{sT} + \left(\dot{m}_{aT} + \dot{m}_f\right)\,c_{sT} - (\dot{m}_{aF} + \dot{m}_{aT})c_e$$

Donde los subíndices corresponden: s salida, e entrada, F fan, T turbina, a aire, f fuel. Pasando los subíndices a los puntos del problema:

$$E = (p_3 - p_0)A_3 + \dot{m}_{aF}c_3 + (p_8 - p_0)A_8 + \left(\dot{m}_{aC} + \dot{m}_f\right)\,c_8 - (\dot{m}_{aF} + \dot{m}_{aC})c_0$$

Las áreas desconocidas se pueden expresar en función de los gastos másicos y de las condiciones en las toberas.

$$\dot{m} = A\rho c = A\frac{p}{RT}c \qquad \Rightarrow \qquad A = \frac{\dot{m}RT}{pc}$$

$$E = (p_3 - p_0)\frac{\dot{m}_{aF}RT_3}{p_3 c_3} + \dot{m}_{aF}c_3 + (p_8 - p_0)\frac{(\dot{m}_{aC} + \dot{m}_f)RT_8}{p_8 c_8} + \left(\dot{m}_{aC} + \dot{m}_f\right)\,c_8 - (\dot{m}_{aF} + \dot{m}_{aC})c_0$$

$$E = \dot{m}_{aC}\left[GdD\frac{p_3 - p_0}{p_3}\frac{RT_3}{c_3} + GdD\ c_3 + GdD\ c_0 + (1+F)\frac{p_8 - p_0}{p_8}\frac{RT_8}{c_8} + (1+F)\ c_8 - c_0\right]$$

$$E = \dot{m}_{aC}\left[GdD\left(\frac{p_3 - p_0}{p_3}\frac{RT_3}{c_3} + c_3 - c_0\right) + (1+F)\left(\frac{p_8 - p_0}{p_8}\frac{RT_8}{c_8} + \ c_8 - \frac{1}{1+F}c_0\right)\right]$$

$$e = \frac{E}{\dot{m}_f} = \frac{1}{F}\left[GdD\left(\frac{p_3 - p_0}{p_3}\frac{RT_3}{c_3} + c_3 - c_0\right) + (1+F)\left(\frac{p_8 - p_0}{p_8}\frac{RT_8}{c_8} + \ c_8 - \frac{1}{1+F}c_0\right)\right]$$

$$e = \frac{1}{0.01907}\left[4\left(\frac{0.533 - 0.5}{0.533}\frac{287\ 241.6}{310.9} + \ 310.9 - 250\right)\right.$$
$$\left. + (1 + 0.01907)\left(\frac{0.618 - 0.5}{0.618}\frac{287\ 721.5}{537.2} + 537.2 - \frac{1}{1 + 0.01907}250\right)\right]$$
$$= 35195\ Ns/Kg$$

f. Dimensionar el motor en lo referente a las secciones de salida de las dos toberas para que tenga un empuje de 50000 N. Determinar el empuje debido al fan y el debido a los gases que pasan por la turbina.

Para calcular las áreas se necesitan los gastos por cada sección, esto lo determina el empuje. Se puede calcular el gasto de combustible, a partir del gasto de combustible, con el dosado, el gasto de aire por el compresor y con el del compresor y el grado de derivación el del fan:

$$e = \frac{E}{\dot{m}_f} \Rightarrow \dot{m}_f = \frac{E}{e} = \frac{50000}{35195} = 1.421\frac{kg}{s}$$

$$\dot{m}_{aC} = \frac{\dot{m}_f}{F} = \frac{1.421}{0.01907} = 74.48\frac{kg}{s}$$

$$\dot{m}_{aF} = \dot{m}_{aC}\ GdD = 74.48\ 4 = 297.92\frac{kg}{s}$$

Ya se pueden calcular las áreas:

$$A = \frac{\dot{m}RT}{pc}$$

$$A_3 = \frac{\dot{m}_{aF}RT_3}{p_3c_3} = \frac{297.92\ 287\ 241.6}{0.533\ 310.9} = 0.471\ m^2$$

$$A_8 = \frac{\left(\dot{m}_{aC} + \dot{m}_f\right)RT_8}{p_8c_8} = \frac{(74.48 + 1.421)\ 287\ 721.5}{0.618\ 537.2} = 1.24\ m^2$$

Para calcular los empujes, ahora que se conocen los gastos y las áreas, es más fácil utilizar las expresiones en las que intervienen estas variables. El empuje debido al fan:

$$E_F = (p_3 - p_0)A_3 + \dot{m}_{aF}c_3 - \dot{m}_{aF}c_0$$
$$= (0.533 - 0.5)10^5\ 0.471 + 297.92\ 310.9 - 297.92\ 250 = 22.29\ kN$$

El empuje debido a los gases de la turbina:

$$E_C = (p_8 - p_0)A_8 + \left(\dot{m}_{aC} + \dot{m}_f\right)\ c_8 - \dot{m}_{aC}c_0$$
$$= (0.618 - 0.5)10^5\ 1.24 + (74.48 + 1.421)537.2 - 74.48\ 250$$
$$= 27.71\ kN$$

g. Toberas convergentes divergentes adaptadas. Empuje por unidad de masa de combustible, rendimiento motor y rendimiento propulsivo.

En el caso de que las toberas estuviesen adaptadas, los gastos másicos no cambiarían ya que lo que los restringe es el área de salida bloqueada, como este área es igual, nada cambia respecto a lo de antes de las gargantas de las toberas, solo hay que calcular las nuevas condiciones a la salida de las toberas ya que ahora están adaptadas. Empezando por el fan, la nueva presión a la salida es igual a la presión ambiente. Conocida la presión se puede calcular la temperatura con la expresión de una evolución isoentrópica y finalmente por un balance de energía la velocidad suponiendo que la velocidad en el punto 2 es despreciable, $c_2 \cong 0$:

$$p_3 = p_{3s} = p_{amb} = 0.5\ bar$$

$$T_3 = \mathrm{T}_{3s} = T_2 \left(\frac{p_{3s}}{p_2}\right)^{\frac{\gamma-1}{\gamma}} = 290 \left(\frac{0.5}{1.01}\right)^{\frac{1.4-1}{1.4}} = 237.2\ K$$

$$h_{20} = h_{30} \quad \Rightarrow \quad c_p T_2 = c_p T_3 + \frac{c_3^2}{2}$$

$$c_3 = \sqrt{2c_p(T_2 - T_3)} = \sqrt{2\ 1000(290 - 237.2)} = 324.8 \frac{m}{s}$$

Procediendo de la misma manera a la salida de la turbina:

$$p_8 = p_{8s} = p_{amb} = 0.5\ bar$$

$$T_8 = \mathrm{T}_{8s} = T_7 \left(\frac{p_{8s}}{p_7}\right)^{\frac{\gamma-1}{\gamma}} = 865.74 \left(\frac{0.5}{1.17}\right)^{\frac{1.4-1}{1.4}} = 679.1\ K$$

$$h_{70} = h_{80} \quad \Rightarrow \quad c_p T_7 = c_p T_8 + \frac{c_8^2}{2}$$

$$c_8 = \sqrt{2c_p(T_7 - T_8)} = \sqrt{2\ 1000(865.74 - 679.1)} = 679.1 \frac{m}{s}$$

El empuje específico se puede calcular con la misma expresión que antes pero ahora la presión de salida es la misma que la ambiente, $p_3 = p_8 = p_0$, por lo que el empuje ahora solo depende de las velocidades:

$$e = \frac{1}{F}[GdD\ (c_3 - c_0) + (1 + F)\ c_8 - c_0]$$

$$e = \frac{1}{0.01907}[4\ (324.8 - 250 +) + (1 + 0.01907)\ 679.1 - 250] = 35226 \frac{Ns}{kg}$$

El empuje mejora muy poco debido a que las toberas sin adaptar funcionan muy cerca de las condiciones que tendrían que tener para estar adaptadas.

El rendimiento del motor es la potencia que se entrega a los fluidos en forma de energía cinética, dividido por la energía térmica aportada por el combustible:

$$\eta_{mot} = \frac{\dot{m}_{aC}\left(\frac{c_8^2}{2} - \frac{c_0^2}{2}\right) + \dot{m}_{aF}\left(\frac{c_3^2}{2} - \frac{c_0^2}{2}\right) + \dot{m}_f \frac{c_8^2}{2}}{\dot{m}_f H_c}$$
$$= \frac{74.48\left(\frac{679.1^2}{2} - \frac{250^2}{2}\right) + 297.92\left(\frac{324.8^2}{2} - \frac{250^2}{2}\right) + 1.421\frac{679.1^2}{2}}{1.421\ 39\ 10^6}$$
$$= 0.3293$$

El rendimiento propulsivo es la potencia del empuje dividido por la energía cinética disponible. Esta expresión solo tiene sentido desde un sistema de referencia fijo ya que desde el sistema de referencia de motor el empuje multiplicado por la velocidad vale 0. En este caso como no se desprecia la masa de combustible, además de la generada por el motor, está la energía cinética del combustible:

$$\eta_{prop} = \frac{\dot{m}_f\ e\ c_0}{\dot{m}_{aT}\left(\frac{c_8^2}{2} - \frac{c_0^2}{2}\right) + \dot{m}_{aF}\left(\frac{c_3^2}{2} - \frac{c_0^2}{2}\right) + \dot{m}_f \frac{c_8^2}{2} + \dot{m}_f \frac{c_0^2}{2}}$$
$$= \frac{1.421\ 35226\ 250}{74.48\left(\frac{679.1^2}{2} - \frac{250^2}{2}\right) + 297.92\left(\frac{324.8^2}{2} - \frac{250^2}{2}\right) + 1.421\left(\frac{679.1^2}{2} + \frac{250^2}{2}\right)} = 0.684$$

Como no se desprecia la masa de combustible, se tiene en cuenta la energía cinética del combustible, en esas condiciones el rendimiento motopropulsivo no es exactamente el producto de los dos anteriores:

$$\eta_{mot}\eta_{prop} = 0.3293\ 0.684 = 0.2253$$
$$\eta_{mp} = \frac{E\ c_0}{\dot{m}_f H_c + \dot{m}_f \frac{c_0^2}{2}} = \frac{\dot{m}_f e\ c_0}{\dot{m}_f\left(H_c + \frac{c_0^2}{2}\right)} = \frac{35226\ 250}{39\ 10^6 + \frac{250^2}{2}} = 0.2256$$

8.4 Turbohélice

Un motor turbohélice se utiliza en un avión de carga que vuela a 500 km/h y 2500 m de altura en unas condiciones de 717 milibares y -20ºC. La relación de compresión es la de máximo trabajo específico, los rendimientos isoentrópicos de compresor y turbina son 0.8 y 0.92 respectivamente, y el rendimiento mecánico del conjunto turbina-compresor es de 0.95. La toma dinámica es isoentrópica. La temperatura de entrada a la turbina es de 750ºC, el combustible es queroseno de H_c=43.4 MJ/kg y F_e=1/14.

a. Deducir de la expresión del trabajo específico, la relación de compresión a la que está trabajando.

b. Determinar el dosado de la cámara de combustión y el rendimiento del ciclo y del motor.

c. El gasto de combustible y el gasto de aire, si el motor desarrolla una potencia de 2MW.

Se pretende conseguir un efecto de reacción, haciendo que el fluido salga hacia atrás a la velocidad del sonido, por una tobera isoentrópica convergente, sin que se produzca onda de expansión a la salida de la tobera.

d. Determinar la presión de salida de la turbina, el empuje que se obtiene, la potencia asociada y la potencia perdida en la turbina.

c_p=1.2 kJ/kg, R=287 kJ/kg/K, no despreciar la masa de combustible frente a la de aire en los apartados b, c, y d. Se supone que el combustible entra en la cámara de combustión a la misma temperatura que el aire.

a) $r_c = \left(\frac{T_3}{T_1}\eta_T\eta_C\right)^{\frac{\gamma}{2(\gamma-1)}}$
b) F=0.0147=1/68, η_{ciclo} = 0.323, η_{mot}=0.307
c) $\dot{m}_f$=0.1499 kg/s, $\dot{m}_a$=10.195 kg/s
d) p4' = 1.375 bar, E=3537.5 N, N_{empuje} = 491.3 kW, N_{perd} = 995.5 kW

RESOLUCIÓN

El esquema de un turbohélice es:

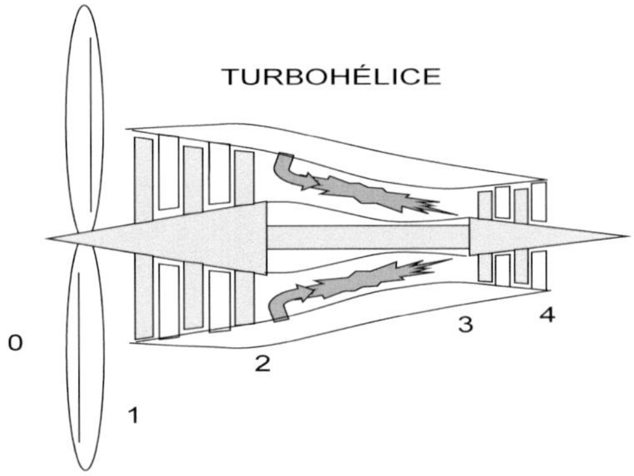

a. Deducir de la expresión del trabajo específico, la relación de compresión a la que está trabajando.

El diagrama h-s de un ciclo de un turbohélice:

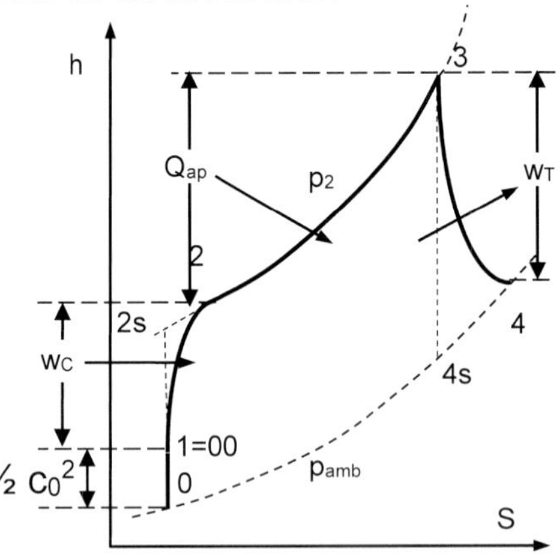

La expresión del trabajo específico de un ciclo de turbina de gas simple sin pérdidas de carga en la cámara de combustión es:

$$w_u = \frac{c_p T_1}{\eta_C}(\delta - 1)\left(\frac{\theta}{\delta}\eta_C\eta_T - 1\right) \qquad \theta = \frac{T_3}{T_1} \qquad \delta = \frac{T_{2s}}{T_1} = \left(\frac{p_2}{p_1}\right)^{\frac{\gamma-1}{\gamma}} = r_c^{\frac{\gamma-1}{\gamma}}$$

Como la temperatura máxima T_3 (temperatura de entrada a la turbina) y la temperatura ambiente T_1 (temperatura de entrada al compresor) están fijadas, θ no varía al variar la relación de compresión. Para calcular el máximo de w_u hay que derivar su expresión respecto a la relación de compresión r_c e igualar a cero. Asumiendo que los rendimientos no varían tampoco:

$$\frac{dw_u}{dr_c} = \frac{dw_u}{d\delta}\frac{d\delta}{dr_c} = \frac{c_pT_1}{\eta_C}\left[\left(\frac{\theta}{\delta}\eta_C\eta_T - 1\right) - (\delta - 1)\frac{\theta}{\delta^2}\eta_C\eta_T\right]\frac{d\delta}{dr_c} = 0$$

Los dos términos que multiplican al corchete rectangular no valen 0, por lo tanto, la igualdad anterior se puede expresar:

$$\frac{\theta}{\delta}\eta_C\eta_T - 1 = (\delta - 1)\frac{\theta}{\delta^2}\eta_C\eta_T = \frac{\theta}{\delta}\eta_C\eta_T - \frac{\theta}{\delta^2}\eta_C\eta_T$$

$$1 = \frac{\theta}{\delta^2}\eta_C\eta_T \quad \Rightarrow \quad \delta = r_c^{\frac{\gamma-1}{\gamma}} = \sqrt{\theta\eta_C\eta_T} \quad \Rightarrow \quad r_c = (\theta\eta_C\eta_T)^{\frac{\gamma}{2(\gamma-1)}}$$

$$r_c = \left(\frac{T_3}{T_1}\eta_C\eta_T\right)^{\frac{\gamma}{2(\gamma-1)}}$$

b. Determinar el dosado de la cámara de combustión y el rendimiento del ciclo y del motor.

El dosado se calcula haciendo un balance de energía en la cámara de combustión con la hipótesis de que el combustible tiene la misma entalpía que el aire a la entrada de la cámara de combustión:

$$(\dot{m}_a + \dot{m}_f)c_p(T_3 - T_2) = \dot{m}_f H_c\eta_{CC} \quad \Rightarrow \quad (1 + F)c_p(T_3 - T_2) = FH_c\eta_{CC}$$

$$F = \frac{c_p(T_3 - T_2)}{H_c\eta_{CC} - c_p(T_3 - T_2)}$$

T_3 es un dato del problema, pero no se conoce T_2. Es necesario calcular todos los puntos anteriores a la entrada en la cámara de combustión.

La evolución del punto 0 al 1 es una compresión dinámica reversible en la que el fluido pierde energía cinética, gana entalpía sensible y eleva su presión. Las entalpías de parada de los dos puntos tienen que ser iguales, se desprecia la velocidad en el punto 1, $c_1 \cong 0$:

$$h_{00} = h_{10} \quad \Rightarrow \quad c_pT_0 + \frac{c_0^2}{2} = c_pT_1$$

Hay que calcular c_0 en metros por segundo:

$$c_0 = \frac{500}{3.6} = 138.9\ m/s$$

$$T_1 = T_0 + \frac{c_0^2}{2c_p} = 253 + \frac{138.9^2}{2\ 1200} = 261\ K$$

Ahora se puede conocer la presión del punto 1 con la ecuación de la evolución isoentrópica desde el punto 0 hasta el punto 1:

$$p_1 = p_{1s} = p_0 \left(\frac{T_{1s}}{T_0}\right)^{\frac{\gamma}{\gamma-1}} = p_0 \left(\frac{T_1}{T_0}\right)^{\frac{c_p}{R}} 0.747 \left(\frac{261}{253}\right)^{\frac{1200}{287}} = 0.851\, bar$$

El siguiente paso es calcular la evolución del fluido por el compresor. La temperatura del punto 2s se puede calcular con la expresión de la isoentrópica. La relación de compresión del compresor se calcula con la expresión deducida anteriormente:

$$r_{cc} = \left(\frac{T_3}{T_1}\eta_C\eta_T\right)^{\frac{\gamma}{2(\gamma-1)}} \left(\frac{T_3}{T_1}\eta_C\eta_T\right)^{\frac{c_p}{2R}} = \left(\frac{1023}{261}0.8\ 0.92\right)^{\frac{1200}{2\ 287}} = 9.158$$

$$p_2 = p_1\, r_{cc} = 0.851\ \ 9.158 = 7.796\, bar$$

$$T_{2s} = T_1 \left(\frac{p_{2s}}{p_1}\right)^{\frac{\gamma-1}{\gamma}} = T_1 r_{cc}^{\frac{R}{c_p}} = 261\ \ 9.158^{\frac{287}{1200}} = 443.3\, K$$

Con la expresión del rendimiento del compresor se calcula la temperatura real del punto 2:

$$\eta_C = \frac{h_{2s} - h_1}{h_2 - h_1} = \frac{T_{2s} - T_1}{T_2 - T_1} \ \Rightarrow\ T_2 = T_1 + \frac{T_{2s} - T_1}{\eta_c} = 261 + \frac{443.3\ - 443.3}{0.8} = 499\, K$$

Ya se puede calcular el dosado, suponiendo que el rendimiento de la cámara de combustión es la unidad:

$$F = \frac{c_p(T_3 - T_2)}{H_c\eta_{CC} - c_p(T_3 - T_2)} = \frac{1200(1023 - 499)}{43.4\ \ 10^6\ \ 1 - 1200(1023 - 499)} = 0.0147 = \frac{1}{68}$$

Para calcular el trabajo y los rendimientos hay que calcular las condiciones del resto de puntos del ciclo.
El punto 3 tiene la presión del punto 2 ya que no hay pérdidas de carga en la cámara de combustión. El punto 4 es el resultado de una expansión irreversible en la turbina hasta la presión ambiente, por lo tanto la temperatura isoentrópica del punto 4 se puede calcular con la ecuación de la evolución isoentrópica desde el punto 3 al punto 4s:

$$T_{4s} = T_3 \left(\frac{p_{4s}}{p_3}\right)^{\frac{\gamma-1}{\gamma}} = T_3 \left(\frac{p_{amb}}{p_2}\right)^{\frac{R}{c_p}} = 1023\ \left(\frac{0.747}{7.796}\right)^{\frac{287}{1200}} = 583.8\, K$$

La temperatura del punto 4 se calcula con el rendimiento isoentrópico de la turbina:

$$\eta_T = \frac{h_3 - h_4}{h_3 - h_{4s}} = \frac{T_3 - T_4}{T_3 - T_{4s}}$$

$$T_4 = T_3 - (T_3 - T_{4s})\eta_T = 1023 - (1023 - 583.8)0.92 = 618.94\, K$$

La diferencia entre el rendimiento del ciclo y el del motor está en el rendimiento mecánico. La potencia que se obtiene del ciclo es:

$$N_i = (\dot{m}_a + \dot{m}_f)w_T - \dot{m}_a w_C = \dot{m}_a[(1 + F)(h_3 - h_4) - (h_2 - h_1)]$$
$$= \dot{m}_a c_p[(1 + F)(T_3 - T_4) - (T_2 - T_1)]$$

$$N_i = \dot{m}_a 1200\ [(1 + 0.0147)(1023 - 618.94) - (499 - 261)] = 206.5\, \dot{m}_a\, kW$$

La potencia efectiva está afectada por el rendimiento mecánico

$$N_e = N_i \eta_m = 0.95\ \ 206.5\ \ \dot{m}_a = 196.2\, \dot{m}_a$$

La potencia térmica aportada es igual en los dos casos ya que la cámara de combustión tiene rendimiento unidad:

$$N_t = \dot{m}_f H_c = \dot{m}_a F H_c = \dot{m}_a 0.0147\ \ 43.4\ \ 10^6 = 638.1\, \dot{m}_a\, kW$$

El rendimiento del ciclo:

$$\eta_{ciclo} = \frac{N_i}{N_t} = 0.323$$

El rendimiento del motor:

$$\eta_{motor} = \frac{N_e}{N_t} = 0.307$$

c. El gasto de combustible y el gasto de aire, si el motor desarrolla una potencia de 2MW.

El gasto de aire se puede sacar de la expresión de la potencia efectiva del apartado anterior:

$$N_e = N_i \eta_m = 206.5\ \ \dot{m}_a \qquad \Rightarrow\ \dot{m}_a = \frac{N_e}{206.5} = \frac{2\ \ 10^3}{206.5} = 10.195\, kg/s$$

El gasto de combustible a partir del dosado:

$$\dot{m}_f = F\dot{m}_a = 0.0147\ \ 10.195 = 0.1499\, kg/s$$

d. Se instala una tobera isoentrópica convergente, sin que se produzca onda de expansión a la salida de la tobera. Determinar la presión de salida de la turbina, el empuje que se obtiene, la potencia asociada y la potencia perdida en la turbina.

En este apartado se tiene:

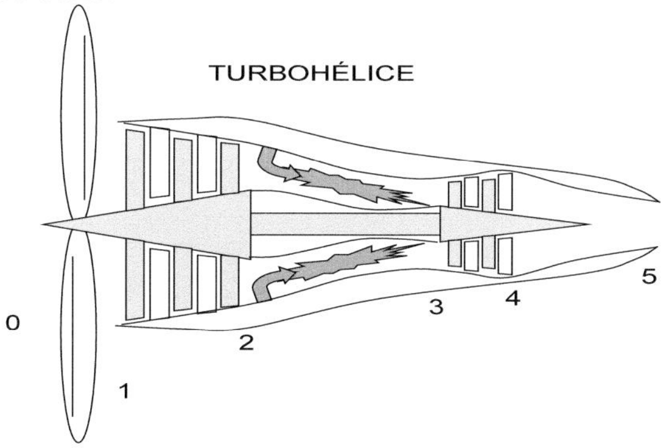

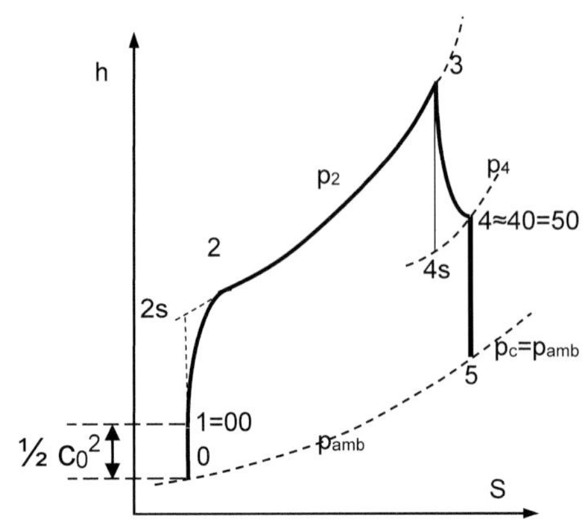

Como no se produce onda de expansión a la salida, esto quiere decir que la presión a la salida en el punto 5 es la presión crítica y esta es igual a la presión ambiente:

$$p_5 = p_c = p_{amb} = p_4 \left(\frac{2}{\gamma + 1}\right)^{\frac{\gamma}{\gamma - 1}}$$

Así, se puede calcular la presión de remanso en el punto 4 a la salida de la turbina que tiene que producirse:

$$p_4 = p_{amb} \left(\frac{\gamma + 1}{2}\right)^{\frac{c_p}{R}} = 0.747 \left(\frac{1.314 + 1}{2}\right)^{\frac{1200}{287}} = 1.375\ bar$$

γ se calcula a partir de $c_p y\ R$:

$$\gamma = \frac{c_p}{c_v} = \frac{c_p}{c_p - R} = \frac{1200}{1200 - 287} = 1.314$$

Como el gas en la turbina solo se va a expandir hasta esa presión p_4, hay que calcular la nueva temperatura que tendrá. Se empieza calculando la temperatura de la evolución isoentrópica:

$$T_{4s} = T_3 \left(\frac{p_{4s}}{p_3}\right)^{\frac{\gamma - 1}{\gamma}} = T_3 \left(\frac{p_4}{p_2}\right)^{\frac{R}{c_p}} = 1023 \left(\frac{1.375}{7.796}\right)^{\frac{287}{1200}} = 675.6\ K$$

La nueva temperatura del punto 4 se calcula con el rendimiento isoentrópico de la turbina:

$$\eta_T = \frac{h_3 - h_4}{h_3 - h_{4s}} = \frac{T_3 - T_4}{T_3 - T_{4s}} \Rightarrow T_4 = T_3 - (T_3 - T_{4s})\eta_T = 1023 - (1023 - 675.6)0.92 = 703.4\ K$$

Ahora se puede calcular la temperatura de salida de la tobera y la velocidad de salida que serán las críticas:

$$T_5 = T_c = T_4 \frac{2}{\gamma + 1} = 703.4 \frac{2}{1.314 + 1} = 607.8\ K$$

$$c_5 = c_c = \sqrt{\gamma R T_c} = \sqrt{1.314\ \ 287\ \ 607.8} = 478.8\ m/s$$

La expresión del empuje asociado a este chorro de gas caliente no tiene términos de presión ya que la tobera está adaptada:

$$E = \left(\dot{m}_a + \dot{m}_f\right)\ c_s - \dot{m}_a c_e = \left(\dot{m}_a + \dot{m}_f\right)\ c_5 - \dot{m}_a c_0$$

$$E = (10.195 + 0.1499)\ 478.8 - 10.195\ \ 138.9 = 3537.5\ N$$

La potencia asociada:

$$N_{emp} = Ec_0 = 3610.9\ \ 138.9 = 491.3\ kW$$

La nueva potencia efectiva del ciclo:

$$N_e = \eta_m\left[\left(\dot{m}_a + \dot{m}_f\right)w_T - \dot{m}_a w_C\right] = \eta_m \dot{m}_a[(1+F)(h_3 - h_4) - (h_2 - h_1)]$$
$$= \eta_m \dot{m}_a c_p[(1+F)(T_3 - T_4) - (T_2 - T_1)]$$

Lo único que cambia respecto a antes es T_4:

$$N_e = 0.95\ \ 10.195\ \ 1200[(1 + 0.0147)(1023 - 703.4) - (499 - 261)] = 1004.4\ kW$$

Se ha perdido la mitad de la potencia:

$$N_{perdida} = 2000 - 1004.4 = 995.5\ kW$$

y se ha ganado $491.3\ kW$.

La hélice tiene que tener un rendimiento peor que el siguiente para esta modificación tenga sentido:

$$\frac{491.3}{995.5} = 0.4935$$

8.5 Estatorreactor

Un estatorreactor vuela a 1500 km/h, la tobera de admisión con un rendimiento isoentrópico de 0.95 produce una compresión dinámica del aire desde las condiciones ambientales de 20ºC y 0.98 bar, posteriormente en la cámara de combustión con un rendimiento del 90% el aire y el combustible acaban a 1500ºC, saliendo al exterior por una tobera convergente isentrópica. El combustible tiene un poder calorífico de 42 MJ/kg. Se supone que el combustible tiene la misma entalpía que el aire a la entrada de la cámara de combustión.

No se desprecia la masa de combustible frente a la de aire. c_p=1100 J/kg/K y γ= 1.35

a. Dibujar un esquema del estatorreactor y de la evolución del fluido en un diagrama T-s indicando los diferentes puntos y energías cinéticas asociadas a los mismos.

b. Calcular la presión en la cámara de combustión y a la salida de la tobera convergente.

c. Calcular el empuje específico por gasto de combustible y el área de la tobera de salida si el empuje es de 100 kg-f.

d. Calcular el empuje por gasto de combustible si la tobera fuese convergente divergente y funcionase en condiciones de diseño.

b) p_{CC}=2.36 bar, p_{tob}= 1.267 bar

c) e=12026 N/(kg/s), $\dot{m}_f$=0.081 kg/s, A_s=0.008916 m^2

d) e=12061 N/(kg/s)

RESOLUCIÓN

a. Dibujar un esquema del estatorreactor y de la evolución del fluido en un diagrama T-s indicando los diferentes puntos y energías cinéticas asociadas a los mismos.

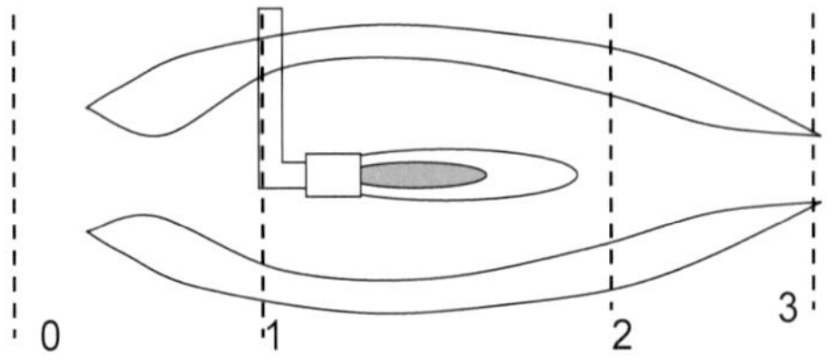

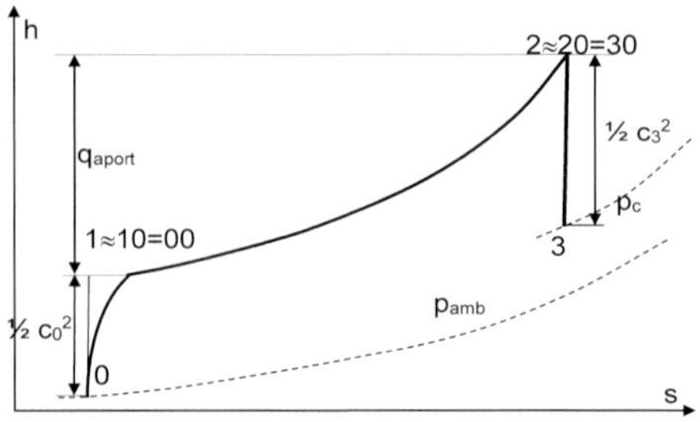

El estatorreactor tiene a la entrada una tobera convergente divergente, ya que la velocidad de vuelo es mayor que la del sonido.
La expansión se produce en una tobera solo convergente. El punto 1 se aproxima al punto 10 porque su velocidad se considera despreciable.
Se ha dibujado suponiendo que en la tobera de salida se producen condiciones críticas, lo cual se sabrá cuando se calcule.

b. Calcular la presión en la cámara de combustión y a la salida de la tobera convergente.

Para calcular la presión del punto 2 hay que analizar el proceso de compresión dinámica que se produce en la tobera de entrada. La evolución del punto 0 al 1 es una compresión irreversible caracterizada por el rendimiento isoentrópico:

$$\eta_{TD} = \frac{Ec_s}{\frac{c_0^2}{2}} = \frac{h_s - h_0}{\frac{c_0^2}{2}}$$

El punto s es un punto con la misma entropía que el punto 0 pero con la presión del punto 1. Esa diferencia de entalpías representa la energía cinética que tendría que tener el fluido para alcanzar la misma presión que el punto 1 en un proceso reversible. Hay que calcular c_0 en metros por segundo:

$$c_0 = \frac{1500}{3.6} = 416.67\,\frac{m}{s}$$

El punto s, se utiliza para conocer la presión del punto 2.

$$\eta_{TD} = \frac{h_s - h_0}{\frac{c_0^2}{2}} \quad \Rightarrow \quad T_s = T_0 + \eta_{TD}\frac{c_0^2}{2c_p} = 293 + 0.95\,\frac{416.67^2}{2\ 1100} = 368\,K$$

Ahora se puede conocer la presión del punto 1 con la ecuación de la evolución isoentrópica desde el punto 0 al punto s:

$$p_s = p_1 = p_0\left(\frac{T_s}{T_0}\right)^{\frac{\gamma}{\gamma-1}} = 0.98\left(\frac{368}{293}\right)^{\frac{1.35}{1.35-1}} = 2.36\,bar$$

La temperatura del punto 1 se puede calcular de un balance de energía suponiendo despreciable la velocidad en el punto 1, $c_1 \cong 0$:

$$h_{00} = h_{10} \quad \Rightarrow \quad c_pT_0 + \frac{c_0^2}{2} = c_pT_1 \quad \Rightarrow \quad T_1 = T_0 + \frac{c_0^2}{2c_p} = 293 + \frac{416.67^2}{2\ 1100} = 371.9\,K$$

El siguiente paso es la expansión isoentrópica en la tobera convergente a la salida. Si la presión crítica está por encima de la presión ambiente, la tobera estará bloqueada y las condiciones a la salida serán las críticas, después de la tobera se producirá una expansión de Prandtl-Meyer.

$$p_c = p_1 \left(\frac{2}{\gamma + 1}\right)^{\frac{\gamma}{\gamma-1}} = 2.36 \left(\frac{2}{1.403 + 1}\right)^{\frac{1.35}{1.35-1}} = 1.267\ bar > p_{amb}$$

Como la presión crítica está por encima de la presión ambiente, $p_3 = p_c$ y la temperatura y la velocidad serán las críticas:

$$p_3 = p_c = 1.267\ bar$$

$$T_3 = T_c = T_2 \frac{2}{\gamma + 1} = 1773 \frac{2}{1.35 + 1} = 1508.9\ K$$

$$c_3 = c_c = \sqrt{\gamma R T_c} = \sqrt{c_p(\gamma - 1) T_c} = \sqrt{1100(1.35 - 1)\ 1508.9} = 762.2\ m/s$$

c. Calcular el empuje específico por gasto de combustible y el área de la tobera de salida si el empuje es de 100 kg-f.

$$E = (p_s - p_e)A_s + (\dot{m}_a + \dot{m}_f)c_s - \dot{m}_a c_e$$

Expresando el área de salida en función del gasto másico se puede expresar el empuje por gasto de combustible en función del dosado:

$$A_s = \frac{(\dot{m}_a + \dot{m}_f) R T_s}{p_s c_s}$$

R se calcula apartir de $c_p y\ \gamma$:

$$R = c_p - c_v = c_p - \frac{c_p}{\gamma} = c_p\left(1 - \frac{1}{\gamma}\right) = 1100 \frac{1.35 - 1}{1.35} = 285.19 \frac{J}{kg}/K$$

Expresando en función de las condiciones en los puntos de entrada y salida:

$$E = \frac{\dot{m}_f}{F}\left[(p_3 - p_0)\frac{(1 + F) R T_3}{p_3 c_3} + (1 + F)c_3 - c_0\right]$$

Por lo tanto, el empuje específico queda:

$$e = \frac{E}{\dot{m}_f} = \frac{1}{F}\left[\frac{p_3 - p_0}{p_3} \frac{(1 + F) R T_3}{c_3} + (1 + F)c_3 - c_0\right]$$

No se conoce el dosado, haciendo un balance en la cámara de combustión:

$$(\dot{m}_a + \dot{m}_f)c_p(T_2 - T_1) = \dot{m}_f H_c \eta_{CC} \ \Rightarrow\ (1 + F)c_p(T_2 - T_1) = F H_c \eta_{CC}$$

$$F = \frac{c_p(T_2 - T_1)}{H_c \eta_{CC} - c_p(T_2 - T_1)} = \frac{1100(1773 - 371.9)}{42\ 10^6\ 0.9 - 1100(1773 - 371.9)} = 0.0425$$

El empuje por gasto de combustible vale:

$$e = \frac{1}{0.0425}\left[\left(\frac{1.267 - 0.98}{1.267}\right)\frac{(1 + 0.0425)285.19\ 1508.9}{762.2} + (1 + 0.0425)762.2 - 416.67\right] = 12.026\ kNs/kg$$

El gasto de combustible:

$$\dot{m}_f = \frac{E}{e} = \frac{100\ 9.81}{12026} = 0.08157\ kg/s$$

$$\dot{m}_a = \frac{\dot{m}_f}{F} = \frac{0.08157}{0.0425} = 1.919\ kg/s$$

El área de salida:

$$A_3 = \frac{(\dot{m}_a + \dot{m}_f)RT_3}{p_3 c_3} = \frac{(1.919 + 0.08157)285.19\ 1508.9}{1.267\ 10^5\ 762.2} = 0.008916\ m^2$$

Lo que corresponde con un diámetro de salida:

$$D_3 = \sqrt{\frac{4A_3}{\pi}} = \sqrt{\frac{4\ 0.008916}{\pi}} = 106.55\ mm$$

d. Calcular el empuje por gasto de combustible si la tobera fuese convergente divergente y funcionase en condiciones de diseño.

En esas circunstancias, se tendrían las condiciones críticas en la garganta, y las condiciones en el punto 3 se calcularían como una expansión isoentrópica hasta la presión ambiente:

$$p_3 = p_{amb} = 0.98\ bar$$

$$T_{3s} = \mathrm{T}_3 = T_2 \left(\frac{p_{3s}}{p_2}\right)^{\frac{\gamma-1}{\gamma}} = 1773 \left(\frac{0.98}{2.36}\right)^{\frac{1.35-1}{1.35}} = 1412\ K$$

Suponiendo despreciable la velocidad en el punto 2, $c_2 \cong 0$:

$$h_{20} = h_{30} \quad \Rightarrow \quad c_p T_2 = c_p T_3 + \frac{c_3^2}{2}$$

$$c_3 = \sqrt{2c_p(T_2 - T_3)} = \sqrt{2\ 1100(1773 - 1412)} = 891.46 \frac{m}{s}$$

La expresión del empuje ahora no tiene el término de las presiones:

$$e = \frac{(1 + 0.0425)891.46 - 416.67}{0.0425} = 12.062\ kNs/kg$$

Prácticamente no mejora nada por adaptar la tobera.

9 DIAGRAMAS TERMODINÁMICOS EN TURBOMÁQUINAS

9.1 Diagramas 1

Dibujar los diagramas h-s de la evolución del fluido en los siguientes sistemas que se indican a continuación, dibujar en todos ellos las isobaras de los diferentes puntos:

a. Escalonamiento de acción con entalpía constante en el rotor sin pérdidas en el estator, con pérdidas en el rotor, sin velocidad a la entrada y con pérdida de velocidad a la salida.
- Acotar las pérdidas en rotor y a la salida.
- Acotar w_u y Δh_s
- Indicar los puntos 0, 1, 2 y 3 y los correspondientes puntos de parada 00,10, 20 y 30. (el punto 3 es cuando el fluido ha perdido la velocidad).

b. Escalonamiento de reacción sin pérdidas en rotor y estator, con velocidad a la entrada y se recupera la velocidad a la salida.
- Acotar w_u y Δh_s
- Acotar la energía cinética a la salida
- Indicar los puntos 0, 1, 2 y los correspondientes puntos de parada 00,10, 20.

c. Fluido entrando en el fan de un turbofán con compresiones no isoentrópicas en la toma dinámica y el fan, y expansión isoentrópica en la tobera convergente que alcanza condiciones críticas.
- Acotar w_u y energía cinética a la entrada y a la salida.
- Indicar los puntos 0, 1, 2 y 3 y los correspondientes puntos de parada 00,10, 20 y 30.

d. Evolución del fluido por un estatorreactor con procesos isoentrópicos en la toma dinámica y en la tobera (la tobera está bloqueada):
- Indicar los puntos representados en la figura, así como los respectivos puntos de parada considerando la velocidad relativa al estatorreactor. No se desprecia la energía cinética en 1 y 2.
- Acotar energías cinéticas a la entrada y a la salida, y el calor aportado.

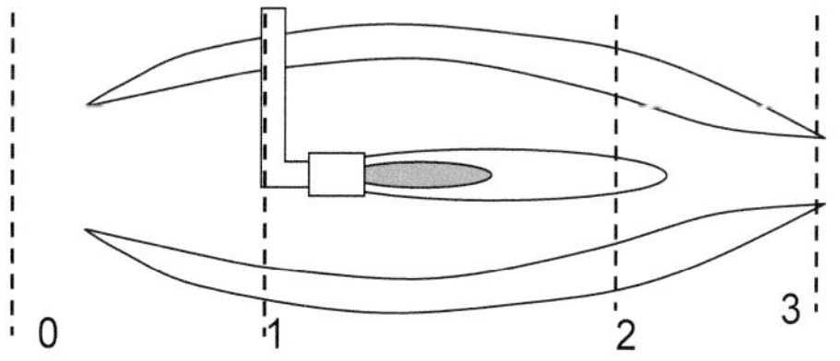

RESOLUCIÓN

a. Escalonamiento de acción con entalpía constante en el rotor sin pérdidas en el estator, con pérdidas en el rotor, sin velocidad a la entrada y con pérdida de velocidad a la salida.
- Acotar las pérdidas en rotor y a la salida.
- Acotar w_u y Δh_s

- Indicar los puntos 0, 1, 2 y 3 y los correspondientes puntos de parada 00,10, 20 y 30. (el punto 3 es cuando el fluido ha perdido la velocidad).

Sin no hay pérdidas en el estator, la evolución es isoentrópica en el mismo. Si no hay velocidad a la entrada, entonces $h_{00} = h_0$ y los puntos 00 y 0 coinciden. Si hay pérdida de velocidad a la salida, entonces $c_3 = 0$ y entonces en el punto 3 (sería el punto de entrada, punto 0, del siguiente escalonamiento) $h_{30} = h_3$ y los puntos 30 y 3 coinciden.

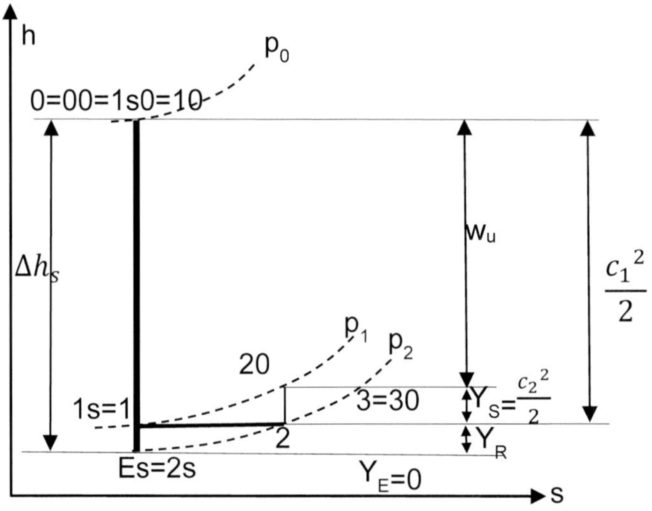

b. Escalonamiento de reacción sin pérdidas en rotor y estator, con velocidad a la entrada y se recupera la velocidad a la salida.
- Acotar w_u y Δh_s
- Acotar la energía cinética a la salida
- Indicar los puntos 0, 1, 2 y los correspondientes puntos de parada 00,10, 20.

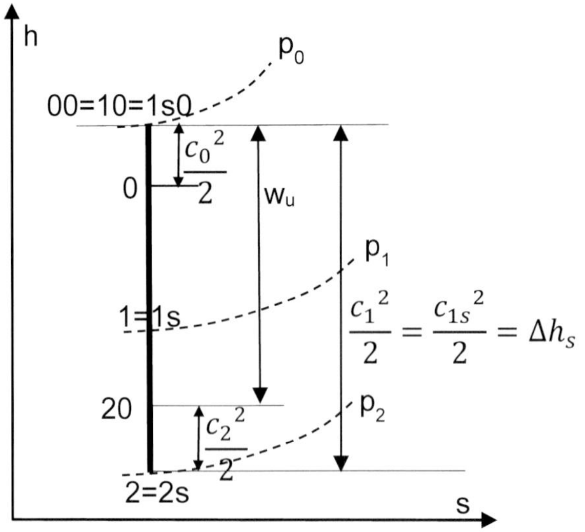

c. Fluido entrando en el fan de un turbofán con compresiones no isoentrópicas en la toma dinámica y el fan, y expansión isoentrópica en la tobera convergente que alcanza condiciones críticas.

- Acotar w_u y energía cinética a la entrada y a la salida.
- Indicar los puntos 0, 1, 2 y 3 y los correspondientes puntos de parada 00,10, 20 y 30

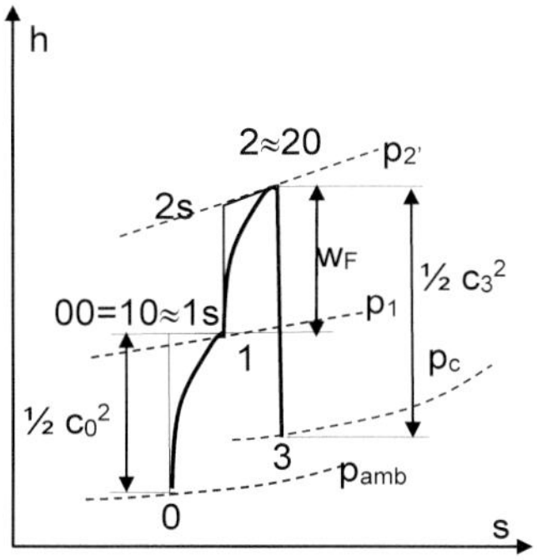

d. Evolución del fluido por un estatorreactor con procesos isoentrópicos en la toma dinámica y en la tobera (la tobera está bloqueada):

- Indicar los puntos representados en la figura, así como los respectivos puntos de parada considerando la velocidad relativa al estatorreactor. No se desprecia la energía cinética en 1 y 2.
- Acotar energías cinéticas a la entrada y a la salida y el calor aportado.

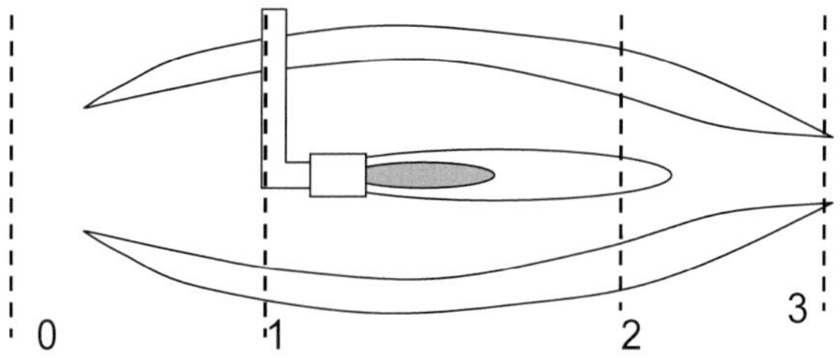

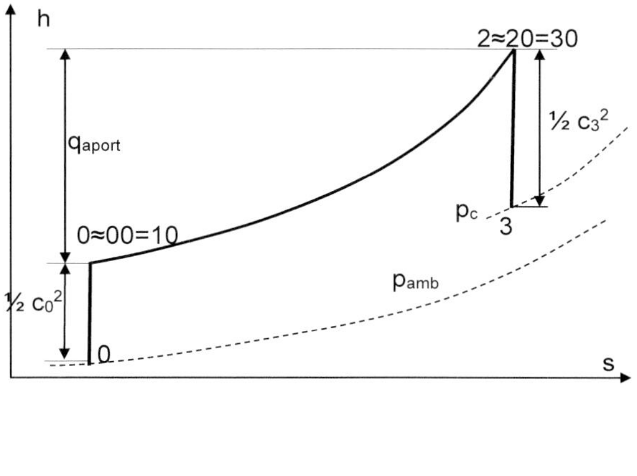

9.2 Diagramas 2

Dibujar los diagramas h-s de la evolución del fluido en los siguientes sistemas que se indican a continuación, dibujar en todos ellos las isobaras de los diferentes puntos:

a. Escalonamiento de acción con presión constante en el rotor con pérdidas en el estator, sin pérdidas en el rotor, sin velocidad a la entrada y con pérdida de velocidad a la salida.
   - o Acotar las pérdidas en el estator y a la salida.
   - o Acotar w_u y Δh_s
   - o Indicar los puntos 0, 1, 2 y 3 y los correspondientes puntos de parada 00, 10, 20 y 30. (el punto 3 es cuando el fluido ha perdido la velocidad).

b. Escalonamiento de reacción sin pérdidas en rotor y pérdidas en estator, con velocidad a la entrada y se pierde la velocidad a la salida.
   - o Acotar w_u y Δh_s
   - o Acotar las pérdidas en estator y a la salida.
   - o Indicar los puntos 0, 1, 2 y 3, y los correspondientes puntos de parada 00, 10, 20 y 30.

c. Fluido entrando en el fan de un turbofán con compresión isoentrópica en la toma dinámica y no isoentrópica en el fan y expansión isoentrópica en la tobera convergente que no alcanza condiciones críticas.
   - o Acotar w_u y energía cinética a la entrada y a la salida.
   - o Indicar los puntos 0, 1, 2 y 3 y los correspondientes puntos de parada 00,10, 20 y 30.

d. Evolución del fluido por un estatorreactor con proceso no isoentrópico en la toma dinámica e isoentrópico en la tobera que está bloqueada:
   - o Indicar los puntos representados en la figura, así como los respectivos puntos de parada considerando la velocidad relativa al estatorreactor. No se desprecia la energía cinética en 1 y 2.
   - o Se considera que la tobera está bloqueada en la garganta.
   - o Acotar energías cinéticas a la entrada y a la salida y el calor aportado.

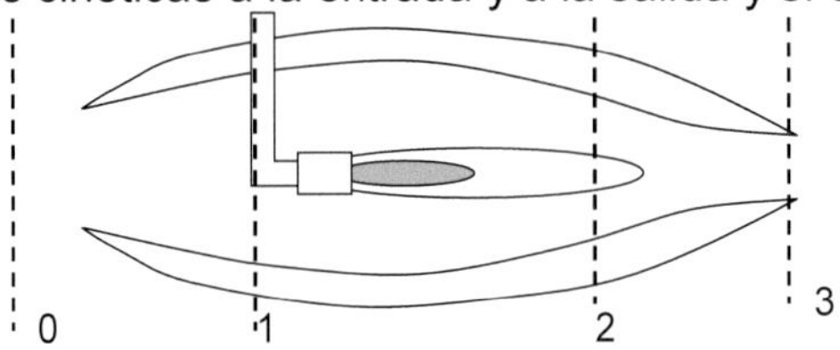

RESOLUCIÓN

a. Escalonamiento de acción con presión constante en el rotor con pérdidas en el estator, sin pérdidas en el rotor, sin velocidad a la entrada y con pérdida de velocidad a la salida.
   - o Acotar las pérdidas en el estator y a la salida.
   - o Acotar w_u y Δh_s
   - o Indicar los puntos 0, 1, 2 y 3 y los correspondientes puntos de parada 00, 10, 20 y 30. (el punto 3 es cuando el fluido ha perdido la velocidad).

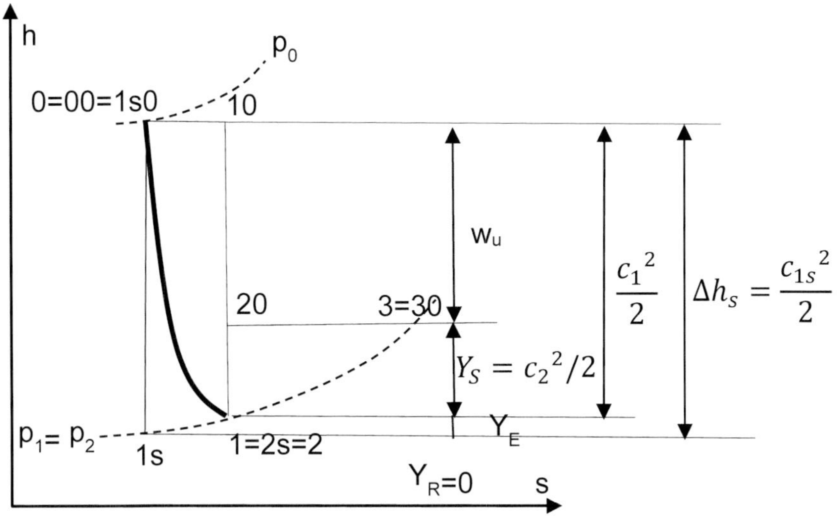

b. Escalonamiento de reacción sin pérdidas en rotor y pérdidas en estator, con velocidad a la entrada y se pierde la velocidad a la salida.

- Acotar w_u y Δh_s
- Acotar las pérdidas en estator y a la salida.
- Indicar los puntos 0, 1, 2 y 3, y los correspondientes puntos de parada 00, 10, 20 y 30.

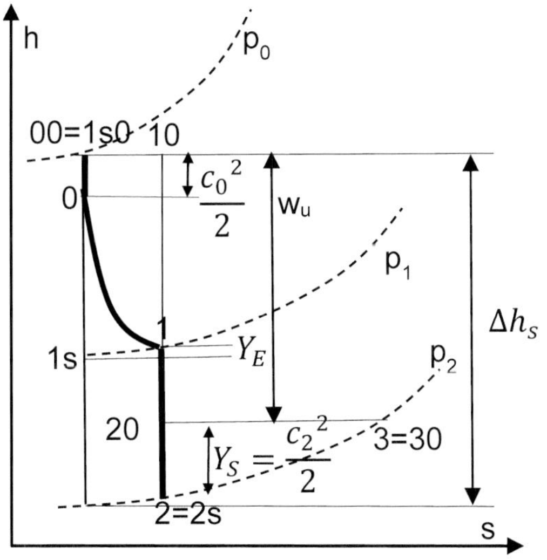

c. Fluido entrando en el fan de un turbofán con compresión isoentrópica en la toma dinámica y no isoentrópica en el fan y expansión isoentrópica en la tobera convergente que no alcanza condiciones críticas.

- Acotar w_u y energía cinética a la entrada y a la salida.

- Indicar los puntos 0, 1, 2 y 3 y los correspondientes puntos de parada 00,10, 20 y 30.

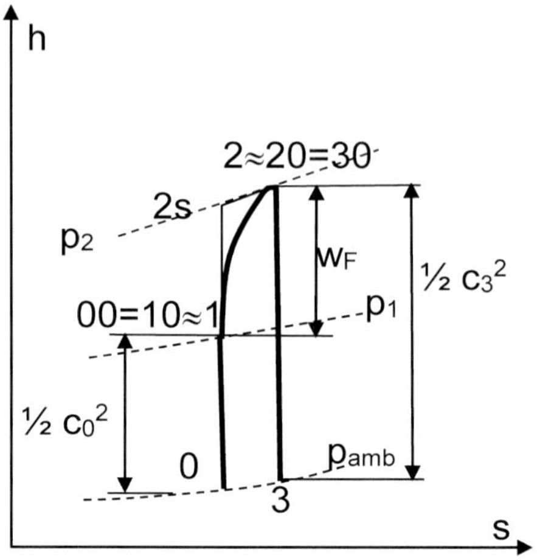

d. Evolución del fluido por un estatorreactor con proceso no isoentrópico en la toma dinámica e isoentrópico en la tobera que está bloqueada:
- Indicar los puntos representados en la figura, así como los respectivos puntos de parada considerando la velocidad relativa al estatorreactor. No se desprecia la energía cinética en 1 y 2.
- Se considera que la tobera está bloqueada en la garganta.
- Acotar energías cinéticas a la entrada y a la salida y el calor aportado.

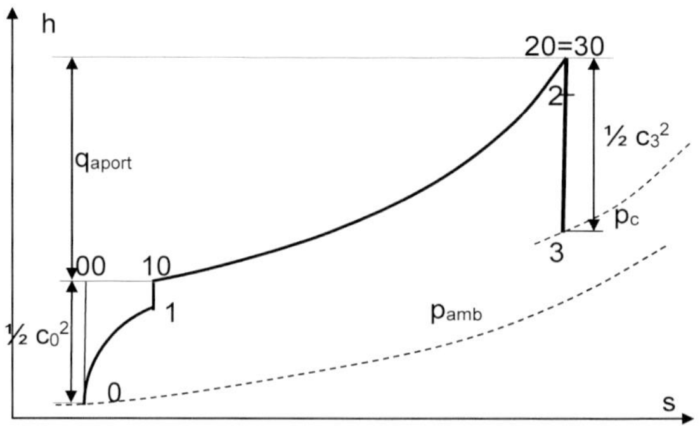

9.3 Diagramas 3

Dibujar en un solo diagrama h-s (que sea lo suficientemente grande) la evolución del fluido que entra con velocidad despreciable en una turbina axial, en la que no se aprovecha la velocidad a la salida, que consta de cinco escalonamientos:

- E1. Acción con presión constante en el rotor con pérdida total de la velocidad a la salida y fricción en rotor y estator.
- E2. Reacción sin pérdidas por fricción en estator ni rotor ni a la salida.

- E3. Reacción con pérdidas en estator y rotor y una pérdida del 25% de la energía cinética a la salida.
- E4. Acción con entalpía constante en el rotor con una pérdida del 75% de la energía cinética a la salida y sin fricción ni en rotor ni estator.
- E5. Acción de presión constante en el rotor y sin pérdidas en estator.

En ese mismo diagrama, para cada escalonamiento:

- Dibujar los puntos 0, 1 y 2.de entalpías termodinámicas y 00, 10 y 20 de parada,
- Acotar el trabajo periférico y el salto isentrópico puesto a disposición de cada escalonamiento.
- Indicar cuál sería la definición del rendimiento para cada escalonamiento y para la turbina completa.

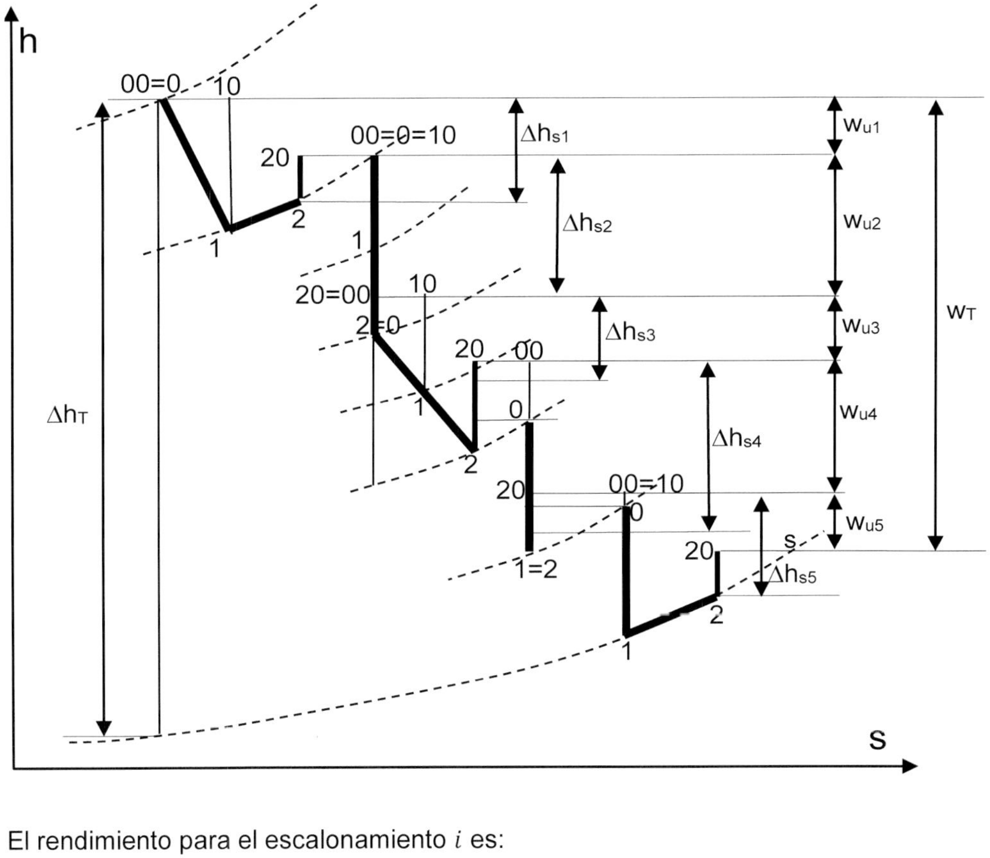

El rendimiento para el escalonamiento i es:

$$\eta_{E_i} = \frac{w_{u_i}}{\Delta h_{s_i}}$$

El rendimiento de la turbina completa es:

$$\eta_T = \frac{w_T}{\Delta h_T}$$

10 TURBINAS AXIALES DE ACCIÓN. DEFINICIÓN

10.1 Escalonamiento p=cte con vapor

Se dispone de un caudal de vapor de agua de 10 kg/s a 3 bar y 250ºC y se pretende diseñar una turbina para obtener trabajo de la expansión del fluido. Los criterios de diseño del primer escalonamiento son los siguientes:

- Escalonamiento de acción de presión constante en el rotor.
- Ángulo de salida del fluido del estator 18º. Con coeficiente de pérdida de velocidad de 0.93 en rotor y estator.
- Régimen de giro del eje 10000 rpm.
- Se admite una velocidad máxima a la salida del estator de 500 m/s, y se pretende que la velocidad de salida del escalonamiento sea axial.

Asumiendo que se diseña el escalonamiento para la relación cinemática de máximo rendimiento, determinar:

a. Triángulos de velocidades a la entrada y salida del rotor.
b. Condiciones a la salida del estator y del rotor.
c. Diámetro medio del rotor y altura de los álabes a la entrada y salida del mismo.
d. Trabajo específico por la ecuación de Euler y por el balance de energía.
e. Grado de reacción, potencia del escalonamiento y rendimiento total a estático.
f. Comparar estos resultados con los obtenidos para un escalonamiento con h=cte.
g. Comparar estos resultados con los de un escalonamiento de h=cte que mantenga la altura del álabe en el rotor a costa de que la velocidad de salida no sea axial.

Estado	título	presión	temperatura	Entalpía esp.	Entropía esp.	Volumen esp.
		bar	°C	kJ/kg	kJ/kg/K	dm³/kg
A	V	3	250	2967,9	7,5176	796,44
B	V	2,475	226,95	2922,91	7,5176	922,9743
C	V	2,475	230,22	2929,54	7,5308	929,2605
D	V	2,026	207,01	2884,55	7,5308	1083,0985
E	V	2,026	210,29	2891,18	7,5446	1090,8199
F	V	3	250	2967,9	7,5176	796,44
G	V	1,562	175,44	2823,37	7,5176	1311,4602
H	V	1,562	185,17	2842,9	7,56076	1341,1746
I	V	1,562	187,88	2848,33	7,57259	1349,4237
J	V	1,516	181,9	2836,62	7,56075	1372,2955
K	V	1,516	175,3	2823,37	7,53139	1351,5363
L	V	1,516	185,05	2842,9	7,5745	1382,1597
M	V	1,516	172,23	2817,19	7,5176	1341,873

a) w_1=283.6 m/s, u=237.8 m/s, w_2=263.7 m/s, c_2=114.1 m/s
b) p_1= p_2=1.562 bar, T_1=185.2 ºC, T_2=187.9 ºC
c) D_m=0.454 m, H_1=0.0608 m, H_2=0.0829 m
d) w_u=113.1 kJ/kg
e) R= - 0.048, Ne=1131 kW, η_{TE}=0.7822
f) Solo los que han cambiado w_2=283.6 m/s, c_2=154.5 m/s, H_2=0.06272 m, η_{TE}=0.75
g) Solo los que han cambiado c_2=159.5 m/s, α_2=88.8 m, η_{TE}=0.745

RESOLUCIÓN

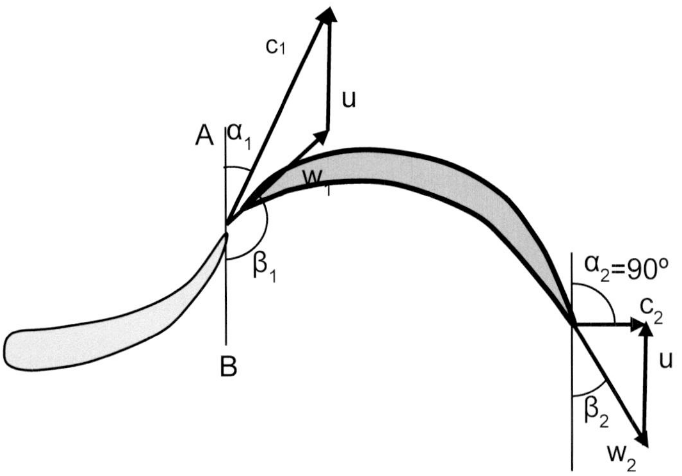

a. Triángulos de velocidades a la entrada y salida del rotor.

Los parámetros de los álabes del escalonamiento que quedan por definir son los ángulos de entrada y de salida del rotor: β_1 y β_2. Del triángulo de entrada del rotor conocer los c_1 y α_1. Falta por conocer otro lado o ángulo del triángulo para tenerlo definido. La relación cinemática de máximo rendimiento introduce una relación que permite conocer la velocidad tangencial u. En un escalonamiento de acción tiene la siguiente expresión:

$$\frac{u}{c_1} = \frac{1}{2} cos\, \alpha_1$$

De donde:

$$u = \frac{c_1}{2} \cos \alpha_1 = \frac{500}{2} \cos 18° = 237.76\, m/s$$

Ya se puede resolver el triángulo con el teorema del coseno.

$$w_1 = \sqrt{{c_1}^2 + u^2 - 2 c_1 u \cos \alpha_1} = \sqrt{500^2 + 237.76^2 - 2\ 500\ \ 237.76 \cos 18°} = 283.56\, m/s$$

Proyectando sobre la línea A-B:

$$c_1 \cos \alpha_1 = u - w_1 \cos \beta_1$$

$$\beta_1 = \cos^{-1}\left(\frac{c_1 \cos \alpha_1 - u}{-w_1}\right) = \cos^{-1}\left(\frac{500 \cos 18° - 237.76}{-283.56}\right) = 147°$$

En el triángulo de salida se conoce la dirección de salida de la velocidad absoluta $\alpha_2 = 90°$ la velocidad tangencial u y se puede conocer la velocidad relativa de salida a partir del coeficiente de pérdida de velocidad:

$$w_2 = \psi\, w_1 = 0.93\ \ 283.56 = 263.7\, m/s$$

Como $\alpha_2 = 90°$:

$$\beta_2 = \cos^{-1}\frac{u}{w_2} = \cos^{-1}\frac{237.76}{263.7} = 25.63°$$

Finalmente:

$$c_2 = w_2 \sin\beta_2 = 263.7\ \sin 25.63° = 114.06\, m/s$$

b. Condiciones a la salida del estator y del rotor.

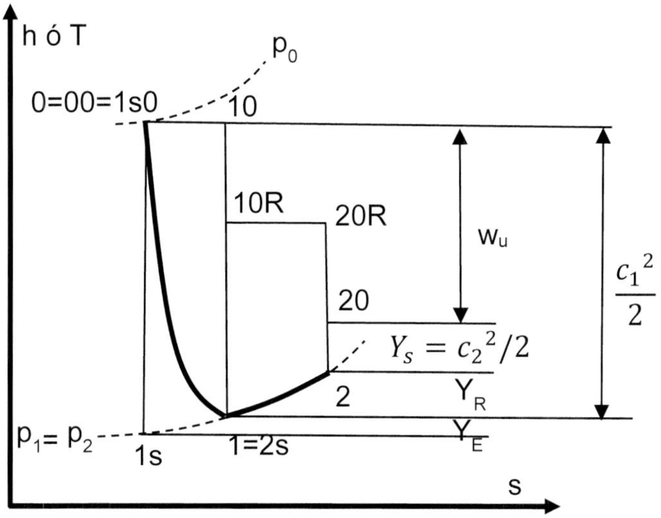

Las condiciones a la entrada del estator son $p_0 = 3\, bar, T_0 = 250°C$ y la velocidad a la entrada se considera despreciable $c_0 = 0\, m/s$, por lo tanto el punto 0 coincide con el 00. Las condiciones coinciden con el estado A de la tabla de propiedades:

$$h_0 = 2967.9\, kJ/kg, \quad s_0 = 7.5176\, kJ/kg/K$$

Al no haber intercambio ni de calor ni de trabajo en el estator $h_{00} = h_{10}$:

$$h_{00} = h_0 = \frac{{c_1}^2}{2} + h_1$$

$$h_1 = h_0 - \frac{{c_1}^2}{2} = 2967.9\ \ 1000 - \frac{500^2}{2} = 2842.9\, kJ/kg$$

Del punto 1 conocemos su entalpía, pero no podemos conocer el resto de propiedades ya que necesitaríamos conocer al menos dos propiedades para tener determinado el punto. La presión del punto 1 coincide con la del punto 1s y de este último podemos conocer su entropía que es la misma que la del punto 0.

Con el mismo planteamiento que en el punto 1:

$$h_{00} = h_0 = \mathrm{h}_{1s0} = \frac{{c_{1s}}^2}{2} + h_{1s}$$

$$h_{1s} = h_0 - \frac{\left(\frac{c_1}{\varphi}\right)^2}{2} = 2967.9\ 1000 - \frac{\left(\frac{500}{0.93}\right)^2}{2} = 2824.4\ kJ/kg$$

$$s_{1s} = s_0 = 7.5176\ kJ/kg/K$$

Con estos dos valores del punto 1s se puede buscar en la tabla, el estado más coincidente es el G, por lo tanto:

$$p_1 = p_{1s} = 1.562\ bar$$

La presión y la entalpía del punto 1 coinciden con las del estado H de la tabla, por lo que:

$$T_1 = 185.17°C$$

Por ser un escalonamiento de presión constante en el rotor, a la salida del escalonamiento, el punto 2 tiene la misma presión que el punto 1. La entalpía del punto 2 se diferencia de la del punto 1 por las pérdidas:

$$h_2 = h_1 - Y_r = h_1 - \left(\frac{w_1^2}{2} - \frac{w_2^2}{2}\right) = 2842.9 - \left(\frac{283.56^2}{2} - \frac{263.7^2}{2}\right) = 2848.3\ kJ/kg$$

Con la presión y la entalpía del punto 2 se puede ir a la tabla y las propiedades coinciden con las del estado I.

$$T_2 = 187.88°C$$

c. Diámetro medio del rotor y altura de los álabes a la entrada y salida del mismo.

El diámetro medio del rotor está condicionado por velocidad angular y la velocidad tangencial:

$$u = \omega\, r_m = 2\pi n \frac{D_m}{2}$$

$$D_m = \frac{u}{\pi n} = \frac{237.76}{\pi \frac{10000}{60}} = 0.454\ m$$

El gasto está relacionado con la sección de paso en cada punto, la velocidad axial y la densidad (inversa del volumen específico).

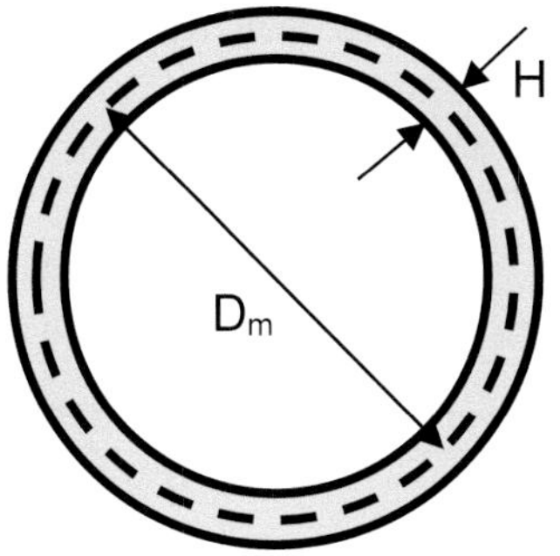

$$\dot{m} = A_1\rho_1 c_{1a} = \pi D_m H_1 \frac{1}{v_1} c_1 \sin\alpha_1 = A_2\rho_2 c_{2a} = \pi D_m H_2 \frac{1}{v_2} c_2 \sin\alpha_2$$

Por lo tanto:

$$H_1 = \frac{\dot{m}\ v_1}{\pi D_m c_1 \sin\alpha_1} = \frac{10\ \ 1341.2\ 10^{-3}}{\pi\ \ 0.454\ \ 500 \sin 18°} = 6.08\ cm$$

$$H_2 = \frac{\dot{m}\ v_2}{\pi D_m c_2 \sin\alpha_2} = \frac{10\ \ 1349.4\ \ 10^{-3}}{\pi\ \ 0.454\ \ 114.06\ \ \sin 90°} = 8.29\ cm$$

d. Trabajo específico por la ecuación de Euler y por el balance de energía.

Según la ecuación de Euler el trabajo específico es la diferencia entre la entrada y la salida de la velocidad tangencial multiplicada por la proyección de velocidad absoluta sobre la velocidad tangencial.

$$w_u = u_1 c_{1u} - u_2 c_{2u}$$

Por ser máquina axial la velocidad tangencial es igual a la entrada que a la salida.

$$w_u = u(c_1 \cos\alpha_1 - c_2 \cos\alpha_2) = 237.76(500 \cos 18° - 114.06 \cos 90°) = 113.06\ kJ/kg$$

En este caso el segundo término dentro del paréntesis vale cero por ser axial la velocidad de salida.
Haciendo un balance de energías en todo el escalonamiento:

$$h_{00} - h_{1s} = w_u + Y_E + Y_R + Y_s$$

Se podrían calcular las pérdidas en cada paso y despejar w_u pero es más sencillo modificar la expresión anterior ya que:

$$h_2 = h_{1s} + Y_E + Y_R \qquad h_{00} = h_0 = w_u + h_2 + Y_s = w_u + h_2 + \frac{c_2^2}{2}$$

$$w_u = h_0 - h_2 - \frac{c_2^2}{2} = 1000\ (2967.9 - 2848.3) - \frac{114.06^2}{2} = 113.06\ kJ/kg$$

Esta última expresión se puede también deducir del diagrama h-s.

e. Grado de reacción, potencia del escalonamiento y rendimiento total a estático.

$$R = \frac{h_1 - h_2}{h_{00} - h_{20}} = \frac{h_1 - h_2}{w_u} = \frac{2842.9 - 2848.3}{113.06} = -0.048$$

$$N_e = w_u \dot{m} = 113.06\ \ 10 = 1130.6 \frac{kJ}{kg}$$

$$\eta_{TE} = \frac{w_u}{h_{00} - h_{1s}} = \frac{w_u}{h_0 - h_{1s}} = \frac{113.06}{2967.9 - 2824.4} = 0.7822$$

f. Comparar estos resultados con los obtenidos para un escalonamiento con h=cte.

En este caso la evolución en el estátor es la misma y por lo tanto el triángulo de velocidades a la entrada del rotor también es el mismo, la velocidad tangencial es la misma y lo que cambia es que la velocidad relativa en el rotor se mantiene constante a base de disminuir ligeramente la presión para compensar las pérdidas en el rotor.

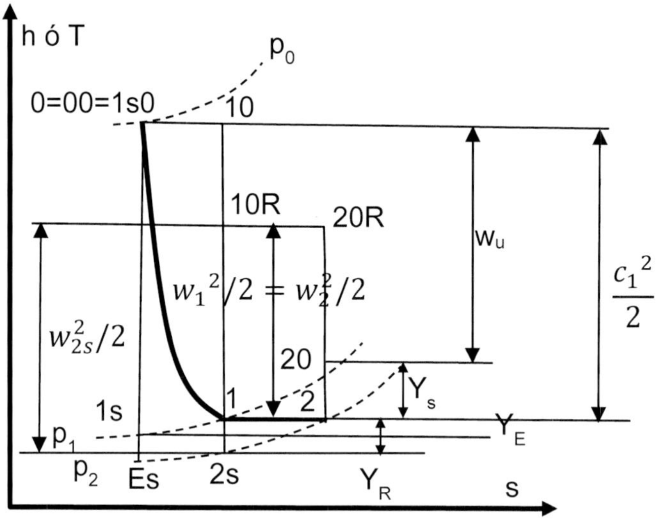

La velocidad relativa a la salida del rotor es igual a la de la entrada:

$$w_2 = w_1 = 283.56\, m/s$$

Asumiendo que la velocidad absoluta a la salida es axial se sigue cumpliendo:

$$\beta_2 = \cos^{-1}\frac{u}{w_2} = \cos^{-1}\frac{237.76}{283.56} = 33.02°$$

Finalmente:

$$c_2 = w_2 \sin\beta_2 = 283.56\ \ \sin 33.02° = 154.51\, m/s$$

El punto 2s se identifica como el punto al que se llegaría si la expansión en el rotor fuese isoentrópica y saliera a la misma presión, también se podría pensar que si no hubiese pérdidas en el rotor el punto 2s coincidiría con el 1. Aquí, para resolver el problema asumimos que si el proceso fuese isoentrópico la velocidad relativa en el rotor no se mantendría, sino que aumentaría hasta el valor:

$$w_{2s} = w_2/\psi$$

Las pérdidas en el rotor corresponderían con:

$$Y_r = \frac{w_{2s}^2}{2} - \frac{w_2^2}{2} = \frac{w_2^2}{2}\left(\frac{1-\psi^2}{\psi^2}\right) = \frac{283.56^2}{2}\left(\frac{1-0.93^2}{0.93^2}\right) = 6.279\ kJ/kg$$

Ya se puede calcular:

$$h_{2s} = h_2 - Y_R = h_1 - Y_R = 2842.9 - 6.279 = 2836.6\ kJ/kg$$

La entropía del punto 2s coincide la del punto 1 y por lo tanto ya se puede mirar en la tabla el estado con la entalpía $h_{2s} = 2836.6\ kJ/kg$ y entropía $s_{2s} = s_1 = 7.5607 \frac{kJ}{kg}/K$. El estado correspondiente es el J, que corresponde con una presión de 1.516 bar que es la misma que la del punto 2.

El punto 2 se identifica porque conocemos su presión y la entalpía es la misma que la del punto 1. Corresponde al estado L.

La altura del álabe en ese caso se calcularía con el gasto másico.

$$H_2 = \frac{\dot{m}\, v_2}{\pi D_m c_2 \sin\alpha_2} = \frac{10\ \ 1382.16\ \ 10^{-3}}{\pi\ \ 0.454\ \ 154.51\ \ \sin 90°} = 6.272\ cm$$

El trabajo específico es el mismo ya que solo intervienen en la ecuación las condiciones a la entrada del rotor debido a que la salida del rotor es axial:

$$w_u = uc_1 \cos\alpha_1 = 113.06\ kJ/kg$$

Haciendo un balance de energía:

$$w_u = h_{00} - h_2 - \frac{c_2^2}{2} = 1000\ (2967.9 - 2842.9) - \frac{154.51^2}{2} = 113.06\ kJ/kg$$

El grado de reacción vale 0 ya que h_1 y h_2 son iguales.

$$R = \frac{h_1 - h_2}{h_{00} - h_{20}} = 0$$

El rendimiento total a estático empeora ya que el trabajo que se obtiene es el mismo, sin embargo el salto ha aumentado, el punto Es tiene la misma presión que el punto 2 y la entropía del punto 0, coincide con el estado M de la tabla.

$$\eta_{TE} = \frac{w_u}{h_{00} - h_{Es}} = \frac{113.06}{2967.9 - 2817.19} = 0.7501$$

g. Comparar estos resultados con los de un escalonamiento de h=cte que mantenga la altura del álabe en el rotor a costa de que la velocidad de salida no sea axial.

En estas condiciones el triángulo de entrada al rotor no varía y al ser $w_2 = w_1$, si ψ no cambia, las pérdidas en el rotor son las mismas. Por lo tanto, si el punto 1 es el mismo y las pérdidas en el rotor son iguales, los puntos 2 y 2s tampoco cambian.

En este caso la velocidad absoluta axial del rotor tiene que ser tal que permita mantener el gasto con la altura del álabe a la salida igual que a la entrada:

$$\dot{m} = A_2\rho_2 c_{2a} = \pi D_m H_2 \frac{1}{v_2} c_{2a}$$

Donde H_2 ahora coincide con H_1 del apartado **c**:

$$c_{2a} = \frac{\dot{m} v_2}{\pi D_m H_1} = \frac{10\ 1382.16\ 10^{-3}}{\pi\ 0.454\ 0.0608} = 159.23\ m/s$$

La velocidad tangencial u no cambia.

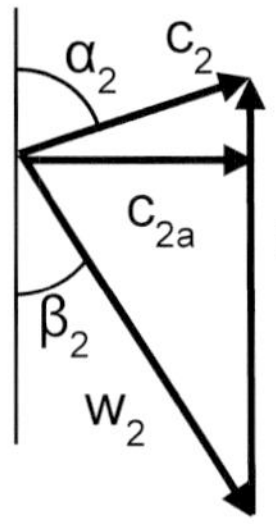

Del triángulo:

$$w_2 \sin\beta_2 = c_{2a}$$

$$\beta_2 = \sin^{-1}\frac{c_{2a}}{w_2} = \sin^{-1}\frac{159.39}{283.56} = 34.2°$$

$$c_2 = \sqrt{w_2{}^2 + u^2 - 2w_2 u\cos\beta_2} = \sqrt{283.56^2 + 237.76^2 - 2\ 283.56\ 237.76\cos 34.2°}$$
$$= 159.42\ m/s$$

El ángulo α_2 también se puede calcular con la expresión siguiente:

$$c_2 \sin\alpha_2 = c_{2a}$$

$$\alpha_2 = \sin^{-1}\frac{c_{2a}}{c_2} = \sin^{-1}\frac{159.39}{159.51} = 88.76°$$

Esta expresión tiene el problema de que si α_2 fuese mayor de 90° daría mal la solución. Es mejor utilizar las proyecciones sobre el eje coincidente con u:

$$c_2\cos\alpha_2 + w_2\cos\beta_2 = u$$

$$\alpha_2 = \cos^{-1}\frac{u - w_2\cos\beta_2}{c_2} = 88.8°$$

El trabajo se obtiene de la ecuación de Euler:

$$w_u = u(c_1\cos\alpha_1 - c_2\cos\alpha_2) = 237.76\ (500\cos 18 - 159.51\cos 88.8) = 112.32\ kJ/kg$$

Por el balance de energía:

$$w_u = h_{00} - h_2 - \frac{c_2^2}{2} = 1000\ (2967.9 - 2842.9) - \frac{159{,}51^2}{2} = 112.32\ kJ/kg$$

Para el cálculo de rendimiento solo hay que cambiar en la expresión utilizada en el apartado **f** el valor del trabajo específico ya que los puntos son los mismos:

$$\eta_{TE} = \frac{w_u}{h_{00} - h_{Es}} = \frac{112.28}{2967.9 - 2817.19} = 0.745$$

10.2 Escalonamiento p=cte con gas

Se dispone de 100 kg/s de aire a 5 bar y 400ºC. Se pretende dimensionar un escalonamiento de una turbina de gas de acción de presión constante en el rotor, funcionando con la relación cinemática de máximo rendimiento. Se conocen los siguientes datos:

- Se supone despreciable la velocidad a la entrada del escalonamiento.
- La relación de expansión en el estator debe de ser 0.6.
- Ángulo de salida del fluido del estator 25º con coeficiente de pérdida de velocidad 0.95.
- El coeficiente de pérdida de velocidad en el rotor es igual que en el estator y a la salida del rotor el fluido solo tiene que tener velocidad axial.
- Calor especifico a presión constante del fluido 1 kJ/kg/K.
- Relación de calores específicos 1.4.
- Régimen de giro 3000 rpm.

Se pide:

a. Triángulos de velocidades a la entrada y salida del rotor.
b. Trabajo específico desarrollado por la máquina y pérdidas del escalonamiento.
c. Condiciones del fluido a la entrada y salida del rotor y rendimiento total a estático.
d. Diámetro medio del rodete y altura del álabe a la entrada y salida del rotor.
e. Comparar estos resultados con los obtenidos para un escalonamiento con h=cte.
f. Comparar estos resultados con los de un escalonamiento de h=cte que mantenga la altura del álabe en el rotor a costa de que la velocidad de salida no sea axial.

a) w_1=251.67 m/s, u=184.05 m/s, w_2=239.1 m/s, c_2=152.6 m/s
b) w_u=67.75 kJ/kg, Y_E= 8.91 kJ/kg, Y_R=3.09 kJ/kg, Ys= 11.64 kJ/kg
c) p_1= p_2=3 bar, T_1=590.5 K, T_2=593.6 K, η_{TE}=0.741
d) D_m=1.172 m, H_1=0.089 m, H_2=0.1 m
e) w_u=67.75 kJ/kg
f) R= - 0.048, Ne=1131 kW
g) Solo los que han cambiado w_2=251.7 m/s, c_2=171.64 m/s, H_2=0.0908 m, η_{TE}=0.7149
h) Solo los que han cambiado c_2=175.2 m/s, α_2=88.9 m, η_{TE}=0.708

RESOLUCIÓN

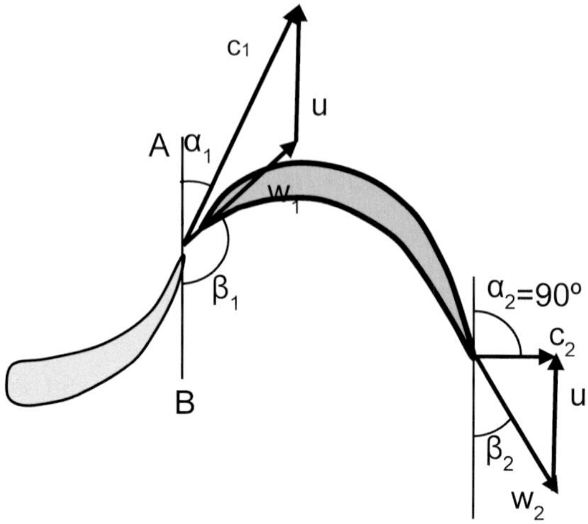

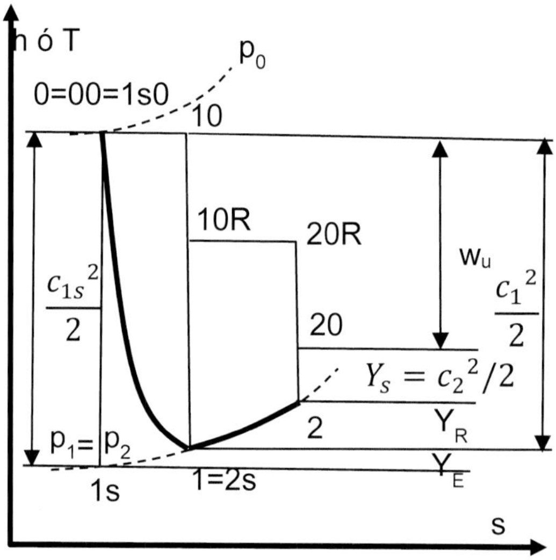

a. Triángulos de velocidades a la entrada y salida del rotor.

Los parámetros de los álabes del escalonamiento que quedan por definir son los ángulos de entrada y de salida del rotor β_1 y β_2. Del triángulo de entrada del rotor se conoce α_1.
La velocidad de salida del rotor c_1 se puede calcular a partir de la relación de expansión y conociendo el coeficiente de pérdida de velocidad.
P_{1s} tiene le mismo valor que P_1. En el proceso isoentrópico desde el punto 0 al punto 1s:

$$T_{1s} = T_0 \left(\frac{p_{1s}}{p_0}\right)^{\frac{\gamma-1}{\gamma}} = T_0 \left(\frac{p_1}{p_0}\right)^{\frac{\gamma-1}{\gamma}} = (400 + 273)(0.6)^{\frac{1.4-1}{1.4}} = 581.6\,K$$

La entalpía de parada del punto 0 y del punto 1s es la misma.

Se trabajará con temperaturas en Kelvin para no tener problemas con las expansiones politrópicas, la referencia de entalpía es la de 0 K:

$$h_{00} = h_{1s0} \qquad \Rightarrow \qquad c_p T_0 = \frac{c_{1s}^2}{2} + c_p T_{1s}$$

$$c_{1s} = \sqrt{2c_p(T_{1s} - T_0)} = \sqrt{2\ 1000(400 + 273 - 581.6)} = 427.53\ m/s$$

$$c_1 = \varphi c_{1s} = 0.95\ \ 427.53 = 406.16\ m/s$$

La relación cinemática de máximo rendimiento introduce una relación que permite conocer la velocidad tangencial u:

$$\frac{u}{c_1} = \frac{1}{2}\cos\alpha_1$$

De donde:

$$u = \frac{c_1}{2}\cos\alpha_1 = \frac{406.16}{2}\cos 25 = 184.05\ m/s$$

Ya se puede resolver el triángulo con el teorema del coseno:

$$w_1 = \sqrt{{c_1}^2 + u^2 - 2c_1 u\cos\alpha_1} = \sqrt{406.16^2 + 184.05^2 - 2\ \ 406.16\ \ 184.05\cos 25}$$
$$= 251.67\ m/s$$

Proyectando sobre la línea A-B del dibujo de los álabes:

$$c_1\cos\alpha_1 = u - w_1\cos\beta_1$$

$$\beta_1 = \cos^{-1}\left(\frac{c_1\cos\alpha_1 - u}{-w_1}\right) = \cos^{-1}\left(\frac{184.05 - 406.16\cos 25}{251.67}\right) = 136.996°$$

En el triángulo de salida se conoce la dirección de salida de la velocidad absoluta $\alpha_2 = 90°$, la velocidad tangencial u y se puede conocer la velocidad relativa de salida a partir del coeficiente de pérdida de velocidad:

$$w_2 - \psi\, w_1 - 0.95\ \ 251.67 - 239.09\ m/s$$

Como α_2 vale 90°:

$$w_2\cos\beta_2 = u \qquad \beta_2 = \cos^{-1}\frac{u}{w_2} = \cos^{-1}\frac{184.05}{239.09} = 39.66°$$

Finalmente:

$$c_2 = w_2\sin\beta_2 = 239.09\ \ \sin 39.66° = 152.6\ m/s$$

b. Trabajo específico desarrollado por la máquina y pérdidas del escalonamiento.

El trabajo específico se puede calcular por la ecuación de Euler. Además, como α_2 vale 90°, el segundo sumando se anula:

$$w_u = u(c_1\cos\alpha_1 - c_2\cos\alpha_2) = 184.05\ \ 406.16\cos 25 = 67.75\ kJ/kg$$

c. Condiciones del fluido a la entrada y salida del rotor y rendimiento total a estático.

Las condiciones a la entrada del estator son $p_0 = 5\ bar, T_0 = 400°C$ y la velocidad a la entrada se considera despreciable $c_0 = 0\ m/s$ y por lo tanto el punto 0 coincide con el 00. Al no haber intercambio ni de calor ni de trabajo en el estator $h_{00} = h_{10}$:

$$h_{00} = h_0 = \frac{{c_1}^2}{2} + h_1$$

$$T_1 = T_0 - \frac{{c_1}^2}{2c_p} = 400 + 273 - \frac{406.16^2}{2\ 1000} = 590.52\ K$$

La presión del punto 1 es la misma que la del punto 2 y se puede calcular con la relación de expansión:

$$\frac{p_1}{P_0} = 0.6 \qquad p_1 = 5\ \ 0.6 = 3\ bar$$

La temperatura del punto 2 se calcula a partir de las condiciones en el punto 1 y las pérdidas en el rotor:

$$h_2 = c_p T_2 = h_1 + Y_R = c_p T_1 + \frac{w_2^2 - w_1^2}{2} \qquad T_2 = T_1 + \frac{w_2^2 - w_1^2}{2\ c_p} = T_{1s}$$

$$T_2 = 590.52 + \frac{251.67^2 - 239.09^2}{2\ \ 1000} = 593.6\ K$$

El rendimiento total a estático:

$$\eta_{TE} = \frac{w_u}{h_{00} - h_{Es}} = \frac{h_0 - h_{20}}{h_0 - h_{1s}} = \frac{T_0 - T_2 - \frac{c_2^2}{2c_p}}{T_0 - T_{1s}} = \frac{673 - 593.6 - \frac{152.6^2}{2\ 1000}}{673 - 581.6} = 0.7413$$

d. Diámetro medio del rodete y altura del álabe a la entrada y salida del rotor.

El diámetro medio del rotor está condicionado por la velocidad angular y la velocidad tangencial:

$$u = 2\pi n \frac{D_m}{2}$$

$$D_m = \frac{u}{\pi n} = \frac{184.05}{\pi \frac{3000}{60}} = 1.1717\ m$$

El gasto está relacionado con la sección de paso en cada punto, la velocidad axial y la densidad (inversa del volumen específico).

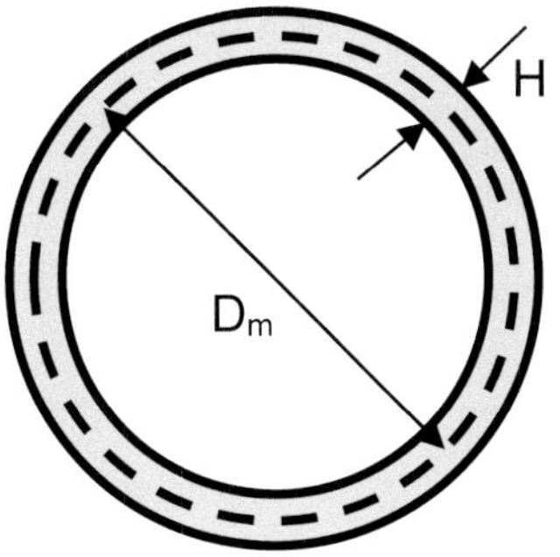

$$\dot{m} = A_1\rho_1 c_{1a} = \pi D_m H_1 \frac{p_1}{RT_1} c_1 \sin\alpha_1 = A_2\rho_2 c_{2a} = \pi D_m H_2 \frac{p_2}{RT_2} c_2 \sin\alpha_2$$

R se calcula a partir de c_p y γ:

$$R = c_p - c_v = c_p - \frac{c_p}{\gamma} = c_p \frac{\gamma - 1}{\gamma} = 1000 \frac{1.4 - 1}{1.4} = 285.71 \frac{J}{kg}/K$$

$$H_1 = \frac{\dot{m}RT_1}{\pi D_m p_1 c_1 \sin\alpha_1} = \frac{100\ \ 285.71\ \ 590.52}{\pi\ \ 1.1717\ 5\ 10^5\ \ 406.16 \sin 25} = 8.9\ cm$$

$$H_2 = \frac{\dot{m}RT_2}{\pi D_m p_2 c_2 \sin\alpha_2} = \frac{100\ \ 285.71\ \ 593.6}{\pi\ \ 1.1717\ 3\ 10^5\ 152.6} = 10.06\ cm$$

e. Comparar estos resultados con los obtenidos para un escalonamiento con h=cte.

En este caso la evolución en el estator es la misma y por lo tanto el triángulo de velocidades a la entrada del rotor también es el mismo, la velocidad tangencial es la misma y lo que cambia es que la velocidad relativa en el rotor se mantiene constante a base de disminuir ligeramente la presión para compensar las pérdidas en el rotor.

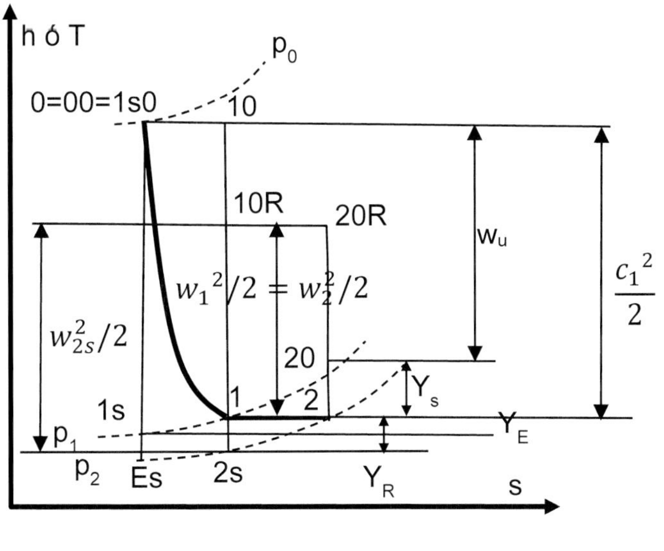

La velocidad relativa a la salida del rotor es igual a la de la entrada.

$$w_2 = w_1 = 251.67\ m/s$$

Asumiendo que la velocidad absoluta a la salida es axial se sigue cumpliendo:

$$\beta_2 = \cos^{-1}\frac{u}{w_2} = \cos^{-1}\frac{184.05}{251.67} = 43.0^\circ$$

Finalmente:

$$c_2 = w_2 \sin\beta_2 = 251.67\ \sin 43.0 = 171.65\ m/s$$

El punto 2s se identifica como el punto al que se llegaría si la expansión en el rotor fuese isoentrópica, también se podría pensar que si no hubiese pérdidas en el rotor el punto 2s coincidiría con el 1. Aquí para resolver el problema asumimos que si el proceso fuese isoentrópico la velocidad relativa en el rotor no se mantendría, sino que aumentaría hasta el valor:

$$w_{2s} = w_2/\psi$$

Las pérdidas en el rotor corresponderían con:

$$Y_R = \frac{w_{2s}^2}{2} - \frac{w_2^2}{2} = \frac{w_2^2}{2}\left(\frac{1-\psi^2}{\psi^2}\right) = \frac{251.67^2}{2}\left(\frac{1-0.95^2}{0.95^2}\right) = 3.421\ kJ/kg$$

Ya se puede calcular

$$h_{2s} = h_2 - Y_R = h_1 - Y_R \qquad T_{2s} = T_1 - \frac{Y_R}{c_p} = 590.51 - \frac{3421}{1000} = 587.1\ K$$

Asumiendo una evolución isoentrópica desde el punto 1 hasta el punto 2s se puede calcular p_{2s} que coincide p_2:

$$p_2 = p_{2s} = p_1\left(\frac{T_{2s}}{T_1}\right)^{\frac{\gamma}{\gamma-1}} = 3\left(\frac{587.1}{590.52}\right)^{\frac{1.4}{1.4-1}} = 2.9396\ bar$$

El punto 2 se identifica porque conocemos su presión y la entalpía es la misma que la del punto 1. Por lo tanto, la temperatura también es la misma.

La altura del álabe a la entrada del estator es la misma y a la salida se calcula igual que antes.

$$H_2 = \frac{\dot{m}RT_2}{\pi D_m p_2 c_2 \sin\alpha_2} = \frac{100\ \ 285.71\ \ 590.51}{\pi\ \ 1.1717\ 2.9396\ \ 10^5\ 171.65} = 9.083\ cm$$

El trabajo específico es el mismo ya que solo intervienen en la ecuación las condiciones a la entrada del rotor debido a que la salida del rotor es axial.

$$w_u = uc_1\cos\alpha_1 = 67.75\ kJ/kg$$

Haciendo un balance de energía y como el punto 1 y 2 tienen la misma entalpía:

$$w_u = h_{00} - h_2 - \frac{c_2^2}{2} = c_p(T_0 - T_1) - \frac{c_2^2}{2} = 1000\ (673 - 590.51) - \frac{171.65^{\ 2}}{2}$$
$$= 67.75\ kJ/kg$$

El grado de reacción vale 0 ya que h_1 y h_2 son iguales:

$$R = \frac{h_1 - h_2}{h_{00} - h_{20}} = 0$$

Para el rendimiento total a estático hay que calcular la temperatura del punto Es mediante una expansión isoentrópica desde el punto 00. Como se conoce la presión del punto 2 que es la misma que la del punto Es:

$$T_{Es} = T_0 \left(\frac{p_{Es}}{p_0}\right)^{\frac{\gamma-1}{\gamma}} = T_0 \left(\frac{p_2}{p_0}\right)^{\frac{\gamma-1}{\gamma}} = 673 \left(\frac{2.9396}{5}\right)^{\frac{1.4-1}{1.4}} = 587.24\, K$$

El rendimiento total a estático empeora ya que el trabajo que se obtiene es el mismo sin embargo el salto ha aumentado:

$$\eta_{TE} = \frac{w_u}{h_{00} - h_{Es}} = \frac{w_u}{c_p(T_0 - T_{Es})} = \frac{67750}{1000\,(673 - 587.24)} = 0.715$$

f. Comparar estos resultados con los de un escalonamiento de h=cte que mantenga la altura del álabe en el rotor a costa de que la velocidad de salida no sea axial.

En estas condiciones el triángulo de entrada al rotor no varía y al ser $w_2 = w_1$, si ψ no cambia, las pérdidas en el rotor son las mismas. Por lo tanto, si el punto 1 es el mismo y las pérdidas en el rotor son iguales, los puntos 2 y 2s tampoco cambian.

En este caso la velocidad absoluta axial del rotor tiene que ser tal que permita mantener el gasto con la altura del álabe a la salida igual que a la entrada:

$$\dot{m} = A_2 \rho_2 c_{2a} = \pi D_m H_2 \frac{p_2}{R\, T_2} c_{2a}$$

Donde H_2 ahora coincide con H_1 del apartado **c**.

$$c_{2a} = \frac{\dot{m} R\, T_2}{\pi D_m H_1 p_2} - \frac{100\ 285.71\ 590.52}{\pi\ 1.1717\ \ 0.089\ \ 2.9396\ 10^5} - 175.18\, m/s$$

La velocidad tangencial u no cambia.

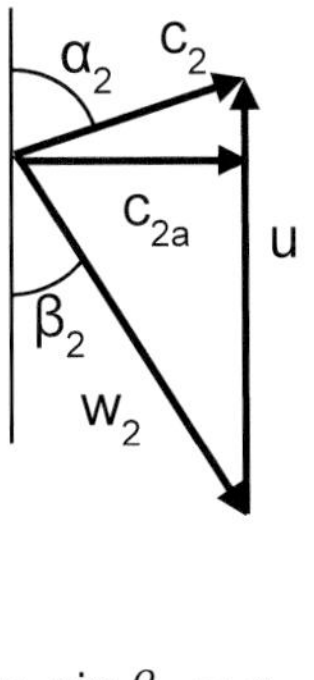

Del triángulo:

$$w_2 \sin \beta_2 = c_{2a}$$

$$\beta_2 = \sin^{-1}\frac{c_{2a}}{w_2} = \sin^{-1}\frac{175.18}{251.67} = 44.11°$$

$$c_2 = \sqrt{{w_2}^2 + u^2 - 2w_2 u\cos\beta_2} = \sqrt{251.67^2 + 184.05^2 - 2\ 251.67\ 184.05\cos 44.11°}$$
$$= 175.21\ m/s$$

El ángulo α_2 también se puede calcular con la expresión siguiente:

$$c_2 \sin\alpha_2 = c_{2a}$$

$$\alpha_2 = \sin^{-1}\frac{c_{2a}}{c_2} = \sin^{-1}\frac{175.18}{175.21} = 88.9°$$

Esta expresión tiene el problema de que si α_2 fuese mayor de 90° daría mal la solución. Es mejor utilizar las proyecciones sobre el eje coincidente con u.

$$c_2\cos\alpha_2 + w_2\cos\beta_2 = u$$

$$\alpha_2 = \cos^{-1}\frac{u - w_2\cos\beta_2}{c_2} = 88.9°$$

El trabajo se obtiene de la ecuación de Euler:

$$w_u = u(c_1\cos\alpha_1 - c_2\cos\alpha_2) = 184.05\ (406.16\cos 25 - 175.21\cos 88.9) = 67.13\ kJ/kg$$

Por el balance de energía:

$$w_u = c_p(T_0 - T_2) - \frac{c_2^2}{2} = 1000\ (673 - 590.51) - \frac{175.21^{\ 2}}{2} = 67.13\ kJ/kg$$

Para el cálculo de rendimiento solo hay que cambiar en la expresión utilizada en el apartado **f** el valor del trabajo específico ya que los puntos son los mismos:

$$\eta_{TE} = \frac{w_u}{h_{00} - h_{Es}} = \frac{w_u}{c_p(T_0 - T_{Es})} = \frac{67.13}{1000\ (673 - 587.24)} = 0.7084$$

10.3 Escalonamiento p=cte con vapor

Un escalonamiento de acción de presión constante en el rotor pertenece a una turbina de vapor. Las condiciones a la entrada del escalonamiento son 30 bar y 450ºC, suponiéndose despreciable la velocidad. A la salida del escalonamiento la presión es de 20 bar, los coeficientes de pérdida de velocidad en rotor y estator valen 0.9. La máquina está funcionando con la relación cinemática de máximo rendimiento. El ángulo de salida del estator es de 18° y los álabes del rotor son simétricos. La turbina trabaja a 6000 rpm.

a. Calcular el triángulo de velocidades a la entrada y salida del rotor.

b. Calcular las pérdidas en el rotor, en el estator y los rendimientos total a total y total a estático.

c. Calcular el trabajo específico usando la ecuación de Euler y el balance de entalpías.

d. Calcular la potencia del escalonamiento si la altura del álabe a la entrada del rotor es de 3 cm.

n°	x	p (bar)	T (°C)	h (kJ/kg)	s (kJ/kg/K)	v (dm³/kg)
A	V	30	450	3344,6	7,0854	107,79
B	V	20	386,56	3219,27	7,0854	147,781
C	V	20	397,43	3243,08	7,12123	150,4921

b) Y_R=6203.5 J/kg, Y_E=23813 J7kg, η_{TE}=0.556, η_{TT}=0.699
c) w_u=69.63 kJ/kg
d) N_e=6105.8 kW

RESOLUCIÓN

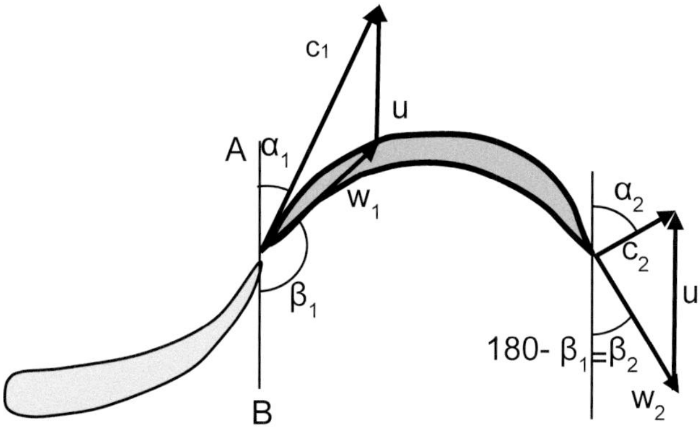

a. Calcular el triángulo de velocidades a la entrada y salida del rotor.

Los parámetros de los álabes del escalonamiento que quedan por definir son los ángulos de entrada y de salida del rotor β_1 y β_2 que son suplementarios ya que el rotor es simétrico. Del triángulo de entrada del rotor, α_1 y $c_1$se pueden conocer a través del salto puesto a disposición del escalonamiento ya que se conocen la presión de entrada y de salida. El punto 0 está definido por su presión 30 bar y su temperatura 400 °C, corresponde con el estado A de la tabla. El punto 1s también se puede identificar, pues se conocer su presión y la entropia es la misma que la del punto 0, por lo tanto, es el estado B de la tabla.

El salto puesto a disposición del escalonamiento es:

$$h_0 - h_1 = 3344.6 - 3219.27 = 125.33 \frac{kJ}{kg}$$

Se puede calcular c_{1s} y con el coeficiente de pérdida de velocidad calcular c_1. Haciendo un balance de energía entre la entrada y salida del estátor:

$$h_{00} = h_{10s} \quad \Rightarrow h_0 = h_1 + \frac{c_{1s}^2}{2} \Rightarrow c_{1s} = \sqrt{2(h_0 - h_1)} = \sqrt{2\ 10^3\ 125.33}$$
$$= 500.66\, m/s$$

$$c_1 = \varphi c_{1s} = 0.9\ 500.66 = 450.6\, m/s$$

Con la expresión de la relación cinemática de máximo rendimiento se puede conocer u:

$$\frac{u}{c_1} = \frac{1}{2}\cos\alpha_1 \qquad \Rightarrow \qquad u = \frac{c_1}{2}\cos\alpha_1 = \frac{450.6}{2}\cos 18 = 214.27\, m/s$$

Ya se puede resolver el triángulo con el teorema del coseno.

$$w_1 = \sqrt{{c_1}^2 + u^2 - 2c_1 u\cos\alpha_1} = \sqrt{450.6^2 + 214.27^2 - 2\ 450.6\ 214.27\cos 18} =$$
$$= 255.54\, m/s$$

Proyectando sobre la línea A-B:

$$c_1\cos\alpha_1 = u - w_1\cos\beta_1$$

$$\beta_1 = \cos^{-1}\left(\frac{c_1\cos\alpha_1 - u}{-w_1}\right) = \cos^{-1}\left(\frac{450.6\cos 18 - 214.27}{-255.54}\right) = 147°$$

$\beta_2 = 180 - \beta_1$, w_2 se puede concoer con el coeficiente de pérdidas de velocidad, por lo que ya se puede resolver el triángulo de salida:

$$\beta_2 = 180 - \beta_1 = 180 - 147 = 33°$$
$$w_2 = \psi\, w_1 = 0.9\ 255.54 = 229.98\, m/s$$

En el triángulo de salida se conoce la dirección de salida de la velocidad absoluta $\alpha_2 = 90°$, la velocidad tangencial u y se puede conocer la velocidad relativa de salida a partir del coeficiente de pérdida de velocidad:

$$c_2 = \sqrt{w_2^2 + u^2 - 2w_2 u\cos\beta_2} = \sqrt{229.98^2 + 214.27^2 - 2\ 229.98\ 214.27\cos 33} =$$
$$= 266.7\, m/s$$

De la misma manera que en el triángulo de entrada:

$$w_2\cos\beta_2 = u - c_2\cos\alpha_2$$

$$\alpha_2 = \cos^{-1}\left(\frac{w_2\cos\beta_2 - u}{-c_2}\right) = \cos^{-1}\left(\frac{229.98\cos 33 - 214.27}{-266.7}\right) = 62.81°$$

b. Calcular las pérdidas en el rotor, en el estator y los rendimientos total a total y total a estático.

Las pérdidas en rotor y estator:

$$Y_E = \frac{c_{1s}^2}{2} - \frac{c_1^2}{2} = \frac{500.66^2}{2} - \frac{450.6^2}{2} = 23813\, J/kg$$
$$Y_R = \frac{w_{2s}^2}{2} - \frac{w_2^2}{2} = \frac{255.54^2}{2} - \frac{263.7^2}{2} = 6203.5\, J/kg$$

Para calcular los rendimientos hace falta conocer la entalpía del punto 2.

$$h_2 = h_1 + Y_R = 3219.27\ 1000 + 23813 + 6203.5 = 3249.3\, kJ/kg$$

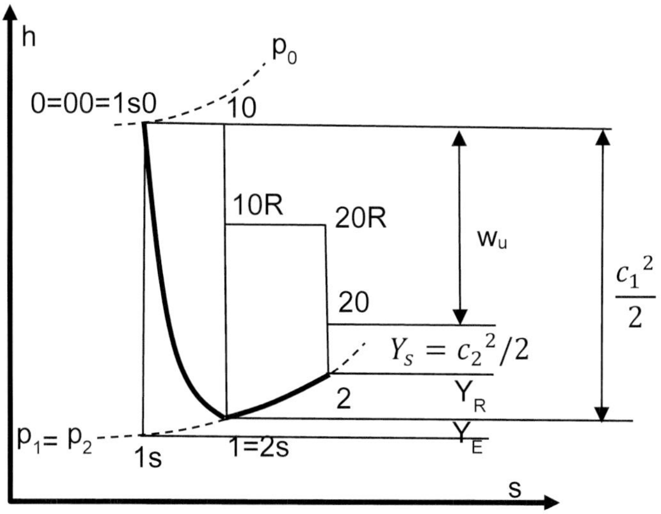

El punto 2 corresponde con el estado C de la tabla, ya que tiene la misma presión que los puntos 1 y 2, y la entalpía es la misma que la del punto 2.
Ya se pueden calcular los rendimientos:

$$\eta_{TE} = \frac{w_u}{h_{00} - h_{1s}} = \frac{h_{00} - h_{20}}{h_{00} - h_{1s}} = \frac{h_0 - h_2 - \frac{c_2^2}{2}}{h_0 - h_{1s}} = \frac{3344.6 - 3249.3 - \frac{266.7^2}{2\ 1000}}{3344.6 - 3219.27} = 0.556$$

$$\eta_{TT} = \frac{w_u}{h_{00} - h_{1s} - \frac{c_2^2}{2}} = \frac{h_0 - h_2 - \frac{c_2^2}{2}}{h_{00} - h_{1s} - \frac{c_2^2}{2}} = \frac{3344.6 - 3249.3 - \frac{266.7^2}{2\ 1000}}{3344.6 - 3219.27 - \frac{266.7^2}{2\ 1000}} = 0.699$$

c. Calcular el trabajo específico usando la ecuación de Euler y el balance de entalpías.

Por la ecuación de Euler:

$$w_u = u(c_1 \cos \alpha_1 - c_2 \cos \alpha_2) = 214.27(450.6 \cos 18 - 266.7 \cos 55.85) = 69.63\ kJ/kg$$

Por balance de energía:

$$w_u = h_{00} - h_{20} = h_0 - h_2 - 3344.6 - 3249.3 - \frac{266.7^2}{2\ 1000} = 69.63\ kJ/kg$$

d. Calcular la potencia del escalonamiento si la altura del álabe a la entrada del rotor es de 3 cm.

El diámetro medio del rotor está condicionado por velocidad angular y la velocidad tangencial:

$$u = 2\pi n \frac{D_m}{2}$$

$$D_m = \frac{u}{\pi n} = \frac{214.27}{\pi \frac{6000}{60}} = 0.682\ m$$

El gasto está relacionado con la sección de paso en cada punto, la velocidad axial y la densidad (inversa del volumen específico).

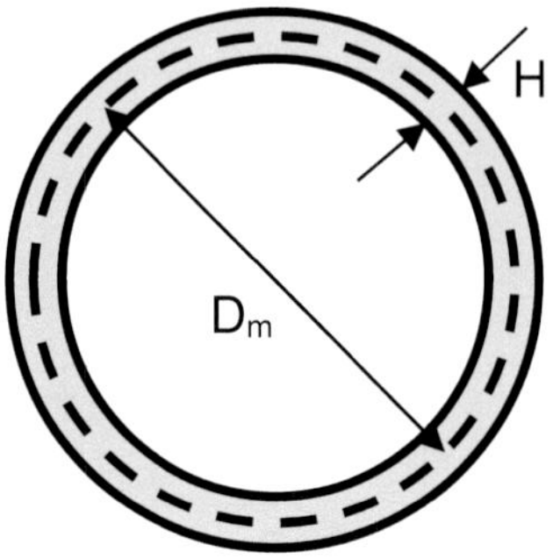

$$\dot{m} = A_1 \rho_1 c_{1a} = \pi D_m H_1 \frac{1}{v_1} c_1 \sin\alpha_1 = A_2 \rho_2 c_{2a} = \pi D_m H_2 \frac{1}{v_2} c_2 \sin\alpha_2$$

El volumen específico es el del estado 2.

$$\dot{m} = \pi\ 0.682\ \ 0.03 \frac{1}{147.78\ \ 10^{-3}} 266.7 \sin 62.81 = 87.678\ kg/s$$

Finalmente, la potencia es el gasto por el trabajo específico:

$$N_i = \dot{m}\ w_u = 87.678\ \ 59.75 = 6105.8\ kW$$

10.4 Escalonamiento p=cte, álabes simétricos

Se pretende diseñar un escalonamiento de acción de presión constante en el rotor y álabes simétricos en el rotor y trabajando con la relación cinemática de máximo rendimiento. Las especificaciones son las siguientes:

- Gasto de aire 5 kg/s
- Ángulo de salida estator 20º
- Velocidad de giro: 12000 rpm
- Potencia suministrada 657.8 kW
- Condiciones a la entrada T=700 ºC; p=10 bar, velocidad despreciable

Suponiendo que no hay pérdidas por fricción, determinar:

- **a.** Trabajo específico del escalonamiento.
- **b.** Utilizando la ecuación fundamental de las turbomáquinas y la expresión de la relación cinemática de máximo rendimiento, determinar la velocidad a la entrada del rotor y la velocidad periférica "u".
- **c.** Triángulos de velocidades.
- **d.** Diámetro del rodete y altura del álabe a la salida del rotor.
- **e.** Rendimiento del escalonamiento.

R=287 J/kg/ºC, c_p=1000 J/kg/ºC

a) w_u=131.6 kJ/kg
b) u=256.47 m/s, c_1 = 546 m/s
c) w_1 = w_2= 317 m/s, β_1=36.05º, c_2=186.7 m/s, α_2=90º
d) D=0.408 m, H=8.81 mm
e) η=0.883

RESOLUCIÓN

a. Trabajo específico del escalonamiento.

El trabajo específico se obtiene de la relación entre la potencia y el gasto másico:

$$w_u = \frac{N_e}{\dot{m}} = \frac{657.8\ 10^3}{5} = 131.56\ kJ/kg$$

b. Utilizando la ecuación fundamental de las turbomáquinas y la expresión de la relación cinemática de máximo rendimiento, determinar la velocidad a la entrada del rotor y la velocidad periférica "u".

La ecuación fundamental de las turbomáquinas para el caso de escalonamientos de acción se puede escribir:

$$w_u = u(c_1 \cos\alpha_1 - u)\left(1 - \frac{\cos\beta_2}{\cos\beta_1}\psi\right)$$

Al ser álabes simétricos la relación de cosenos vale $\frac{\cos\beta_2}{\cos\beta_1} = -1$ y al ser un escalonamiento sin pérdidas $\psi = 1$.

$$w_u = 2u(c_1 \cos\alpha_1 - u)$$

Esta ecuación, junto con la relación cinemática de máximo rendimiento, forman un sistema de 2 ecuaciones con dos incógnitas:

$$\frac{u}{c_1} = \frac{1}{2}\cos\alpha_1 \Rightarrow 2u = c_1 \cos\alpha_1$$

$$w_u = 2u^2$$

$$u = \sqrt{\frac{w_u}{2}} = \sqrt{\frac{131.56\ 10^3}{2}} = 256.47\ m/s$$

$$c_1 = \frac{2u}{\cos\alpha_1} = \frac{2\ 256.47}{\cos 20} = 545.87\ m/s$$

c. Triángulos de velocidades.

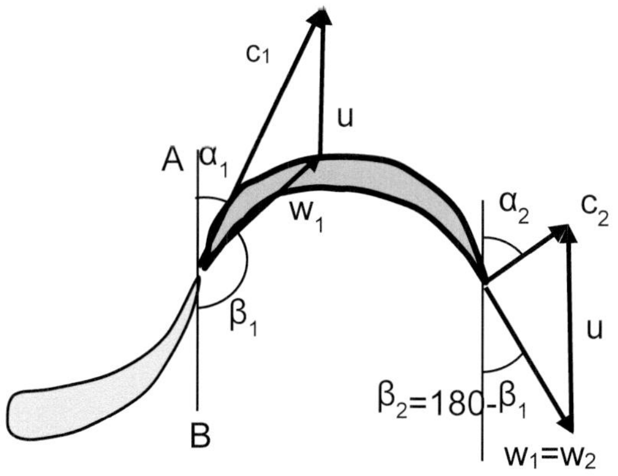

$$w_1 = \sqrt{c_1^2 + u^2 - 2c_1 u \cos\alpha_1}$$
$$= \sqrt{545.87^2 + 256.47^2 - 2\ 545.87\ 256.47 \cos 20} = 317.23\ m/s$$

Proyectando sobre la línea A-B del dibujo de los álabes:

$$c_1 \cos\alpha_1 = u - w_1 \cos\beta_1$$

$$\beta_1 = \cos^{-1}\left(\frac{c_1 \cos\alpha_1 - u}{-w_1}\right) = \cos^{-1}\left(\frac{256.47 - 545.87 \cos 20}{317.23}\right) = 143.95°$$

Triángulo de salida del rotor, por ser un escalonamiento de presión constante en el rotor, $w_{2s} = w_1$, como además no hay pérdidas:

$$w_2 = \psi w_{2s} = \psi w_1 = w_1 = 317.23\ m/s$$

Por ser álabes simétricos:

$$\beta_2 = 180 - \beta_1$$

Aplicando el teorema del coseno a la salida:

$$c_2 = \sqrt{w_2^2 + u^2 - 2w_2 u \cos\beta_2} =$$
$$= \sqrt{317.23\ ^2 + 256.47^2 - 2\ 317.23\ \ 256.47 \cos 36.05} = 186.7\ m/s$$

Proyectando en la dirección tangencial:

$$c_2 \cos\alpha_2 = u - w_2 \cos\beta_2$$

$$\alpha_2 = \cos^{-1}\frac{u - w_2\cos\beta_2}{c_2} = \cos^{-1}\frac{256.47 - 317.23\cos 36.05}{186.7} = 90°$$

d. Diámetro del rodete y altura del álabe a la salida del rotor.

Conocido u y el régimen de giro es posible calcular el diámetro medio:

$$u = 2\,\pi n \frac{D_m}{2} \quad \Rightarrow \quad D_m = \frac{u}{\pi n} = \frac{256.47}{\pi \frac{12000}{60}} = 0.4082\ m$$

$$\dot{m} = A_2 \rho_2 c_{2a} = \pi D_m H_2 \frac{p_2}{R\,T_2} c_{2a}$$

$$H_2 = \frac{\dot{m} R T_2}{\pi D_m p_2 c_2 \sin\alpha_2}$$

Es necesario conocer las condiciones en el punto 2, como es un proceso sin pérdidas el diagrama h-s queda como el de la figura:

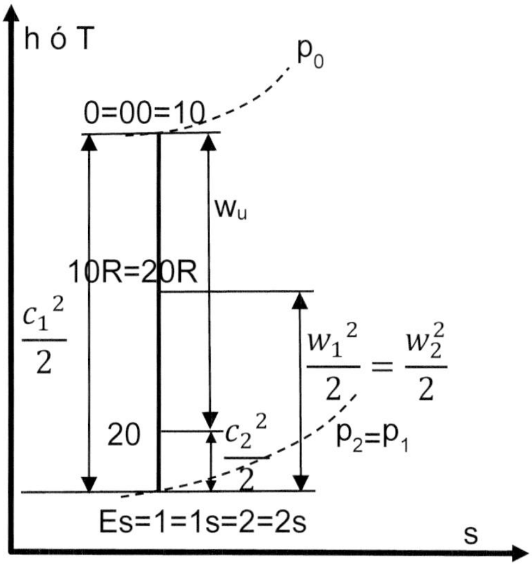

Del balance de energía en el estator, se toma 0 K como referencia de entalpía:

$$h_{00} = h_{10} \qquad \Rightarrow \qquad c_p T_0 = c_p T_1 + \frac{c_1^2}{2} \qquad \Rightarrow \qquad T_1 = 973 - \frac{545.87^2}{2\ 1000} = 824.01\ K$$

γ se calcula apartir del calor especifico y R:

$$\gamma = \frac{c_p}{c_v} = \frac{c_p}{c_p - R} = \frac{1000}{1000 - 287} = 1.4025$$

De la evolución isoentrópica de el punto 0 al punto 1:

$$p_2 = p_1 = p_0 \left(\frac{T_1}{T_0}\right)^{\frac{\gamma}{\gamma-1}} = 10 \left(\frac{824.01}{973}\right)^{\frac{1.4025}{1.4025-1}} = 5.604\ bar$$

Ya se puede calcula H_2:

$$H_2 = \frac{\dot{m} R T_2}{\pi D_m p_2 c_2 \sin \alpha_2} = \frac{5\ 287\ 824.01}{\pi\ 0.4082\ 5.604\ 10^5\ 186.7} = 8.81\ mm$$

e. Rendimiento del escalonamiento

El rendimiento total a estático:

$$\eta_{TE} = \frac{w_u}{h_{00} - h_{Es}} = \frac{w_u}{c_p (T_0 - T_{Es})} = \frac{657800}{1000\ (973 - 824.01)} = 0.883$$

10.5 Escalonamiento *h*=cte con vapor

Se pretende diseñar una turbina axial de acción de un solo escalonamiento de entalpía constante en el rotor. Se dispone de 10 kg/s de vapor a 20 bar y 300 °C. Los coeficientes de pérdida de velocidad en rotor y estator se estiman en 0.9 para un ángulo de salida del estator de 20°. Se pretende que la caída de presión en el estator sea de 9 bar. Se diseña para la relación cinemática u/c_1=0.5 cos α_1.

Con esas hipótesis y considerando nula la velocidad a la entrada del escalonamiento:

- **a.** Dibujar un diagrama *h-s* de la evolución esperada del fluido, indicar los puntos: 0, 00, 1, 10, 1s, 2, 20 y 2s, 10R y 20R. Acotar energías cinéticas absolutas y relativas a la entrada y a la salida del rotor.
- **b.** Velocidad a la salida del estator y velocidad tangencial del rotor.
- **c.** Triángulo de velocidades a la entrada y a la salida del rotor suponiendo que la velocidad absoluta de salida del rotor es axial.
- **d.** Pérdidas en estator y rotor, entalpía específica a la entrada y salida del rotor y trabajo específico.
- **e.** Si la altura del álabe a la entrada del rotor es de 1 cm, calcular el diámetro medio de rodete y el régimen de giro.
- **f.** Entalpía del punto 2s y presión que se obtiene a la salida del rotor.

n°	*p* (bar)	*T* (°C)t	*h* (kJ/kg)	*s* (kJ/kg/K)	*v* (l/kg)
A	20,0	300,0	3025,0	6,769	125,5
B	11,0	226,3	2884,6	6,769	199,3
C	11,0	237,7	2911,0	6,822	204,8
D	10,0	226,5	2889,8	6,822	220,4
E	10,662	237,03	2911,0	6,8355	211,32
F	10,6	233,3	2902,3	6,822	210,8
G	10,662	233,99	2904	6,822	209,8

b) c_1 = 476.9 m/s, u=224.0 m/s

c) w_1 = 277 m/s, β_1=144°, w_2= 277.2 m/s, β_2=36.05°, c_2=163.1 m/s

d) Y_E= 26.67 kJ/kg, Y_R=9.0 kJ/kg, h_1 = h_2= 2911 kJ/kg, wu=100.4 kJ/kg

e) D_m= 0.4 m, n=10704 rpm

f) h_{2s}= 2902 kJ/kg, p_2 = 10.6

RESOLUCIÓN

- **a.** Dibujar un diagrama *h-s* de la evolución esperada del fluido, indicar los puntos: 0, 00, 1, 10, 1s, 2, 20 y 2s, 10R y 20R. Acotar energías cinéticas absolutas y relativas a la entrada y a la salida del rotor.

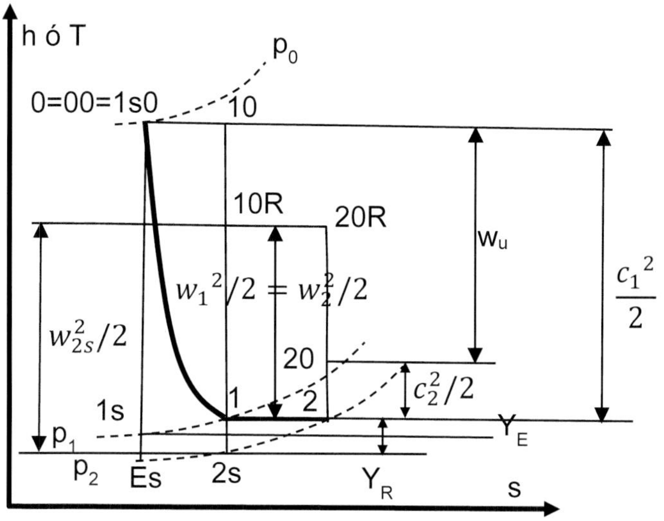

b. Velocidad a la salida del estator y velocidad tangencial del rotor.

El punto 0 corresponde con el estado A de la tabla por coincidir la presión y la temperatura. El punto 1 corresponde con el estado B ya que tiene la presión del punto 0 menos 9 bares y la misma entropía que el punto 0.

Por lo tanto, haciendo un balance de energía en el estator se puede calcular la velocidad del punto 1s:

$$h_{00} = h_{1s0} = h_{1s} + \frac{c_{1s}^2}{2}$$

$$c_{1s} = \sqrt{2(h_{00} - h_{1s})} = \sqrt{2\ 1000\ (3025 - 2884.63)} = 529.85\ m/s$$

La velocidad a la salida del estator se calcula con el coeficiente de pérdida de velocidad:

$$c_1 = \varphi\ c_{1s} = 0.9\ \ 529.85\ = 476.86\ m/s$$

Al trabajar en la relación cinemática de máximo rendimiento:

$$u = \frac{c_1}{2}\cos\alpha_1 = \frac{476.86}{2}\cos 20 = 224.05\ m/s$$

c. Triángulo de velocidades a la entrada y a la salida del rotor suponiendo que la velocidad absoluta de salida del rotor es axial.

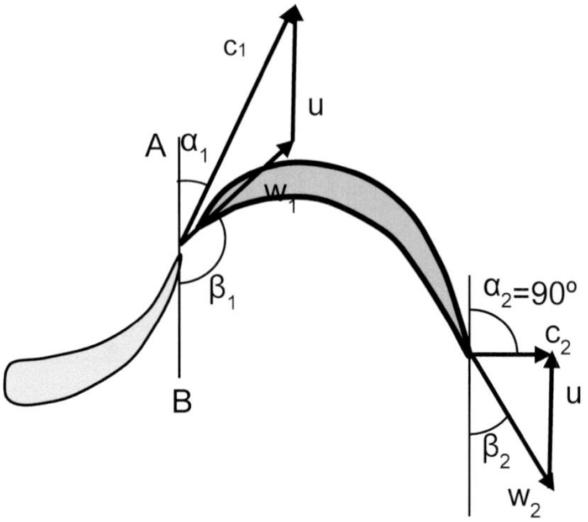

Conocidos α_1, c_1 y u, se puede resolver el triángulo a la entrada del rotor con el teorema del coseno.

$$w_1 = \sqrt{{c_1}^2 + u^2 - 2c_1 u \cos\alpha_1} = \sqrt{529.85^2 + 224.05^2 - 2\ 529.85\ \ 224.05 \cos 20}$$
$$= 277.13\ m/s$$

Proyectando sobre la línea A-B:

$$c_1 \cos\alpha_1 = u - w_1 \cos\beta_1$$

$$\beta_1 = \cos^{-1}\left(\frac{c_1 \cos\alpha_1 - u}{-w_1}\right) = \cos^{-1}\left(\frac{529.85 \cos 20 - 224.05}{-277.13}\right) = 143.95°$$

En el triángulo de salida se conoce la dirección de salida de la velocidad absoluta $\alpha_2 = 90°$, la velocidad tangencial u y se conoce la velocidad relativa de salida ya que es la misma que la de entrada:

$$w_2 = w_1 = 277.13\, m/s$$

Como $\alpha_2 = 90°$:

$$\beta_2 = \cos^{-1}\frac{u}{w_2} = \cos^{-1}\frac{224.05}{277.13} = 36.05°$$

Finalmente:

$$c_2 = w_2 \sin\beta_2 = 277.13\ \ \sin 36.05 = 163.1\ m/s$$

d. Pérdidas en estator y rotor, entalpía específica a la entrada y salida del rotor y trabajo específico.

Las pérdidas se calculan a partir de los coeficientes de pérdida de velocidad:

$$Y_E = \frac{c_{1s}^2}{2} - \frac{c_1^2}{2} = \frac{529.85^2}{2} - \frac{476.86^2}{2} = 26670\, J/kg$$

$$Y_R = \frac{w_{2s}^2}{2} - \frac{w_2^2}{2} = \frac{\left(\frac{w_2}{\psi}\right)^2}{2} - \frac{w_2^2}{2} = \frac{\left(\frac{277.13}{0.9}\right)^2}{2} - \frac{277.13^2}{2} = 9007\, J/kg$$

La entalpía del punto 1 se calcula a partir de la del punto 1s sumándole las pérdidas en el estator:

$$h_1 = h_{1s} + Y_E = 2884.63 + 26.670 = 2911\, kJ/kg$$

El punto 1 coincide con el estado C.

El trabajo específico se puede calcular por la ecuación de Euler o con el balance de entalpías. Ecuación de Euler sin el segundo término por ser la velocidad de salida axial:

$$w_u = uc_1 \cos\alpha_1 = 224.05\ \ 529.85 \cos 25 = 100.4\, kJ/kg$$

$$w_u = h_{00} - h_{20} = h_0 - h_2 - \frac{c_2^2}{2} = 1000(3025 - 2911) - \frac{163.1^2}{2} = 100.4\ \ kJ/kg$$

e. Si la altura del álabe a la entrada del rotor es de 1 cm, calcular el diámetro medio de rodete y el régimen de giro.

El diámetro medio se calcula a partir del gasto másico a la entrada del rotor que es donde se conoce la altura:

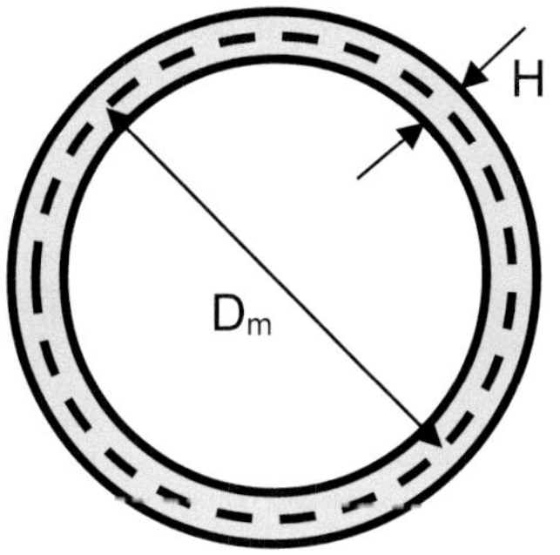

$$\dot{m} = A_1 \rho_1 c_{1a} = \pi D_m H_1 \frac{1}{v_1} c_1 \sin\alpha_1$$

$$D_m = \frac{\dot{m} v_1}{\pi H_1 c_1 \sin\alpha_1} = \frac{10\ \ 204.82\ \ 10^{-3}}{\pi\ 0.01\ \ 476.86 \sin 20} = 0.3997\, m$$

El régimen de giro está condicionado con la velocidad tangencial:

$$u = 2\pi n \frac{D_m}{2} \quad \Rightarrow \quad n = \frac{u}{\pi D_m} = \frac{224.05}{\pi\ 0.3997} = 10704.3\, rpm$$

f. Entalpía del punto 2s y presión que se obtiene a la salida del rotor.

La entalpía del punto 2 es la misma que la del punto 1. La presión es la del punto 2s, cuya entalpía se puede calcular a partir de la del punto 1 restándole las pérdidas en el rotor, y su entropía coincide con la del punto 1.

$$h_{2s} = h_1 - Y_R = 2911.3 - 9.007 = 2902.3\ kJ/kg$$

El punto 2s corresponde con el estado F de la tabla ya que tiene la entalpía calculada y la entropía del punto 1. El punto 2 tiene la misma presión que el punto 2s y la entalpía correspondiente al punto 1.

Por lo tanto, la presión a la salida del rotor es la del punto 2s, $p_2 = p_{2s}$= 10.6 bar.

10.6 Escalonamiento h=cte con vapor

Se pretende diseñar una turbina axial de acción de un solo escalonamiento de entalpía constante en el rotor. Se dispone de 4 kg/s de vapor a 5 bar y 250 °C. Los coeficientes de pérdida de velocidad en rotor y estator se estiman en 0.9 para un ángulo de salida del estator de 20°. Se pretende que la caída de presión en el estator será de 2.5 bar. Se diseña para la relación cinemática $u/c_1 = 0.5\ cos\ \alpha_1$.

Con esas hipótesis y considerando nula la velocidad a la entrada del escalonamiento, calcular:

a. Dibujar un diagrama h-s de la evolución esperada del fluido, indicar los puntos: 0, 00, 1, 10, 1s, 2, 20, 2s, 10R, 20R y ES. Acotar energías cinéticas absolutas y relativas a la entrada y a la salida del rotor.
b. Velocidad a la salida del estator y velocidad tangencial del rotor.
c. Triángulo de velocidades a la entrada y a la salida del rotor suponiendo que la velocidad absoluta de salida del rotor es axial.
d. Pérdidas en estator y rotor, entalpía específica a la entrada y salida del rotor y trabajo específico.
e. Calcular la altura del álabe de entrada al rotor y el diámetro medio del rodete para que el régimen de giro sea 6000 rpm.
f. Entalpía del punto 2s, presión a la salida del rotor, rendimiento total a estático y altura del álabe a la salida del rotor.

Estado	p	t	H	s	v
	bar	°C	kJ/kg	kJ/kg/K	dm³/kg
A	5,0	250,0	2961,1	7,272	474,4
B	2,5	171,4	2809,3	7,272	806,4
C	2,5	185,4	2838,0	7,336	833,8
D	2,38	180,3	2828,4	7,336	866,1
E	2,38	166,3	2799,4	7,272	837,0
F	2,38	171,0	2809,3	7,294	847,1

b) c_1 = 495.9 m/s, u=233.0 m/s
c) $w_1 = w_2$= 288 m/s, β_1=144°, β_2=36.05°, c_2=169.6 m/s
d) Y_E= 28.85 kJ/kg, Y_R=9.74 kJ/kg, $h_1 = h_2$= 2838 kJ/kg, wu=108.59 kJ/kg
e) D= 0.742 m, H_1=8.44 mm
f) h_{2s}= 2828.38 kJ/kg, p_2=2.38 bar, η_{TE}=0.672, H_2=8.5 mm

RESOLUCIÓN

a. Dibujar un diagrama h-s de la evolución esperada del fluido, indicar los puntos: 0, 00, 1, 10, 1s, 2, 20, 2s, 10R, 20R y ES. Acotar energías cinéticas absolutas y relativas a la entrada y a la salida del rotor.

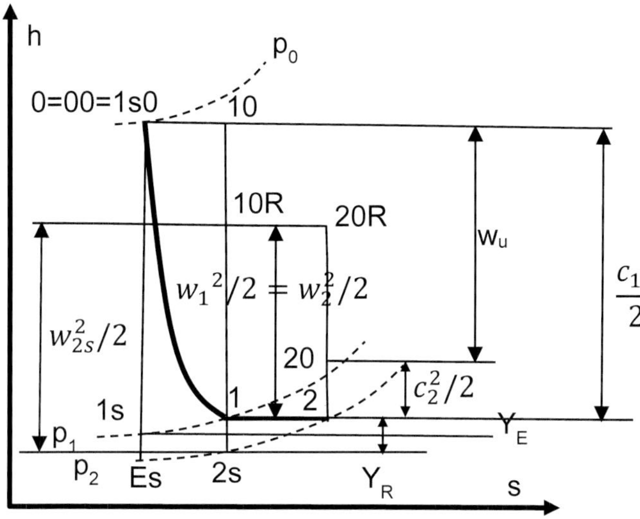

b. Velocidad a la salida del estator y velocidad tangencial del rotor.

Para conocer la velocidad a la salida del estator es necesario conocer el salto entálpico del punto 0. Se conocen su presión y su temperatura, por lo que se puede identificar en la tabla, correspondiendo con el estado A. El punto 1s tiene la misma entropía que el 0 y la presión de 2.5 bar, corresponde con el estado B de la tabla.

Por lo tanto, haciendo un balance de energía en el estator se puede calcular la velocidad del punto 1s:

$$h_{00} = h_{1s0} = h_{1s} + \frac{c_{1s}^2}{2}$$

$$c_{1s} = \sqrt{2(h_{00} - h_{1s})} = \sqrt{2\ 1000\,(2961.1 - 2809.3)} = 551\,m/s$$

La velocidad a la salida del estator se calcula con el coeficiente de pérdida de velocidad:

$$c_1 = \varphi\, c_{1s} = 0.9\ 551\ = 495.9\,m/s$$

Al trabajar en la relación cinemática de máximo rendimiento:

$$u = \frac{c_1}{2}\cos\alpha_1 = \frac{495.9}{2}\cos 20 = 233\,m/s$$

c. Triángulo de velocidades a la entrada y a la salida del rotor suponiendo que la velocidad absoluta de salida del rotor es axial.

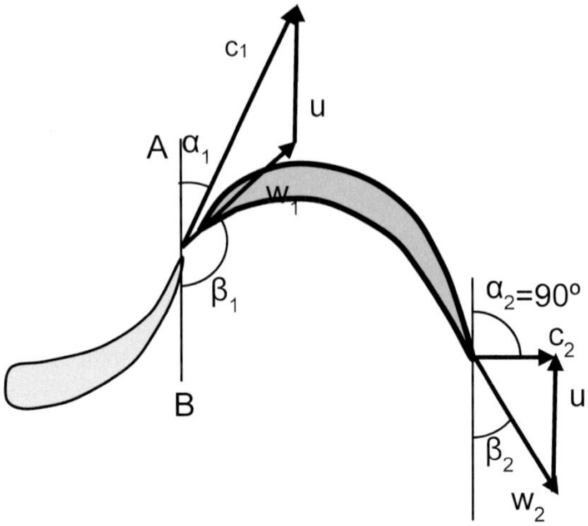

Conocidos α_1, c_1 y u, se puede resolver el triángulo a la entrada del rotor con el teorema del coseno.

$$w_1 = \sqrt{{c_1}^2 + u^2 - 2c_1 u \cos\alpha_1} = \sqrt{495.9^2 + 233^2 - 2\ 495.9\ \ 233\cos 20} = 288.2\ m/s$$

Proyectando sobre la línea A-B:

$$c_1 \cos\alpha_1 = u - w_1 \cos\beta_1$$

$$\beta_1 = \cos^{-1}\left(\frac{c_1\cos\alpha_1 - u}{-w_1}\right) = \cos^{-1}\left(\frac{495.9\cos 20 - 233}{-288.2}\right) = 143.95°$$

En el triángulo de salida se conoce la dirección de salida de la velocidad absoluta $\alpha_2 = 90°$, la velocidad tangencial u y se conoce la velocidad relativa de salida ya que es la misma que la de entrada:

$$w_2 = w_1 = 288.2\ m/s$$

Como $\alpha_2 = 90°$:

$$\beta_2 = \cos^{-1}\frac{u}{w_2} = \cos^{-1}\frac{233}{288.2} = 36.05°$$

Finalmente:

$$c_2 = w_2\, sin\,\beta_2 = 288.2\ \ sin\, 36.05 = 169.6\ m/s$$

d. Pérdidas en estator y rotor, entalpía específica a la entrada y salida del rotor y trabajo específico.

Las pérdidas se calculan a partir de los coeficientes de pérdida de velocidad:

$$Y_E = \frac{c_{1s}^2}{2} - \frac{c_1^2}{2} = \frac{551^2}{2} - \frac{495.9^2}{2} = 28846\ J/kg$$

$$Y_R = \frac{w_{2s}^2}{2} - \frac{w_2^2}{2} = \frac{\left(\frac{w_2}{\psi}\right)^2}{2} - \frac{w_2^2}{2} = \frac{\left(\frac{288.2}{0.9}\right)^2}{2} - \frac{288.2^2}{2} = 9742.2\, J/kg$$

La entalpia del punto 1 se calcula a partir de la del punto 1s sumándole las pérdidas en el estator:

$$h_1 = h_{1s} + Y_E = 2809.3 + 28.846 = 2838.1\, kJ/kg$$

El punto 1 coincide con el estado C. La entalpía del punto 2 es la misma que la del punto 1.

El trabajo específico se puede calcular por la ecuación de Euler o con el balance de entalpías. Ecuación de Euler sin el segundo término por ser la velocidad de salida axial:

$$w_u = uc_1 \cos\alpha_1 = 233\ \ 495.9 \cos 20 = 108.59\, kJ/kg$$

$$w_u = h_{00} - h_{20} = h_0 - h_2 - \frac{c_2^2}{2} = 1000(2961.1 - 2838.1) - \frac{169.6^2}{2} = 108.59\ \ kJ/kg$$

e. Calcular la altura del álabe de entrada al rotor y el diámetro medio del rodete para que el régimen de giro sea 6000 rpm.

El diámetro medio del rotor está condicionado por velocidad angular y la velocidad tangencial:

$$u = 2\pi n \frac{D_m}{2}$$

$$D_m = \frac{u}{\pi n} = \frac{233}{\pi \frac{6000}{60}} = 0.742\, m$$

El gasto está relacionado con la sección de paso en cada punto, la velocidad axial y la densidad (inversa del volumen específico).

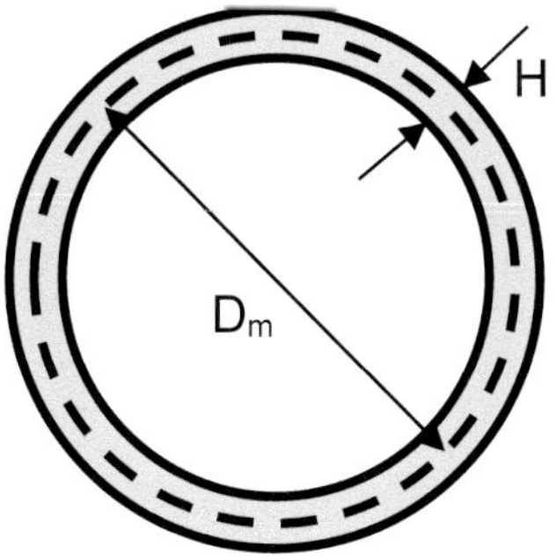

Del punto 1 se conoce la entalpía y la presión, corresponde con el estado C:

$$\dot{m} = A_1\rho_1 c_{1a} = \pi D_m H_1 \frac{1}{v_1} c_1 \sin\alpha_1$$

$$H_1 = \frac{\dot{m} v_1}{\pi D_m c_1 \sin\alpha_1} = \frac{4\ \ 833.8\ \ 10^{-3}}{\pi\ 0.742\ \ 495.9 \sin 20} = 8.44\, mm$$

f. Entalpía del punto 2s, presión a la salida del rotor, rendimiento total a estático y altura del álabe a la salida del rotor.

El punto 2s tiene la misma entropía que el punto 1 y su entalpía se puede calcular restándole a la entalpía del punto 1 las pérdidas en el rotor.

$$h_{2s} = h_1 - Y_R = 2838.1 - 9.7422 = 2828.38\ kJ/kg$$

El punto 2s corresponde con el estado D.

Para el cálculo de rendimientos es necesario conocer el punto Es, este tiene la entropía del punto 1 y la presión del punto 2s, corresponde con el estado E. Finalmente, el punto 2 tiene la entalpía del punto 1 y la presión del punto 2s. Corresponde con el estado F.

$$\eta_{TE} = \frac{w_u}{h_{00} - h_{Es}} = \frac{h_{00} - h_{20}}{h_{00} - h_{Es}} = \frac{h_0 - h_2 - \frac{c_2^2}{2}}{h_0 - h_{Es}} = \frac{2961.1 - 2809.3 - \frac{169.6^2}{2\ 1000}}{2961.1 - 2799.4} = 0.672$$

La altura del álabe a la salida se calcula como a la entrada, pero con las condiciones del punto 2:

$$H_2 = \frac{\dot{m} v_2}{\pi D_m c_2 \sin \alpha_2} = \frac{4\ 847.1\ 10^{-3}}{\pi\ 0.742\ \ 169.6 \sin 90} = 8.57\ mm$$

11 TURBINAS DE REACCIÓN. DEFINICIÓN

11.1 Escalonamiento de reacción axial con gas

Se pretende dimensionar un escalonamiento de una turbina de gas de reacción funcionando con la relación cinemática de máximo rendimiento. Se conocen los siguientes datos:

- Grado de reacción 0.5.
- Presión a la entrada del estator 5 bar.
- Temperatura de entrada al estator 400ºC.
- La velocidad a la entrada del estator es axial y de valor 125 m/s y se conserva a lo largo de todo el escalonamiento.
- Ángulo de salida del fluido del estator 25º con coeficiente de pérdida de velocidad 0.95.
- Calor especifico a presión constante del fluido 1 kJ/kg/K.
- Relación de calores específicos 1.4.
- Gasto másico 100 kg/s.
- Régimen de giro 3000 rpm.

Se pide:

a. Triángulos de velocidades a la entrada y salida del rotor.
b. Trabajo específico desarrollado por la máquina y pérdidas del escalonamiento.
c. Condiciones del fluido a la entrada y salida del rotor y rendimiento total a total.
d. Diámetro medio del rodete y altura del álabe a la entrada y salida del rotor.
e. Potencia periférica. Porcentaje de las pérdidas del estator recuperadas en el rotor.
f. Verificar que el grado de reacción es 0.5.

a) $c_1=w_2=295.8$ m/s, $c_2=w_1=125$ m/s, $u=268.1$ m/s
b) $w_u=71.86$ kJ/kg, $Y_E=Y_R=4.72$ kJ/kg
c) $p_1=4.02$ bar, $T_1=657$ K, $p_2=3.192$ bar, $T_2=601.1$ K, $\eta_{TT}=0.887$
d) $D_m=1.7$ m, $H_1=0.06755$ m, $H_2=0.0803$ m
e) $Ne=7186$ kW, $(Y_E-Y_{E^*})/Y_F=6.38\%$

RESOLUCIÓN

a. Triángulos de velocidades a la entrada y salida del rotor.

Al ser un escalonamiento grado de reacción 0.5 y velocidad axial constante, los triángulos a la entrada y a la salida del rotor son iguales. Si además el escalonamiento se diseña para la relación cinemática de máximo rendimiento, los triángulos son rectángulos.

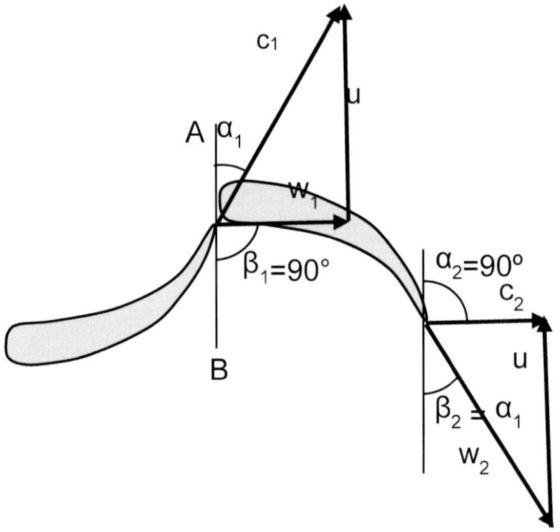

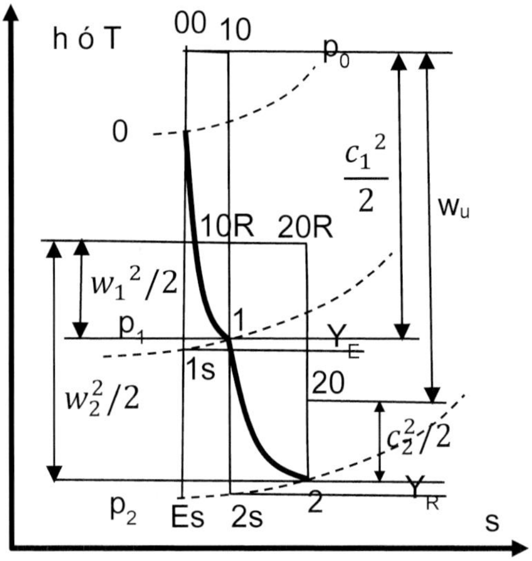

Como la velocidad axial es constante, en el punto 1:

$$c_{1a} = 125 = c_1 \sin \alpha_1 \qquad \Rightarrow \qquad c_1 = \frac{c_{1a}}{\sin \alpha_1} = \frac{125}{\sin 25} = 295.77\ m/s$$

Por otro lado, la relación cinemática de máximo rendimiento:

$$u = c_1 \cos \alpha_1 = 295.77\ \cos 25 = 268.06\ m/s$$

Por ser el triángulo de velocidades rectángulo w_1 coincide con c_{1a}

$$w_1 = c_1 \sin \alpha_1 = 295.77\ \sin 25 = 125\ m/s$$

Por ser triángulos iguales:

$$w_2 = c_1 \qquad\qquad c_2 = w_1 \qquad\qquad \alpha_1 = \beta_2 \qquad\qquad \alpha_2 = \beta_1$$

b. Trabajo específico desarrollado por la máquina y pérdidas del escalonamiento.

El trabajo se puede obtener por la ecuación de Euler:

$$w_u = u(c_1 \cos\alpha_1 - c_2 \cos\alpha_1) = 268.06\ \ 295.77\ \ \cos 25 = 71858\, J/kg$$

Las pérdidas de calculan con los coeficientes de pérdidas de velocidad:

$$Y_E = \frac{c_{1s}^2}{2} - \frac{c_1^2}{2} = \frac{c_1^2}{2}\left(\frac{1-\varphi^2}{\varphi^2}\right) = \frac{295.77^2}{2}\left(\frac{1-0.95^2}{0.95^2}\right) = 4725\, J/kg$$

$$Y_R = \frac{w_{2s}^2}{2} - \frac{w_2^2}{2} = \frac{w_2^2}{2}\left(\frac{1-\psi^2}{\psi^2}\right) = \frac{295.77^2}{2}\left(\frac{1-0.95^2}{0.95^2}\right) = 4725\, J/kg$$

Como las velocidades y los coeficientes de pérdidas son iguales en rotor y estator, las pérdidas son iguales.

c. Condiciones del fluido a la entrada y salida del rotor y rendimiento total a total.

La presión del punto 1 es la del punto 1s y se puede calcular con una evolución isoentrópica desde el punto 0. Para ello se necesita la temperatura del punto 1s que se calcula haciendo un balance de energía en el proceso de 00 a 1s0.

$$h_{00} = h_{1s0} \qquad \Rightarrow \qquad c_p T_0 + \frac{c_0^2}{2} = c_p\, T_{1s} + \frac{c_{1s}^2}{2} \qquad \Rightarrow \qquad T_{1s} = T_0 + \frac{c_{1s}^2 - c_0^2}{2c_p}$$

Se puede hacer también a través del punto 1.

$$T_{1s} = T_1 - \frac{Y_E}{c_p} = T_0 - \frac{c_1^2 - c_0^2}{2c_p} - \frac{Y_E}{c_p}$$

$$T_{1s} = 673 - \frac{295.77^2 - 125^2}{2\ 1000} - \frac{4725}{1000} = 632.34\, K$$

El origen de entalpías se toma a 0 K. Ya se puede calcular $p_{1s} = p_1$

$$p_1 = p_{1s} = p_0 \left(\frac{T_{1s}}{T_0}\right)^{\left(\frac{\gamma}{\gamma-1}\right)} = 5\left(\frac{632.34}{673}\right)^{\left(\frac{1.4}{1.4-1}\right)} = 4.02\, bar$$

$$T_1 = T_{1s} + \frac{Y_e}{c_p} = 632.34 + \frac{4725}{1000} = 637.07\, K$$

Procediendo de la misma manera en el rotor, pero con las velocidades relativas, se calculan las condiciones del punto 2:

$$T_{2s} = T_2 - \frac{Y_R}{c_p} = T_1 - \frac{w_2^2 - w_1^2}{2c_p} - \frac{Y_R}{c_p}$$

$$T_{2s} = 637.07 - \frac{295.77^2 - 125^2}{2\ 1000} - \frac{4725}{1000} = 596.42\, K$$

$$p_2 = p_{2s} = p_1 \left(\frac{T_{2s}}{T_1}\right)^{\left(\frac{\gamma}{\gamma-1}\right)} = 4.02\left(\frac{596.42}{637.07}\right)^{\left(\frac{1.4}{1.4-1}\right)} = 3.1917\, bar$$

$$T_2 = T_{2s} + \frac{Y_R}{c_p} = 596.42 + \frac{4725}{1000} = 601.14\,K$$

Para calcular el rendimiento Total a Total hay que conocer las condiciones del punto Es.
La temperatura del punto Es se calcula como una evolución isoentrópica desde el punto 0.

$$T_{Es} = T_0\left(\frac{p_2}{p_0}\right)^{\left(\frac{\gamma-1}{\gamma}\right)} = 673\left(\frac{3.1917}{5}\right)^{\left(\frac{1.4-1}{1.4}\right)} = 591.99\,K$$

El rendimiento total a total:

$$\eta_{TT} = \frac{w_u}{h_{00} - h_{Es} - \frac{c_2^2}{2}} = \frac{w_u}{c_p(T_0 - T_{Es}) + \frac{c_0^2}{2} - \frac{c_2^2}{2}} = \frac{71758}{1000\,(673 - 591.99\,)} = 0.887$$

c_0 y c_2 tienen el mismo valor.

d. Diámetro medio del rodete y altura del álabe a la entrada y salida del rotor.

Como se conoce el régimen de giro, se puede calcular el diámetro medio:

$$D_m = \frac{u}{\pi n} = \frac{268.06}{\pi\frac{3000}{60}} = 1.7065\,m$$

Las alturas se pueden calcular a partir del gasto másico:

$$\dot{m} = A_1\rho_1 c_{1a} = \pi D_m H_1 \frac{p_1}{RT_1} c_1 \sin\alpha_1 = \pi D_m H_2 \frac{p_2}{RT_2} c_2$$

Por lo tanto:

$$H_1 = \frac{\dot{m}RT_1}{\pi D_m p_1 c_1 \sin\alpha_1} = \frac{100\ 285.71\ \ 637.07}{\pi\ \ 1.7065\ \ 4.02\ \ 10^5\ 295.77\sin 25} = 0.06756\,m$$

$$H_2 = \frac{\dot{m}RT_2}{\pi D_m p_2 c_2 \sin\alpha_2} = \frac{100\ 285.71\ \ 601.14}{\pi\ \ 1.7065\ \ 3.1917\ \ 10^5\ 125} = 0.0803\,m$$

La constante R se calcula a partir de el calor específico y la relación de calores específicos.

$$R = c_p - c_v = c_p - \frac{c_p}{\gamma} = c_p\left(\frac{\gamma-1}{\gamma}\right) = 1000\left(\frac{1.4-1}{1.4}\right) = 285.71\,J/kgK$$

e. Potencia periférica. Porcentaje de las pérdidas del estator recuperadas en el rotor.

La potencia es trabajo específico por el gasto:

$$N_e = \dot{m}\,w_u = 100\ 71857 = 7185.8\,kW$$

$$Y_{E^*} = h_{2s} - h_{Es} = c_p(T_{2s} - T_{Es}) = 1000(596.42 - 591.99) = 4.424\,kJ/kg$$

$$\frac{Y_E - Y_{E^*}}{Y_E} = 100\frac{4725 - 4424}{4725} = 6.3814\ \%$$

f. Verificar que el grado de reacción es 0.5.

$$R = \frac{h_1 - h_2}{h_{00} - h_{20}} = \frac{c_p(T_1 - T_2)}{w_u} = \frac{1000(637.07 - 601.14)}{71858} = 0.5$$

11.2 Escalonamiento axial con vapor

Se dispone de un caudal de vapor de agua de 10 kg/s a 3 bar y 250°C y se pretende diseñar una turbina para obtener trabajo de la expansión del fluido. Los criterios de diseño del primer escalonamiento son los siguientes:

- Grado de reacción del escalonamiento 0.5 y velocidad axial constante de 90 m/s.
- Ángulo de salida del fluido del estator 18°. Coeficiente de pérdida de velocidad de 0.93.
- Régimen de giro del eje 10000 rpm.

Asumiendo que se diseña el escalonamiento para la relación cinemática de máximo rendimiento, determinar:

a. Triángulos de velocidad a la entrada y salida del rotor.
b. Diámetro medio y altura de los álabes a la entrada del estator.
c. Condiciones a la salida del estator y del rotor.
d. Altura de los álabes a la entrada y a la salida del rotor.
e. Trabajo específico por la ecuación de Euler y por el balance de energía.
f. La potencia periférica que suministra el escalonamiento y rendimiento total a total.
g. Comprobar que el grado de reacción vale 0.5.

estado	título	presión absoluta	temperatura	entalpía específica	entropía específica	volumen específico
		bar	°C	kJ/kg	kJ/kg/K	dm³/kg
A	V	3	250	2967,9	7,5176	796,44
B	V	2,475	226,95	2922,91	7,51768	922,9743
C	V	2,475	230,22	2929,54	7,53087	929,2605
D	V	2,026	207,01	2884,55	7,53084	1083,0985
E	V	2,026	210,29	2891,18	7,5446	1090,8199
F	V	2,026	203,87	2878,19	7,5176	1075,7234

a) $c_1=w_2=291.3$ m/s, $c_2=w_1=90$ m/s, $u=277$ m/s
b) $D_m=0.529$ m, $H=0.0532$ m
c) $p_1=2.475$ bar, $T_1=230.2$ °C, $p_2=2.026$ bar, $T_2=210.3$ °C
d) $w_u=76.72$ kJ/kg
e) $Ne=767.2$ kW, $\eta_{TT}=0.855$

RESOLUCIÓN

a. Triángulos de velocidad a la entrada y salida del rotor.

Al ser un escalonamiento grado de reacción 0.5 y velocidad axial constante, los triángulos a la entrada y a la salida del rotor son iguales. Si además el escalonamiento se diseña para la relación cinemática de máximo rendimiento, los triángulos son rectángulos.

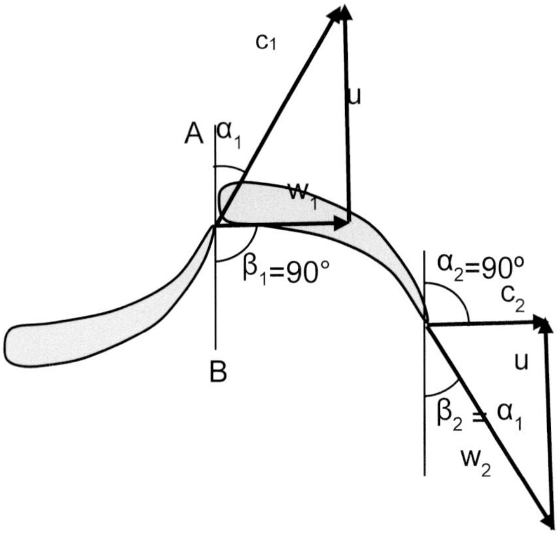

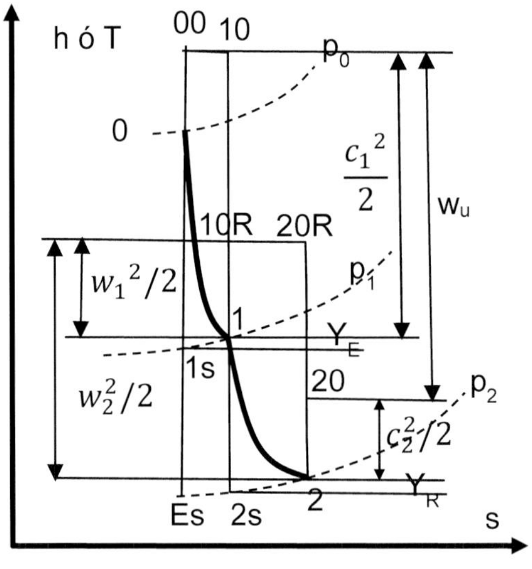

Como la velocidad axial es constante, en el punto 1:

$$c_{1a} = 90° = c_1 \sin\alpha_1 \qquad \Rightarrow \qquad c_1 = \frac{c_{1a}}{\sin\alpha_1} = \frac{90}{\sin 18} = 291.25\, m/s$$

Por otro lado, la relación cinemática de máximo rendimiento:

$$u = 291.25 \cos 18 = 295.77\ \cos 25 = 276.99 \frac{m}{s}$$

Por ser el triángulo de velocidades rectángulo w_1 coincide con c_{1a}:

$$w_1 = c_1 \sin \alpha_1 = 291.25 \ \sin 18 = 90 \, m/s$$

Por ser triángulos iguales:

$$w_2 = c_1 \qquad c_2 = w_1 \qquad \alpha_1 = \beta_2 \qquad \alpha_2 = \beta_1$$

b. Diámetro medio y altura de los álabes a la entrada del estator.

Como se conoce el régimen de giro y la velocidad tangencial u, se puede calcular el diámetro medio:

$$D_m = \frac{u}{\pi n} = \frac{276.99}{\pi \frac{10000}{60}} = 0.529 \, m$$

A la entrada del estator la velocidad axial es de 90 m/s, el gasto se puede expresar como:

$$\dot{m} = A_0 \rho_0 c_{0a} = \pi D_m H_0 \frac{1}{v_0} c_{0a}$$

El punto 0 coincide con el estado A de la tabla, por lo que se conoce el volumen específico:

$$H_0 = \frac{\dot{m} v_0}{\pi D_m c_{0a}} = \frac{10 \ 796.44 \ 10^{-3}}{\pi \ 0.529 \ 90} = 0.05345 \, m$$

c. Condiciones a la salida del estator y del rotor.

La entalpía del punto 1 se puede calcular a partir del balance de energía en el proceso de expansión:

$$h_{00} = h_{10} \quad \Rightarrow \quad h_0 + \frac{c_0^2}{2} = h_1 + \frac{c_1^2}{2} \quad \Rightarrow \quad h_1 = h_0 + \frac{c_0^2}{2} - \frac{c_1^2}{2}$$

$$h_1 = 1000 \ 2967.9 + \frac{90^2}{2} - \frac{291.25^2}{2} = 2929.57 \, kJ/kg$$

No se pueden conocer directamente más propiedades, sin embargo, el punto 1s tiene la misma entropía que el punto 0 y también se puede conocer su entalpía a partir de un balance de energía:

$$h_{00} = h_{1s0} \quad \Rightarrow \quad h_0 + \frac{c_0^2}{2} = h_{1s} + \frac{c_{1s}^2}{2} \quad \Rightarrow \quad h_{1s} = h_0 + \frac{c_0^2}{2} - \frac{c_1^2}{2\varphi^2}$$

$$h_{1s} = 1000 \ 2967.9 + \frac{90^2}{2} - \frac{291.25^2}{2 \ 0.93^2} = 2922.91 \, kJ/kg$$

El estado B tiene esa entalpía y su entropía es igual a la del punto 0, por lo tanto corresponde con el punto 1s. El punto 1 tiene la misma presión que el punto 1s, $p_{1s} = p_1 = 2.475 \, bar$, el estado C tiene la misma presión que el estado B y la entalpía del punto 1. Por lo tanto, el estado C corresponde al punto 1.

Procediendo de la misma manera en el rotor, pero con las velocidades relativas y partiendo del punto 1 se calculan las condiciones del punto 2.

La entalpía del punto 2 se puede calcular a partir del balance de energía en el proceso de expansión:

$$h_{10R} = h_{20R} \quad \Rightarrow \quad h_1 + \frac{w_1^2}{2} = h_2 + \frac{w_2^2}{2} \quad \Rightarrow \quad h_2 = h_1 + \frac{w_1^2}{2} - \frac{w_2^2}{2}$$

$$h_2 = 1000\ 2929.51 + \frac{90^2}{2} - \frac{291.25^2}{2} = 2891.18\ kJ/kg$$

pero no se pueden conocer directamente más propiedades, sin embargo, el punto 2s tiene la misma entropía que el punto 1 y también se puede conocer su entalpía a partir de un balance de energía:

$$h_{10R} = h_{2s0R} \quad \Rightarrow \quad h_1 + \frac{w_1^2}{2} = h_2 + \frac{w_{2s}^2}{2} \quad \Rightarrow \quad h_2 = h_1 + \frac{w_1^2}{2} - \frac{w_2^2}{2\psi^2}$$

$$h_{2s} = 1000\ 2929.57 + \frac{90^2}{2} - \frac{291.25^2}{2\ 0.93^2} = 2884.55\ kJ/kg$$

El estado D tiene esa entalpía y su entropía es igual a la del punto 1, por lo tanto corresponde con el punto 2s. El punto 2 tiene la misma presión que el punto 2s, $p_{2s} = p_2 = 2.026\ bar$, el estado E tiene la misma presión que el estado D y la entalpía del punto 2. Por lo tanto, el estado E corresponde al punto 2.

d. Altura de los álabes a la entrada y a la salida del rotor.

Las alturas se pueden calcular a partir del gasto másico:

$$\dot{m} = A_1 \rho_1 c_{1a} = \pi D_m H_1 \frac{1}{v_1} c_1 \sin\alpha_1 = \pi D_m H_2 \frac{1}{v_2} c_2$$

Por lo tanto:

$$H_1 = \frac{\dot{m} v_1}{\pi D_m c_1 \sin\alpha_1} = \frac{10\ 929.26\ 10^{-3}}{\pi\ 0.529\ 291.25 \sin 18} = 0.06213\ m$$

$$H_2 = \frac{\dot{m} v_2}{\pi D_m c_2} = \frac{10\ 1090.82\ 10^{-3}}{\pi\ 0.529\ 90} = 0.07293\ m$$

e. Trabajo específico por la ecuación de Euler y por el balance de energía.

$$w_u = u(c_1 \cos\alpha_1 - c_2 \cos\alpha_1) = 276.99\ 291.25 \cos 18 = 76.724\ kJ/kg$$

Por el balance de energía:

$$h_{00} = h_{20} + w_u$$

$$w_u = h_0 + \frac{c_0^2}{2} - h_2 - \frac{c_2^2}{2} = h_0 - h_2 = 2967.9 - 2891.18 = 76.724\ kJ/kg$$

f. La potencia periférica que suministra el escalonamiento y rendimiento total a total.

La potencia es el gasto por el trabajo específico:

$$N_e = \dot{m} w_u = 10 \ \ 76720 = 767.24 \, kW$$

Para el rendimiento total a total es necesario conocer la entalpía del punto Es. El punto Es tiene la misma entropía que el punto 0 y la misma presión que el punto 2. El estado F cumple esas dos condiciones, por lo tanto corresponde con el punto Es.

$$\eta_{TT} = \frac{w_u}{h_{00} - h_{Es} - \frac{c_2^2}{2}} = \frac{w_u}{h_0 + \frac{c_0^2}{2} - h_{Es} - \frac{c_2^2}{2}} = \frac{w_u}{h_0 - h_{Es}}$$

Ya que $c_0 = c_2$.

$$\eta_{TT} = \frac{767240}{1000\,(2967.9 - 2878.19)} = 0.855$$

g. Comprobar que el grado de reacción vale 0.5.

$$R = \frac{h_1 - h_2}{h_{00} - h_{20}} = \frac{h_1 - h_2}{w_u} = \frac{2929.51 - 2891.18}{76.724} = 0.5$$

11.3 Escalonamiento axial con gas

En una turbina de gas, un escalonamiento con grado de reacción 0.5 funcionando con la relación cinemática de máximo rendimiento, tiene unas condiciones a la entrada de 10 bar y 500ºC, funciona a 9000 rpm con un diámetro medio de 0.5 m y una altura del álabe a la entrada del rotor de 0.05 m. El ángulo de salida del rotor es de 20º, los coeficientes de pérdida de velocidad valen 0.95 para el rotor y para el estator. La velocidad axial se mantiene constante.

a. Determinar los triángulos de velocidades a la entrada y a la salida del rotor.
b. Calcular el trabajo específico del escalonamiento, las pérdidas en el rotor y en el estator.
c. Dibujar la evolución del fluido en un diagrama h-s y acotar: c_0, c_1, c_2, Y_e, Y_r y w_u.
d. Determinar la presión y la temperatura a la salida del estator y a la salida del rotor.
e. Determinar el gasto másico, la potencia del escalonamiento y el rendimiento isentrópico total a total.

γ=1.35, R=280 J/kg/K

a) u=235.6 m/s, c_1=250.74 m/s, w_1=85.75 m/s, Triángulos iguales y rectángulos.
b) w_u=55.5 kJ/kg, Y_E=Y_R=3.396 kJ/kg
c) p_1=8.64 bar, T_1=474.3 ºC, p_2=7.42 bar, T_2=448.6 ºC.
d) $\dot{m}_a$=27.8 kg/s, Ne=1.543 MW, η_{TT}=0.893

RESOLUCIÓN

a. Determinar los triángulos de velocidades a la entrada y a la salida del rotor.

Al ser un escalonamiento grado de reacción 0.5 y velocidad axial constante, los triángulos a la entrada y a la salida del rotor son iguales. Si además el escalonamiento se diseña para la relación cinemática de máximo rendimiento, los triángulos son rectángulos.
Como el diámetro del rodete y el régimen de giro son conocidos, se puede calcular la velocidad tangencial:

$$u = 2\pi n \frac{D_m}{2} = \pi \frac{9000}{60} 0.5 = 235.62\, m/s$$

Conocido u, como los triángulos son rectángulos e iguales y se conoce α_1, se pueden resolver los triángulos:

$$c_1 = \frac{u}{\cos\alpha_1} = \frac{235.62}{\cos 20} = 250.74\, m/s$$

$$w_1 = c_1 \sin\alpha_1 = 250.74 \sin 20 = 85.76\, m/s$$

Como los triángulos son iguales:

$$w_2 = c_1 \qquad c_2 = w_1 \qquad \alpha_1 = \beta_2 \qquad \alpha_2 = \beta_1$$

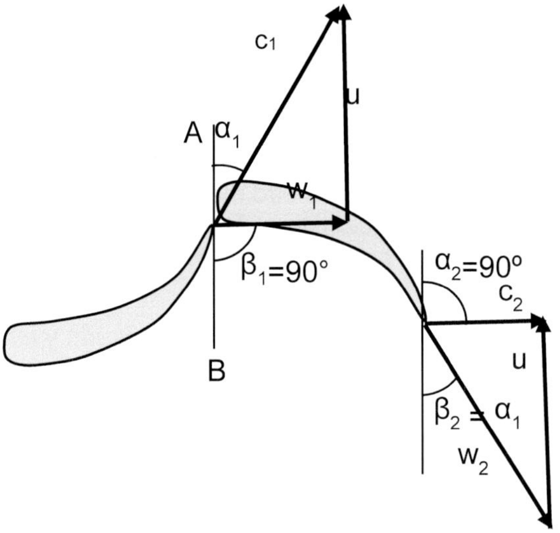

b. Calcular el trabajo específico del escalonamiento, las pérdidas en el rotor y en el estator.

El trabajo se puede obtener por la ecuación de Euler:

$$w_u = u(c_1 \cos\alpha_1 - c_2 \cos\alpha_1) = 235.62\ \ 250.74\ \ \cos 20 = 55516\, J/kg$$

Las pérdidas de calculan con los coeficientes de pérdidas de velocidad:

$$Y_E = \frac{c_{1s}^2}{2} - \frac{c_1^2}{2} = \frac{c_1^2}{2}\left(\frac{1-\varphi^2}{\varphi^2}\right) = \frac{250.74^2}{2}\left(\frac{1-0.95^2}{0.95^2}\right) = 3396\, J/kg$$

Como las velocidades y los coeficientes de pérdidas son igual en rotor y estator, las pérdidas son iguales:

$$Y_R = \frac{w_{2s}^2}{2} - \frac{w_2^2}{2} = \frac{w_2^2}{2}\left(\frac{1-\psi^2}{\psi^2}\right) = \frac{250.74^2}{2}\left(\frac{1-0.95^2}{0.95^2}\right) = 3396\, J/kg$$

c. Dibujar la evolución del fluido en un diagrama h-s y acotar: c_0, c_1, c_2, Y_e, Y_r y w_u.

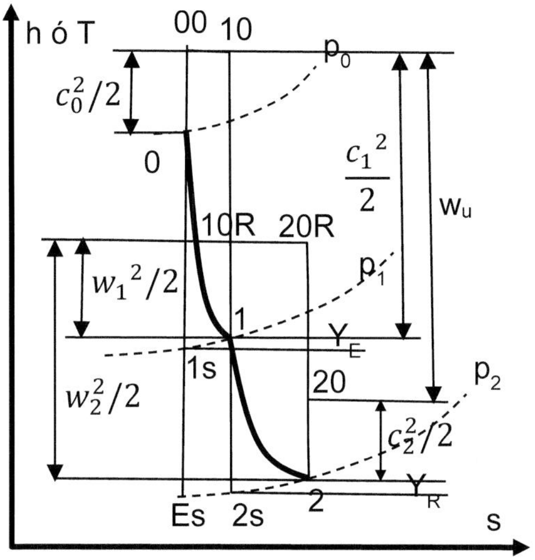

d. Determinar la presión y la temperatura a la salida del estator y a la salida del rotor.

La presión del punto 1 es la del punto 1s y este último se puede calcular con una evolución isoentrópica desde el punto 0. Para ello se necesita la temperatura del punto 1s que se calcula haciendo un balance de energía en el proceso de 00 a 1s0:

$$h_{00} = h_{1s0} \Rightarrow c_p T_0 + \frac{c_0^2}{2} = c_p\, T_{1s} + \frac{c_{1s}^2}{2} \Rightarrow T_{1s} = T_0 + \frac{c_{1s}^2 - c_0^2}{2c_p} = T_0 + \frac{\left(\frac{c_1}{\varphi}\right)^2 - c_0^2}{2c_p}$$

Se puede hacer también a través del punto 1:

$$T_{1s} = T_1 - \frac{Y_E}{c_p} = T_0 - \frac{c_1^2 - c_0^2}{2c_p} - \frac{Y_e}{c_p}$$

El origen de entalpías se toma a 0 K. c_p se calcula a partir de R y de γ:

$$c_p = c_v + R = \frac{c_p}{\gamma} + R \quad \Rightarrow \quad c_p = \frac{R\gamma}{\gamma - 1} = \frac{280\ 1.35}{1.35 - 1} = 1080\, J/kgK$$

$$T_{1s} = T_0 + \frac{\left(\frac{c_1}{\varphi}\right)^2 - c_0^2}{2c_p} = 773 + \frac{\left(\frac{250.74}{0.95}\right)^2 - 85.76^2}{2\ 1080} = 744.15\, K$$

Ya se puede calcular $p_{1s} = p_1$:

$$p_1 = p_{1s} = p_0 \left(\frac{T_{1s}}{T_0}\right)^{\left(\frac{\gamma}{\gamma-1}\right)} = 10 \left(\frac{744.15}{773}\right)^{\left(\frac{1.35}{1.35-1}\right)} = 8.635\ bar$$

$$T_1 = T_{1s} + \frac{Y_E}{c_p} = 744.15 + \frac{3396}{1000} = 747.3\ K$$

Procediendo de la misma manera en el rotor, pero con las velocidades relativas se calculan las condiciones del punto 2 a partir del punto 1:

$$T_{2s} = T_2 - \frac{Y_R}{c_p} = T_1 - \frac{w_2^2 - w_1^2}{2c_p} - \frac{Y_R}{c_p}$$

$$T_{2s} = T_1 + \frac{\left(\frac{w_2}{\varphi}\right)^2 - w_1^2}{2c_p} = 747.3 + \frac{\left(\frac{250.74}{0.95}\right)^2 - 85.76^2}{2\ 1080} = 718.45\ K$$

$$p_2 = p_{2s} = p_1 \left(\frac{T_{2s}}{T_1}\right)^{\left(\frac{\gamma}{\gamma-1}\right)} = 8.635 \left(\frac{718.45}{747.3}\right)^{\left(\frac{1.35}{1.35-1}\right)} = 7.419\ bar$$

$$T_2 = T_{2s} + \frac{Y_R}{c_p} = 718.45 + \frac{3396}{1000} = 721.6\ K$$

e. Determinar el gasto másico, la potencia del escalonamiento y el rendimiento isentrópico total a total.

$$\dot{m} = A_1 \rho_1 c_{1a} = \pi D_m H_1 \frac{p_1}{RT_1} c_1 \sin\alpha_1 = \pi\ 0.5\ 0.05 \frac{8.635}{280\ 747.3} 250.74 \sin 20 = 29.797\ kg/s$$

$$N_e = \dot{m}\ w_u = 29.797\ \ 55516 = 1.543\ MW$$

Para calcular el rendimiento Total a Total hay que conocer las condiciones del punto Es. La temperatura del punto Es se calcula como una evolución isoentrópica desde el punto 0.

$$T_{Es} = T_0 \left(\frac{p_{Es}}{p_0}\right)^{\left(\frac{\gamma-1}{\gamma}\right)} = T_0 \left(\frac{p_2}{p_0}\right)^{\left(\frac{\gamma-1}{\gamma}\right)} = 773 \left(\frac{7.419}{10}\right)^{\left(\frac{1.35-1}{1.35}\right)} = 715.43\ K$$

El rendimiento total a total:

$$\eta_{TT} = \frac{w_u}{h_{00} - h_{Es} - \frac{c_2^2}{2}} = \frac{w_u}{c_p(T_0 - T_{Es}) + \frac{c_0^2}{2} - \frac{c_2^2}{2}} = \frac{55516}{1000\ (773 - 715.43)} = 0.8929$$

11.4 Turbina radial

Se pretende diseñar una turbina radial para que funcione con un gasto másico de 0.3 kg/s a 700ºC y 3 bar, a la salida la presión es de 1.1 bar. Las relaciones de expansión en estator y rotor son iguales. El ángulo que forma la velocidad absoluta del fluido con la velocidad tangencial a la entrada del rotor es de 20º, y la velocidad absoluta a la salida del rotor es axial.

Para facilitar el proceso de fabricación del rodete se pretende que los álabes a la entrada del rotor sean rectos, es decir $\beta_1 = 90°$, el eje de salida del rotor tiene un diámetro de 2 cm y se pretende que la sección de salida de la turbina (salida del rotor) sea igual que la de la entrada (entrada del estator). La velocidad de entrada al estator de la turbina será de 80 m/s. La altura del álabe del estator tiene que ser de 5 mm.

Se asumen unos coeficientes de pérdida de velocidad en estator 0.9 y de 0.95 en el rotor. c_p=1.18 kJ/kg/K y R=270 J/kg/K.

- **a.** Calcular el diámetro de la tubería de entrada al estator de la turbina.
- **b.** Determinar las condiciones en el punto 1.
- **c.** Calcular el triángulo de velocidades a la entrada del rotor.
- **d.** Dibujar en un diagrama h-s la evolución del fluido, indicando trabajo específico, energías cinéticas absolutas y relativas, y trabajo específico.
- **e.** Calcular el diámetro exterior del rotor.
- **f.** Determinar las condiciones a la salida del rotor y la velocidad relativa de salida del rotor.
- **g.** Calcular el triángulo de velocidades a la salida del rotor y determinar el ángulo de salida del álabe del rotor.
- **h.** Calcular el trabajo específico por la ecuación de Euler y por balance de energías, la potencia desarrollada por la turbina, el rendimiento total a estático y total a total.

a) $D_0 = 7.08\,cm$
b) $p_1 = 1.817\,bar,\ T_1 = 888\,K$
c) $u_1 = 427.4\,m/s, w_1 = 155.56\,m/s$
d)
e) $D_1 = 16.2\,cm$
f) $T_2 = 795.1\,K, w_2 = 270.8\,m/s$
g) $u_2 = 111.7\,m/s, \beta_2 = 47.72°, c_2 = 210.57 m/s,\ \alpha_2 = 110.6°$
h) $w_u = 190.945\,kJ/kg,\ N_i = 57.28\,kW,\ \eta_{TE} = 0.8,\ \eta_{TT} = 0.882$

RESOLUCIÓN

- **a.** Si la velocidad a la entrada del estator es de 80 m/s calcular el diámetro de entrada a la turbina.

El esquema de la instalación corresponde a algo similar a la figura:

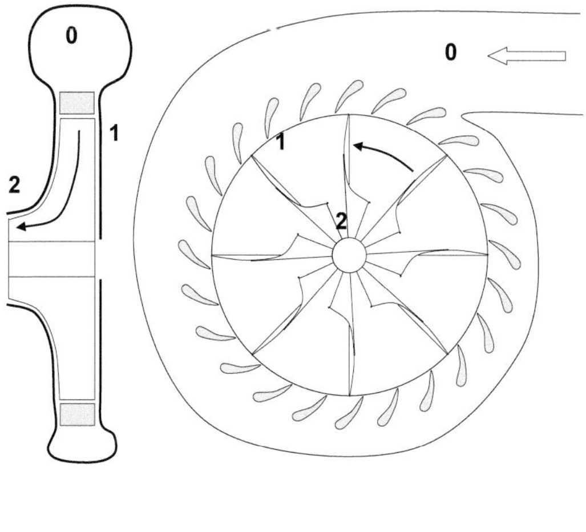

Como se conocen todas las condiciones del fluido en el punto 0, es posible calcular el diámetro del tubo de entrada a la turbina, la densidad es:

$$\rho_0 = \frac{p_0}{RT_0} = \frac{3\ 10^5}{270\ (700 + 273)} = 1.142\ kg/m^3$$

$$\dot{m} = \frac{\pi D_0^2}{4} \rho_0 c_0 \quad \Rightarrow \quad D_0 = \sqrt{\frac{4\dot{m}}{\pi \rho_0 c_0}} = \sqrt{\frac{4\ 0.3}{\pi\ 1.142\ 80}} = 7.08\ cm$$

b. Determinar las condiciones en el punto 1.

La relación de expansión en el estator y en el rotor son iguales, por tanto:

$$r_e^2 = \frac{p_0}{p_2} \quad \Rightarrow \quad r_e = \sqrt{\frac{p_0}{p_2}} = \sqrt{\frac{3}{1.1}} = 1.6514$$

La presión a la salida del estator:

$$p_1 = \frac{p_0}{r_e} = \frac{3}{1.6514} = 1.817\ bar$$

Y la temperatura isoentrópica del punto 1:

$$T_{1s} = T_0 \left(\frac{p_1}{p_0}\right)^{\frac{\gamma-1}{\gamma}} = T_0 \left(\frac{1}{r_e}\right)^{\frac{R}{c_p}} = 973 \left(\frac{1}{1.6514}\right)^{\frac{270}{1180}} = 867.5\ K$$

Con un balance de energía en el estator se puede calcular la velocidad de salida isoentrópica c_{1s}, y con el coeficiente de pérdidas de velocidad calcular c_1:

$$h_{10s} = h_{00} \quad \Rightarrow \quad c_p T_{1s} + \frac{c_{1s}^2}{2} = c_p T_0 + \frac{c_0^2}{2} \quad \Rightarrow \quad c_{1s} = \sqrt{c_0^2 + 2\ c_p (T_0 - T_{1s})}$$

$$c_{1s} = \sqrt{80^2 + 2\ \ 1180(973 - 867.5)} = 505.4\ m/s$$

$$c_1 = \varphi c_{1s} = 0.9\ \ 505.4 = 454.8\ m/s$$

Con otro balance de energía entre los puntos 1s y 1 se puede calcular la temperatura del punto 1.

$$h_{10s} = h_{10} \quad \Rightarrow \quad c_p T_{1s} + \frac{c_{1s}^2}{2} = c_p T_1 + \frac{c_1^2}{2} \quad \Rightarrow \quad T_1 = T_{1s} + \frac{c_{1s}^2 - c_1^2}{2 c_p}$$

$$T_1 = 867.5 + \frac{505.4^2 - 454.8^2}{2\ \ 1180} = 888\ K$$

c. Calcular el triángulo de velocidades a la entrada del rotor.

Del triángulo a la entrada del rotor se conocen los ángulos $\alpha_1 = 20°$ y $\beta_1 = 90°$, y también se conoce c_1, por lo que el triángulo se puede resolver.

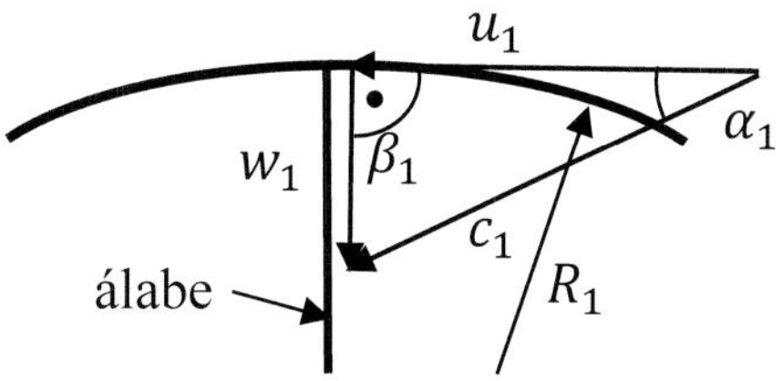

$$u_1 = c_1 \cos \alpha_1 = 454.8 \ \cos 20 = 427.4 \, m/s$$

$$w_1 = c_1 \sin \alpha_1 = 454.8 \ \sin 20 = 155.56 \, m/s$$

d. Dibujar en un diagrama h-s la evolución del fluido, indicando trabajo específico, energías cinéticas absolutas y relativas, y trabajo específico.

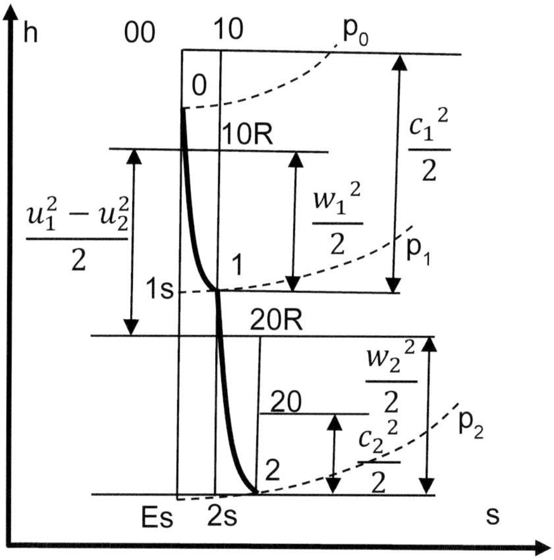

e. Calcular el diámetro exterior del rotor.

La sección de paso de entrada al rotor viene determinada por el gasto másico, la densidad en la sección y la velocidad radial, la densidad vale:

$$\rho_1 = \frac{p_1}{RT_1} = \frac{1.817 \ 10^5}{270 \ 888} = 0.7576 \, kg/m^3$$

$$\dot{m} = A_1 \rho_1 c_{1r} = \pi D_1 H_1 \rho_1 w_1 \quad \Rightarrow \quad D_1 = \frac{\dot{m}}{\pi H_1 \rho_1 w_1} = \frac{0.3}{\pi \ 0.005 \ 0.7576 \ 155.56} = 16.2 \, cm$$

f. Determinar las condiciones a la salida del rotor y la velocidad relativa de salida del rotor.

Como el proceso no es reversible, las condiciones dependen de las pérdidas. Hay que calcular primeramente los valores isoentrópicos y posteriormente los reales.

A partir de las condiciones en el punto 1 y con la condición de proceso isoentrópico se pueden calcular las condiciones en el punto 2s:

$$T_{2s} = T_1 \left(\frac{p_2}{p_1}\right)^{\frac{\gamma-1}{\gamma}} = T_1 \left(\frac{1}{r_e}\right)^{\frac{R}{c_p}} = 888 \left(\frac{1}{1.6514}\right)^{\frac{270}{1180}} = 791.7\ K$$

La velocidad relativa isoentrópica se obtiene de un balance de energía en el rotor:

$$h_{10R} = h_{20Rs} + \frac{u_1^2}{2} - \frac{u_2^2}{2} \quad \Rightarrow \quad \frac{w_1^2}{2} + c_p T_1 + \frac{u_2^2}{2} - \frac{u_1^2}{2} = \frac{w_{2s}^2}{2} + c_p T_{2s}$$

$$w_{2s} = \sqrt{w_1^2 + u_2^2 - u_1^2 + 2c_p(T_1 - T_{2s})}$$

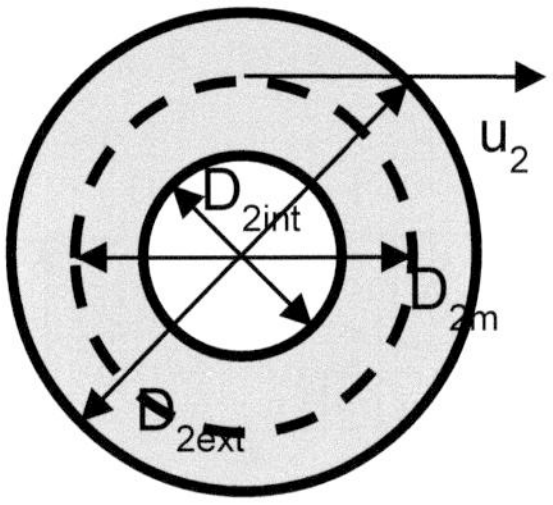

Para poder calcularla es necesario conocer u_2, para ello hay que conocer el diámetro medio de salida del rotor, $D_{2int} = 2\ cm$ y $D_{2ext} = D_0 = 6.466\ cm$, por lo tanto:

$$u_2 = \pi D_{2m} n = \pi D_{2m} \frac{u_1}{\pi D_1} = \frac{(D_{2ext} + D_{2int})u_1}{2D_1} = \frac{(6.466\ + 2)427.4}{2\ \ 16.2} = 111.7\ m/s$$

$$w_{2s} = \sqrt{155.56^2 + 111.7^2 - 427.4^2 + 2\ \ 1180\ (888 - 791.7)} = 285.1\ m/s$$

$$w_2 = \psi w_{2s} = 0.95\ \ 285.1 = 270.8\ m/s$$

Ya se puede calcular T_2 con un balance de energía entre el punto 2 y el 2s:

$$h_{20Rs} = h_{20R} \quad \Rightarrow \quad c_p T_{2s} + \frac{w_{2s}^2}{2} = c_p T_2 + \frac{w_2^2}{2} \quad \Rightarrow \quad T_2 = T_{2s} + \frac{w_{2s}^2 - w_2^2}{2c_p}$$

$$T_2 = 791.7 + \frac{285.1^2\ - 270.8^2}{2\ \ 1180} = 795.1\ K$$

La densidad:

$$\rho_2 = \frac{p_2}{RT_2} = \frac{1.1\ \ 10^5}{270\ \ 795.1} = 0.5124\ kg/m^3$$

g. Calcular el triángulo de velocidades a la salida del rotor y determinar el ángulo de salida del álabe del rotor.

Del triángulo se conocen u_2, w_2 y la velocidad axial que tiene que tomar un valor tal que se cumpla la ecuación de conservación de la masa:

$$\dot{m} = \frac{\pi(D_{2ext}^2 - D_{2int}^2)}{4} \rho_2 c_{2a}$$

$$c_{2a} = \frac{4\dot{m}}{\pi(D_{2ext}^2 - D_{2int}^2)\rho_2} = \frac{4\ 0.3}{\pi(0.06466^2 - 0.02^2)0.5124} = 197.2\ m/s$$

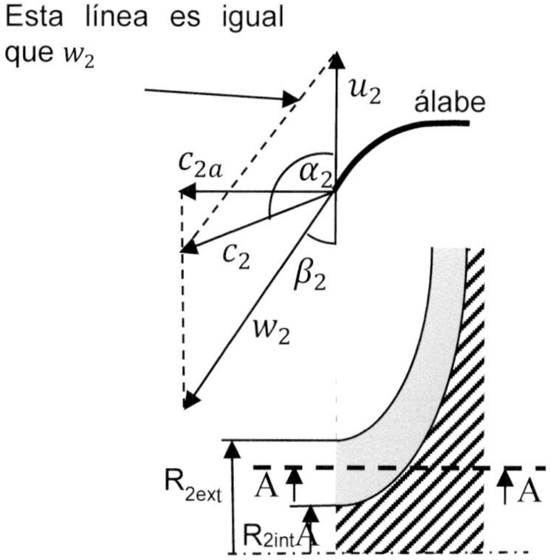

Del triángulo se deduce que:

$$c_{2a} = w_2 \sin\beta_2 \quad \Rightarrow \quad \beta_2 = \sin^{-1}\frac{c_{2a}}{w_2} = \sin^{-1}\frac{197.2}{270.8} = 47.72°$$

β_2 es el ángulo de salida del álabe.
Aplicando el teorema del coseno:

$$c_2 = \sqrt{w_2^2 + u_2^2 - 2w_2u_2\cos\beta_2} = \sqrt{270.8^2 + 111.7^2 - 2\ 270.8\ 111.7\cos 47.72}$$
$$= 210.57\ m/s$$

Proyectando sobre la dirección de u_2:

$$u_2 - c_2\cos\alpha_2 = w_2\cos\beta_2$$

$$\alpha_2 = \cos^{-1}\frac{u_2 - w_2\cos\beta_2}{c_2} = \cos^{-1}\frac{111.7 - 270.8\cos 47.72}{210.57} = 110.6°$$

h. Calcular el trabajo específico por la ecuación de Euler y por balance de energías, la potencia desarrollada por la turbina, y el rendimiento total a estático y total a total.

Por la ecuación de Euler:

$$w_u = u_1c_1\cos\alpha_1 - u_2c_2\cos\alpha_2$$
$$= 427.4\ 454.8\ \cos 20 - 111.7\ 210.57\cos 110.6 = 190.945\ kJ/kg$$

Utilizando la ecuación de la energía:

$$w_u = h_{00} - h_{20} = c_p(T_0 - T_2) + \frac{c_0^2}{2} - \frac{c_2^2}{2} = 1180(973 - 795.1) + \frac{80^2}{2} - \frac{210.57^2}{2}$$
$$= 190.945\ kJ/kg$$

Multiplicando por el gasto másico se calcula la potencia interna:

$$N_i = w_u \dot{m} = 190.945\quad 0.3 = 57.28\ kW$$

Para calcular el rendimiento hace falta conocer la temperatura del punto Es:

$$T_{Es} = T_0 \left(\frac{p_{Es}}{p_0}\right)^{\frac{\gamma-1}{\gamma}} = T_0 \left(\frac{p_2}{p_0}\right)^{\frac{R}{c_p}} = 973 \left(\frac{1.1}{3}\right)^{\frac{287}{1180}} = 773.4\ K$$

Los rendimientos:

$$\eta_{TE} = \frac{w_u}{h_{00} - h_{Es}} = \frac{w_u}{c_p(T_0 - T_{Es}) + \frac{c_0^2}{2}} = \frac{190945}{1180(973 - 773.4) + \frac{80^2}{2}} = 0.8$$

$$\eta_{TT} = \frac{w_u}{h_{00} - h_{Es} - \frac{c_2^2}{2}} = \frac{w_u}{c_p(T_0 - T_{Es}) + \frac{c_0^2}{2} - \frac{c_2^2}{2}} = \frac{190945}{1180(973 - 773.4) + \frac{80^2}{2} - \frac{210.57^2}{2}}$$
$$= 0.882$$

12 TURBINAS FUERA DE CONDICIONES NOMINALES

12.1 Turbina axial, escalonamiento de acción con vapor

Se modifican las condiciones a la entrada del escalonamiento del problema 10.1. Asumiendo que la relación de expansión y el régimen de giro se mantienen constantes y que las nuevas condiciones a la entrada son 4 bar y 350 °C.

Calcular:

- **a.** Triángulos de velocidad a la entrada y salida del rotor.
- **b.** Trabajo específico por la ecuación de Euler y rendimiento total a estático.
- **c.** Nuevo gasto que pasa por el escalonamiento tomando como base la sección de salida del estator y recalcularlo para la sección de salida del rotor.

Estado	título	presión	temperatura	Entalpía esp.	Entropía esp.	Volumen esp.
		bar	°C	kJ/kg	kJ/kg/K	dm³/kg
A	V	4	350	3170	7.7395	713.85
B	V	2.083	262.89	2996.89	7.7395	1180.0959
C	V	2.083	274.47	3020.28	7.78262	1206.2501
D	V	2.083	278.1	3027.61	7.79593	1214.443
E	V	3,3	323,17	3116,3	7,7395	828,1963
F	V	3,3	326,98	3124,1	7,7525	833,6238
G	V	2,701	299,93	3070,24	7,7525	972,656
H	V	2,701	296,27	3062,83	7,7395	966,3019
I	V	2,701	303,84	3078,2	7,76637	979,4702

a) u=237.7 m/s, c_1=547.2 m/s, w_1=329.4 m/s, c_2=137.96 m/s, w_2=306.3 m/s.
b) w_u=132.87 kJ/kg, η_{TE}=0.7676
c) $\dot{m}_{v_1}$=12.17 kg/s, $\dot{m}_{v_2}$=12.9 kg/s.

El que los dos gastos no den igual indica que la presión intermedia no es la calculada, habría que iterar con la presión intermedia (punto 1) disminuyéndola hasta conseguir que los gastos coincidan.

RESOLUCIÓN

Los datos derivados del problema anterior son todos los geométricos:

- Ángulos de álabes:

$$\alpha_1 = 18°$$

$$\beta_{1\,diseño} = 146.98°$$

$$\beta_2 = 25.63°$$

Los ángulos de salida de los álabes $\alpha_1 \; y \; \beta_2$ se mantienen, pero los de entrada del fluido serán los que salgan del problema, independientemente del ángulo de entrada al álabe: $\beta_1(diseño)$.

- Diámetro y alturas

$$D_m = 0.454 \, m$$

$$H_1 = 6.085 \, cm$$

$$H_2 = 8.293 \, cm$$

- Coeficiente de pérdida de velocidad:

$$\varphi = \psi = 0.93$$

- Finalmente, condiciones de funcionamiento: régimen y relación de expansión:

$$n = 10000 \, rpm$$

$$\frac{p_0}{p_2} = r_{ex} = 1.9206$$

a. Triángulos de velocidad a la entrada y salida del rotor.

El punto 0 corresponde con el estado A por tener ambos la misma presión y temperatura.
El punto 1s tiene la misma presión que el punto 1 a la salida del rotor, y la misma entropía que el punto 0.

Si se asume que el escalonamiento sigue siendo de presión constante en el rotor, la presión a la salida del estator p_1 es igual que p_2:

$$p_1 = p_2 = \frac{p_0}{r_{ex}} = \frac{4}{1.9206} = 2.0826$$

El estado B tiene esa presión y la entropía del punto 0. Por lo tanto, corresponde con el punto 1s.
Utilizando el balance de energía entre el punto 0 y el punto 1s se puede calcular c_{1s} y finalmente c_1:

$$h_{00} = h_{1s0} \quad \Rightarrow \quad h_0 = h_{1s} + \frac{c_{1s}^2}{2}$$

$$c_1 = \varphi c_{1s} = \varphi\sqrt{2(h_0 - h_{1s})} = 0.93\sqrt{2 \;\, 1000 \; (3170 - 2996.89)} = 547.21 \, m/s$$

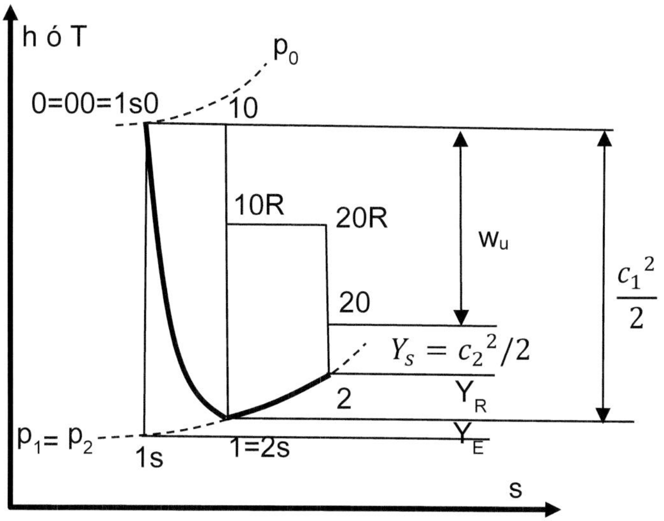

La velocidad tangencial se puede calcular ya que D_m y n están determinados:

$$u = 2\pi n \frac{D_m}{2} = \pi \frac{10000}{60} 0.454 = 237.76\, m/s$$

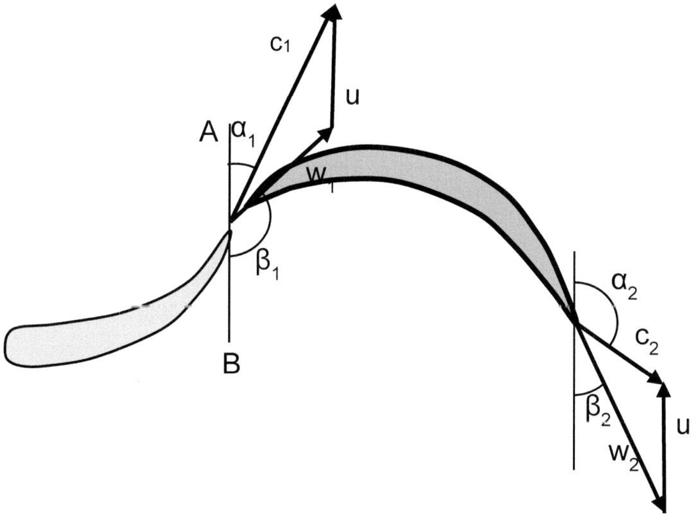

Conocidos u, c_1 y α_1 se puede calcular el triángulo a la entrada del rotor:

$$w_1 = \sqrt{c_1{}^2 + u^2 - 2c_1 u \cos\alpha_1} = \sqrt{547.21^2 + 237.76^2 - 2\ 547.21\ 237.76 \cos 18}$$
$$= 329.39\, m/s$$

Proyectando sobre la línea A-B:

$$c_1 \cos\alpha_1 = u - w_1 \cos\beta_1$$

$$\beta_1 = \cos^{-1}\left(\frac{c_1 \cos\alpha_1 - u}{-w_1}\right) = \cos^{-1}\left(\frac{547.21\cos 18 - 237.76}{-329.39}\right) = 149.11°$$

β_1 no coincide con $\beta_{1\,diseño} = 146.98°$ por lo que habrá pérdidas debido al choque o al desprendimiento. En cualquier caso, la diferencia de ángulos es pequeña. Ya que no se indica en el enunciado nada se mantendrá el coeficiente de pérdidas de velocidad en el rotor:

$$w_2 = \psi w_{2s} = \psi w_1 = 0.93\ \ 329.39 = 306.33\ m/s$$

Como $\beta_2 = 25.63°$ es conocido ya que el ángulo de salida del fluido coincide con el del álabe, se conocen tres parámetros, por lo que se puede calcular el triángulo:

$$c_2 = \sqrt{w_2{}^2 + u^2 - 2w_2 u\cos\beta_2} = \sqrt{306.33\ ^2 + 237.76^2 - 2\ \ 306.33\ \ 237.76\cos 25.63}$$
$$= 137.96\ m/s$$

Proyectando los vectores en la dirección tangencial:

$$w_2\cos\beta_2 - u = -c_2\cos\alpha_2$$

$$\alpha_2 = \cos^{-1}\left(\frac{w_2\cos\beta_2 - u}{-c_2}\right) = \cos^{-1}\left(\frac{237.76 - 306.33\cos 25.63}{137.96}\right) = 106.17°$$

b. Trabajo específico por la ecuación de Euler y rendimiento total a estático.

$$w_u = u(c_1\cos\alpha_1 - c_2\cos\alpha_1) = 237.76\ \ (547.21\ \ \cos 18 - 137.96\ \ \cos 106.17)$$
$$= 132.878\ kJ/kg$$

$$\eta_{TE} = \frac{w_u}{h_{00} - h_{1s}} = \frac{w_u}{h_0 - h_{1s}} = \frac{132.878}{3170 - 2996.89} = 0.7676$$

c. Nuevo gasto que pasa por el escalonamiento tomando como base la sección de salida del estator y recalcularlo para la sección de salida del rotor.

Respecto de la sección salida del estator:

$$\dot{m} = A_1\rho_1 c_{1a} = \pi D_m H_1 \frac{1}{v_1} c_1 \sin\alpha_1$$

De las propiedades del punto 1 solo se conoce su presión, su entalpia se puede calcular desde el punto 0:

$$h_{00} = h_0 = h_{10} = h_1 + \frac{c_1^2}{2} \Rightarrow h_1 = h_0 - \frac{c_1^2}{2} = 1000\ 3170 - \frac{547.21^2}{2} = 3020.28\ kJ/kg$$

La presión y la entalpía del punto 1 coinciden con las del estado C, con lo que se puede determinar $v_1 = 1206.25\ dm^3/kg$.

$$\dot{m} = \pi\ 0.454\ \ 0.06085 \frac{1}{1206.25\ \ 10^{-3}} 547.21 \sin 18 = 12.168\ kg/s$$

Respecto de la sección de salida del rotor:

$$\dot{m} = A_2\rho_2 c_{2a} = \pi D_m H_2 \frac{1}{v_2} c_2 \sin\alpha_2$$

El punto 1 tiene la misma presión que el punto 2 pero no conocemos su entalpía. Esta se puede determinar a partir del punto 1 y las pérdidas en el rotor:

$$h_2 = h_1 + Y_r = h_1 + \frac{w_{2s}^2}{2} - \frac{w_2^2}{2} = h_1 + \frac{w_1^2}{2} - \frac{w_2^2}{2} = 1000\ \ 3020.28 + \frac{329.39^2}{2} - \frac{306.33^2}{2}$$
$$= 3027.6\ kJ/kg$$

La presión y la entalpía del punto 2 coinciden con el estado D, por lo tanto, $v_2 = 1214.44\ dm^3/kg$.

$$\dot{m} = \pi\ 0.454\ \ 0.08293 \frac{1}{1214.44\ \ 10^{-3}} 137.96 \sin 106.17 = 12.907\ kg/s$$

Los gastos másicos no coinciden. A la vista de los resultados obtenidos, la hipótesis de que la presión se conserva en el rotor es falsa. Si se quiere mantener la relación de expansión del escalonamiento habría que hacer la hipótesis de que en el estator la presión desciende ligeramente respecto de la presión de salida, y que posteriormente en el rotor se recupera un poco la presión a costa de frenarse el fluido, esto igualaría los gastos en estator y rotor.

De todas formas, la modificación de la presión del punto 1 que habría que hacer sería mínima y los resultados saldría muy parecidos.

12.2 Turbina axial, escalonamiento de acción con gas

Se modifican las condiciones de funcionamiento del escalonamiento del problema 10.2, pasando a ser las condiciones de entrada en el escalonamiento 10 bar y 350 ºC. Asumiendo que la relación de expansión total se mantiene y que la presión a la salida del estator es de 6.1bar.

Asumiendo que se mantienen los coeficientes de pérdida de velocidad, calcular:

- **a.** Condiciones a la salida del estator.
- **b.** Triángulo de velocidades a la entrada del rotor, comparar la relación cinemática de funcionamiento con la de máximo rendimiento.
- **c.** Triángulo de velocidades a la salida del rotor.
- **d.** Trabajo específico, rendimiento isoentrópico total a estático y grado de reacción.
- **e.** Calcular el nuevo gasto a la salida del estator y del rotor y la potencia del escalonamiento.

Indicación: El escalonamiento ha modificado su grado de reacción, la presión a la entrada y salida del rotor no es la misma, a la entrada pasa de 6 a 6.1 bar y la presión de salida la marca el que la relación de expansión se mantiene. De esta manera el gasto es el mismo a la entrada y a la salida del rotor.

a) p_1=6.1 bar, T_1=549.1 K
b) c_1=384.4 m/s, w_1=231.12 m/s, β_1=135.3º, u/c_1=0.479
c) c_2=147.34 m/s, w_2=230.63 m/s, α_2=87.46º
d) w_u=62.93 kJ/kg, η_{TE}=0.744, R=-0.001807
e) Ga=207.2 kg/s, Ne=13.038 MW

RESOLUCIÓN

Los datos derivados del problema anterior son los geométricos:

- Ángulos de álabes:

$$\alpha_1 = 25°$$

$$\beta_{1\,diseño} = 137°$$

$$\beta_2 = 39.66°$$

Los ángulos de salida de los álabes α_1 y β_2 se mantienen, pero los de entrada del fluido al álabe serán los que salgan del problema, independientemente del ángulo de entrada al álabe: $\beta_1(diseño)$.

- Diámetro y alturas

$$D_m = 1.1717\ m$$

$$H_1 = 8.901\ cm$$

$$H_2 = 1.006\ cm$$

- Coeficiente de pérdida de velocidad:

$$\varphi = \psi = 0.95$$

- Condiciones de funcionamiento que se mantienen: régimen y relación de expansión:

$$n = 3000\ rpm$$

$$\frac{p_2}{p_0} = r_e = 0.6$$

- Propiedades del fluido:

$$c_p = 1000\frac{J}{kg}/K$$

$$\gamma = 1.4$$

En este caso se propone que el escalonamiento, al cambiar sus condiciones, ha aumentado el grado de reacción ya que la presión a la entrada del estator $p_1 = 6.1\ bar$ es ligeramente mayor que a la salida:

$$p_2 = p_0 r_e = 10\ 0.6 = 6\ bar$$

El diagrama h-s quedaría modificado respecto al original como se muestra en la figura. Hasta que no se hagan los cálculos no se puede saber si el punto 2 tendrá más o menos entalpía que el punto 1.

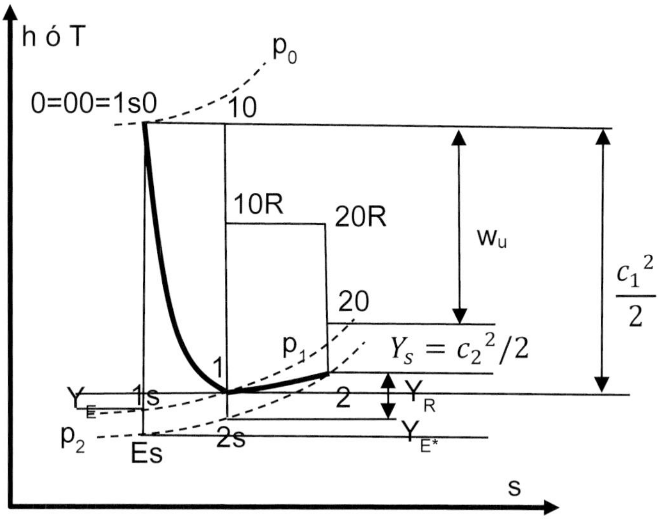

a. Condiciones a la salida del estator.

En el estator el fluido se expande desde 10 a 6.1 bar. La temperatura del punto 1s se calcula con una expansión isoentrópica hasta la presión del punto 1:

$$T_{1s} = T_0 \left(\frac{p_1}{P_0}\right)^{\frac{\gamma-1}{\gamma}} = 623 \left(\frac{6.1}{10}\right)^{\frac{1.4-1}{1.4}} = 540.95\ K$$

La velocidad isoentrópica se calcula del balance de energía.

$$h_{00} = h_{1s0} = h_{1s} + \frac{c_{1s}^2}{2}$$

$$c_{1s} = \sqrt{2(h_{00} - h_{1s})} = \sqrt{2c_p(T_0 - T_{1s})}\sqrt{2\ \ 1000\ (623 - 540.95)} = 405.1\ m/s$$

La velocidad a la salida del estator se calcula con el coeficiente de pérdida de velocidad:

$$c_1 = \varphi\ c_{1s} = 0.95\ \ 405.1\ = 384.85\ m/s$$

Las pérdidas en el estator permiten calcular la entalpía del punto 1 a partir de la del punto 1s:

$$h_1 = h_{1s} + Y_e = h_{1s} + \frac{c_{1s}^2}{2} - \frac{c_1^2}{2}$$

$$T_1 = T_{1s} + \frac{c_{1s}^2 - c_1^2}{2c_p} = 540.95 + \frac{540.95^2 - 384.85^2}{2\ \ 1000} = 548.95\ K$$

También se podía haber calculado desde el punto 0:

$$h_1 = h_{00} - \frac{c_1^2}{2} \quad \Rightarrow \quad T_1 = T_0 - \frac{c_1^2}{2c_p}$$

b. Triángulo de velocidades a la entrada del rotor, comparar la relación cinemática de funcionamiento con la de máximo rendimiento.

Del triángulo a la entrada del rotor se conocen dos datos: $\alpha_1\ y\ c_1$. Se puede calcular la velocidad tangencial pues se conoce el diámetro y el régimen:

$$u = 2\pi n \frac{D_m}{2} = \pi \frac{3000}{60} 1.1717 = 184.05\ m/s$$

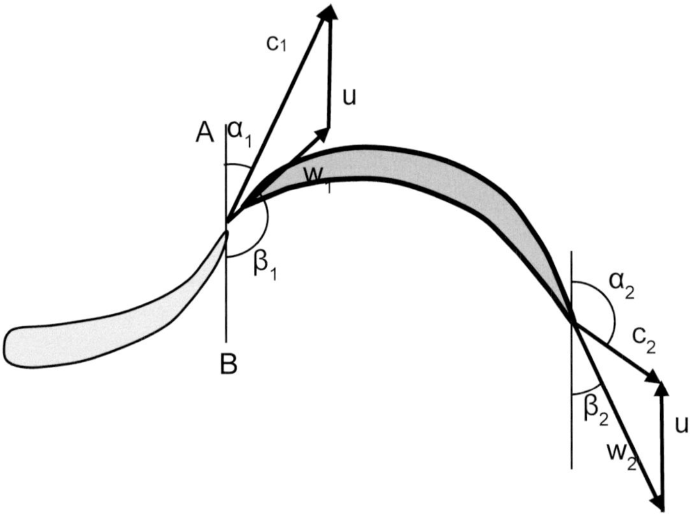

Ya se conocen tres datos por lo que se puede resolver el triángulo. Por el teorema del coseno:

$$w_1 = \sqrt{c_1{}^2 + u^2 - 2c_1 u \cos\alpha_1} = \sqrt{384.85^2 + 184.05^2 - 2\ 384.85\ 184.05 \cos 25}$$
$$= 231.5\ m/s$$

Proyectando sobre la dirección tangencial:

$$c_1 \cos\alpha_1 = u - w_1 \cos\beta_1$$

$$\beta_1 = \cos^{-1}\left(\frac{c_1 \cos\alpha_1 - u}{-w_1}\right) = \cos^{-1}\left(\frac{384.85 \cos 25 - 184.05}{-231.5}\right) = 135.4°$$

Como se ve $\beta_1 = 135.4°$ no coincide con $\beta_{1\ diseño} = 137°$ por lo que se producirá un ligero choque del fluido con el álabe (1.6° de diferencia), como no se dice nada se asumirá que no produce pérdidas.

La relación cinemática de máximo rendimiento vale:

$$\frac{\cos\alpha_1}{2} = \frac{\cos 25}{2} = 0.4532$$

El valor actual es:

$$\frac{u}{c_1} = \frac{184.05}{384.85} = 0.4782$$

c. Triángulo de velocidades a la salida del rotor.

A la salida del rotor solo se conoce la velocidad tangencial u, que es la misma que a la entrada y el ángulo de salida β_2. Es necesario conocer w_2 para poder resolver el triángulo. Para ello hay que recurrir al balance de energía en el rotor.

En el rotor, del punto 1 al punto 2 se produce una expansión desde 6.1 a 6 bar. Para conocer las condiciones del punto 2, hay que calcular el punto 2s desde el punto 1. El punto 2s tiene la misma presión que le punto 2:

$$T_{2s} = T_1 \left(\frac{p_2}{P_1}\right)^{\frac{\gamma-1}{\gamma}} = 548.95 \left(\frac{6}{6.1}\right)^{\frac{1.4-1}{1.4}} = 546.36\ K$$

Como se puede ver, el diagrama h-s no está bien representado, el punto 2s debería de estar más alto que el punto 1s. Ahora se puede calcular la velocidad isoentrópica del punto 2 y a partir de ella con el coeficiente de velocidad calcular la del punto 2:

$$h_{10R} = h_{2s0R} \quad \Rightarrow \quad h_1 + \frac{w_1^2}{2} = h_{2sR} + \frac{w_{2s}^2}{2}$$

$$w_{2s} = \sqrt{\frac{w_1^2}{2} + 2c_p(T_1 - T_{2s})} = \sqrt{\frac{231.5^2}{2} + 2\ \ 1000\ (548.95 - 546.36)} = 242.41\ m/s$$

La velocidad relativa debería incrementarse un poco debido la ligera expansión, realmente su valor es:

$$w_2 = \psi w_{2s} = 0.95\ \ 242.41 = 230.29\ m/s$$

Prácticamente se queda igual debido a las pérdidas. Ya se puede resolver el triángulo a la salida:

$$c_2 = \sqrt{w_2{}^2 + u^2 - 2w_2 u \cos\beta_2} = \sqrt{230.29\ ^2 + 184.05^2 - 2\ \ 230.29\ \ 184.05 \cos 39.66}$$
$$= 147.15\ m/s$$

Proyectando los vectores en la dirección tangencial:

$$w_1 \cos\beta_2 - u = -c_2 \cos\alpha_2$$

$$\alpha_2 = \cos^{\ 1}\left(\frac{w_2 \cos\beta_2 - u}{-c_2}\right) = \cos^{-1}\left(\frac{184.05 - 230.29 \cos 25.63}{147.15}\right) = 87.36°$$

d. Trabajo específico, rendimiento isoentrópico total a estático y grado de reacción.

$$w_u = u(c_1 \cos\alpha_1 - c_2 \cos\alpha_1) = 184.05\ \ (384.85\ \ \cos 25 - 147.15\ \ \cos 87.36)$$
$$= 62949\ J/kg$$

Para el rendimiento Total a Estático hay que calcular las condiciones del punto Es con entropía la del punto 0 y presión la del punto 2:

$$T_{Es} = T_0 \left(\frac{p_2}{P_0}\right)^{\frac{\gamma-1}{\gamma}} = 623 \left(\frac{6}{10}\right)^{\frac{1.4-1}{1.4}} = 538.4\ K$$

$$\eta_{TE} = \frac{w_u}{h_{00} - h_{Es}} = \frac{w_u}{c_p(T_0 - T_{Es})} = \frac{62949}{1000\,(623 - 538.4)} = 0.744$$

e. Calcular el nuevo gasto a la salida del estator y del rotor y la potencia del escalonamiento.

Referido a la sección de salida del estator:

$$\dot{m} = A_1\rho_1 c_{1a} = \pi D_m H_1 \frac{p_1}{RT_1} c_1 \sin\alpha_1 = \pi\ 1.1717\ \ 0.08901 \frac{6.1}{285.71\ 548.95} 384.85 \sin 25$$
$$= 207.24\ kg/s$$

Referido a la sección de salida del rotor:

$$\dot{m} = A_2\rho_2 c_{2a} = \pi D_m H_2 \frac{p_2}{RT_2} c_2 \sin\alpha_2$$

Es necesario conocer T_2, la forma más fácil es desde el punto 1 haciendo un balance de energía:

$$h_{10R} = h_{20R} \quad \Rightarrow \quad c_p T_1 + \frac{w_1^2}{2} = c_p T_2 + \frac{w_2^2}{2}$$

$$T_2 = T_1 + \frac{w_1^2 - w_2^2}{2c_p} = 548.95 + \frac{231.5^2 - 230.29}{2\ 1000} = 549.22\ K$$

Prácticamente igual que T_1 ya que se ha convertido en un escalonamiento muy similar a uno de entalpía constante. Ya se puede calcular el gasto:

$$\dot{m} = \pi\ 1.1717\ \ 0.1006 \frac{6}{285.71\ 549.22} 147.15 \sin 87.36 = 206.88\ kg/s$$

Prácticamente el mismo, no es el mismo debido a que la hipótesis de presión intermedia no es totalmente correcta. Iterando se llega a que el valor correcto sería $p_1 = 6.1067$ con lo que se tendría un gasto igual en estator y rotor de $\dot{m} = 207.1914\ kg/s$

La potencia del escalonamiento:

$$N_e = \dot{m}\, w_u = 207.19\ \ 62949 = 13.038\ MW$$

12.3 Turbina axial, escalonamiento de acción con vapor

Un escalonamiento funciona con presión constante en el rotor, forma parte de una turbina de vapor. Las condiciones a la entrada del estator son 3.5 MPa y 410ºC y la presión a la salida del escalonamiento es de 2.2 MPa. El coeficiente de pérdida de velocidad en el estator es de 0.95 y el del rotor 0.87, el ángulo de salida del estator es de 20º, la relación cinemática es de 0.43 y el perfil del álabe del rotor cumplen $180 - (\beta_1 + \beta_2) = 2.5°$. Asumiendo que el fluido entra en el rotor con el ángulo correcto, calcular:

a. Diagrama h-s de la evolución del fluido y entalpías de los puntos 0, 1s y 1.
b. Triángulos de velocidades.

c. Pérdidas en estator, rotor y a la salida. Trabajo específico por la ecuación de Euler y por balance de energía. Rendimiento total a estático.
d. Entalpía del punto 2 y potencia del escalonamiento si la altura del álabe de salida del rotor es de 5 cm y el diámetro medio es 0.5 m.
e. Altura del álabe a la salida del estator, régimen de giro y par.

Indicación: c_0=0 m/s

Estado	título	presión	temperatura	Entalpía esp.	Entropía esp.	Volumen esp.
		bar	°C	kJ/kg	kJ/kg/K	dm³/kg
A	V	35	410	3247.1	6.8781	85.993
B	V	22	341.06	3114.39	6.8781	123.3604
C	V	22	346.81	3127.33	6.89914	124.72
D	V	22	351.69	3138.3	6.9168	125.8667

a) h_0= 3247.1 kJ/kg, h_{1s}=3114.4 kJ/kg, h_1=3127.3 kJ/kg
b) c_1=489.4 m/s, w_1=300.4 m/s, β_1=146°, w_2=261.4 m/s, c_2=136.62 m/s, α_2=95.34 m/s
c) Y_E=12.94 kJ/kg, Y_R=10.97 kJ/kg, Y_S=9.33 kJ/kg, w_u=99.47 kJ/kg, η_{TE}=0.749
d) h_2=3138,3 kJ/kg, Ne= 8443 kW
e) H_1=4.03 cm, n=8039 rpm, Me=10 kNm

RESOLUCIÓN

Este problema no define exactamente el escalonamiento, por lo que no es exactamente un problema de condiciones fuera de diseño, aunque no funciona con la relación cinemática de máximo rendimiento. Es un problema intermedio, pero es interesante porque no tiene una metodología sistemática de resolución establecida.

a. Diagrama *h-s* de la evolución del fluido y entalpías de los puntos 0, 1s y 1.

Como dice el enunciado que la presión es constante en el rotor, el diagrama es el de la figura.

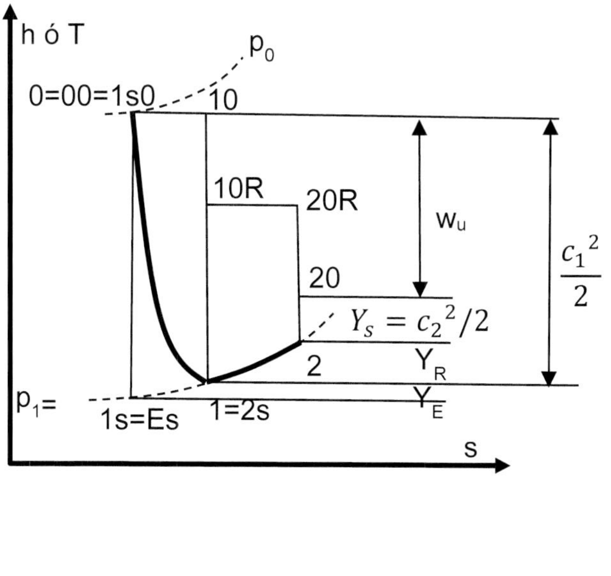

Del punto 0 se conoce la presión y la temperatura, por lo tanto está definido. Corresponde con el estado A de la tabla.

El punto 1s tiene que tener la entropía del punto 0 y la presión de salida del escalonamiento 22 bar, el estado B cumple las dos condiciones.

Para el punto 1 solo se conoce la presión, la entalpía se puede calcular a partir de su velocidad y la entalpía del punto 0 con un balance de energía:

$$h_{00} = h_{10} \quad \Rightarrow \quad h_{00} = h_1 + \frac{c_1^2}{2} \quad \Rightarrow \quad h_1 = h_0 - \frac{c_1^2}{2}$$

La velocidad se puede calcular a partir de la velocidad isoentrópica y el coeficiente de pérdida de velocidad, y la velocidad isoentrópica con un balance de energía entre el punto 1 y el 1s:

$$h_{00} = h_{1s0} \quad \Rightarrow \quad h_{00} = h_{1s} + \frac{c_{1s}^2}{2}$$

$$c_{1s} = \sqrt{2(h_0 - h_{1s})} = \sqrt{2\ 1000\ (3247.1 - 3114{,}39)} = 515.19\ m/s$$

$$c_1 = \varphi\ c_{1s} = 0.95\ \ 515.19\ = 489.43\ m/s$$

Ya se puede calcular h_1:

$$h_1 = h_0 - \frac{c_1^2}{2} = 3247.1\ 1000 - \frac{489.43^2}{2} = 3127{,}33\ kJ/kg$$

Es igual a la entalpía del estado C, como la presión también es igual, es el estado corresponde con el punto 1.

b. Triángulos de velocidades.

Del triángulo a la entrada del rotor se conocen $c_1\ y\ \alpha_1$, falta otro dato. u se puede calcular de la relación cinemática:

$$\frac{u}{c_1} = 0.43 \quad \Rightarrow \quad u = 0.43c_1 = 0.43\ \ 489.43 = 210.45\ m/s$$

Ya se puede calcular el triángulo:

$$w_1 = \sqrt{c_1{}^2 + u^2 - 2c_1 u \cos\alpha_1} = \sqrt{489.43^2 + 210.45^2 - 2\ \ 489.43\ \ 210.45 \cos 20}$$
$$= 300.42\ m/s$$

Proyectando sobre la dirección tangencial:

$$c_1 \cos\alpha_1 = u - w_1 \cos\beta_1$$

$$\beta_1 = \cos^{-1}\left(\frac{c_1 \cos\alpha_1 - u}{-w_1}\right) = \cos^{-1}\left(\frac{489.43 \cos 20 - 210.45}{-300.42}\right) = 146.14°$$

Como se conoce el coeficiente de pérdida de velocidad en el rotor se puede calcular la velocidad relativa a la salida del rotor:

$$w_2 = \psi w_{2s} = \psi w_1 = 0.87\ \ 300.42 = 261.36\ m/s$$

Y el triángulo de velocidades si se conoce β_2:

$$180-(\beta_1+\beta_2)=2.5 \quad \Rightarrow \quad \beta_2=180-2.5-\beta_1=180-2.5-146.14=31.36°$$

$$c_2=\sqrt{w_2{}^2+u^2-2w_2u\cos\beta_2}=\sqrt{261.36^{\,2}+210.45^2-2\;261.36\;\;210.45\cos 31.36}$$
$$=136.62\;m/s$$

Proyectando los vectores en la dirección tangencial:

$$w_1\cos\beta_2-u=-c_2\cos\alpha_2$$

$$\alpha_2=\cos^{-1}\left(\frac{w_2\cos\beta_2-u}{-c_2}\right)=\cos^{-1}\left(\frac{210.45-261.36\cos 31.36}{136.62}\right)=95.34°$$

c. Pérdidas en estator, rotor y a la salida. Trabajo específico por la ecuación de Euler y por balance de energía. Rendimiento total a estático.

Las pérdidas se pueden calcular a partir de las velocidades:

$$Y_E=\frac{c_{1s}^2}{2}-\frac{c_1^2}{2}=\frac{515.19^2-489.43^2}{2}=12939\,J/kg$$

$$Y_R=\frac{w_{2s}^2}{2}-\frac{w_2^2}{2}=\frac{w_1^2}{2}-\frac{w_2^2}{2}=\frac{300.42^2-261.36^2}{2}=10970\,J/kg$$

Ecuación de Euler:

$$w_u=u(c_1\cos\alpha_1-c_2\cos\alpha_2)=210.45\;\;(489.43\cos 20-136.62\cos 95.34)$$
$$=99468\,J/kg$$

Balance de energía:

$$w_u=h_{00}-h_{20}=h_0-h_2-\frac{c_2^2}{2}$$

La entalpía del punto 2 se puede calcular a partir de la del punto 1:

$$h_2=h_1+Y_R=1000\;\;3127.33+10970=3138.3\;kJ/kg$$

Esta entalpía es igual que la del estado D como la presión también es igual, el punto 2 corresponde con el estado D. Ya se puede calcular el trabajo

$$w_u=1000(3247.1-3138.3)-\frac{136.62^2}{2}=99468\;\;J/kg$$

En este caso el punto Es corresponde con el 1s.

$$\eta_{TE}=\frac{w_u}{h_{00}-h_{Es}}=\frac{w_u}{h_0-h_{1s}}=\frac{99468}{1000\;(3247.1-3114{,}39)}=0.7495$$

d. Entalpía del punto 2 y potencia del escalonamiento si la altura del álabe de salida del rotor es de 5cm y el diámetro medio es 0.5m.

Hay que determinar el gasto másico, la entalpía del punto 2 se ha calculado en el apartado anterior.

$$\dot{m} = A_2\rho_2 c_{2a} = \pi D_m H_2 \frac{1}{v_2} c_2 \sin\alpha_2 = \pi\ 0.5\ \ 0.05 \frac{1}{125.87\ \ 10^{-3}} 136.62\ \sin 95.34$$
$$= 84.88\ kg/s$$

$$N_e = \dot{m}\ w_u = 84.88\ \ 99468 = 8.443\ MW$$

e. Altura del álabe a la salida del estator, régimen de giro y par.

$$\dot{m} = A_1\rho_1 c_{1a} = \pi D_m H_1 \frac{1}{v_1} c_1 \sin\alpha_1$$

$$H_1 = \frac{\dot{m} v_1}{\pi D_m c_1 \sin\alpha_1} = \frac{84.88\ \ 124.72\ \ 10^{-3}}{\pi\ 0.5\ \ 489.43 \sin 20} = 4.026\ cm$$

El régimen se calcula a partir del diámetro medio y la velocidad tangencial:

$$u = 2\pi n \frac{D_m}{2}$$

$$n = \frac{u}{\pi D_m} = \frac{210.45}{\pi\ 0.5} = 133.98\ rps = 8038.78\ rpm$$

El par a partir de la potencia y el régimen:

$$M_e = \frac{N_e}{2\pi n} = \frac{8.443\ \ 10^6}{2\pi\ 133.98} = 10029\ Nm$$

12.4 Turbina axial, escalonamiento de reacción con gas

Se modifica las condiciones de funcionamiento del escalonamiento del problema 11.1 pasando a ser la presión a la salida de 2 bar. Se mantienen las condiciones a la entrada y la presión intermedia es de 3.7126 bar.

Asumiendo que se mantienen los coeficientes de pérdida de velocidad, calcular:

- **a.** Condiciones a la salida del estator.
- **b.** Triángulo de velocidades a la entrada del rotor. Comparar la relación cinemática de funcionamiento con la de máximo rendimiento.
- **c.** Triángulo de velocidades a la salida del rotor.
- **d.** Trabajo específico, rendimiento isoentrópico total a total y grado de reacción.
- **e.** Calcular el gasto a la salida del estator y del rotor.

a) p_1=3.7126 bar, T_1=624.2 K
b) c_1=336.4 m/s, w_1=146.85 m/s, β_1=104.5°, u/c_1=0.797
c) c_2=235.5 m/s, w_1=473.1 m/s, α_2=126.25°
d) w_u=119.1 kJ/kg, η_{TT}=0.881, R=0.758
e) $\dot{m}_a$=107.2 kg/s, Ne=12.76 MW

RESOLUCIÓN

Los datos derivados del problema anterior son los geométricos:

- Ángulos de álabes:

$$\alpha_1 = 25°$$

$\beta_{1\,diseño} = 90°$ $c_a = cte, R = 0.5$ y relación cinemática de máximo rendimiento

$$\beta_2 = \alpha_1 = 25°$$

Los ángulos de salida de los álabes α_1 y β_2 se mantienen, pero los de entrada del fluido al álabe serán los que salgan del problema, independientemente del ángulo de entrada al álabe: $\beta_1(diseño)$.

- Diámetro y alturas

$$D_m = 1{,}7065\ m$$

$$H_1 = 6.756\ cm$$

$$H_2 = 8.03\ cm$$

- Coeficiente de pérdida de velocidad:

$$\varphi = \psi = 0.95$$

- Condiciones de funcionamiento que se mantienen: régimen y relación de expansión:

$$n = 3000\ rpm$$

$$p_0 = 5\ bar$$

$$T_0 = 400°C$$

- Propiedades del fluido:

$$c_p = 1000\ J/kgK$$

$$\gamma = 1.4$$

Las nuevas condiciones de funcionamiento son:

$$p_2 = 2\ bar$$

$$p_1 = 3.7126\ bar$$

La presión de salida del escalonamiento ha pasado de 3.1917 a 2 bar, por lo tanto el salto es mayor y los caudales van a ser mayores. El diagrama h-s es igual que el del problema11.1 pero cambian los valores.

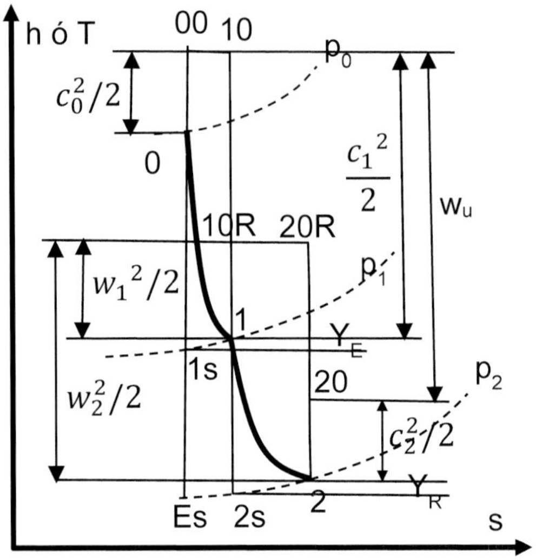

a. Condiciones a la salida del estator.

La presión del punto 1 es conocida e igual a la del punto 1s. Por la evolución isoentrópica desde 0 hasta el punto 1s:

$$T_{1s} = T_0 \left(\frac{p_1}{P_0}\right)^{\frac{\gamma-1}{\gamma}} = 673 \left(\frac{3.7126}{5}\right)^{\frac{1.4-1}{1.4}} = 618.1\ K$$

Haciendo un balance de energía se puede calcular la velocidad isoentrópica del punto 1:

$$h_{00} = h_{1s0} \qquad \Rightarrow \quad h_0 = h_{1s} + \frac{c_{1s}^2}{2}$$

$$c_{1s} = \sqrt{2(h_{00} - h_{1s})} = \sqrt{c_0^2 + 2c_p(T_0 - T_{1s})} = \sqrt{125^2 + 2\ 1000\ (673 - 618.1)}$$
$$= 354{,}09\ m/s$$

$$c_1 = \varphi c_{1s} = 0.95\ 354.09 = 336.39\ m/s$$

Se ha hecho la hipótesis de que la velocidad axial es la misma que en condiciones de diseño. A la entrada del escalonamiento, si el gasto sube, la velocidad axial tiene que aumentar proporcionalmente, por lo tanto esta hipótesis no es correcta, se debería recalcular esta velocidad cuando se conozca el gasto y volver a hacer el problema de forma iterativa.

Haciendo un balance de energía entre el punto 1s y el 1:

$$h_{1s0} = h_{10} \ \Rightarrow \quad h_1 = h_{1s} + \frac{c_{1s}^2}{2} - \frac{c_1^2}{2} \ \Rightarrow \quad T_1 = T_{1s} + \frac{c_{1s}^2 - c_1^2}{2c_p}$$

$$T_1 = 618.1 + \frac{354{,}09^2 - 336{,}39^2}{2\ 1000} = 624.23\ K$$

b. Triángulo de velocidades a la entrada del rotor. Comparar la relación cinemática de funcionamiento con la de máximo rendimiento.

En estas condiciones los triángulos ni tienen que ser iguales ni ser rectángulos.

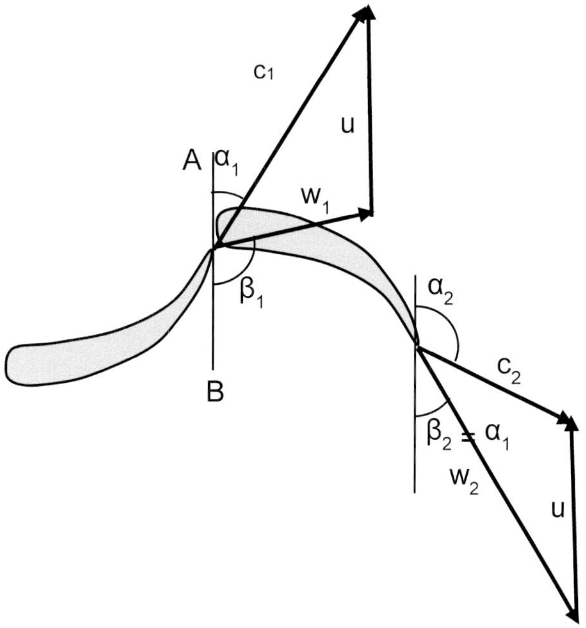

Del triángulo de entrada al rotor se conoce, α_1, c_1. u se puede calcular ya que se conoce el régimen y el diámetro medio:

$$u = 2\pi n \frac{D_m}{2} = \pi \frac{3000}{60} 1.7065 = 268.06\, m/s$$

$$w_1 = \sqrt{c_1{}^2 + u^2 - 2c_1 u \cos\alpha_1} = \sqrt{336.39^2 + 268.06^2 - 2\ 336.39\ 268.06 \cos 25} = 146.85\, m/s$$

Proyectando sobre la dirección tangencial:

$$c_1 \cos\alpha_1 = u - w_1 \cos\beta_1$$

$$\beta_1 = \cos^{-1}\left(\frac{c_1 \cos\alpha_1 - u}{-w_1}\right) = \cos^{-1}\left(\frac{336.39 \cos 25 - 268.06}{-146.85}\right) = 104.515°$$

Como se ve $\beta_1 = 104.515°$ no coincide con $\beta_{1\,diseño} = 90°$ por lo que se producirá un choque del fluido con el álabe, como no se dice nada se asumirá que no produce pérdidas.

La relación cinemática de máximo rendimiento vale:

$$\cos\alpha_1 = \cos 25 = 0.9063$$

El valor actual es:

$$\frac{u}{c_1} = \frac{268.06}{336.39} = 0.7969$$

c. Triángulo de velocidades a la salida del rotor.

A la salida del rotor solo se conoce la velocidad tangencial u, que es la misma que a la entrada, y el ángulo de salida β_2 que está impuesto por el álabe. Es necesario conocer w_2 para poder resolver el triángulo. Para ello hay que recurrir al balance de energía en el rotor.

En el rotor, del punto 1 al punto 2 se produce una expansión desde $p_1 = 3.7126$ a $p_2 = 2$ bar. Para conocer las condiciones del punto 2, hay que calcular el punto 2s desde el punto 1. El punto 2s tiene la misma presión que le punto 2.

$$T_{2s} = T_1 \left(\frac{p_2}{P_1}\right)^{\frac{\gamma-1}{\gamma}} = 624.23 \left(\frac{2}{3.7126}\right)^{\frac{1.4-1}{1.4}} = 523.1\,K$$

Ahora se puede calcular la velocidad isoentrópica del punto 2 y a partir de ella, con el coeficiente de velocidad, calcular la del punto 2:

$$h_{10R} = h_{2s0R} \quad \Rightarrow \quad h_1 + \frac{w_1^2}{2} = h_{2sR} + \frac{w_{2s}^2}{2}$$

$$w_{2s} = \sqrt{\frac{w_1^2}{2} + 2c_p(T_1 - T_{2s})} = \sqrt{\frac{146.85^2}{2} + 2\ 1000\ (624.23 - 523.1)} = 473.09\,m/s$$

La velocidad relativa debería incrementarse un poco debido a la ligera expansión, realmente su valor es:

$$w_2 = \psi w_{2s} = 0.95\ 473.09 = 449.44\,m/s$$

Ya se puede resolver el triángulo a la salida:

$$c_2 = \sqrt{{w_2}^2 + u^2 - 2w_2 u \cos\beta_2} = \sqrt{449.44^{\,2} + 268.06^2 - 2\ 449.44\ \ 268.06 \cos 25}$$
$$= 235.53\,m/s$$

Proyectando los vectores en la dirección tangencial:

$$w_1 \cos\beta_2 - u = -c_2 \cos\alpha_2$$

$$\alpha_2 = \cos^{-1}\left(\frac{w_2 \cos\beta_2 - u}{-c_2}\right) = \cos^{-1}\left(\frac{268.06 - 449.44 \cos 25}{235.53}\right) = 126.25°$$

d. Trabajo específico, rendimiento isoentrópico total a total y grado de reacción.

$$w_u = u(c_1 \cos\alpha_1 - c_2 \cos\alpha_1) = 268.06\ (336.39\ \ \cos 25 - 235.53\ \ \cos 126.25)$$
$$= 119056\,J/kg$$

En este caso el punto Es corresponde con un punto a la presión del punto 2 y una entropía igual a la del punto 0. Su temperatura se puede calcular con la fórmula de la expansión isoentrópica:

$$T_{Es} = T_0 \left(\frac{p_2}{P_0}\right)^{\frac{\gamma-1}{\gamma}} = 673 \left(\frac{2}{5}\right)^{\frac{1.4-1}{1.4}} = 518\,K$$

La fórmula del rendimiento Total a Total:

$$\eta_{TE} = \frac{w_u}{h_{00} - h_{Es}} = \frac{w_u}{c_p(T_0 - T_{Es}) + \frac{c_0^2}{2} - \frac{c_2^2}{2}} = \frac{119056}{1000\,(673 - 518) + \frac{125^2}{2} - \frac{235.53^2}{2}} = 0.8813$$

Para el grado de reacción es necesario conocer T_2. Se puede calcular del diagrama a partir de T_{2s} sumándole las pérdidas en el rotor

$$T_2 = T_{2s} + \frac{w_{2s}^2}{2} - \frac{w_2^2}{2} = 523.1 + \frac{473.09^2 - 449.44^2}{2\ 1000} = 534\,K$$

$$R = \frac{h_1 - h_2}{h_{00} - h_{20}} = \frac{c_p(T_1 - T_2)}{w_u} = \frac{1000(624.23\ - 534)}{119056} = 0.7578$$

e. Calcular el gasto a la salida del estator y del rotor.

A la salida del estator:

$$\dot{m} = A_1 \rho_1 c_{1a} = \pi D_m H_1 \frac{p_1}{RT_1} c_1 \sin \alpha_1$$

R se calcula a partir de c_p y γ:

$$R = c_p - c_v = c_p - \frac{c_p}{\gamma} = c_p \frac{\gamma - 1}{\gamma} = 1000\ \frac{1.4 - 1}{1.4} = 285.71\,J/kgK$$

$$\dot{m} = \pi\ 1.7065\ 0.06756 \frac{3.7126}{285.71\ 624.23} 336.39 \sin 25 = 107.19\,kg/s$$

A la salida del rotor:

$$\dot{m} = A_2 \rho_2 c_{2a} = \pi D_m H_2 \frac{p_2}{RT_2} c_2 \sin \alpha_2 = \pi\ 1.7065\ \ 0.0803 \frac{2}{285.71\ 534} 235.53 \sin 126.25 = 107.19\,kg/s$$

En este caso los dos gastos másicos dan igual porque se ha elegido adecuadamente la presión intermedia p_1.
La potencia se calcula como el producto del gasto másico por el trabajo específico:

$$N_e = \dot{m}\, w_u = 107.19\ \ 119056 = 12.761\,MW$$

12.5 Turbina axial, escalonamiento de reacción con vapor

Se modifican las condiciones a la entrada del escalonamiento del problema11.2. Asumiendo que la relación de expansión en rotor y estator y el régimen de giro se mantienen constantes y que las nuevas condiciones a la entrada son 4 bar y 350 °C.

Asumiendo que la velocidad a la entrada del escalonamiento es la misma y que los coeficientes de pérdidas de velocidad se mantienen, calcular:

- **a.** Triángulos de velocidad a la entrada y salida del rotor.
- **b.** Trabajo específico, rendimiento total a total y grado de reacción.
- **c.** Condiciones a la salida del estator y del rotor, y trabajo específico por el balance de energía.
- **d.** Nuevo gasto que pasa por el escalonamiento tomando como base la sección de salida del estator y recalcularlo para la sección de salida del rotor.
- **e.** Calcular la velocidad en el punto 0 a partir del gasto en el estator.

estado	título	Presión absoluta	temperatura	Entalpía específica	Entropía específica	Volumen específico
		bar	°C	kJ/kg	kJ/kg/K	dm³/kg
A	V	4	350	3170	7,7395	713,85
B	V	3,3	323,17	3116,3	7,7395	828,1963
C	V	3,3	326,98	3124,1	7,7525	833,6238
D	V	2,701	299,93	3070,24	7,7525	972,656
E	V	2,701	296,27	3062,83	7,7395	966,3019
F	V	2,701	303,84	3078,2	7,76637	979,4702

a) u=277 m/s, c_1=316.1 m/s, w_1=100.5 m/s, β_1=103.6°, c_2=102.2 m/s, w_2=319.2 m/s, α_2=105.1°.
b) w_u=90.63 kJ/kg, η_{TT}=0.855
c) Punto 1=Estado C, Punto 2=Estado F, w_u=90.632 kJ/kg
d) $\dot{m}_{v_1}$=12.1 kg/s, $\dot{m}_{v_2}$=12.2 kg/s.
e) c_0=123.58 m/s

El que los dos gastos no den igual indica que la presión intermedia real no es la que se ha dado como dato, habría que iterar disminuyendo la presión intermedia (punto 1) para que aumente el gasto en estator y disminuya en el rotor hasta conseguir que los gastos coincidan.

RESOLUCIÓN

Los datos derivados del problema anterior son los geométricos:

- Ángulos de alabes:

$$\alpha_1 = 18°$$

$\beta_{1\,diseño} = 90°$ $c_a = cte, R = 0.5$ y relación cinemática de máximo rendimiento

$$\beta_2 = \alpha_1 = 18°$$

Los ángulos de salida de los alabes $\alpha_1\ y\ \beta_2$ se mantienen, pero los de entrada del fluido al álabe serán los que salgan del problema, independientemente del ángulo de entrada al álabe: $\beta_1(diseño)$.

- Diámetro y alturas

$$D_m = 0.529\ m$$
$$H_0 = 5.325\ cm$$
$$H_1 = 6.213\ cm$$
$$H_2 = 7.293\ cm$$

- Coeficiente de pérdida de velocidad:

$$\varphi = \psi = 0.93$$

- Condiciones de funcionamiento que se mantienen: régimen y relaciones de expansión en rotor y estator:

$$n = 10000\ rpm$$
$$r_{e_E} = 1.212$$
$$r_{e_R} = 1.222$$
$$c_0 = 90\ m/s$$

- Las nuevas condiciones de funcionamiento son:

$$p_0 = 4\ bar$$
$$T_0 = 350°C$$

a. Triángulos de velocidad a la entrada y salida del rotor.

En estas condiciones fuera de diseño del escalonamiento, los triángulos no tienen que ser iguales ni ser rectángulos.

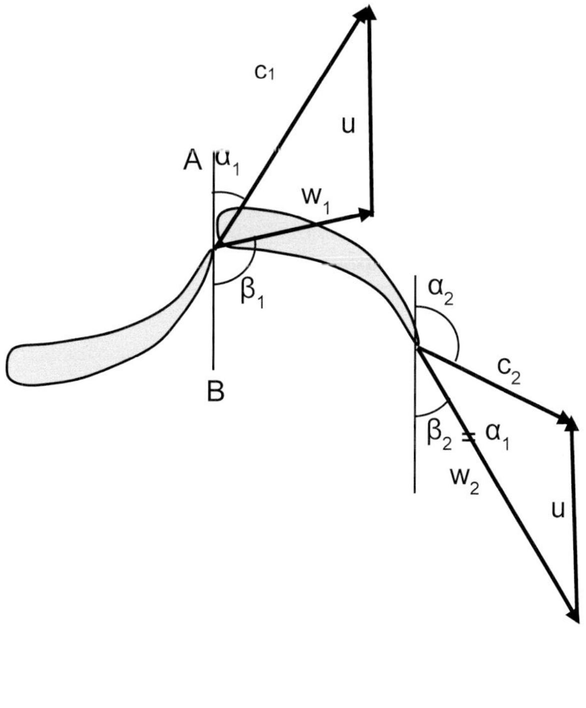

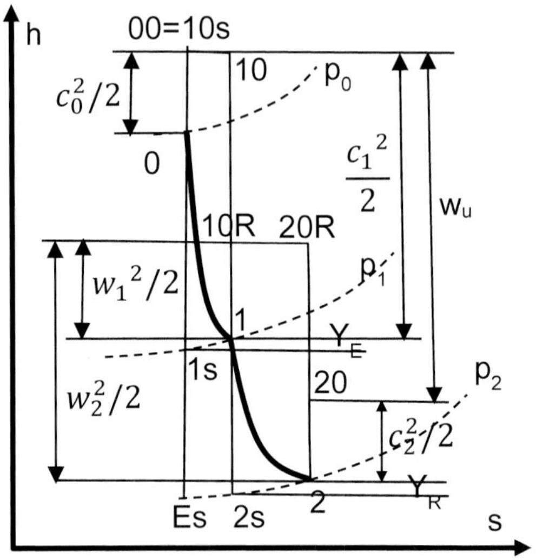

Del triángulo a la entrada solo se conoce α_1. La velocidad tangencial u se puede calcular a partir de los datos geométricos y del régimen de giro que se mantiene:

$$u = 2\pi n \frac{D_m}{2} = \pi \frac{10000}{60} 0.529 = 277\ m/s$$

La velocidad $c_1$se podría calcular de un balance de energía entre el punto 0 y el 1. El punto 0 corresponde con el estado A de la tabla, ya que coinciden su presión y su temperatura. Del punto 1 solo se conoce su presión a partir de la relación de expansión en el estator y la presión del punto 0:

$$p_1 = \frac{p_0}{r_{e_E}} = \frac{4}{1.212} = 3.3\ bar$$

Sin embargo, no se conocen más propiedades, por lo que de momento no se puede identificar en la tabla. El punto 1s tiene la misma presión que el punto 1 y además se conoce su entropía porque es la misma que la del punto 0. Corresponde con el estado B de la tabla.

Haciendo un balance de energía entre el punto 0 y el 1s se puede determinar c_{1s} y, con el coeficiente de pérdida de velocidad, calcular c_1:

$$h_{00} = h_{1s0} \quad \Rightarrow \quad h_0 + \frac{c_0^2}{2} = h_{1s} + \frac{c_{1s}^2}{2}$$

c_0 no es conocida, depende del gasto másico a través del escalonamiento que se calculará cuando se conozcan las velocidades y condiciones termodinámicas en el escalonamiento. De momento, se tomará la velocidad de diseño $c_0 = 125\ m/s$, cuando se conozca el gasto se podrá calcular y ver si coincide con la supuesta, en caso contrario habría que recalcular todo el problema. Al ser una velocidad baja, sus variaciones influyen poco en los balances de energía que es donde se utiliza.

$$c_{1s} = \sqrt{c_0^2 + 2(h_0 - h_{1s})} = \sqrt{90^2 + 2\ \ 1000\ (3170 - 3116{,}3)} = 339.85\ m/s$$

$$c_1 = \varphi\ c_{1s} = 0.93\ \ 339.85\ = 316.1\ m/s$$

Ya se puede calcular el triángulo de velocidades a la entrada:

$$w_1 = \sqrt{{c_1}^2 + u^2 - 2c_1 u \cos\alpha_1} = \sqrt{316.1^2 + 277 - 2\ \ 316.1\ \ 277 \cos 18} = 100.48\ m/s$$

Proyectando sobre la dirección tangencial:

$$c_1 \cos\alpha_1 = u - w_1 \cos\beta_1$$

$$\beta_1 = \cos^{-1}\left(\frac{c_1 \cos\alpha_1 - u}{-w_1}\right) = \cos^{-1}\left(\frac{316.1 \cos 20 - 277}{-100.48}\right) = 103.59°$$

Para calcular el triángulo a la salida hay que proceder de forma similar, entre el punto 1 y el 2s. Primeramente es necesario identificar el punto 1, pero ahora se puede calcular la entalpía del punto 1 con un balance de energía, bien desde el punto 00 o desde el punto 10s:

$$h_{00} = h_{10} \quad \Rightarrow \quad h_0 + \frac{c_0^2}{2} = h_1 + \frac{c_1^2}{2} \quad \Rightarrow \quad h_1 = h_0 + \frac{c_0^2}{2} - \frac{c_1^2}{2}$$

$$h_{1s0} = h_{10} \quad \Rightarrow \quad h_{1s} + \frac{c_{1s}^2}{2} = h_1 + \frac{c_1^2}{2} \quad \Rightarrow \quad h_1 = h_{1s} + \frac{c_{1s}^2}{2} - \frac{c_1^2}{2}$$

Cogiendo la primera:

$$h_1 = 1000\ 3170 + \frac{90^2}{2} - \frac{316.1^2}{2} = 3124.1\ kJ/kg$$

El estado C tiene esa entalpía y la presión del punto 1, por lo tanto, corresponde con el punto 1.

El punto 2s tiene la misma presión que el punto 2 y se puede calcular con la relación de expansión en el rotor:

$$p_2 = \frac{p_1}{r_{e_R}} = \frac{3.3}{1.222} = 2.701\ bar$$

La entropía del punto 2s coincide con la del punto 1. La presión y entropía del punto 2s coinciden con las del estado D, por lo tanto, el punto 2s corresponde con el estado D. Conocida h_{2s} se puede calcular w_{2s} mediante un balance de energía y con el coeficiente de pérdidas w_2:

$$h_{10R} = h_{2s0R} \quad \Rightarrow \quad h_1 + \frac{w_1^2}{2} = h_{2s} + \frac{w_{2s}^2}{2} \quad \Rightarrow \quad w_{2s} = \sqrt{w_1^2 + 2(h_1 - h_{2s})}$$

$$w_{2s} = \sqrt{w_1^2 + 2(h_1 - h_{2s})} = \sqrt{100.48^2 + 2\ \ 1000\ (3124.1 - 3070.24)} = 343.25\ m/s$$

$$w_2 = \psi\ w_{2s} = 0.93\ \ 343.25\ = 319.2\ m/s$$

Ya se puede resolver el triángulo:

$$c_2 = \sqrt{w_2{}^2 + u^2 - 2w_2 u \cos\beta_2} = \sqrt{319.2^{\,2} + 210.45^2 - 2\ 319.2\ \ 210.45 \cos 18}$$
$$= 102.17\ m/s$$

Proyectando sobre la dirección tangencial:

$$w_1 \cos\beta_2 = u - c_2 \cos\alpha_2$$

$$\alpha_2 = \cos^{-1}\left(\frac{w_2\cos\beta_2 - u}{-c_2}\right) = \cos^{-1}\left(\frac{319.2\cos 18 - 277}{-102.17}\right) = 105.1^\circ$$

b. Trabajo específico, rendimiento total a total y grado de reacción.

Por la ecuación de Euler:

$$w_u = u(c_1\cos\alpha_1 - c_2\cos\alpha_2) = 277\ \ (316.1\cos 18 - 102.17\cos 105.1) = 90.632\ kJ/kg$$

Para el rendimiento es necesario conocer la entalpía del punto Es. El punto Es tiene la entropía del punto 0 y la presión del punto 2, el estado E tiene esa presión y entropía, por lo tanto el estado E corresponde con el punto Es.

$$\eta_{TT} = \frac{w_u}{h_{00} - h_{Es} - \frac{c_2^2}{2}} = \frac{w_u}{h_0 + \frac{c_0^2}{2} - h_{Es} - \frac{c_2^2}{2}} = \frac{90632}{1000\ (3170 - 3062.8) + \frac{90^2}{2} - \frac{102.17^2}{2}}$$
$$= 0.855$$

Para calcular el grado de reacción es necesario calcular la entalpía del punto 2. Para ello se procede haciendo un balance de energía como con el cálculo de la entalpía del punto 1, pero en este caso entre los puntos 10R y 20R o entre loa puntos 2s0R y 20R

$$h_{10R} = h_{20R} \quad \Rightarrow \quad h_1 + \frac{w_1^2}{2} = h_2 + \frac{w_2^2}{2} \quad \Rightarrow \quad h_2 = h_1 + \frac{w_1^2}{2} - \frac{w_2^2}{2}$$

$$h_{2s0R} = h_{20R} \quad \Rightarrow \quad h_{2s} + \frac{w_{2s}^2}{2} = h_2 + \frac{w_2^2}{2} \quad \Rightarrow \quad h_2 = h_{2s} + \frac{w_{2s}^2}{2} - \frac{w_2^2}{2}$$

Cogiendo la primera:

$$h_2 = 1000\ \ 3124.1 + \frac{100.48^2}{2} - \frac{319.2^2}{2} = 3078.2\ kJ/kg$$

$$R = \frac{h_1 - h_2}{h_{00} - h_{20}} = \frac{h_1 - h_2}{w_u} = \frac{3124.1\ - 3078.2}{90.632} = 0.5065$$

c. Condiciones a la salida del estator y del rotor, y trabajo específico por el balance de energía.

El punto 2 tiene la misma entalpía y presión que el estado F, por lo tanto, este estado corresponde con el punto 2.

El trabajo específico se puede expresar en términos de energía como:

$$w_u = h_{00} - h_{20} = h_0 + \frac{c_0^2}{2} - h_2 - \frac{c_2^2}{2} = 1000(3170 - 3078.2) + \frac{90^2 - 102.17^2}{2}$$
$$= 90.632\ kJ/kg$$

d. Nuevo gasto que pasa por el escalonamiento tomando como base la sección de salida del estator y recalcularlo para la sección de salida del rotor.

A la salida del estator:

$$\dot{m} = A_1 \rho_1 c_{1a} = \pi D_m H_1 \frac{1}{v_1} c_1 \sin \alpha_1$$

$$\dot{m} = \pi\ 0.529\ \ 0.06213 \frac{1000}{833.62} 316.1 \sin 18 = 12.097\ kg/s$$

A la salida del rotor:

$$\dot{m} = A_2 \rho_2 c_{2a} = \pi D_m H_2 \frac{1}{v_2} c_2 \sin \alpha_2 = \pi\ 0.529\ \ 0.07293 \frac{1000}{979.47} 102.17 \sin 105.1$$
$$= 12.207\ kg/s$$

Los dos gastos no salen igual, las hipótesis de relaciones de expansión no son correctas. Si se modificase la relación de expansión en el estator aumentándola, bajaría p_1 y de esa manera aumentaría el gasto en el estator para igualarse con el del rotor. También se puede bajar la relación de expansión en el rotor y bajaría el gasto en el rotor para que se igualase con el de estator.

e. Calcular la velocidad en el punto 0 a partir del gasto en el estator.

En el punto 0 se supone que la velocidad es axial. Por lo tanto

$$\dot{m} = A_0 \rho_0 c_0 = \pi D_m H_0 \frac{1}{v_0} c_0 \qquad \Rightarrow \qquad c_0 = \frac{\dot{m} v_0}{\pi D_m H_0} = \frac{12.097\ \ 904.03\ \ 10^{-3}}{\pi\ 0.529\ \ 0.05325} = 123.58\ m/s$$

La velocidad ha aumentado ya que ha aumentado el gasto y el nuevo volumen específico no lo ha compensado. Para obtener resultados más precisos se debería recalcular todo el problema con la nueva velocidad en el punto 0.

12.6 Turbina radial con gas

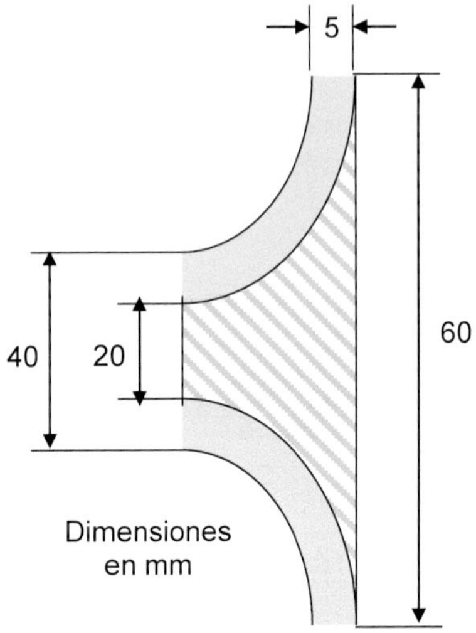

El rodete de una turbina radial tiene las dimensiones que se muestran en la figura y gira a 75000 rpm. El ángulo de salida de los alabes del estator es 18°, el ángulo de entrada al rotor es de 120° y el de salida es de 30º. A la entrada del estator las condiciones son 3 bar y 500ºC y la presión a la salida es de 1.2 bar.

Despreciando la velocidad a la entrada del estator y asumiendo que los coeficientes de pérdida de velocidad en rotor y estator son iguales y valen 0.9, determinar:

- **a.** Velocidad de salida del fluido del estator y triángulo de velocidades a la entrada del rotor.
- **b.** Triángulo de velocidades a la salida del rotor.
- **c.** Gasto másico.
- **d.** Trabajo específico por la ecuación de Euler y por energías.
- **e.** Rendimiento total a total y total a estático y grado de reacción.

R=287 J/kg/K, γ=1.4

a) $c_1 = 392.8\, m/s,\ u_1 = 235.6\, m/s, w_1 = 183.7\, m/s,\ \beta_1 = 138.6°$
b) $w_2 = 365.9\, m/s, c_2 = 270.4\, m/s,\ \alpha_2 = 137.4°$
c) $\dot{m}_1 = 0.1083\, kg/s, \dot{m}_2 = 0.1136\, kg/s,\ Exacto: \dot{m} = 0.109.23\, kg/s$
d) $w_u = 111.47\, kJ/kg$
e) $\eta_{TE} = 0.62,\ \eta_{TT} = 0.778,\ R = 0.6359, Exacto: \eta_{TE} = 0.636,\ \eta_{TT} = 0.779, R = 0.5462$

RESOLUCIÓN

Este problema es el de una turbina totalmente definida en geometría y que funciona en unas condiciones definidas por el régimen de giro y las condiciones de presión a la entrada y la salida y la temperatura a la entrada.

Se trata de determinar el punto de funcionamiento en su curva característica: para un régimen dado (línea de régimen constante más gruesa) existe una relación entre el gasto y la relación de expansión. Como se conoce la relación de expansión hay que determinar el gasto.

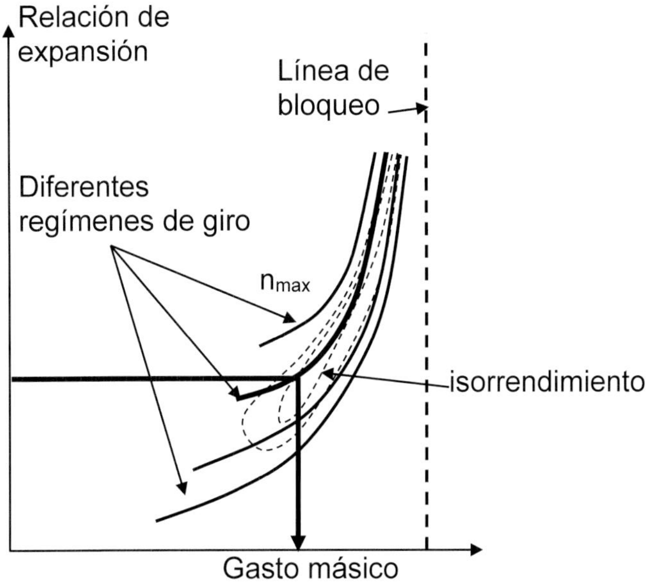

Los diferentes apartados del problema están orientados a la determinación del gasto másico. Para poder responder a los apartados es necesario hacer una hipótesis de presión intermedia entre rotor y estator.

De esta manera la resolución del problema consiste en calcular el flujo másico a través de dos toberas, una fija (estator) y otra móvil (rotor). Cuando se han calculado los dos gastos, estos deben de coincidir, en caso contrario se debe iterar haciendo una nueva hipótesis de presión intermedia hasta que coincidan los gastos.

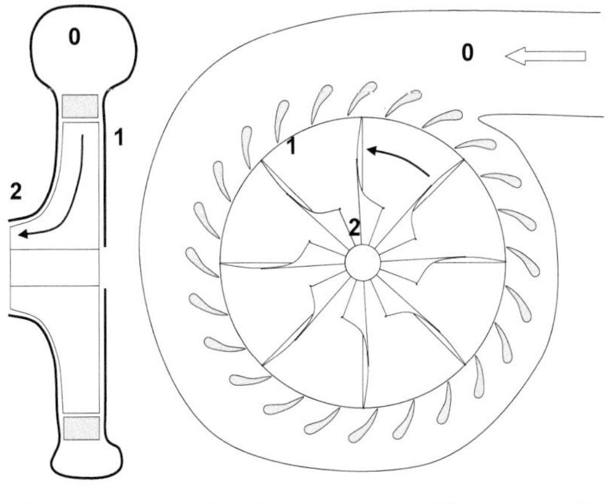

Se va hacer la hipótesis de que la relación de expansión es igual en rotor y estator, con ello la relación de expansión en cada etapa es:

$$r_e = \sqrt{\frac{p_0}{p_2}} = \sqrt{\frac{3}{1.2}} = 1.581$$

Y la presión intermedia:

$$p_1 = r_e p_2 = 1.581\ \ 1.2 = 1.897\ bar$$

a. Velocidad de salida del fluido del estator y triángulo de velocidades a la entrada del rotor.

Con la hipótesis de presión a la salida del rotor, se puede calcular la temperatura isoentrópica del punto 1 y su velocidad isoentrópica, para finalmente calcular la velocidad absoluta de entrada al rotor.

$$T_{1s} = T_0 \left(\frac{p_1}{p_0}\right)^{\frac{\gamma-1}{\gamma}} = 773 \left(\frac{1.897}{3}\right)^{\frac{1.35-1}{1.35}} = 689.43\ K$$

Con un balance de energía entre la entrada y la salida del estator se puede calcular la velocidad de salida isoentrópica c_{1s}, y con el coeficiente de pérdidas de velocidad calcular c_1:

$$h_{10s} = h_{00} \quad \Rightarrow \quad c_p T_{1s} + \frac{c_{1s}^2}{2} = c_p T_0 \quad \Rightarrow \quad c_{1s} = \sqrt{2\ c_p (T_0 - T_{1s})}$$

$$c_{1s} = \sqrt{2\ 1100(773 - 689.43)} = 436.4\ m/s$$

$$c_1 = \varphi c_{1s} = 0.9\ \ 436.4 = 392.8\ m/s$$

Del triángulo de velocidades a la salida de estator se conoce la velocidad absoluta, su ángulo de salida que es el del álabe del estator ya que los ángulos de salida los imponen los álabes, no así los de entrada. También se conoce la velocidad tangencial, por lo que se puede resolver.
Aplicando el teorema del coseno:

$$u_1 = \pi D_1 n = \pi\ 0.06\ \frac{75000}{60} = 235.6\ m/s$$

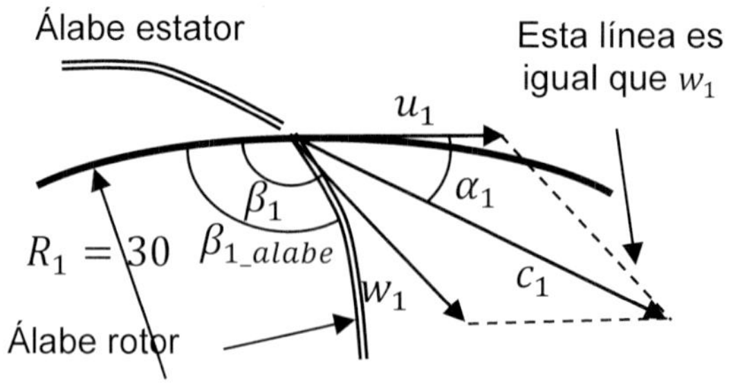

Aplicando el teorema del coseno:

$$w_1 = \sqrt{c_1^2 + u_1^2 - 2c_1u_1\cos\alpha_1} = \sqrt{392.8^2 + 235.6^2 - 2\ 392.8\ 235.6\cos 18} = 183.7\ m/s$$

Proyectando sobre la dirección de u_1:

$$c_1\cos\alpha_1 = u_1 - w_1\cos\beta_1$$

$$\beta_1 = \cos^{-1}\frac{u_1 - c_1\cos\alpha_1}{w_1} = \cos^{-1}\frac{235.6 - 392.8\cos 18}{183.7} = 138.6°$$

El ángulo de incidencia del fluido en el rotor no coincide con el del álabe, esto va a provocar choque y desprendimiento de la corriente. Esto se podría considerar introduciendo unas pérdidas de velocidad que se sumarían a las pérdidas en el rotor.

b. Triángulo de velocidades a la salida del rotor.

Para calcular el triángulo a la salida del rotor hay que hacer lo mismo que en el estator, pero desde el sistema de referencia del rotor:

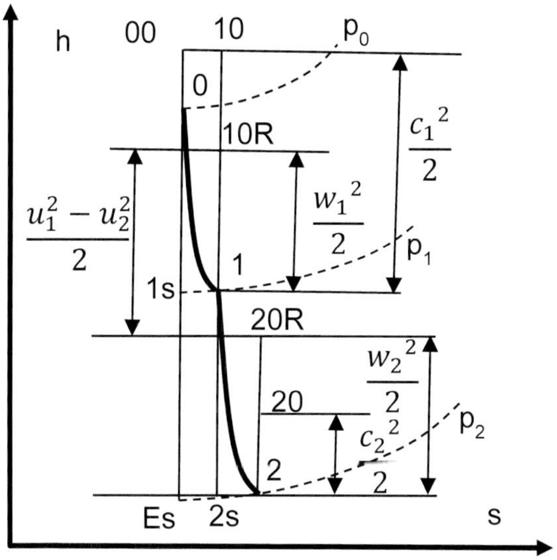

Primeramente, la expansión isoentrópica, para ello es necesario conocer la temperatura del punto 1 que se calcula con el balance de energía entre los puntos 10 y 10s, en definitiva, lo que se hace es evaluar las pérdidas en el estator $Y_E = \frac{c_{1s}^2 - c_1^2}{2}$:

$$h_{10s} = h_{10} \quad \Rightarrow \quad c_pT_{1s} + \frac{c_{1s}^2}{2} = c_pT_1 + \frac{c_1^2}{2} \quad \Rightarrow \quad T_1 = T_{1s} + \frac{c_{1s}^2 - c_1^2}{2c_p}$$

$$T_1 = 689.43 + \frac{436.4^2 - 392.8^2}{2\ 1100} = 702.9\ K$$

Ahora ya se puede calcular T_{2s}:

$$T_{2s} = T_1 \left(\frac{p_2}{p_1}\right)^{\frac{\gamma-1}{\gamma}} = 702.9 \left(\frac{1.2}{1.897}\right)^{\frac{1.35-1}{1.35}} = 624.2\ K$$

Con un balance de energía en el sistema de referencia del rotor entre la entrada y la salida del rotor se puede calcular la velocidad de salida isoentrópica w_{2s}, y con el coeficiente de pérdidas de velocidad calcular w_2. Hay que tener en cuenta el trabajo realizado por la fuerza centrífuga:

$$h_{10R} = h_{20Rs} + \frac{u_1^2}{2} - \frac{u_2^2}{2} \quad \Rightarrow \quad \frac{w_1^2}{2} + c_p T_1 + \frac{u_2^2}{2} - \frac{u_1^2}{2} = \frac{w_{2s}^2}{2} + c_p T_{2s}$$

$$w_{2s} = \sqrt{w_1^2 + u_2^2 - u_1^2 + 2c_p(T_1 - T_{2s})}$$

Para poder calcular w_{2s} es necesario conocer u_2, para ello hay que conocer el diámetro medio de salida del rotor, $D_{2int} = 2\ cm$ y $D_{2ext} = D_0 = 4\ cm$, por lo tanto:

$$u_2 = \pi D_{2m} n = \pi \frac{(D_{2ext} + D_{2int})}{2} n = \pi \frac{(0.04 + 0.02)}{2} \frac{75000}{60} = 117.8\ m/s$$

$$w_{2s} = \sqrt{w_1^2 + u_2^2 - u_1^2 + 2c_p(T_1 - T_{2s})}$$

$$= \sqrt{183.7^2 + 117.8^2 - 235.6^2 + 2\ 1100(702.9 - 624.2)} = 406.6\ m/s$$

$$w_2 = \psi w_{2s} = 0.9\ 406.6 = 365.9\ m/s$$

Del triángulo de salida del rotor se conoce la velocidad tangencial, la velocidad relativa y el ángulo de salida del rotor impuesto por el álabe β_2.

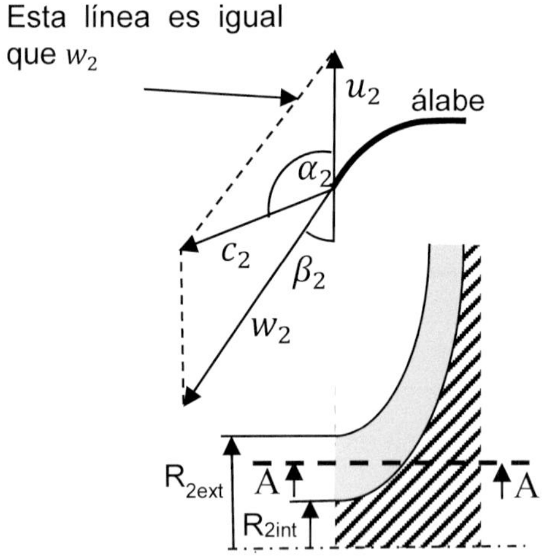

Aplicando el teorema del coseno:

$$c_2 = \sqrt{w_2^2 + u_2^2 - 2w_2 u_2 \cos\beta_2} = \sqrt{365.9^2 + 117.8^2 - 2\ 365.9\ \ 117.8 \cos 30}$$
$$= 270.4\ m/s$$

Proyectando sobre la dirección de u_2:

$$u_2 - c_2 \cos\alpha_2 = w_2 \cos\beta_2$$

$$\alpha_2 = \cos^{-1}\frac{u_2 - w_2\cos\beta_2}{c_2} = \cos^{-1}\frac{117.8 - 365.9\ \cos 30}{270.4} = 137.4°$$

c. Gasto másico.

El gasto másico se puede calcular a la salida del estator o a la salida del rotor, los dos deberían de coincidir, en caso contrario se debería revisar la hipótesis de la presión intermedia.
A la salida del estator:

$$\dot{m} = A_1\rho_1 c_{1r} = \pi D_1 H_1 \rho_1 c_1 \sin\alpha_1$$

A la salida del rotor:

$$\dot{m} = \frac{\pi(D_{2ext}^2 - D_{2int}^2)}{4}\rho_2 c_{2a} = \frac{\pi(D_{2ext}^2 - D_{2int}^2)}{4}\rho_2 c_2 \sin\alpha_2$$

Hay que calcular las densidades en los dos puntos, para ello se necesitan las presiones y las temperaturas, falta de calcular T_2 que se hace de la misma forma que con T_1, es decir, un balance de energía entre 2s y 2 para evaluar las pérdidas:

$$h_{20Rs} = h_{20R} \quad \Rightarrow \ c_p T_{2s} + \frac{w_{2s}^2}{2} = c_p T_2 + \frac{w_2^2}{2} \ \Rightarrow \ T_2 = T_{2s} + \frac{w_{2s}^2 - w_2^2}{2c_p}$$

$$T_2 = 624.2 + \frac{406.6^2\ - 365.9^2}{2\ 1100} = 638.4\ K$$

R se calcula a partir de gamma y c_p:

$$R = c_p - c_v = c_p - \frac{c_p}{\gamma} = c_p\left(\frac{\gamma - 1}{\gamma}\right) = 1100\frac{1.35 - 1}{1.35} = 285.2\ J/kgK$$

$$\rho_1 = \frac{p_1}{RT_1} = \frac{1.817\ 10^5}{285.2\ 702.9} = 0.9465\ kg/m^3$$

$$\rho_2 = \frac{p_2}{RT_2} = \frac{1.2\ 10^5}{285.2\ 638.4} = 0.6591\ kg/m^3$$

Los gastos másicos quedan:

$$\dot{m}_1 = \pi 0.06\ 0.005\ 0.9465\ \ 392.8 \sin 18 = 0.1083\ kg/s$$

$$\dot{m}_2 = \frac{\pi(0.04^2 - 0.02^2)}{4} 0.6591\ \ 270.4 \sin 137.4 = 0.1136\ kg/s$$

Como se ve los gastos másicos no coinciden, habría que disminuir la presión intermedia para que aumente el salto en el estator y aumente el gasto y en consecuencia ocurra lo contrario en el rotor. La presión intermedia que iguala los dos gastos es: $p_1 = 1.80634\ bar$
El gasto másico es: $\dot{m} = 0.109.23\ kg/s$

Se va a continuar haciendo el problema con el valor de presión intermedia inicial, aunque es fácil plantear todo lo que se ha hecho hasta ahora en una hoja Excel e ir probando valores presión intermedia para ajustar a cero el error en la diferencia de gasto.

d. Trabajo específico por la ecuación de Euler y por energías.

Por la ecuación de Euler:

$$w_u = u_1 c_1 \cos\alpha_1 - u_2 c_2 \cos\alpha_2$$
$$= 235.6\ \ 392.8\ \ \cos 18 - 117.8\ \ 270.4 \cos 137.4 = 111.47\ kJ/kg$$

Utilizando la ecuación de la energía:

$$w_u = h_{00} - h_{20} = c_p(T_0 - T_2) + \frac{c_0^2}{2} - \frac{c_2^2}{2} = 1100(773 - 638.4) - \frac{270.4^2}{2} = 111.47\ kJ/kg$$

En el caso exacto:

$$w_u = 114.4\ kJ/kg$$

e. Rendimiento total a total y total a estático y Grado de reacción.

Para calcular el rendimiento hace falta conocer la temperatura del punto Es. Con la evolución isoentrópica desde 0 hasta Es:

$$T_{Es} = T_0 \left(\frac{p_{Es}}{p_0}\right)^{\frac{\gamma-1}{\gamma}} = 773 \left(\frac{1.2}{3}\right)^{\frac{1.35-1}{1.35}} = 609.5\ K$$

Los rendimientos:

$$\eta_{TE} = \frac{w_u}{h_{00} - h_{Es}} = \frac{w_u}{c_p(T_0 - T_{Es}) + \frac{c_0^2}{2}} = \frac{111470}{1100(773 - 609.5)} = 0.62$$

$$\eta_{TT} = \frac{w_u}{h_{00} - h_{Es} - \frac{c_2^2}{2}} = \frac{w_u}{c_p(T_0 - T_{Es}) + \frac{c_0^2}{2} - \frac{c_2^2}{2}} = \frac{111470}{1100(773 - 609.5) - \frac{270.4^2}{2}} = 0.778$$

El grado de reacción

$$R = \frac{h_1 - h_2}{w_u} = \frac{c_p(T_1 - T_2)}{w_u} = \frac{1180(702.9 - 638.4)}{111470} = 0.6359$$

En el caso exacto, empleando $p_1 = 1.80634\ bar$, los resultados son:

$$\eta_{TE} = 0.636$$
$$\eta_{TT} = 0.779$$
$$R = 0.5462$$

COMENTARIOS FINALES

Con este planteamiento se podría calcular las curvas características de la turbina. Hay que tener en cuenta, que tal y como está planteada la metodología, el flujo supersónico se resolvería de la misma manera, sin tener en cuenta la posibilidad de bloqueo de las toberas. Además, para que existiese flujo supersónico las secciones de paso deben ser convergentes divergentes, lo cual no está contemplado en el diseño de la turbina.

13 TURBOCOMPRESORES

13.1 Escalonamiento axial. Definición

El primer escalonamiento de un compresor axial tiene un diámetro medio de 0.9 m y una altura a la entrada del rotor de 0.15 m. Las condiciones ambientales son 20ºC y 1 bar.

Se pretende que, en las condiciones de diseño, la velocidad axial a lo largo de todo el escalonamiento sea constante. Las velocidades a la entrada y salida del escalonamiento son axiales y de 100 m/s, la velocidad relativa de salida del rotor también es axial y el régimen de giro es de 3000 rpm. La evolución por los álabes se considera isoentrópica.

Calcular:

- **a.** Condiciones a la entrada del rotor y triángulo de velocidades.
- **b.** Ángulo del perfil del rotor a la entrada.
- **c.** Diagrama h-s de la evolución del fluido. Condiciones a la salida del rotor y triángulo de velocidades.
- **d.** Trabajo específico por la ecuación de Euler y por el balance de entalpías.
- **e.** Condiciones a la salida del escalonamiento y altura del álabe a la entrada y salida del estator.
- **f.** Potencia de accionamiento.

Indicación: c_p = 1 kJ/kg/K, R = 287 J/kg/K

a) $p_1 = 0.9418\,bar,\ T_1 = 15°C,\ u = 141.37\,m/s,\ w_1 = 173.16\,m/s$
b) $\beta_1 = 35.27°$
c) $T_2 = 298\,K,\ p_2 = 1.0606\,bar,\ c_2 = 173.16\,m/s,\ \alpha_2 = 35.27°$
d) $w_u = -19.985\,kJ/kg$
e) $p_3 = 1.19\,bar,\ T_3 = 308\,K,\ H_2 = 0.1378\,m,\ H_3 = 0.127\,m$
f) $N_i = 965.8\,kW$

RESOLUCIÓN

a. Condiciones a la entrada del rotor y triángulo de velocidades.

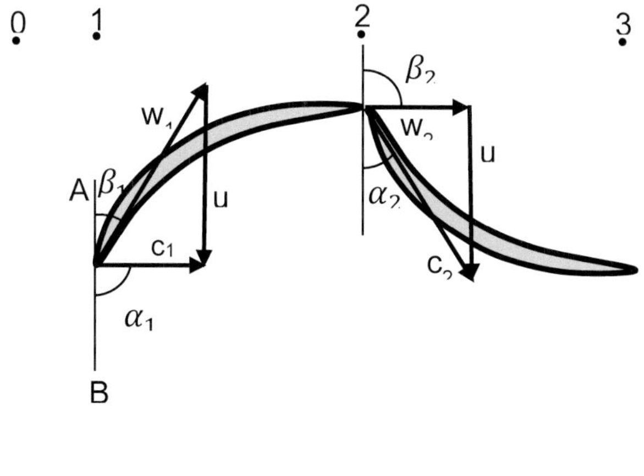

El esquema de la evolución del fluido por los álabes es similar al planteado en la figura, del punto 0 al punto 1 evoluciona según una expansión isoentrópica para alcanzar la velocidad necesaria de entrada al rotor 100 m/s.

Con un balance de energía entre el punto 0 y el 1 se puede calcular la temperatura del fluido en el punto 1:

$$h_{00} = h_{10} \quad \Rightarrow \quad c_p T_0 = c_p T_1 + \frac{c_1^2}{2} \quad \Rightarrow \quad T_1 = T_0 - \frac{c_1^2}{2c_p} = 20 - \frac{100^2}{2\ 1000} = 15°C$$

La presión es el resultado de un proceso isoentrópico desde el punto 0 al punto 1:

$$p_1 = p_0 \left(\frac{T_1}{T_0}\right)^{\frac{\gamma}{\gamma-1}} = p_0 \left(\frac{T_1}{T_0}\right)^{\frac{c_p}{R}} = 1 \left(\frac{288}{293}\right)^{\frac{1000}{287}} = 0.9418\, bar$$

Como el régimen y el diámetro del rodete es conocido, se puede conocer la velocidad tangencial, y como se conoce el ángulo de entrada al álabe, se puede resolver el triángulo:

$$u = n\pi D_m = \frac{3000}{60}\pi\ 0.9 = 141.37\, m/s$$

$$w_1 = \sqrt{u^2 + c_1^2} = \sqrt{141.37^2 + 100^2} = 173.16\, m/s$$

b. Ángulo del perfil del rotor a la entrada.

$$w_1 \cos\beta_1 = u \quad \Rightarrow \quad \beta_1 = \cos^{-1}\frac{u}{w_1} = \cos^{-1}\frac{141.37}{173.16} = 35.27°$$

c. Condiciones a la salida del rotor y triángulo de velocidades.

En la figura se muestra la evolución del fluido en un diagrama h-s. Los puntos isoentrópicos coinciden con los puntos originales, ya que todos los procesos son isoentrópicos.

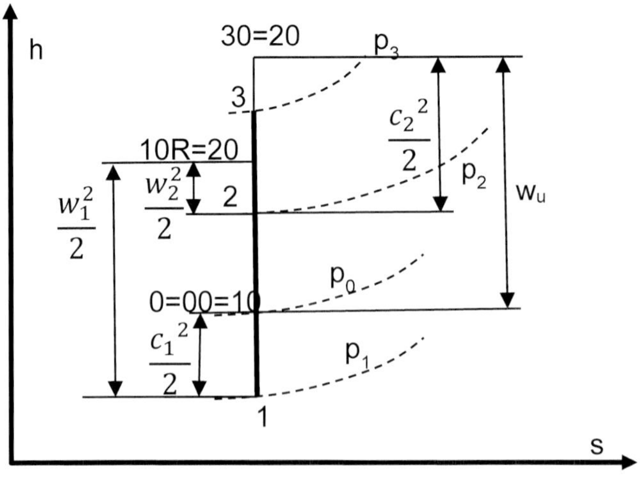

Como la velocidad axial se mantiene y la velocidad relativa de salida del rotor w_2 es axial, su valor está determinado y es igual a c_1. En el estator desde un sistema de referencia sobre él, el proceso es una compresión dinámica isoentrópica, por lo tanto, se puede utilizar el balance de energía relativo para calcular la temperatura de salida y finalmente con la ecuación de la isoentrópica calcular la presión.

$$h_{10R} = h_{20R} \quad \Rightarrow \quad c_p T_1 + \frac{w_1^2}{2} = c_p T_2 + \frac{w_2^2}{2}$$

$$T_2 = T_1 + \frac{w_1^2 - w_2^2}{2c_p} = 288 - \frac{173.16^2 - 100^2}{2\ 1000} = 298\,K$$

$$p_2 = p_1 \left(\frac{T_2}{T_1}\right)^{\frac{\gamma}{\gamma-1}} = p_1 \left(\frac{T_2}{T_1}\right)^{\frac{c_p}{R}} = 0.9418 \left(\frac{298}{288}\right)^{\frac{1000}{287}} = 1.0606\,bar$$

El triángulo de velocidades a la salida es igual que a la entrada:

$$c_2 = \sqrt{u^2 + w_2^2} = \sqrt{141.37^2 + 100^2} = 173.16\,m/s$$

$$c_2 \cos\alpha_2 = w_2 \quad \Rightarrow \quad \alpha_2 = \cos^{-1}\frac{w_2}{c_2} = \cos^{-1}\frac{100}{173.16} = 35.27°$$

d. Trabajo específico por la ecuación de Euler y por el balance de entalpías.

En la ecuación de Euler, el primer término vale 0 ya que la velocidad de entrada es perpendicular a la velocidad tangencial a la entrada:

$$w_u = u_1 c_1 \cos\alpha_1 - u_2 c_2 \cos\alpha_2 = -173.16\ \ 141.37\cos 35.27 = -19.985\,kJ/kg$$

El signo menos viene de que es una máquina generadora.
Por la ecuación de la energía se puede hacer:

$$w_u = h_{10} - h_{20} = c_p(T_1 - T_2) + \frac{c_1^2}{2} - \frac{c_2^2}{2} = 1000\,(288 - 298) + \frac{100^2}{2} - \frac{173.16^2}{2}$$
$$= -19.985\,kJ/kg$$

e. Condiciones a la salida del escalonamiento y altura del álabe a la entrada y salida del estator.

En el estator se produce una compresión dinámica reversible con una pérdida de velocidad hasta recuperar la velocidad axial constante de 100 m/s. Por lo tanto, c_3 es conocida y por un balance de energía se puede calcular T_3, finalmente por la ecuación de la isoentrópica se puede calcular p_3:

$$h_{20} = h_{30} \quad \Rightarrow \quad c_p T_2 + \frac{c_2^2}{2} = c_p T_3 + \frac{c_3^2}{2} \quad \Rightarrow \quad T_3 = T_2 + \frac{c_2^2 - c_3^2}{2c_p}$$
$$= 298 + \frac{173.16^2 - 100^2}{2\ 1000} = 308\,K$$

$$p_3 = p_2 \left(\frac{T_3}{T_2}\right)^{\frac{\gamma}{\gamma-1}} = p_2 \left(\frac{T_3}{T_2}\right)^{\frac{c_p}{R}} = 1.0606 \left(\frac{308}{298}\right)^{\frac{1000}{287}} = 1.19\,bar$$

La densidad en el punto 3:

$$\rho_3 = \frac{p_3}{RT_3} = \frac{1.19\ 10^5}{287\ 308} = 1.346\ kg/m^3$$

El gasto másico se puede calcular en el punto 1 que se tienen todas las condiciones y dimensiones y con la ecuación de conservación de la masa se pueden calcular las alturas en los puntos 2 y 3:

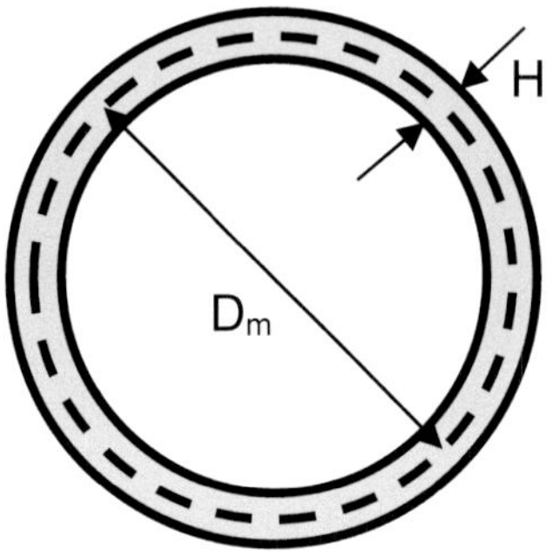

$$\dot{m} = A_1\rho_1 c_{1a} = A_2\rho_2 c_{2a} = A_3\rho_3 c_{3a}$$

$$\dot{m} = \pi D_m H_1 \rho_1 c_1 = \pi D_m H_2 \rho_2 w_2 = \pi D_m H_3 \rho_3 c_3$$

Las densidades en los puntos 1 y 2:

$$\rho_1 = \frac{p_1}{RT_1} = \frac{0.9418\ 10^5}{287\ 288} = 1.1394 \frac{kg}{m^3} \qquad \rho_2 = \frac{P_2}{RT_2} = \frac{1.0606\ 10^5}{287\ 298} = 1.24\ kg/m^3$$

$$\dot{m} = \pi\ 0.9\ 0.15\ 1.1394\ 100 = 48.32\ kg/s$$

$$H_2 = \frac{\dot{m}}{\pi D_m \rho_2 w_2} = \frac{48.32}{\pi\ 0.9\ 1.24\ 100} = 0.1378\ m$$

$$H_3 = \frac{\dot{m}}{\pi D_m \rho_3 c_3} = \frac{48.32}{\pi\ 0.9\ 1.346\ 100} = 0.127\ m$$

f. Potencia de accionamiento.

La potencia es el gasto por el trabajo específico:

$$N_i = w_u \dot{m} = 19.985\ 48.32 = 965.8\ kW$$

13.2 Compresor radial pequeño. Definición

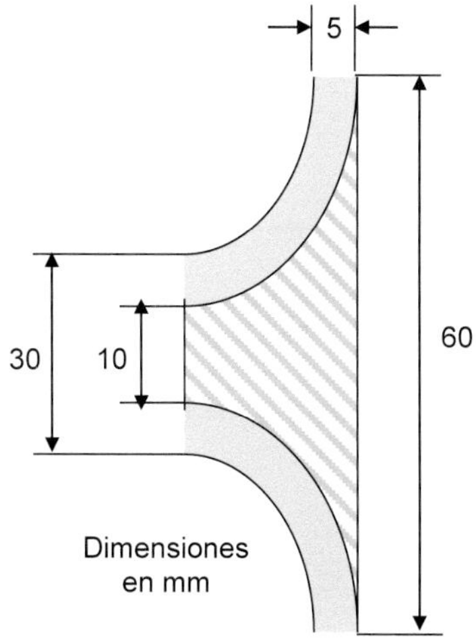

Por un turbocompresor radial que está funcionando a 76540 rpm circulan 0.11 kg/s de aire. A la entrada del compresor la velocidad del fluido solo tiene componente axial y las condiciones son 1 bar y 20ºC. En la salida del rodete después de una compresión isoentrópica la presión es de 1.5 bar, el álabe forma un ángulo de 120º con la velocidad tangencial u_1. Las dimensiones del rodete se indican en la figura. Determinar:

- **a.** Velocidad de entrada del fluido al rotor.
- **b.** Triángulo de velocidades a la salida del rotor.
- **c.** Trabajo específico.
- **d.** Ángulo de entrada de los álabes del rotor suponiendo que no hay choque.
- **e.** Presión final del fluido después de una compresión dinámica en el estator (presión de parada).
- **f.** Potencia absorbida por el compresor.
- **g.** Calcular la presión ambiental si el proceso de aceleración hasta la entrada del rotor se realiza de forma reversible.

R=287 J/kg/K, γ=1.4

a) $c_1 = 147.21\, m/s$
b) $u_2 = 240.5\, m/s,\ w_2 = 84.83\, m/s, c_2 = 211.23\, m/s,\ \alpha_2 = 20.35°$
c) $w_u = -47.62\, kJ/kg$
d) $\beta_1 = 61.43°$
e) $p_3 = 1.885\, bar$
f) $N_i = 5.238\, kW$
g) $p_0 = 1.135\, bar$

RESOLUCIÓN

- **a.** Velocidad de entrada del fluido al rotor.

Conocido el gasto másico y las condiciones a la entrada, a partir de la geometría de entrada se puede calcular la velocidad.

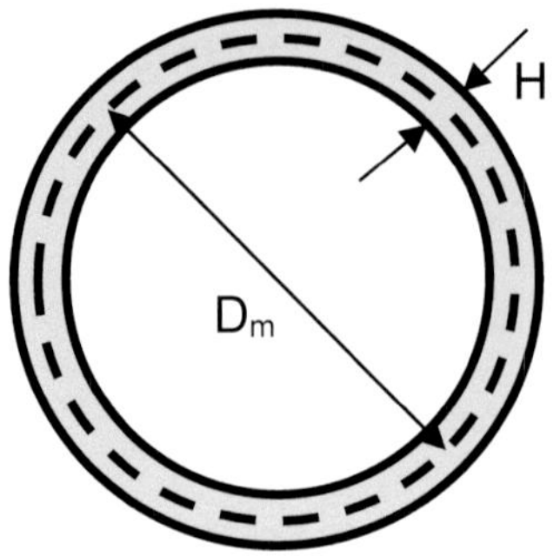

$$\dot{m} = A_1 \rho_1 c_{1a} = \pi D_{m1} H_1 \frac{p_1}{RT_1} c_{1a}$$

Por lo tanto:

$$\rho_1 = \frac{p_1}{RT_1} = \frac{10^5}{287\ 293} = 1.1892\ kg/m^3$$

$$c_{1a} = \frac{\dot{m}}{\pi D_{m1} H_1 \rho_1} = \frac{0.11}{\pi\ 0.02\ 0.01\ 1.1892} = 147.21\ m/s$$

Como solo tienen componente axial, esa velocidad es la velocidad del fluido.

b. Triángulo de velocidades a la salida del rotor.

Del triángulo se conoce la velocidad tangencial:

$$u_2 = 2\pi n R_2 = \frac{2\pi\ 76540}{60} 0.03 = 240.5\ m/s$$

También se puede conocer la velocidad radial absoluta a la salida del rodete ya que se tiene que cumplir la conservación del gasto másico y la densidad se puede calcular del proceso de compresión isoentrópica en el rotor.

$$\rho_2 = \rho_1 \left(\frac{p_2}{p_1}\right)^{\frac{1}{\gamma}} = 1.1892 \left(\frac{1.5}{1}\right)^{\frac{1}{1.4}} = 1.589\ kg/m^3$$

$$c_{2r} = \frac{\dot{m}}{\pi D_2 H_2 \rho_2} = \frac{0.11}{\pi\ 0.06\ 0.005\ 1.589} = 76.467\ m/s$$

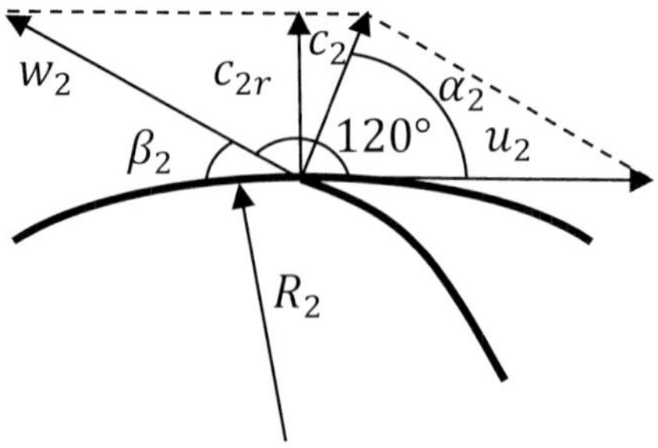

De la figura se deduce:

$$w_2 \sin \beta_2 = c_{2r} \quad \Rightarrow \quad w_2 = \frac{c_{2r}}{\sin \beta_2} = \frac{76.467}{\sin(180-120)} = 84.83\ m/s$$

Ya se pueden calcular el resto de valores del triángulo a la salida del rotor:

$$c_2 = \sqrt{w_2^2 + u_2^2 - 2 w_2 u_2 \cos \beta_2} = \sqrt{84.83^2 + 240.46^2 - 2\ 84.83\ 240.46 \cos 60}$$
$$= 211.23\ m/s$$

$$c_2 \cos \alpha_2 + w_2 \cos \beta_2 = u_2$$

$$\alpha_2 = \cos^{-1} \frac{u_2 - w_2 \cos \beta_2}{c_2} = \cos^{-1} \frac{240.46 - 84.83 \cos 60}{211.23} = 20.35°$$

c. Trabajo específico.

Se puede calcular con la ecuación de Euler, en la que el primer término vale 0 ya que la velocidad de entrada es perpendicular a la velocidad tangencial a la entrada:

$$w_u = u_1 c_1 \cos \alpha_1 - u_2 c_2 \cos \alpha_2 = -240.46\ 211.23 \cos 20.35 = -47.62\ kJ/kg$$

El signo menos viene de que es una máquina generadora.

d. Ángulo de entrada de los alabes del rotor suponiendo que no hay choque.

A la entrada del rotor, la velocidad tangencial y la absoluta son perpendiculares. De la figura se deduce:

$$tan\, \beta_1 = \frac{c_1}{u_1} = \frac{c_1}{2\pi n R_1} \quad \Rightarrow \quad \beta_1 = tan^{-1} \frac{147.21}{\frac{2\pi\ 76540}{60} 0.01} = 61.43°$$

e. Presión final del fluido después de una compresión dinámica en el estator (presión de parada).

En el estator se produce una disminución de la velocidad absoluta del fluido, produciéndose una compresión dinámica, por lo que las entalpías de parada deben de ser iguales, suponiendo que el fluido en el punto 2 tiene una velocidad despreciable:

$$h_{20} = h_{30} \quad \Rightarrow \quad \frac{c_2^2}{2} + c_p T_2 = c_p T_3 \quad \Rightarrow \quad T_3 = T_2 + \frac{c_2^2}{2c_p}$$

c_p se calcula a partir de R y γ, T_2 se calcula a través de una compresión isoentrópica entre el punto 2 y el 3, ya que el proceso es reversible:

$$R = c_p - c_v = c_p - \frac{c_p}{\gamma} \quad \Rightarrow \quad c_p = \frac{R\,\gamma}{\gamma - 1} = \frac{287\ 1.4}{1.4 - 1} = 1004.5\, J/kgK$$

$$T_3 = T_2 + \frac{c_2^2}{2c_p} = T_1 \left(\frac{p_2}{p_1}\right)^{\frac{\gamma-1}{\gamma}} + \frac{c_2^2}{2c_p} = 293 \left(\frac{1.5}{1}\right)^{\frac{1.4-1}{1.4}} + \frac{211.23^2}{2\ 1004.5} = 351.2\ K$$

Conocida T_3, P_3 se calcula con otra evolución isoentrópica:

$$p_3 = p_2 \left(\frac{T_3}{T_2}\right)^{\frac{\gamma}{\gamma-1}} = 1.5 \left(\frac{351.2}{329}\right)^{\frac{1.4}{1.4-1}} = 1.885\ bar$$

f. Potencia absorbida por el compresor.

La potencia es el trabajo específico por el gasto másico:

$$N_i = \dot{m} w_u = 0.11\ \ 47620 = 5.238\ kW$$

g. Calcular la presión ambiental si el proceso de aceleración hasta la entrada del rotor se realiza de forma reversible

Las condiciones ambientales tienen que ser tales que el fluido evolucione mediante una expansión hasta una velocidad de c_1.

$$h_{00} = h_{10} \quad \Rightarrow \quad c_p T_0 = c_p T_1 + \frac{c_1^2}{2} \quad \Rightarrow \quad T_0 = T_1 + \frac{c_1^2}{2c_p} = 20 + \frac{147.21^2}{2\ 1004.5} = 30.79°C$$

$$p_0 = p_1 \left(\frac{T_0}{T_1}\right)^{\frac{\gamma}{\gamma-1}} = 1 \left(\frac{303.79}{293}\right)^{\frac{1.4}{1.4-1}} = 1.135\ bar$$

13.3 Compresor radial. Definición

Se pretende diseñar un compresor radial para un grupo de sobrealimentación de un motor alternativo estacionario que consume 2kg/s, a 3.5 bar partiendo de unas condiciones ambientales de 0.95 bar y 30ºC. El rodete tendrá una velocidad tangencial máxima de 400 m/s con un radio exterior de 250 mm, el fluido a la entrada del rotor tendrá una velocidad axial de 200 m/s.

El eje del rodete a la entrada tiene un diámetro de 2 cm. Se asume un coeficiente de pérdida de velocidad en el rotor de 0.9, el resto de procesos se consideran reversibles.

a. Dibujar en un diagrama h-s la evolución del fluido, indicando trabajo específico, energías cinéticas absolutas y relativa, y trabajo específico.
b. Calcular las condiciones a la entrada el rotor, el diámetro exterior de entrada del rotor y el ángulo medio de entrada al rotor.
c. Determinar las condiciones a la salida del rotor y la velocidad relativa de salida del rotor.
d. Calcular el triángulo de velocidades a la salida del rotor.
e. Determinar la altura del álabe a la salida del rotor.
f. Trabajo específico por la ecuación de Euler y por balance de energías, potencia para accionar el compresor

$c_p = 1\ kJ/kg/K,\ R = 287\ J/kg/K$

b) $p_1 = 0.7488\ bar,\ T_1 = 10°C, D_{1ext} = 11.92\ cm, \beta_1 = 60.9°$
c) $p_2 = 2.022\ bar,\ T_2 = 377.6\ K, w_2 = 103.8\ m/s$
d) $c_2 = 358.9\ m/s, \alpha_2 = 14.46°,\ \beta_2 = 59.65°$

e) $H_2 = 15.23\,mm$
f) $w_u = -139.02\,kJ/kg, N_i = 278\,kW$

RESOLUCIÓN

a. Dibujar en un diagrama h-s la evolución del fluido, indicando trabajo específico, energías cinéticas absolutas y relativa y trabajo específico.

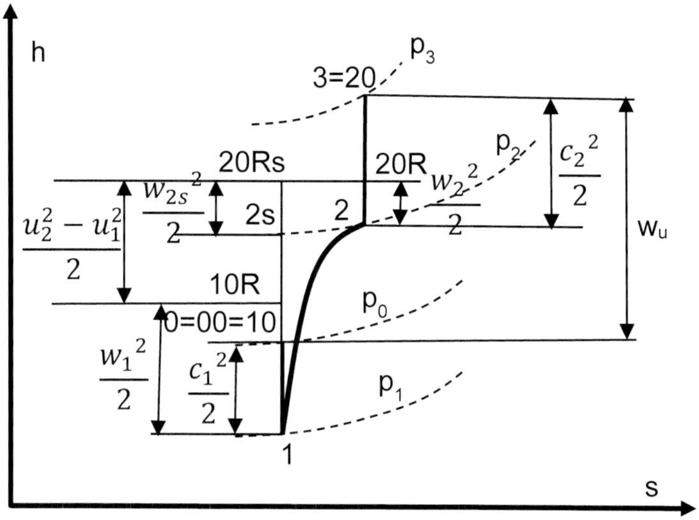

b. Calcular las condiciones a la entrada el rotor, el diámetro exterior de entrada del rotor y el ángulo medio de entrada al rotor.

Por un balance de entalpías de parada entre el ambiente y la entrada del rotor se puede calcular la temperatura a la entrada del rotor y posteriormente la presión:

$$h_{00} = h_{10} \quad \Rightarrow \quad c_p T_0 = c_p T_1 + \frac{c_1^2}{2} \quad \Rightarrow \quad T_1 = T_0 - \frac{c_1^2}{2c_p} = 30 - \frac{200^2}{2\ 1000} = 10°C$$

$$p_1 = p_0 \left(\frac{T_1}{T_0}\right)^{\frac{\gamma}{\gamma-1}} = p_0 \left(\frac{T_1}{T_0}\right)^{\frac{c_p}{R}} = 0.95 \left(\frac{283}{303}\right)^{\frac{1000}{287}} = 0.7488\,bar$$

La densidad a la entrada del rotor es de:

$$\rho_1 = \frac{p_1}{RT_1} = \frac{0.7488\ 10^5}{287\ 283} = 0.922\,kg/m^3$$

Para que pueda pasar el gasto másico se necesita un diámetro exterior:

$$\dot{m} = A_1 \rho_1 c_{1a} = \frac{\pi}{4}(D_{1ext}^2 - D_{1int}^2)\rho_1 c_1$$

$$D_{1ext} = \sqrt{\frac{4\,\dot{m}}{\pi \rho_1 c_1} + D_{1int}^2} = \sqrt{\frac{4\ 2}{\pi\ 0.922\ 200} + 0.02^2} = 11.92\,cm$$

El régimen de giro del rodete está impuesto por la velocidad tangencial a la salida y el diámetro exterior del rodete.

$$n = \frac{u_2}{\pi D_2} = \frac{400}{\pi\, 0.250} = 509.3\, rps = 30558\, rpm$$

El ángulo de entrada al rotor se saca de resolver el triángulo de velocidades, como la velocidad tangencial y la absoluta son perpendiculares, en el plano medio de entrada al rotor, identificador por la sección A-A:

$$u_1 = n\pi D_m = n\pi \frac{D_{1ext} + D_{1int}}{2} = 509.3\, \pi \frac{0.01192 + 0.02}{2} = 111.36\, m/s$$

$$w_1 = \sqrt{u_1^2 + c_1^2} = \sqrt{111.36^2 + 200^2} = 228.9\, m/s$$

$$\beta_1 = \cos^{-1}\frac{u_1}{w_1} = \cos^{-1}\frac{111.36}{228.9} = 60.9°$$

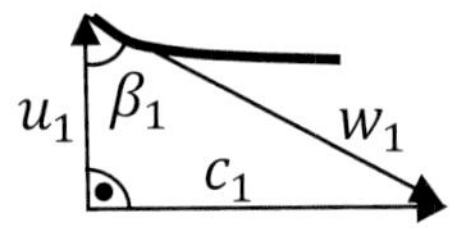

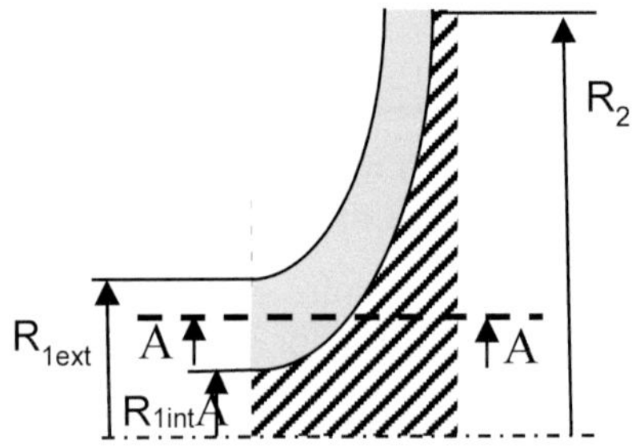

c. Determinar las condiciones a la salida del rotor y la velocidad relativa de salida del rotor.

En el proceso de compresión en el rotor y posteriormente en el estator, la presión intermedia está por definir, pero esta presión intermedia condiciona la velocidad de salida del rotor, concretamente la velocidad relativa se puede expresar en función de la relación de compresión en el rotor.

La temperatura isoentrópica de salida del rotor se puede expresar:

$$T_{2s} = T_1 \left(\frac{p_2}{p_1}\right)^{\frac{\gamma-1}{\gamma}} = T_1 \left(\frac{p_2}{p_1}\right)^{\frac{R}{c_p}}$$

Del balance de entalpias de paradas relativas en el rotor, se puede calcular w_{2s}:

$$h_{10R} + \frac{u_2^2}{2} - \frac{u_1^2}{2} = h_{20Rs} \quad \Rightarrow \quad \frac{w_1^2}{2} + c_p T_1 + \frac{u_2^2}{2} - \frac{u_1^2}{2} = \frac{w_{2s}^2}{2} + c_p T_{2s}$$

$$w_{2s} = \sqrt{w_1^2 + u_2^2 - u_1^2 + 2c_p(T_1 - T_{2s})} = \sqrt{w_1^2 + u_2^2 - u_1^2 - 2c_pT_1\left(r_{c_R}{}^{\frac{R}{c_p}} - 1\right)}$$

En la expresión del balance de energía en el rotor, aparece un término característico de las turbomáquinas radiales $u_2^2/2 - u_1^2/2$, que corresponde al trabajo específico realizado por la fuerza centrífuga. Solo existe solución para w_{2s} si el radicando es mayor que cero, eso permite calcular la relación de compresión máxima que se puede obtener en el rotor:

$$r_{c_{R_{max}}} = \left(1 + \frac{w_1^2 + u_2^2 - u_1^2}{2c_pT_1}\right)^{\frac{c_p}{R}} = \left(1 + \frac{228.9\ ^2 + 400^2 - 111.36^2}{2\ 1000\ 283}\right)^{\frac{1000}{287}} = 2.87$$

En esas condiciones, la velocidad relativa de salida del rotor sería nula y no permitiría que el fluido saliese del rotor. Por lo tanto, se tomará una relación de compresión de 2.7 que dará como resultado una velocidad isoentrópica de salida relativa al rotor y una temperatura isoentrópica de:

$$w_{2s} = \sqrt{228.9\ ^2 + 400^2 - 111.36^2 - 2\ 1000\ 283\left(2.7^{\frac{287}{1000}} - 1\right)} = 115.4\ m/s$$

$$T_{2s} = 283(2.7)^{\frac{287}{1000}} = 376.3\ K$$

La presión de salida del rotor:

$$p_2 = p_1 r_{c_R} = 0.7488\ \ 2.7 = 2.022\ bar$$

La velocidad de salida:

$$w_2 = w_{2s}\psi = 103.8\ m/s$$

T_2 se puede calcular a partir de las pérdidas en el rotor:

$$h_{20Rs} = h_{20R} \quad \Rightarrow \quad T_2 = T_{2s} + \frac{w_{2s}^2 - w_2^2}{2\ c_p} = 376.3 + \frac{115.4^2 - 103.8^2}{2\ 1000} = 377.6\ K$$

d. Calcular el triángulo de velocidades a la salida del rotor.

Para resolver el triángulo a la salida se necesita saber otra variable del triángulo. En las condiciones que se han definido se necesita una relación de compresión dinámica en el estator de:

$$r_{c_E} = \frac{p_3}{p_2} = \frac{3.5}{2.022} = 1.731$$

Para conseguir esa relación de compresión se necesita una determinada velocidad absoluta a la salida del rotor c_2. Esta es la variable que falta para resolver el triángulo, c_2 se puede calcular combinando un balance de energía en el estator y la ecuación de la evolución isoentrópica en la compresión dinámica, de esta última se calcula T_3:

$$T_3 = T_2\left(\frac{p_3}{p_2}\right)^{\frac{\gamma-1}{\gamma}} = T_2 r_{c_E}{}^{\frac{R}{c_p}} = 377.6\ \ 1.731^{\frac{287}{1000}} = 442\ K$$

Asumiendo despreciable la velocidad del fluido después de la compresión:

$$h_{30} = h_{20} \quad \Rightarrow \; T_3 = T_2 + \frac{c_2^2}{2\, c_p} \; \Rightarrow \; c_2 = \sqrt{2\, c_p(T_3 - T_2)}$$

$$c_2 = \sqrt{2\;\, 1000(442 - 377.6)} = 358.9\, m/s$$

Ahora se conocen los tres valores del triángulo a la salida, por lo tanto, está definido:

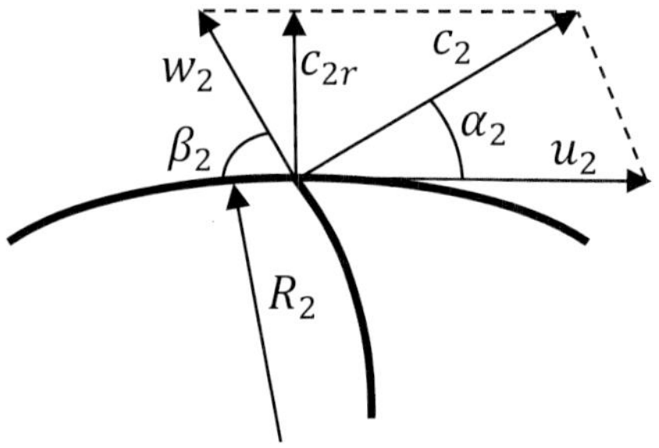

Aplicando el teorema del coseno:

$$w_2^2 = c_2^2 + u_2^2 - 2c_2u_2\cos\alpha_2 \quad \Rightarrow \; \alpha_2 = \cos^{-1}\frac{358.9^2 + 400^2 - 103.8^2}{2\;\, 358.9\;\, 400} = 14.46°$$

Proyectando sobre la componente tangencial:

$$w_2\cos\beta_2 + c_2\cos\alpha_2 = u_2 \quad \Rightarrow \; \beta_2 = \cos^{-1}\frac{400 - 358.9\cos 13.75}{103.8} = 59.65°$$

e. Determinar la altura del álabe a la salida del rotor.

La altura del álabe tiene que garantizar que el gasto másico se mantiene, la densidad a la salida del rotor vale:

$$\rho_2 = \frac{p_2}{RT_2} = \frac{2.022\; 10^5}{287\; 377.6} = 1.866\, kg/m^3$$

$$\dot{m} = A_2c_{2r}\rho_2 = \pi D_2H_2c_{2r}\rho_2$$

$$H_2 = \frac{\dot{m}}{\pi D_2\rho_2c_2\sin\alpha_2} = \frac{2}{\pi\;\, 0.25\;\, 1.866\;\, 358.9\;\, \sin 14.46} = 15.23\, mm$$

f. Trabajo específico por la ecuación de Euler y por balance de energías, potencia para accionar el compresor

Se puede calcular con la ecuación de Euler, en la que el primer término vale 0 ya que la velocidad de entrada es perpendicular a la velocidad tangencial a la entrada:

$$w_u = u_1c_1\cos\alpha_1 - u_2c_2\cos\alpha_2 = -400\;\, 358.9\cos 14.46 = -139.02\, kJ/kg$$

El signo menos viene de que es una máquina generadora.
Por balance de energía se puede calcular como:

$$w_u = h_{00} - h_{30} = h_{10} - h_{20}$$

Si se utiliza la primera expresión no hacen falta las velocidades, sin embargo, queda por calcular T_3:

$$w_u = c_p(T_0 - T_3) = 1000(303 - 442) = -139.02\ kJ/kg$$

Multiplicando por el gasto másico se calcula la potencia interna:

$$N_i = w_u \dot{m} = 139.02\ \ 2 = 278\ kW$$

13.4 Escalonamiento axial fuera de condiciones de diseño

El escalonamiento del compresor axial definido en el problema 13.1 pasa a trabajar fuera de las condiciones de diseño, en las siguientes condiciones:

- Régimen de giro: 4000 rpm
- Gasto másico: 60 kg/s

El coeficiente de perdida de velocidad por funcionar fuera de las condiciones de diseño pasa a valer 0.96 en rotor y estator. Las condiciones ambientales se mantienen.

a. Diagrama h-s de la evolución del fluido.
b. Condiciones a la entrada del rotor y triángulo de velocidades.
c. Condiciones a la salida del rotor y triángulo de velocidades.
d. Condiciones a la salida del escalonamiento.
e. Trabajo específico por la ecuación de Euler y por el balance de entalpías.
f. Rendimiento isoentrópico y potencia de accionamiento.

b) Con la hipótesis de presión $p_1 = 0.9065\ bar$:
$T_1 = 284.9\ K, c_1 = 127.59\ m/s, \rho_1 = 1.109\ kg/m^3, w_1 = 227.62\ m/s,$
$\beta_1 = 34.09°$
c) Con la hipótesis de presión $p_2 = 1.12454\ bar$:
$T_2 = 303.64\ K, w_2 = 119.34\ m/s, c_2 = 223.1 m/s, \alpha_2 = 32.34°$
d) Con la hipótesis de presión $p_3 = 1.375\ bar$:
$T_3 = 322.2\ K, c_3 = 112.4\ m/s$
e) $w_u = \ 35531\ J/kg$
f) $\eta_{TT} = 0.9668, N_i = 2131.8\ kW$

RESOLUCIÓN

El resultado de este problema es conocer la relación de compresión con la que funciona el compresor cuando circula por él un determinado gasto másico y gira a un determinado régimen. El compresor está totalmente definido, pero se encuentra trabajando en unas condiciones diferentes a las que se plantearon cuando se diseñó.

En definitiva, se pretende identificar un punto de su curva característica, el punto determina para un valor de relación de compresión un gasto másico o al revés. Resolviendo el problema para diferentes gastos másicos a un régimen de giro fijo, se definiría la línea de la curva característica del compresor al régimen de giro fijado.

La forma de resolver el problema no contempla velocidades supersónicas, ni que se pueda entrar en la zona no estable.

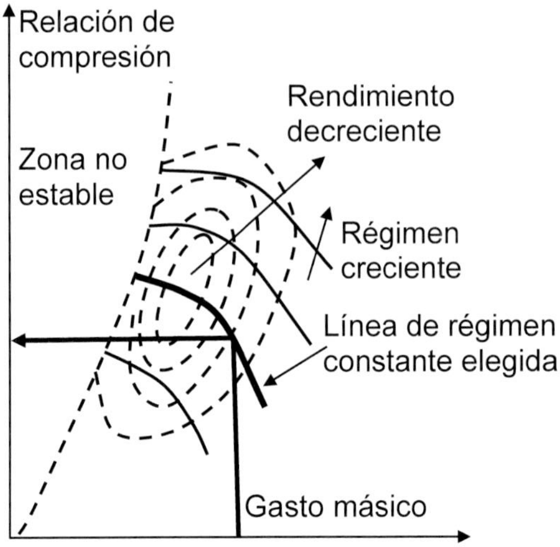

Los apartados del problema están orientados a calcular las variaciones de presión, temperatura y velocidad que se producen en cada etapa. A diferencia de las turbinas, en los compresores hay que considerar tres etapas: la expansión dinámica desde el ambiente hasta la entrada al rotor, el paso por el rotor y la desaceleración del fluido en el estator.

En cada etapa hay que hacer una hipótesis de presión a la salida y posteriormente verificar que cumple el gasto másico consignado. La resolución del problema consiste en resolver la evolución del flujo en una tobera (entrada) y dos difusores: rotor (móvil) y estator (fijo).

a. Diagrama h-s de la evolución del fluido.

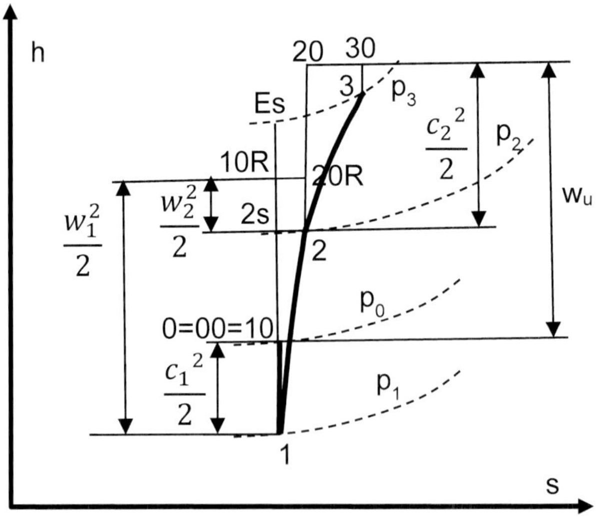

b. Condiciones a la entrada del rotor y triángulo de velocidades.

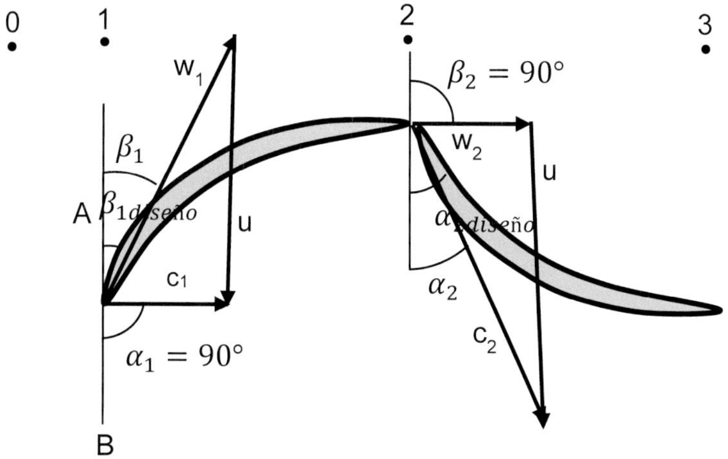

Para que el fluido entre en el compresor se tiene que acelerar hasta una velocidad que permita su entrada en el rotor. La velocidad está definida por la conservación de la masa, como no hay álabes directrices la velocidad solo tendrá componente axial.

$$\dot{m} = A_1\rho_1 c_1 \quad \Rightarrow \quad \frac{\dot{m}}{A_1} = \rho_1 c_1$$

No es posible conocer la densidad si no se conoce la disminución de presión necesaria desde el punto 0 al 1 para alcanzar esa velocidad:

$$h_{00} = h_{10} \quad \Rightarrow \quad c_p T_0 = c_p T_1 + \frac{c_1^2}{2} \quad \Rightarrow c_1 = \sqrt{2c_p(T_0 - T_1)}$$

$$\frac{\dot{m}}{A_1} = \rho_1\sqrt{2c_p(T_0 - T_1)}$$

La expresión de la isoentrópica que relaciona densidad y temperatura:

$$\frac{T_1}{T_0} = \left(\frac{\rho_1}{\rho_0}\right)^{\gamma-1}$$

$$\frac{\dot{m}}{A_1} = \rho_1\sqrt{2c_p T_0\left[1 - \left(\frac{\rho_1}{\rho_0}\right)^{\gamma-1}\right]} \quad \Rightarrow \left(\frac{\dot{m}}{A_1}\right)^2 \frac{1}{2c_p T_0} = \rho_1^2 - \frac{\rho_1^{\gamma+1}}{\rho_0^{\gamma-1}}$$

Si se pudiese conocer ρ_1 el problema estaría resuelto, pero solo se puede hacer por métodos iterativos.

Es más sencillo operar haciendo una hipótesis de presión y resolver el problema de la misma manera en las tres etapas. Además, de esta forma es más fácil contemplar procesos con irreversibilidades.

Como en las condiciones de diseño se conseguía un caudal de 48.32 kg/s con una presión de 0.9418 bar, se va a hacer una hipótesis de 0.91 bar para intentar conseguir los 60 kg/h:

$$T_1 = T_0 \left(\frac{p_1}{p_0}\right)^{\frac{\gamma-1}{\gamma}} = T_0 \left(\frac{p_1}{p_0}\right)^{\frac{R}{c_p}} = 293 \left(\frac{0.91}{1}\right)^{\frac{287}{1000}} = 285.17\,K$$

Con un balance de energía en el estator se puede calcular la velocidad de entrada al rotor c_1:

$$h_{10s} = h_{00} \quad \Rightarrow \quad c_p T_1 + \frac{c_{1s}^2}{2} = c_p T_0$$

$$c_{1s} = \sqrt{2\,c_p(T_0 - T_1)} = \sqrt{2\;1000(293 - 285.17)} = 125.1\,m/s$$

También se puede calcular la densidad y finalmente el gasto másico:

$$\rho_1 = \frac{p_1}{RT_1} = \frac{0.91\;10^5}{287\;285.17} = 1.112\,kg/m^3$$

$$\dot{m} = \pi D_m H_1 \rho_1 c_1 = \pi\;0.9\;0.015\;\;1.112\;\;125.1 = 58.99\,kg/s$$

Todavía hay que bajar un poco más la presión, iterando se llega a que el resultado exacto es $p_1 = 0.9065$ que da unas condiciones de:

$$T_1 = 284.9\,K$$

$$c_1 = 127.59\,m/s$$

$$\rho_1 = 1.109\,kg/m^3$$

Con esto se puede resolver el triángulo de velocidades a la entrada ya que se conoce la velocidad absoluta, su ángulo (90º) y la velocidad tangencial:

$$u = n\pi D_m = \frac{4000}{60}\pi\;0.9 = 188.5\,m/s$$

$$w_1 = \sqrt{u^2 + c_1^2} = \sqrt{188.5^2 + 127.59^2} = 227.62\,m/s$$

$$w_1 \cos\beta_1 = u \quad \Rightarrow \quad \beta_1 = \cos^{-1}\frac{u}{w_1} = \cos^{-1}\frac{188.5}{227.62} = 34.09°$$

El ángulo es muy similar al de diseño (35.27°), por lo que se supondrá que no hay pérdidas por choque o desprendimiento.

c. Condiciones a la salida del rotor y triángulo de velocidades.

Hay que hacer el mismo planteamiento: hipótesis de presión a la salida, cálculo de velocidad a la salida y verificación del gasto másico, pero en el sistema de referencia del rotor. Además, como existen pérdidas hay que calcular primero las variables isoentrópicas.

Como el régimen de giro ha aumentado, es de esperar que la relación de compresión también lo haga como se aprecia en el gráfico de la curva característica del compresor, se propone $p_2 = 1.1\,bar$.

Primeramente, se calcula la temperatura isoentrópica del punto 2:

$$T_{2s} = T_1 \left(\frac{p_2}{p_1}\right)^{\frac{\gamma-1}{\gamma}} = T_1 \left(\frac{p_2}{p_1}\right)^{\frac{R}{c_p}} = 284.9 \left(\frac{1.1}{0.9065}\right)^{\frac{287}{1000}} = 301.1\ K$$

Con un balance de energía en el sistema de referencia del rotor entre la entrada y la salida del rotor se puede calcular la velocidad de salida isoentrópica w_{2s}, y con el coeficiente de pérdidas de velocidad calcular w_2:

$$h_{10R} = h_{20Rs} \quad \Rightarrow \quad \frac{w_1^2}{2} + c_p T_1 = \frac{w_{2s}^2}{2} + c_p T_{2s}$$

$$w_{2s} = \sqrt{w_1^2 + 2c_p(T_1 - T_{2s})} = \sqrt{227.62^2 + 2\ 1000(284.9 - 301.1)} = 138.85\ m/s$$

$$w_2 = \psi w_{2s} = 0.96\ 138.85 = 133.3\ m/s$$

Se puede calcular el gasto másico para ver si la hipótesis de presión es correcta:

$$\dot{m} = \pi D_m H_2 \rho_2 c_{2a}$$

Es necesario conocer la densidad y para ello se necesita T_2 que se calcula con un balance de energía entre el punto 2 y el 2s:

$$h_{20Rs} = h_{20R} \quad \Rightarrow \quad c_p T_{2s} + \frac{w_{2s}^2}{2} = c_p T_2 + \frac{w_2^2}{2} \quad \Rightarrow \quad T_2 = T_{2s} + \frac{w_{2s}^2 - w_2^2}{2c_p}$$

$$T_2 = 301.1 + \frac{138.85^2 - 133.3^2}{2\ 1000} = 301.88\ K$$

La densidad:

$$\rho_2 = \frac{p_2}{RT_2} = \frac{1.1\ 10^5}{287\ 301.88} = 1.27\ kg/m^3$$

Como el ángulo de salida de w_2 es 90° ya que lo define el álabe, w_2 coincide con la componente axial de la velocidad:

$$\dot{m} = \pi D_m H_2 \rho_2 c_{2a} = \pi D_m H_2 \rho_2 w_2 = \pi\ 0.9\ 0.1378\ 1.27\ 133.3 = 65.94\ kg/s$$

Este valor es mayor que el consignado, así que hay que elevar la presión para que el fluido se frene más y de esta manera baje el gasto másico. El valor que da un gasto másico de 60 kg/s es:

$$p_2 = 1.12454\ bar$$

Con los siguientes resultados asociados:

$$T_2 = 303.64\ K$$

$$w_2 = 119.34\ m/s$$

$$\rho_2 = 1.29\ kg/m^3$$

Ya se puede resolver el triángulo ya que se conoce la velocidad tangencial, la relativa y el ángulo del álabe del rotor que es el de salida de w_2, es decir β_1:

$$c_2 = \sqrt{u^2 + w_2^2} = \sqrt{188.5^2 + 119.34^2} = 223.1\ m/s$$

$$c_2 \cos\alpha_2 = u_2 \quad \Rightarrow \quad \alpha_2 = \cos^{-1}\frac{u_2}{c_2} = \cos^{-1}\frac{188.5}{223.1} = 32.34°$$

El ángulo de salida 32.34° es similar al de entrada en el álabe del estator 35.27°, por lo que a la entrada del fluido al estator se producirán pocas pérdidas.

d. Condiciones a la salida del escalonamiento.

Para calcularlo hay que repetir el proceso realizado en el rotor, pero ahora en un sistema fijo, como hipótesis de presión a la salida se supondrá la misma relación de compresión en rotor y estator:

$$p_3 = p_2\frac{p_2}{p_1} = 1.395\ bar$$

Se calcula la temperatura isoentrópica del punto 3:

$$T_{3s} = T_2\left(\frac{p_3}{p_2}\right)^{\frac{\gamma-1}{\gamma}} = T_2\left(\frac{p_3}{p_2}\right)^{\frac{R}{c_p}} = 303.64\left(\frac{1.395}{1.12454}\right)^{\frac{287}{1000}} = 323\ K$$

Con un balance de energía entre la entrada y la salida del estator se puede calcular la velocidad de salida isoentrópica c_{2s}, y con el coeficiente de pérdidas de velocidad calcular c_2:

$$h_{20} = h_{30s} \quad \Rightarrow \quad \frac{c_2^2}{2} + c_pT_2 = \frac{c_{3s}^2}{2} + c_pT_{3s}$$

$$c_{3s} = \sqrt{c_2^2 + 2c_p(T_2 - T_{3s})} = \sqrt{223.1^2 + 2\ 1000(303.64 - 323)} = 104.97\ m/s$$

$$c_3 = \varphi c_{3s} = 0.96\ 104.97\ = 100.77\ m/s$$

Se puede calcular el gasto másico para ver si la hipótesis de presión es correcta

$$\dot{m} = \pi D_m H_3 \rho_2 c_{3a}$$

Es necesario conocer la densidad y para ello se necesita T_3 que se calcula con un balance de energía entre el punto 2 y el 2s:

$$h_{30s} = h_{30} \quad \Rightarrow \quad c_pT_{3s} + \frac{w_{3s}^2}{2} = c_pT_3 + \frac{w_3^2}{2} \quad \Rightarrow \quad T_3 = T_{3s} + \frac{w_{3s}^2 - w_3^2}{2c_p}$$

$$T_3 = 323 + \frac{104.97^2\ - 100.77^2}{2\ 1000} = 323.45\ K$$

La densidad:

$$\rho_3 = \frac{p_3}{RT_3} = \frac{1.395\ 10^5}{287\ 323.45} = 1.503\ kg/m^3$$

Como el ángulo de salida de c_3 es 90° ya que lo define el álabe, c_3 coincide con la componente axial de la velocidad:

$$\dot{m} = \pi D_m H_3 \rho_3 c_{3a} = \pi D_m H_3 \rho_3 c_3 = \pi\ 0.9\ \ 0.127\ \ 1.503\ 100.77 = 58.38\ kg/s$$

Este valor es bastante menor que el consignado, así que hay que disminuir la presión de salida para que el fluido no se frene tanto y aumente el gasto másico. Iterando, se llega a que el valor de la presión a la salida que consigue da un gasto másico de 60 kg/s es:

$$p_3 = 1.375\ bar$$

Con los siguientes resultados asociados:

$$T_3 = 322.2\ K$$

$$c_3 = 112.4\ m/s$$

$$\rho_3 = 1.487\ kg/m^3$$

e. Trabajo específico por la ecuación de Euler y por el balance de entalpías.

En la ecuación de Euler, el primer término vale 0 ya que la velocidad de entrada es perpendicular a la velocidad tangencial a la entrada:

$$w_u = u_1 c_1 \cos\alpha_1 - u_2 c_2 \cos\alpha_2 = -188.5\ \ 223.1 \cos 32.34 = -35531\ J/kg$$

El signo menos viene de que es una máquina generadora.
Por la ecuación de la energía se puede hacer con:

$$w_u = h_{10} - h_{20} = c_p(T_1 - T_2) + \frac{c_1^2}{2} - \frac{c_2^2}{2} = 1000\ (284.9 - 303.64) + \frac{127.59^2}{2} - \frac{223.1^2}{2}$$
$$= -35531\ J/kg$$

f. Rendimiento isoentrópico y potencia de accionamiento.

Para calcular el rendimiento hace falta conocer la temperatura del punto Es

$$T_{Es} = T_0 \left(\frac{p_{Es}}{p_0}\right)^{\frac{\gamma-1}{\gamma}} = T_0 \left(\frac{p_3}{p_0}\right)^{\frac{R}{c_p}} = 293 \left(\frac{1.375}{1}\right)^{\frac{287}{1000}} = 321\ K$$

El rendimiento se considera total a total:

$$\eta_{TT} = \frac{h_{Es} + \frac{c_3^2}{2} - h_{00}}{w_u} = \frac{c_p(T_{Es} - T_0) + \frac{c_3^2}{2}}{w_u} = \frac{1000(321 - 293) + \frac{112.4^2}{2}}{35531} = 0.9668$$

$$N_i = w_u \dot{m} = 35531\ \ 60 = 2131.8\ kW$$

13.5 Compresor radial fuera de condiciones de diseño

A fin de disminuir las tensiones ocasionadas por la fuerza centrífuga sobre los álabes del compresor definido en el problema 13.3, se decide fabricar una versión simplificada, consistente modificar el álabe del rotor para que el ángulo de salida sea de $\beta_2 = 90°$.

Adicionalmente se disminuye la velocidad tangencial máxima a 350 m/s a base de disminuir el régimen de giro de funcionamiento, manteniendo el resto de parámetros geométricos.

Al estar fuera de las condiciones de diseño, se asume el rendimiento isoentrópico del proceso de compresión dinámica en el estator es 0.95.

Para las mismas condiciones ambientales que las de diseño, se pretende determinar la relación de compresión que tendría el compresor con el mismo gasto másico para el que se diseñó, para ello se realizarán los siguientes pasos:

a. Diagrama h-s de la evolución del fluido.
b. Condiciones a la entrada del rotor y triángulo de velocidades.
c. Condiciones a la salida del rotor y triángulo de velocidades.
d. Condiciones a la salida del estator.
e. Trabajo específico por la ecuación de Euler y por el balance de entalpías.
f. Rendimiento isoentrópico y potencia de accionamiento.

b) Con la hipótesis de presión $p_1 = 0.7488\ bar$:
$T_1 = 283\ K, u_1 = 97.44\ m/s, w_1 = 222.5 m/s, \beta_1 = 64.02°$
c) Con la hipótesis de presión $p_2 = 1.697\ bar$:
$T_2 = 359.1\ K, w_2 = 101.52\ m/s, c_2 = 364.43 m/s, \alpha_2 = 16.18°$
d) $T_3 = 425.5\ K\ p_3 = 2.982\ bar$
e) $w_u = -122500\ J/kg$
f) $\eta_C = 0.961,\ N_i = 245\ kW$

RESOLUCIÓN

El resultado de este problema es conocer la relación de compresión con la que funciona el compresor cuando circula por él un determinado gasto másico y gira a un determinado régimen. El compresor está totalmente definido, pero las condiciones en las que se encuentra trabajando no tienen que ser las óptimas para su funcionamiento. Esas condiciones serían las del punto de máximo rendimiento de su mapa de curvas características.

Lo que hay que hacer es identificar en qué punto de su curva característica está funcionando, el punto determina para un valor de relación de compresión un gasto másico o al revés. Resolviendo el problema para diferentes gastos másicos a un régimen de giro fijo, se definiría la línea de la curva característica del compresor al régimen de giro fijado.

La forma de resolver el problema no contempla velocidades supersónicas, ni que se pueda entrar en la zona no estable.

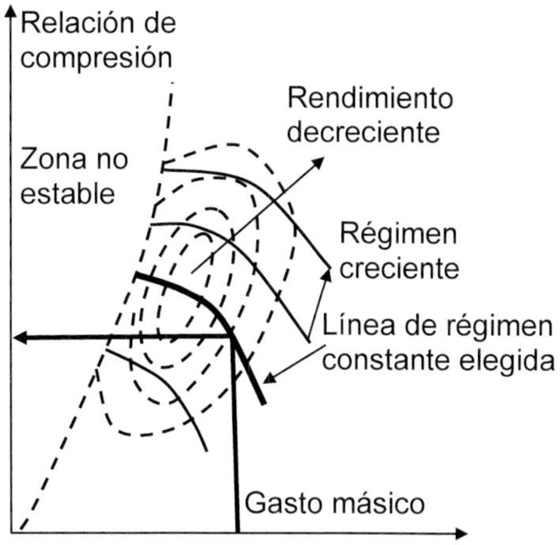

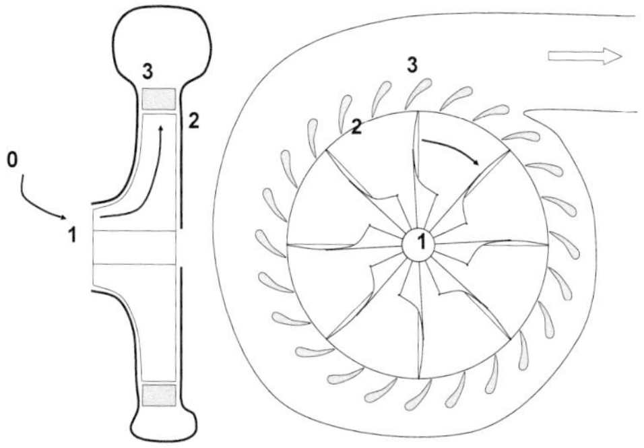

Los apartados del problema están orientados a calcular las variaciones de presión, temperatura y velocidad que se producen en cada etapa. A diferencia de las turbinas, en los compresores hay que considerar tres etapas: la expansión dinámica desde el ambiente hasta la entrada al rotor, el paso por el rotor y la desaceleración del fluido en el estator.

En cada etapa hay que hacer una hipótesis de presión a la salida y posteriormente verificar que cumple el gasto másico consignado. La resolución del problema consiste en resolver la evolución del flujo en una tobera (entrada) y dos difusores: rotor (móvil) y estator (fijo).

a. Diagrama h-s de la evolución del fluido.

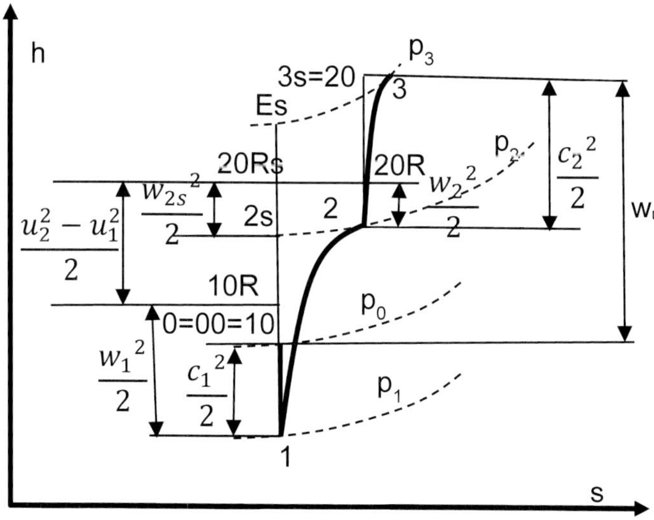

A la salida del estator la velocidad se considera despreciable.

b. Condiciones a la entrada del rotor y triángulo de velocidades.

Como el gasto másico, las condiciones ambientales no han cambiado, el proceso de aceleración del fluido en la entrada del compresor es igual que en el problema anterior, en cualquier otra condición sería necesario hacer una hipótesis de presión a la entrada del rotor para calcular el gasto másico y verificar que es el correcto, en caso contrario modificar la presión hasta que el gasto másico calculado sea el correcto.

En este caso se tomará como hipótesis de presión la del problema anterior $p_1 = 0.7488\ bar$, con lo cual el gasto másico será el correcto.

$$T_1 = T_0\left(\frac{p_1}{p_0}\right)^{\frac{\gamma-1}{\gamma}} = T_0\left(\frac{p_1}{p_0}\right)^{\frac{R}{c_p}} = 303\left(\frac{0.7488}{0.95}\right)^{\frac{287}{1000}} = 283\ K$$

Con un balance de energía en el estator se puede calcular la velocidad de entrada al rotor c_1:

$$h_{10s} = h_{00} \quad \Rightarrow \quad c_p T_1 + \frac{c_{1s}^2}{2} = c_p T_0$$

$$c_{1s} = \sqrt{2\ c_p(T_0 - T_1)} = \sqrt{2\ 1000(303 - 283)} = 200\ m/s$$

También se puede calcular la densidad y finalmente el gasto másico:

$$\rho_1 = \frac{p_1}{RT_1} = \frac{0.7488\ 10^5}{287\ 283} = 0.922\ kg/m^3$$

$$\dot{m} = A_1\rho_1 c_{1a} = \frac{\pi}{4}(D_{1ext}^2 - D_{1int}^2)\rho_1 c_1 = \frac{\pi}{4}(0.0152^2 - 0.02^2)0.922\ 200 = 2\ kg/h$$

Efectivamente coincide con el valor objetivo. Si no hubiese coincidido habría que haber modificado la presión a la entrada del rotor, bajándola si se quiere subir el gasto másico y subiéndola en caso contrario.

Para poder resolver el triángulo a la entrada es necesario conocer la velocidad tangencial. Se conoce la velocidad tangencial a la salida del rotor, con ella se puede calcular el régimen de giro y luego calcular la velocidad tangencial a la entrada del rotor:

$$u_2 = n\pi D_2 \quad \Rightarrow \quad n = \frac{u_2}{\pi D_2} = \frac{350}{\pi\ 0.25} = 445.6\ rps = 26738\ rpm$$

$$u_1 = n\pi D_{1m} = n\pi\frac{D_{1ext} + D_{1int}}{2} = 445.6\ \pi\frac{0.0152 + 0.02}{2} = 97.44\ m/s$$

Con esto se puede resolver el triángulo de velocidades a la entrada ya que se conoce la velocidad absoluta, su ángulo (90º) y la velocidad tangencial:

$$w_1 = \sqrt{u_1^2 + c_1^2} = \sqrt{97.44^2 + 200^2} = 222.5\ m/s$$

$$w_1\cos\beta_1 = u_1 \quad \Rightarrow \quad \beta_1 = \cos^{-1}\frac{u_1}{w_1} = \cos^{-1}\frac{97.44}{222.5} = 64.02°$$

El ángulo es muy similar al de diseño, 60.89°, por lo que se supondrá que no hay pérdidas por choque o desprendimiento.

c. Condiciones a la salida del rotor y triángulo de velocidades.

Hay que hacer una hipótesis de presión a la salida, después calcular la velocidad a la salida y verificar el gasto másico, es mucho más fácil hacerlo en el sistema de referencia del rotor ya que en este caso es un proceso de compresión dinámica. Como existen pérdidas hay que calcular primero las variables isoentrópicas.

Como el régimen de giro ha disminuido, es de esperar que la relación de compresión también lo haga, la relación de compresión en el rotor del problema anterior era 2.7, se va a hacer una hipótesis $r_{c_R} = 2.4$

$$p_2 = p_1 r_{c_R} = 0.7488\ \ 2.4 = 1.977\ bar$$

Primeramente, se calcula la temperatura isoentrópica del punto 2:

$$T_{2s} = T_1 \left(\frac{p_2}{p_1}\right)^{\frac{\gamma-1}{\gamma}} = T_1 \left(\frac{p_2}{p_1}\right)^{\frac{R}{c_p}} = 284.9 \left(\frac{1.977}{0.7488}\right)^{\frac{287}{1000}} = 363.84\ K$$

Con un balance de energía en el sistema de referencia del rotor entre la entrada y la salida del rotor se puede calcular la velocidad de salida isoentrópica w_{2s}, hay que tener en cuenta el trabajo que realiza la fuerza centrífuga $(u_2^2 - u_1^2)/2$, por tratarse de un compresor radial:

$$h_{10R} + \frac{u_2^2 - u_1^2}{2} = h_{20Rs} \quad \Rightarrow \quad \frac{w_1^2}{2} + c_p T_1 + \frac{u_2^2 - u_1^2}{2} = \frac{w_{2s}^2}{2} + c_p T_{2s}$$

$$w_{2s} = \sqrt{w_1^2 + u_2^2 - u_1^2 + 2c_p(T_1 - T_{2s})}$$

$$= \sqrt{222.5^2 + 350^2 - 97.44^2 + 2\ \ 1000(284.9 - 363.84)} = 28.73\ m/s$$

y con el coeficiente de pérdidas de velocidad calcular w_2 :

$$w_2 = \psi w_{2s} = 0.9\ \ 28.73 \ = 25.86\ m/s$$

Se puede calcular el gasto másico para ver si la hipótesis de presión es correcta:

$$\dot{m} = \pi D_m H_2 \rho_2 c_{2a}$$

Es necesario conocer la densidad y para ello se necesita T_2 que se calcula con un balance de energía entre el punto 2 y el 2s.

$$h_{20Rs} = h_{20R} \quad \Rightarrow \quad c_p T_{2s} + \frac{w_{2s}^2}{2} = c_p T_2 + \frac{w_2^2}{2} \quad \Rightarrow \quad T_2 = T_{2s} + \frac{w_{2s}^2 - w_2^2}{2c_p}$$

$$T_2 = 363.84 + \frac{28.73^2\ - 25.86^2}{2\ \ 1000} = 363.9\ K$$

La densidad:

$$\rho_2 = \frac{p_2}{RT_2} = \frac{1.977\ \ 10^5}{287\ \ 363.9} = 1.721\ kg/m^3$$

Como el ángulo de salida de w_2 es 90° ya que lo define el álabe, w_2 coincide con la componente axial de la velocidad:

$$\dot{m} = A_2 c_{2r} \rho_2 = \pi D_2 H_2 \rho_2 w_2 = \pi \; 0.25 \; 0.0152 \;\; 1.721 \;\; 25.86 = 0.5325 \; kg/s$$

Este valor es mucho menor que el consignado, así que hay que disminuir la presión a la salida del rotor para que el fluido no se frene tanto y de esta manera aumentar el gasto másico. Iterando, se llega a que el valor que da un gasto másico de 2 kg/s es:

$$p_2 = 1.697 \; bar$$

Con los siguientes resultados asociados:

$$T_2 = 359.1 \; K$$

$$w_2 = 101.52 \; m/s$$

$$\rho_2 = 1.6465 \; kg/m^3$$

Ya se puede resolver el triángulo ya que se conoce la velocidad tangencial, la relativa y el ángulo del álabe del rotor que es el de salida de w_2, que vale 90°.

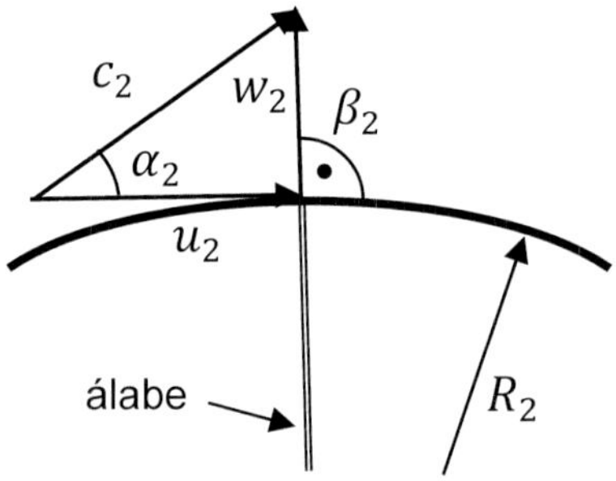

$$c_2 = \sqrt{u_2^2 + w_2^2} = \sqrt{350^2 + 101.52^2} = 364.43 \; m/s$$

$$c_2 \cos\alpha_2 = u_2 \quad \Rightarrow \quad \alpha_2 = \cos^{-1}\frac{u_2}{c_2} = \cos^{-1}\frac{350}{364.43} = 16.18°$$

El ángulo de salida 16.18° es similar al de entrada en el álabe del estator 14.46°.

d. Condiciones a la salida del estator.

En el estator se produce una compresión dinámica, no hay geometría de salida definida, por lo que no hay que verificar el gasto másico. Suponiendo que la velocidad a la salida es despreciable, se puede calcular la temperatura a la salida a partir de un balance de energía a la entrada y a la salida del estator:

$$h_{20} = h_{30} \quad \Rightarrow \quad \frac{c_2^2}{2} + c_p T_2 = c_p T_3 \quad \Rightarrow \; T_3 = \frac{c_2^2}{2c_p} + T_2 = \frac{364.43^2}{2 \; 1000} + 359.1 = 425.5 \; K$$

El rendimiento isoentrópico de la compresión es:

$$\eta_{23} = \frac{h_{3s} - h_2}{h_3 - h_2} = \frac{T_{3s} - T_2}{T_3 - T_2} \Rightarrow T_{3s} = T_2 + \eta_{23}(T_3 - T_2) = 359.1 + 0.95\,(425.5 - 359.1) = 422.2\,K$$

La presión a la salida del compresor es la misma que la del punto 3s, se puede calcular por la evolución isoentrópica:

$$p_3 = p_{3s} = p_2 \left(\frac{T_{3s}}{T_2}\right)^{\frac{\gamma}{\gamma-1}} = p_2 \left(\frac{T_{3s}}{T_2}\right)^{\frac{c_p}{R}} = 1.697 \left(\frac{422.2}{359.1}\right)^{\frac{1000}{287}} = 2.982\,bar$$

e. Trabajo específico por la ecuación de Euler y por el balance de entalpías.

En la ecuación de Euler, el primer término vale 0 ya que la velocidad de entrada es perpendicular a la velocidad tangencial a la entrada:

$$w_u = u_1 c_1 \cos\alpha_1 - u_2 c_2 \cos\alpha_2 = -350\ \ 364.43 \cos 16.18 = -122500\,J/kg$$

El signo menos viene de que es una máquina generadora.
Por la ecuación de la energía se puede hacer con:

$$w_u = h_{10} - h_{20} = c_p(T_1 - T_2) + \frac{c_1^2}{2} - \frac{c_2^2}{2} = 1000\,(284.9 - 359.1) + \frac{200^2}{2} - \frac{364.43^2}{2} = -122500\,J/kg$$

f. Rendimiento isoentrópico y potencia de accionamiento.

Para calcular el rendimiento hace falta conocer la temperatura del punto Es:

$$T_{Es} = T_0 \left(\frac{p_{Es}}{p_0}\right)^{\frac{\gamma-1}{\gamma}} = T_0 \left(\frac{p_3}{p_0}\right)^{\frac{R}{c_p}} = 303 \left(\frac{2.982}{0.95}\right)^{\frac{287}{1000}} = 420.8\,K$$

El rendimiento isoentrópico, como las velocidades de entrada y de salida son nulas:

$$\eta_C = \frac{h_{Es} - h_{00}}{w_u} = \frac{c_p(T_{Es} - T_0)}{w_u} = \frac{1000(420.8\ - 303)}{122500} = 0.961$$

$$N_i = w_u \dot{m} = 122500\ \ 2 = 245\,kW$$

14 M.C.I.A. INTRODUCCIÓN. PARÁMETROS CARACTERÍSTICOS

14.1 Parámetros. Motor aeromodelismo 2T

De un motor de encendido provocado utilizado en aeromodelismo se conocen los siguientes datos geométricos y referentes al combustible que utiliza:

- Número de cilindros Z=1
- Cilindrada 2.5 cc
- Relación carrera diámetro S/D=1
- Dosado estequiométrico F_e=1/15
- Poder caloríficos H_c=42 MJ/kg Se considera un combustible de alto peso molecular C=1
- Número de tiempos 2

El motor se encuentra trabajando en las siguientes condiciones:

- Dosado relativo F_r=1
- Presión media efectiva pme=7 bar
- Velocidad lineal media cm=10 m/s
- Rendimiento volumétrico 0.8, la densidad en el colector de admisión se considera igual que la ambiente.
- Rendimiento mecánico 90%
- Presión ambiente 1bar y temperatura ambiente 25°C

Calcular

a. El régimen de giro en rpm.
b. La presión media indicada en bar.
c. La potencia efectiva en kW.
d. El rendimiento indicado.
e. El gasto de aire en mg/s.
f. El gasto de combustible en mg/s.
g. El rendimiento efectivo y el consumo específico.

a) n =20394 rpm
b) pmi =7.778 bar
c) N_e=595 W
d) $\dot{m}_a$=795 mg/s
e) $\dot{m}_f$=53 mg/s
f) η_i =0.297
g) η_e=0.2673

RESOLUCIÓN

a. El régimen de giro en rpm.

$$cm = 2\,S\,n$$

$$n = \frac{cm}{2\,S}$$

Para la obtención de la carrera S se recurre a la cilindrada, que es el número de cilindros Z por la cilindrada unitaria:

$$V_T = Z\,\frac{\pi}{4}D^2 S$$

Como se tiene la relación cara diámetro S/D=1, $S = D$

$$V_T = Z\,\frac{\pi}{4}D^3$$

$$D = \sqrt[3]{\frac{4\,V_T}{\pi\,Z}}$$

$$D = \sqrt[3]{\frac{4\;\;2.5\;10^{-6}}{\pi\;\;1}} = 0.01471\,m = 14.71\,mm = S$$

Por tanto, el régimen de giro será:

$$n = \frac{cm}{2\,S} = \frac{10}{2\;\;0.01471} = 339.84\,rps = 20390.65\,rpm$$

b. La presión media indicada en bar.

$$\eta_m = \frac{pme}{pmi}$$

$$pmi = \frac{pme}{\eta_m} = \frac{7\,bar}{0.9} = 7.77\,bar$$

c. La potencia efectiva en kW.

$$N_e = \frac{W_e}{tiempo\ de\ 1\ ciclo} = \frac{W_e}{\frac{1}{n\,i}} = W_e\,n\,i = pme\;\;V_T\,n\,i$$

$$N_e = 7\;10^5\;2.5\;10^{-6}\;\frac{20390.65}{60}\;1 = 0.5947kW$$

d. El rendimiento indicado.

Se podría calcular de dos formas:

$$N_i = \dot{m}_f\,H_c\eta_i$$

Y sabiendo que

$$N_i = pmi\ V_T\ n\ i$$

$$\eta_i = \frac{N_i}{\dot{m}_f\ H_c} = \frac{pmi\ V_T\ n\ i}{\dot{m}_f\ H_c}$$

Habría que calcular $\dot{m}_f$.
Por otro lado, el rendimiento indicado también se puede expresar como

$$\eta_i = \frac{\eta_e}{\eta_m}$$

Se calcula el rendimiento efectivo:

$$N_e = \dot{m}_f\ H_c\ \eta_e$$

$$\eta_e = \frac{N_e}{\dot{m}_f\ H_c}$$

Hay que calcular el gasto de combustible $\dot{m}_f$. Si se conoce el gasto de aire, a partir del dosado se puede calcular el gasto de combustible: $\dot{m}_f = F\ \dot{m}_a$.

El gasto de aire se puede calcular con el rendimiento volumétrico:

$$\eta_v = \frac{1}{C}\frac{\dot{m}_a}{\dot{m}_{a\_ref}} = \frac{1}{C}\frac{\dot{m}_a}{\rho_{a\_ref}\ V_T\ n\ i}$$

Como se considera un combustible de alto peso molecular, C =1.

$$\dot{m}_a = \eta_v\ \rho_{a\_ref}\ V_T\ n\ i$$

La densidad del aire de referencia es la del colector de admisión. En este caso se dice que es igual a la densidad ambiente:

$$\rho_{a\_ref} = \rho_{amb} = \frac{p_{amb}}{R\ T_{amb}} = \frac{1\ \ 10^5}{287\ \ (273 + 25)} = 1.1692\ kg/m^3$$

$$\dot{m}_a = 0.8\ \ 1.1692\ \ 2.5\ \ 10^{-6}\ 339.84\ \ \frac{1}{2} = 794.72\ mg/s$$

Con el gasto de aire se calcula el gasto de combustible:

$$\dot{m}_f = F\ \dot{m}_a = F_r\ F_e\ \dot{m}_a = 1\ \ \frac{1}{15}\ 794.72 = 52.981\ mg/s$$

Con el gasto de combustible se calcula el rendimiento efectivo:

$$\eta_e = \frac{N_e}{\dot{m}_f\ H_c} = \frac{0.5947\ 10^{-3}}{52.981\ 10^{-3}\ 42\ 10^6} = 0.2673$$

Y con el rendimiento efectivo se calcula ya el rendimiento indicado:

$$\eta_i = \frac{\eta_e}{\eta_m} = \frac{0.2673}{0.9} = 0.2969$$

e. El gasto de aire en mg/s

Ya está calculado

f. El gasto de combustible en mg/s

Ya está calculado

g. El rendimiento efectivo y el consumo específico

El rendimiento efectivo ya está calculado.
El consumo específico efectivo es por definición el gasto de combustible por unidad de potencia efectiva:

$$g_{ef} = \frac{\dot{m}_f}{N_e} = \frac{52.981\ 10^{-3}\ \left(\frac{gr}{s}\right)\ 3600\ \left(\frac{s}{h}\right)}{0.5947\ (kW)} = 320.704\ \ gr/kWh$$

14.2 Parámetros motor sobrealimentado, índice de calidad y turbina

De un motor diésel de 4T, sobrealimentado sin intercooler, con relación de compresión volumétrica 16, con cilindrada total de 2000 cc, instalado en un banco de ensayos se están midiendo los siguientes datos:

Par efectivo Me=200 Nm
Régimen de giro n=4000 rpm
Gasto de combustible $\dot{m}_f$=20 kg/h

A partir de la composición de los gases de escape e
Fr=0.6
Presión ambiente 0.95 bar
Temperatura ambiente 40°C
Temperatura y presión en el colector de admisión
T_{col}=150°C, P_{col}=2.5 bar

a. Calcular la potencia efectiva (kW), el consumo específico efectivo (g/kWh), gasto de aire (kg/h) y rendimiento efectivo.

b. Calcular el rendimiento volumétrico y el rendimiento isoentrópico del compresor si se considera adiabático el proceso de compresión en el turbocompresor.

Se registra la presión en la cámara de combustión y se determina que el ciclo tiene un factor de calidad referido a los parámetros indicados de 0.8 respecto del ciclo ideal de aire a volumen constante.

c. Calcular: el trabajo indicado, el rendimiento mecánico y la pme.

También se miden la temperatura en el colector de escape T_{esc}=550°C.

d. Determinar la presión en el colector de escape, para que la turbina con un rendimiento isoentrópico de 0.8 pueda arrastrar el compresor, el eje libre tiene un rendimiento mecánico de 0.95, determinar también la temperatura de salida de la turbina.

Indicaciones:

En el apartado **d**, no se desprecia la masa de combustible frente a la del aire.

Rendimiento indicado de un ciclo ideal a volumen constante: $\eta_i = 1 - 1/r^{\gamma-1}$, H_c=39 MJ/kg, F_e=1/14.5, R=287 J/kg/K, γ=1.4

a) Ne=83.77 kW, g_{ef}= 238.7 g/KWh, $\dot{m}_a$=483.3 kg/h, η_e=0.387
b) η_v=0.978, η_{iso}=0.906
c) w_i=3.485 kJ/ciclo, η_m=0.721, pme=12.566 bar
d) p_{eT}=1.815 bar, T_{sT}=438.81 °C

RESOLUCIÓN

a. Calcular la potencia efectiva (kW), el consumo específico efectivo (g/kWh), gasto de aire (kg/h) y rendimiento efectivo.

La potencia efectiva es el par por el régimen de giro:

$$N_e = M_e\,\omega = M_e\,n\,2\pi = 200\,\frac{4000}{60}\,2\pi = 83.77\;kW$$

El consumo específico efectivo es por definición el gato de combustible por unidad de potencia efectiva:

$$g_{ef} = \frac{\dot{m}_f}{N_e} = \frac{20\left(\frac{kg}{h}\right)10^3\left(\frac{gr}{kg}\right)}{83.77\;(kW)} = 238.73\;gr/kWh$$

Sabiendo que el dosado es $F = \dot{m}_f/\dot{m}_a$, y que el dosado relativo es $F_r = F/F_e$, el gasto de aire es:

$$\dot{m}_a = \frac{\dot{m}_f}{F} = \frac{\dot{m}_f}{F_r\,F_e} = \frac{20}{0.6\,\frac{1}{14.5}} = 483.3\;kg/h$$

El rendimiento efectivo:

$$\eta_e = \frac{N_e}{\dot{m}_f\,H_c} = \frac{83.77\;10^3}{20\,\frac{1}{3600}\,39\;10^6} = 0.387$$

También se puede calcular con el valor del consumo específico efectivo así:

$$\eta_e = \frac{N_e}{\dot{m}_f\,H_c} = \frac{1}{g_{ef}\,H_c} = \frac{1}{238.73\;10^{-3}\,\frac{1}{3600}\,39\;10^6} = 0.387$$

b. Calcular el rendimiento volumétrico y el rendimiento isoentrópico del compresor si se considera adiabático el proceso de compresión en el turbocompresor.

El rendimiento volumétrico es:

$$\eta_v = \frac{1}{C}\frac{\dot{m}_a}{\dot{m}_{a\_ref}} = \frac{1}{C}\frac{\dot{m}_a}{\rho_{a\_ref}\,V_T\,n\,i}$$

Como no se dice nada del combustible, se supone que C=1.

$$\eta_v = \frac{\dot{m}_a}{\rho_{a\_ref}\,V_T\,n\,i}$$

La densidad de referencia es la densidad en el colector de admisión:

$$\rho_{a\_ref} = \frac{p_{col}}{R\,T_{col}} = \frac{2.5\;10^5}{287\,(150+273)} = 2.06\;kg/m^3$$

$$\eta_v = \frac{\dot{m}_a}{\rho_{a\_ref}\,V_T\,n\,i} = \frac{483.3\,\frac{1}{3600}}{2.06\;2000\;10^{-6}\,\frac{4000}{60}\,\frac{1}{2}} = 0.978$$

Es un motor sobrealimentado sin intercooler, por lo que hay un compresor en el colector de admisión:

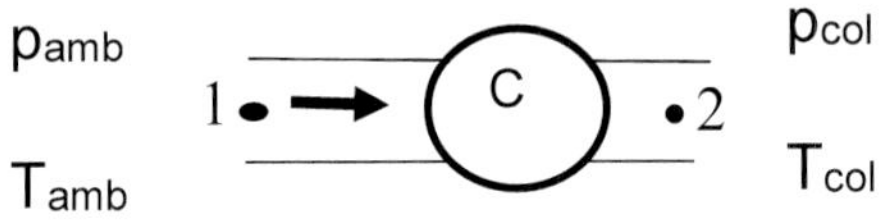

El rendimiento isoentrópico del compresor es:

$$\eta_C = \frac{h_{2s}-h_1}{h_2-h_1} = \frac{c_p\,T_{2s}-c_p\,T_1}{c_pT_2-c_pT_1} = \frac{T_{2s}-T_1}{T_2-T_1}$$

Hay que calcular T_{2s}. Si el proceso es isoentrópico, de 1 a 2s:

$$p\,v^\gamma = cte$$

Con la ecuación de gas ideal: $p\,v = RT$:

$$p_1\left(\frac{R\,T_1}{p_1}\right)^\gamma = p_{2s}\left(\frac{R\,T_{2s}}{p_{2s}}\right)^\gamma$$

$$\frac{T_{2s}}{T_1} = \left(\frac{p_{2s}}{p_1}\right)^{\frac{\gamma-1}{\gamma}}$$

$$T_{2s} = T_1\left(\frac{p_{2s}}{p_1}\right)^{\frac{\gamma-1}{\gamma}} = (40+273)\left(\frac{2.5}{0.95}\right)^{\frac{1.4-1}{1.4}} = 412.67\;K = 139.67\;°C$$

$$\eta_C = \frac{T_{2s}-T_1}{T_2-T_1} = \frac{139.67-40}{150-40} = 0.906$$

c. Calcular: el trabajo indicado, el rendimiento mecánico y la pme.

El rendimiento indicado es el rendimiento del ciclo termodinámico ideal a volumen constante multiplicado por el índice de calidad $k = w_i/w_{ideal} = \eta_i/\eta_{ideal}$:

$$\eta_{ideal} = 1 - \frac{1}{r^{\gamma-1}} = 1 - \frac{1}{16^{1.4-1}} = 0.67$$

$$\eta_i = k\,\eta_{ideal} = 0.8\;0.67 = 0.536$$

El trabajo indicado en un ciclo es:

$$w_i = m_{fc}\,H_c\,\eta_i$$

Donde m_{fc} es la masa de combustible por ciclo:

$$m_{fc} = \dot{m}_f \frac{1}{n\,i} = 20\,\frac{1}{3600}\,\frac{1}{\frac{4000}{60}\frac{1}{2}} = 0.000167\ kg/ciclo$$

$$w_i = m_{fc}\,H_c\,\eta_i = 0.000167\ 39\ 10^6\ 0.536 = 3.48\ kJ/ciclo$$

El rendimiento mecánico se puede calcular conociendo los rendimientos indicado y efectivo:

$$\eta_m = \frac{\eta_e}{\eta_i} = \frac{0.387}{0.536} = 0.721$$

La presión media efectiva es, por definición, el trabajo efectivo por unidad de cilindrada:

$$pme = \frac{w_e}{V_T} = \frac{N_e}{V_T\,n\,i} = \frac{83.78\ 10^3}{2000\ 10^{-6}\ \frac{4000}{60}\frac{1}{2}} = 12.56\ bar$$

d. Determinar la presión en el colector de escape, para que la turbina con un rendimiento isoentrópico de 0.8 pueda arrastrar el compresor, el eje libre tiene un rendimiento mecánico de 0.95, determinar también la temperatura de salida de la turbina.

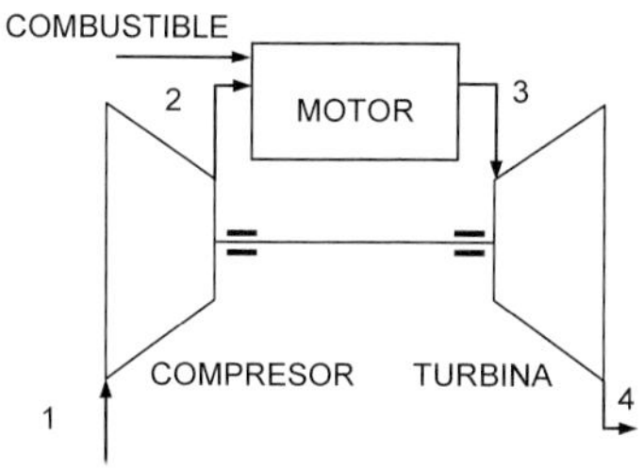

DATOS

Pto 1 Ambiente

$p_1 = 0.95\ bar\ T_1 = 40°C$

Pto 2 Colector admisión

$p_2 = 2.5\ bar\ \ T_2 = 150°C$

Pto 3 Colector escape

$T_3 = 550°C$

Pto 4 Salida turbina

$p_4 = p_{amb} = 0.95\ bar$

$\eta_T = 0.8$

$\eta_{m\_eje} = 0.95$

Hay que calcular p_3 y T_4.

Se plantea que la potencia que da la turbina es igual a la potencia que consume el compresor:

$$N_{e_C} = N_{e_T}\,\eta_{m\_eje}$$

$$\dot{m}_a(h_2 - h_1) = \left(\dot{m}_a + \dot{m}_f\right)(h_3 - h_4)\eta_{m_{eje}}$$

$$(h_2 - h_1) = (1 + F)(h_3 - h_4)\eta_{m_{eje}}$$

$$c_p(T_2 - T_1) = (1 + F)c_p(T_3 - T_4)\eta_{m_{eje}}$$

$$T_4 = T_3 - \frac{T_2 - T_1}{(1 + F)\,\eta_{m_{eje}}} = 550 - \frac{150 - 40}{\left(1 + 0.6\,\frac{1}{14.5}\right)0.95} = 438.81\ °C$$

Ahora se plantea la expresión del rendimiento isoentrópico de la turbina:

$$\eta_T = \frac{h_3 - h_4}{h_3 - h_{4s}} = \frac{T_3 - T_4}{T_3 - T_{4s}}$$

$$T_{4s} = T_3 - \frac{(T_3 - T_4)}{\eta_T} = 550 - \frac{550 - 438.81}{0.8} = 411.02\ °C$$

Ahora se plantea el proceso isoentrópico de 3 a 4s. Se supone que detrás de la turbina no hay nada y por tanto la presión a la salida de la turbina es la presión ambiente: $p_4 = p_{4s} = p_{amb} = 0.95\ bar$

$$p_3 = p_{4s}\left(\frac{T_3}{T_{4s}}\right)^{\frac{\gamma}{\gamma-1}} = 0.95\left(\frac{550 + 273}{411.02 + 273}\right)^{\frac{1.4}{1.4-1}} = 1.815\ bar$$

14.3 Parámetros, semejanza y sobrealimentación

De un motor de cuatro tiempos se conocen los siguientes datos:

- Número de cilindros: 6
- Diámetro – carrera: 130 – 150 mm
- Potencia máxima – régimen: 147 kW – 2100 rpm
- Par máximo – régimen: 747 Nm – 1300 rpm
- Consumo específico mínimo a grado de carga máximo: 222 gr/kwh a 1600 rpm
- Condiciones atmosféricas: 1 bar, 25ºC (R = 289 J/kgK)
- Combustible: F_e=1/15 de alto peso molecular C=1

Calcular:

a. Cilindrada, velocidad media del pistón máxima, presión media efectiva máxima.
b. El rendimiento volumétrico en el punto de consumo específico mínimo, sabiendo que la potencia correspondiente son 118 kW (suponer el dosado relativo apropiado y que no hay variación de densidad desde el ambiente hasta la pipa de admisión).
c. Justificar el tipo de motor: MEP o MEC, AN o SA.
d. La potencia máxima que se obtendría con un motor semejante de 14 litros de cilindrada y mismo número de cilindros, y a qué régimen de giro se daría.
e. La potencia máxima que se obtendría con el motor original turbosobrealimentando con intercooler, si la relación de compresión (P_2/P_1) en el compresor es de 2 y la temperatura del aire a la entrada de la pipa de admisión es de 50ºC y se ha tenido que reducir el dosado relativo máximo en un 30% para disminuir las cargas mecánicas y térmicas.

a) V_T=11.95 l Pme_{max}=7.85 bar
b) η_v=0.843 suponiendo un Fr=0.7
c) No puede tener un dosado mayor porque en ese caso el η_v sería demasiado malo. Por la baja pme y cm parece un MEC de aspiración natural, también podría ser un MEP industrial con Fr=0.6 η_v=0.98 y aspiración natural. Actualmente para esa potencia no es normal que ninguno de los dos sean motores de aspiración natural.
d) Ne=163.36 kW a 1992 rpm.
e) Ne_{sob}=189.87 kW

RESOLUCIÓN

a. Cilindrada, velocidad media del pistón máxima, presión media efectiva máxima.

La cilindrada total es el número de cilindros por el volumen desplazado por un cilindro (área del pistón por la carrera desplazada):

$$V_T = Z\,\frac{\pi}{4}D^2\,S = 6\,\frac{\pi}{4}\,0.13^2\,0.15 = 11945.934\,cm^3$$

La velocidad lineal media cm es la velocidad media del pistón durante una vuelta del cigüeñal, que será la distancia recorrida (2 veces la carrera) dividido por el tiempo de una revolución $(1/n)$

$$cm = 2\,S\,n$$

La velocidad lineal media máxima será en el punto de régimen de giro máximo. Se supone el régimen máximo se da en el punto de potencia máxima:

$$cm_{max} = 2\,S\,n_{max} = 2\;0.15\,\frac{2100}{60} = 10.5\,m/s$$

La presión media efectiva máxima se conseguirá en el punto de par máximo, ya que los dos parámetros se relacionan por una constante:

$$pme = \frac{w_e}{V_T} = \frac{N_e}{V_T\,n\,i} = \frac{M_e\,\omega}{V_T\,n\,i} = \frac{M_e\,n\,2\pi}{V_T\,n\,i} = M_e\frac{2\pi}{V_T\,i}$$

$$pme_{max} = M_{e_{max}}\frac{2\pi}{V_T\,i} = 747\,\frac{2\pi}{11945.934\;10^{-6}\;0.5} = 7.85\,bar$$

b. El rendimiento volumétrico en el punto de consumo específico mínimo, sabiendo que la potencia correspondiente son 118 kW (suponer el dosado relativo apropiado y que no hay variación de densidad desde el ambiente hasta la pipa de admisión).

$$\eta_v = \frac{1}{C}\frac{\dot{m}_a}{\dot{m}_{a\_ref}} = \frac{1}{C}\frac{\dot{m}_a}{\rho_{a\_ref}\,V_T\,n\,i}$$

En el enunciado dicen que el combustible es de alto peso molecular, con lo que C=1. Por otro lado, la densidad de referencia es la densidad del aire en el colector de admisión, y se dice que es la misma que la densidad ambiente:

$$\rho_{a\_ref} = \frac{p_{amb}}{R\, T_{amb}} = \frac{1\ 10^5}{289\ (25 + 273)} = 1.16\ kg/m^3$$

Se calcula el gasto de combustible y, con el dosado, se puede calcular el gasto de aire. Se sabe el consumo específico efectivo en el punto de mínimo consumo específico:

$$g_{ef} = \frac{\dot{m}_f}{N_e}$$

$$\dot{m}_f = g_{ef}\, N_e = 222\ \left(\frac{gr}{kWh}\right)\frac{1}{3600}\left(\frac{h}{s}\right)\ 118\ (kW) = 7.27\ 10^{-3}\ kg/s$$

Para calcular el gasto de aire, hay que suponer un dosado coherente. El motor parece un motor de encendido por compresión, ya que el régimen de giro máximo es 2100 rpm que es bajo para un motor de gasolina. Además, el consumo específico de combustible es alrededor de 200 gr/kWh que es el típico de un motor Diesel. Un motor Diesel a máximo grado de carga utiliza un dosado relativo de aproximadamente 0.7. Será el que se tome.

$$\dot{m}_a = \frac{\dot{m}_f}{F} = \frac{\dot{m}_f}{F_r\, F_e} = \frac{7.27\ 10^{-3}}{0.7\ \frac{1}{15}} = 0.156\ kg/s$$

$$\eta_v = \frac{\dot{m}_a}{\rho_{a\_ref}\ V_T\ n\ i} = \frac{0.156}{1.16\ \ 11945.934\ \ 10^{-6}\ \frac{1600}{60}\ \ 0.5} = 0.843$$

c. Justificar el tipo de motor: MEP o MEC, AN o SA.

No puede tener un dosado mayor porque en ese caso el η_v sería demasiado malo. Por la baja pme y cm parece um MEC de aspiración natural, también podría ser un MEP industrial con F_r=0.6, η_v=0.98 y aspiración natural. Actualmente para esa potencia no es normal que ninguno de los dos sea un motor de aspiración natural.

d. La potencia máxima que se obtendría con un motor semejante de 14 litros de cilindrada y mismo número de cilindros, y a qué régimen de giro se daría.

Por la teoría de semejanza, la relación de semejanza geométrica es $\lambda = L_2/L_1$, siendo $L_2 < L_1$, donde L es una magnitud lineal geométrica del motor (diámetro, carrera, etc). En dos motores semejantes la relación de potencias es λ^2:

$$\frac{N_{e_2}}{N_{e_1}} = \lambda^2$$

Hay que calcular λ. Como el dato que se tiene del motor 2 es la cilindrada, se utiliza ese parámetro. La relación de cilindradas es:

$$\frac{V_{T_2}}{V_{T_1}} = \lambda^3$$

$$\frac{14}{11.945} = \lambda^3$$

$$\lambda = 1.054$$

$$N_{e_2} = N_{e_1}\,\lambda^2 = 147\ 1.054^2 = 163.4\ kW$$

e. La potencia máxima que se obtendría con el motor original turbosobrealimentando con intercooler, si la relación de compresión (P_2/P_1) en el compresor es de 2 y la temperatura del aire a la entrada de la pipa de admisión es de 50ºC y se ha tenido que reducir el dosado relativo máximo en un 30% para disminuir las cargas mecánicas y térmicas.

La potencia efectiva se puede expresar de la siguiente forma:

$$N_e = \dot{m}_f\,H_c\,\eta_e = F\,\dot{m}_a H_c\,\eta_e = F_r\,F_e\,\eta_v\,\rho_{a\_ref}\,V_T\,n\,i\,H_c\,\eta_e$$

Al introducir un intercooler en el colector de admisión, lo que varía es la densidad del aire de referencia en la pipa de admisión. Y según dice el enunciado, se baja el dosado relativo máximo en un 30%: $F_{r3} = 0.7\,F_{r1}$. El resto de parámetros son los mimos. Por tanto, si se dividen las expresiones de la potencia del motor sobrealimentado inicial y el motor sobrealimentado con intercooler:

$$\frac{N_{e_3}}{N_{e_1}} = \frac{\rho_{a\_ref_3}}{\rho_{a\_ref_1}}\frac{F_{r_3}}{F_{r_1}} = \frac{\rho_{a\_ref_3}}{\rho_{a\_ref_1}}\,0.7$$

Hay que calcular $\rho_{a\_ref_3}$ con la presión y temperatura en el punto 3.

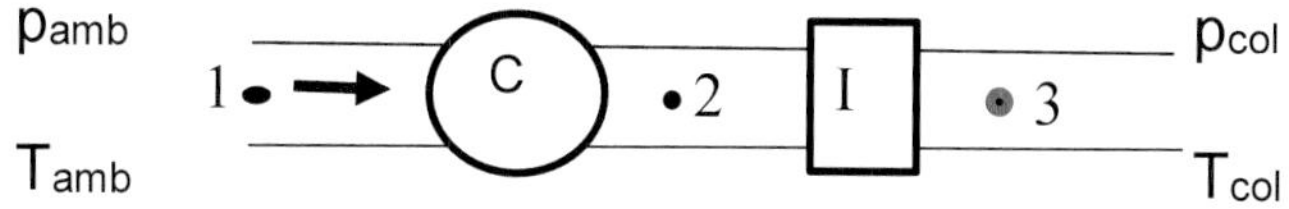

La temperatura en 3 es 50°C. La presión en 3 será la misma que la presión en 2 puesto que en el intercooler no hay pérdidas de carga. La relación de compresión en el compresor es $p_2/p_1 = 2$, por tanto $p_2 = 2,\ p_1 = 2\ 1 = 2\ bar = p_3$.

$$\rho_{a\_ref_3} = \frac{p_3}{R\,T_3} = \frac{2\ 10^5}{289\ (50 + 273)} = 2.14\ kg/m^3$$

$$N_{e_3} = N_{e1}\frac{\rho_{a\_ref_3}}{\rho_{a\_ref_1}}\,0.7 = 147\ \frac{2.14}{1.16}0.7 = 189.87\ kW$$

Por tanto, introduciendo un intercooler se ha aumentado la potencia:

$$\Delta N_e = \frac{N_{e_3} - N_{e_1}}{N_{e_1}}100 = 29.16\%$$

15 MCIA. DIMENSIONADO

15.1 Definición MEP industrial a gas sobrealimentado

Se pretende diseñar un MCIA industrial de encendido provocado y 4T que genere 700 kW de potencia efectiva y que funcione a 1500 rpm. El combustible que utiliza es Metano con H_c = 50 MJ/kg y F_e=1/17. Se pretende trabajar con un dosado relativo de 0.65 esperándose un consumo específico efectivo de 195 g/kWh. Se pretende que la velocidad lineal media no supere los 8.5 m/s con S/D=1.05. Se tiene un rendimiento volumétrico referido a un punto antes de la válvula de admisión de 0.85. El sistema de sobrealimentación con intercooler permite alcanzar una presión máxima 2.2 bar y enfría el aire comprimido hasta 65ºC independientemente de la presión alcanzada.

- **a.** Determinar la cilindrada total del motor y el número de cilindros necesarios para no superar la velocidad lineal media objetivo.
- **b.** Determinar la presión que tiene que alcanzar el sistema de sobrealimentación para conseguir exactamente la potencia objetivo con los parámetros de funcionamiento indicados.
- **c.** ¿Cuánto puede aumentar la potencia si se aumenta el diámetro del pistón hasta tener un S/D=1?. Se mantiene el número de cilindros y la presión de 2.2. bar.

El sistema de sobrealimentación es un conjunto turbina-compresor con un rendimiento mecánico de 0.9. La turbina tiene unas condiciones a la entrada de 2 bar y 450ºC y a la salida la presión ambiente. El rendimiento isoentrópico de la turbina de 0.8.

- **d.** Determinar el rendimiento isoentrópico mínimo del compresor para para conseguir las condiciones de admisión del apartado **c** despreciando el gasto de combustible frente al de aire.

Considerar todos los fluidos como gas ideal con R=280 J/kg/K, c_p = 1.1 kJ/kg/K, P_{amb}=1 bar, T_{amb} =25ºC

a) V_T=40.15 l, Z=11.47, Z_{ef}=12
b) p_{sob}=2.1 bar
c) Ne=807.28 kW
d) η_c=0.786

RESOLUCIÓN

- **a.** Determinar la cilindrada total del motor y el número de cilindros necesarios para no superarla velocidad lineal media objetivo.

Para el cálculo de la cilindrada se necesita algún parámetro geométrico. Para ello se utiliza el dato de la velocidad media del pistón:

$$cm = 2\,S\,n$$

$$S = \frac{cm}{2\,n} = \frac{8.5}{2\,\frac{1500}{60}} = 0.17\ m$$

$$D = \frac{S}{1.05} = 0.1619\ m$$

$$V_T = Z\,V_D = Z\,\frac{\pi}{4} D^2\,S$$

No se conoce el número de cilindros. Se parte del dato de la potencia:

$$N_e = \dot{m}_f\,H_c\,\eta_e = F\,\dot{m}_a H_c\,\eta_e = F_r\,F_e\,\eta_v\,\rho_{a\_ref}\,V_T\,n\,i\,H_c\,\eta_e$$

No se conoce el rendimiento efectivo ni la densidad de referencia que es la del aire en la pipa de admisión (pto 3). La presión en la pipa de admisión es la que se obtiene después del compresor, ya que en el intercooler no hay pérdidas de carga. La temperatura es la que se obtiene después del intercooler.

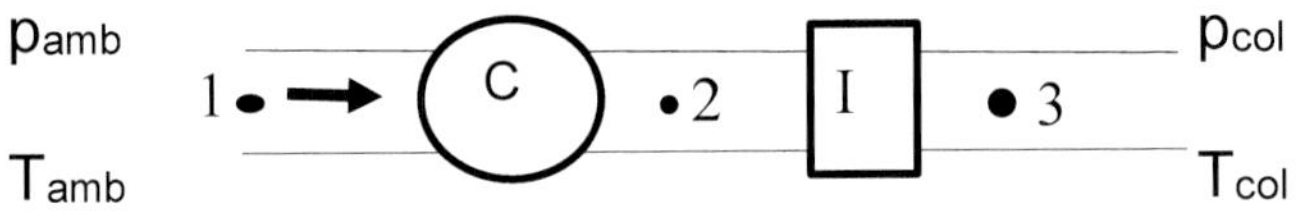

Por tanto, la densidad de referencia es:

$$\rho_{a\_ref} = \rho_{a\_ref_3} = \frac{p_3}{R\,T_3} = \frac{2.2\ 10^5}{280\ (65 + 273)} = 2.32\ kg/m^3$$

Para el cálculo del rendimiento efectivo, se utiliza el dato del consumo específico efectivo:

$$g_{ef} = \frac{\dot{m}_f}{N_e} = \frac{1}{\eta_e\,H_c}$$

$$\eta_e = \frac{1}{g_{ef}\,H_c} = \frac{1}{195\,\left(\frac{g}{kWh}\right)\,10^{-3}\left(\frac{kg}{g}\right)10^{-3}\left(\frac{kW}{W}\right)\frac{1}{3600}\left(\frac{h}{s}\right)50\ 10^6\left(\frac{J}{kg}\right)} = 0.3692$$

Despejando la cilindrada de la expresión de la potencia:

$$V_T = \frac{N_e}{F_r\,F_r\,\eta_v\,\rho_{a\_ref}\ n\,i\,H_c\,\eta_e} = \frac{700\ 10^3}{0.65\,\frac{1}{17}0.85\ 2.32\,\frac{1500}{60}\,\frac{1}{2}50\ 10^6\ 0.3692} = 0.04015\ m^3$$
$$= 40.15\ l$$

Con la cilindrada se puede calcular el número de cilindros:

$$Z = \frac{V_T}{V_D} = \frac{V_T}{\frac{\pi}{4}D^2\,S} = 11.47$$

Para que el número de cilindros sea un número entero, se escoge Z'=12. Como el número de cilindros ha aumentado, la cilindrada ha aumentado y la potencia aumentaría.

Como se ha aumentado el número de cilindros, si se quiere mantener la misma potencia sin variar los demás parámetros y fuera posible variar los parámetros geométricos de diseño del motor, se podrían variar el valor del diámetro del pistón, y por tanto variarán la carrera y la velocidad lineal media:

$$V_T = Z\,\frac{\pi}{4}D'^2\,S' = Z\,\frac{\pi}{4}D'^3\,1.05$$

$$D' = \sqrt[3]{\frac{V_T}{Z\,\frac{\pi}{4}\,1.05}} = \sqrt[3]{\frac{0.04015}{12\,\frac{\pi}{4}\,1.05}} = 0.15652\,m$$

$$S' = D\,1.05 = 0.15652\;1.05 = 0.1675\,m$$

$$cm' = 2\,S'\,n = 2\;0.1675\,\frac{1500}{60} = 8.3748\,m/s$$

b. Determinar la presión que tiene que alcanzar el sistema de sobrealimentación para conseguir exactamente la potencia objetivo con los parámetros de funcionamiento indicados.

Si se mantuvieran el diámetro, carrera y velocidad media inicial, como se ha aumentado el número de cilindros, la potencia aumentaría. Para mantener la potencia inicial en 700 kW, hay que disminuir la densidad de referencia disminuyendo la presión de sobrealimentación. Como todos los valores restantes de la expresión de la potencia permanecen iguales:

$$N_e = F_r\,F_e\,\eta_v\,\rho_{a\_ref}\,V_T\,n\,i\,H_c\,\eta_e = cte\,Z\,p_3 = cte\,Z\,p_2$$

$$\frac{N_e}{N'_e} = 1 = \frac{Z\,p_2}{Z'\,p'_2}$$

$$p'_2 = p_2\frac{Z}{Z'} = 2.2\,\frac{11.47}{12} = 2.10\,bar$$

c. ¿Cuánto puede aumentar la potencia si se aumenta el diámetro del pistón hasta tener un S/D=1?. Se mantiene el número de cilindros y la presión de 2.2. bar.

$$V'_T = Z'\frac{\pi}{4}S^2\,S = Z'\,\frac{\pi}{4}S^3 = 12\,\frac{\pi}{4}\,0.17^3 = 0.04628$$

$$\frac{N_e}{N''_e} = \frac{V_T}{V'_T}$$

$$N''_e = N_e\frac{V'_T}{V_T} = 700\frac{0.04628}{0.04015} = 806.87\,kW$$

d. Determinar el rendimiento isoentrópico mínimo del compresor para para conseguir las condiciones de admisión del apartado **c** despreciando el gasto de combustible frente al de aire.

DATOS

Pto 1 Ambiente

$p_1 = 1\ bar, T_1 = 25°C$

Pto 2 Salida compresor

$p_2 = 2.2\ bar$

Pto 3 Salida Intercooler

$T_3 = 65°C\ p_3 = 2.2\ bar$

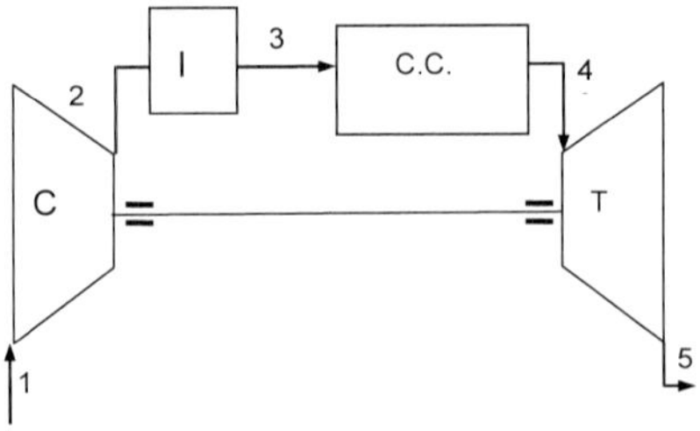

Pto 4 Salida motor

$p_4 = 2\ bar, T_4 = 450°C$

Pto 5 salida turbina

$p_5 = p_{amb} = 1\ bar$

$\eta_T = 0.8$

$\eta_{m\_eje} = 0.9$

El rendimiento isoentrópico del compresor es:

$$\eta_C = \frac{h_{2s} - h_1}{h_2 - h_1} = \frac{T_{2s} - T_1}{T_2 - T_1}$$

No se conocen T_{2s} y T_2. Para el cálculo de T_{2s} se plantea la evolución isoentrópica desde 1 hasta 2s:

$$T_{2s} = T_1 \left(\frac{p_{2s}}{p_1}\right)^{\frac{\gamma-1}{\gamma}} = (25 + 273) \left(\frac{2.2}{1}\right)^{\frac{1.34-1}{1.34}} = 364.23\ K = 91.23\ °C$$

Para calcular $\gamma = c_p/c_v$, conociendo $R = c_p - c_v$:

$$\gamma = \frac{c_p}{c_v} = \frac{c_p}{c_v - R} = \frac{1.1\ 10^3}{1.1\ 10^3 - 280} = 1.34$$

Para el cálculo de T_2 se plantea que la potencia que suministra la turbina es la que absorbe el compresor:

$$N_{e_C} = N_{e_T}\ \eta_{m_{eje}}$$

$$\dot{m}_a(h_2 - h_1) = (\dot{m}_a + \dot{m}_f)(h_4 - h_5)\eta_{m_{eje}}$$

Despreciando la masa de combustible frente a la de aire:

$$(h_2 - h_1) = (h_4 - h_5)\eta_{m_{eje}}$$

$$(T_2 - T_1) = (T_4 - T_5)\eta_{m_{eje}}$$

$$T_2 = T_1 + (T_4 - T_5)\eta_{m_{eje}}$$

Para calcular T_5, primero se plantea la expresión de la evolución isoentrópica de 4 a 5s, y después se plantea la expresión del rendimiento isoentrópico de la turbina:

$$T_{5s} = T_4\left(\frac{p_{5s}}{p_4}\right)^{\frac{\gamma-1}{\gamma}} = (450+273)\left(\frac{1}{2}\right)^{\frac{1.34-1}{1.34}} = 606.05\,K = 333.05\,°C$$

$$\eta_T = \frac{(h_4 - h_5)}{(h_4 - h_{5s})} = \frac{(T_4 - T_5)}{(T_4 - T_{5s})}$$

$$T_5 = T_4 - (T_4 - T_{5s})\eta_T = 356.4\,°C$$

Sustituyendo en la expresión de T_2:

$$T_2 = T_1 + (T_5 - T_4)\eta_{m_{eje}} = 25 + (356.4 - 450)0.9 = 109.2\,°C$$

Sustituyendo en la expresión del rendimiento isoentrópico del compresor:

$$\eta_C = \frac{T_{2s} - T_1}{T_2 - T_1} = 0.7866$$

15.2 Definición. Motor riego, régimen cte

Se pretende diseñar un motor para conectarlo a una bomba de riego que absorbe en el eje 21 kW y tiene que funcionar a 3000rpm. Se pretende que sea un motor diesel de inyección directa funcionando a F_r = 0.7. Se espera un consumo específico efectivo de 250 gr/kWh Dado el carácter industrial del motor se pretende que la velocidad lineal media sea baja quedando en 9 m/s. El motor tendrá una relación S/D de 1.1 y un rendimiento volumétrico de 0.9

Se estudian dos variables de diseño:

- Número de tiempos: 2T o 4T
- Aspiración natural o motor sobrealimentado ($\rho_{a\_colector}/\rho_{a\_amb}$ =1.66667).

a. Estudiar el número de cilindros que debería ponerse en cada caso para conseguir las especificaciones y no superar el dosado de 0.7.
b. Indicar el dosado que tendría el motor en cada caso.
c. Si se pudiese modificar la cilindrada unitaria en cada caso manteniendo el número de cilindros, indicar las velocidades lineales medias que se obtendrían si se mantuviese el dosado en 0.7 (no olvidar que el régimen se tiene que mantener en 3000 rpm).

Datos adicionales:

- P_{amb} =1 bar
- T_{amb}=20 ºC
- H_c=42 MJ/kg
- F_e=1/15
- R=287 J/kg/K.

Opciones	a) Z	b) Fr	c) Cm (m/s)
4T A.N.	3	0.575	8.42
4T Sob.	2	0.518	8.14
2T A.N.	2	0.43	7.64
2T Sob.	1	0.518	8.14

RESOLUCIÓN

a. Estudiar el número de cilindros que debería ponerse en cada caso para conseguir las especificaciones y no superar el dosado de 0.7.

Se plantea la expresión de la potencia, puesto que es un dato conocido:

$$N_e = \dot{m}_f\, H_c\, \eta_e = F\, \dot{m}_a H_c\, \eta_e = F_r\, F_e\, \eta_v\, \rho_{a\_ref}\, V_T\, n\, i\, H_c\, \eta_e = F_r\, F_e\, \eta_v\, \rho_{a\_ref}\, Z\, V_D\, n\, i\, H_c\, \eta_e$$

Para e caso de motor de 2T i=1 y en caso de 4T i=0.5.

La densidad del aire de referencia será:

- Aspiración natural AN:

$$\rho_{a\_ref_{col}} = \rho_{a\_ref_{amb}} = \frac{p_{amb}}{R\, T_{amb}} = \frac{1\ 10^5}{287\ (20+273)} = 1.2\ kg/m^3$$

- Sobrealimentado SA:

$$\rho_{a\_ref_{col}} = 1.667\ \rho_{a\_ref_{amb}} = 1.98\ kg/m^3$$

El resto de los parámetros permanecen iguales en todos los casos. Por tanto:

$$N_e = F_r\, F_e\, \eta_v\, \rho_{a\_ref}\, Z\, V_D\, n\, i\, H_c\, \eta_e = cte.\ \rho_{a\_ref}\, Z\, i$$

Para calcular la cilindrada unitaria

$$V_D = \frac{\pi}{4} D^2 S = \frac{\pi}{4} \frac{S^3}{1.1^2}$$

Hay que calcular la carrera con la velocidad lineal media del pistón:

$$S = \frac{cm}{2\, n} = \frac{9}{2\ \frac{3000}{60}} = 0.09\ m$$

$$V_D = \frac{\pi}{4} \frac{S^3}{1.1^2} = 0.0004732\ m^3 = 473.2\ cm^3$$

Para calcular el rendimiento efectivo:

$$g_{ef} = \frac{1}{\eta_e H_c}$$

$$\eta_e = \frac{1}{g_{ef}\, H_c} = \frac{1}{250\ 10^{-3} 10^{-3} \frac{1}{3600} 42\ 10^6} = 0.3428$$

Sustituyendo los valores en la expresión de la potencia:

$$N_e = F_r\, F_e\, \eta_v\, \rho_{a\_ref}\, Z\, V_D\, n\, i\, H_c\, \eta_e = 0.7\, \frac{1}{15} 0.9\; 0.0004732\, \frac{3000}{60}\, 42\; 10^6\; 0.3428\, \rho_{a\_ref}\, Z\, i$$

$$\rho_{a\_ref}\, Z\, i = 1.4676$$

Se calcula el número de cilindros para cada motor:

	i	ρ_{a_ref} (kg/m³)	$Z = {}^{1.4676}/_{i\, \rho_{a\_ref}}$
4T AN	0.5	1.2	2.47
4T AN	0.5	1.98	1.48
2T SA	1	1.2	1.23
2T SA	1	1.98	0.74

b. Indicar el dosado que tendría el motor en cada caso.

El número de cilindros debe ser un número entero. Se toma el número entero mayor al resultado, y para mantener el valor de la potencia, como se indica que $F_r \leq 0.7$, se disminuye el dosado:

$$F_r\, Z = cte$$

$$F_{r_{ef}}\, Z_{ef} = F_r\, Z$$

$$F_{r_{ef}} = \frac{F_r\, Z}{Zef}$$

	i	ρ_{a_ref} (kg/m³)	$Z = {}^{1.4676}/_{i\, \rho_{a\_ref}}$	Z_{ef}	$F_{r_{ef}}$
4T AN	0.5	1.2	2.47	3	0.576
4T AN	0.5	1.98	1.48	2	0.518
2T SA	1	1.2	1.23	2	0.432
2T SA	1	1.98	0.74	1	0.518

c. Si se pudiese modificar la cilindrada unitaria en cada caso manteniendo el número de cilindros, indicar las velocidades lineales medias que se obtendrían si se mantuviese el dosado en 0.7 (no olvidar que el régimen se tiene que mantener en 3000 rpm).

Si se mantiene el dosado en 0.7 en todos los casos, es decir, ha aumentado respecto al valor de $F_{r_{ef}}$, para que la potencia se mantenga con el mismo valor alguna variable tiene que disminuir, en este caso la cilindrada unitaria:

$$F_{r_{ef}}\, V_D = F'_r\, V'_D$$

donde $V_D = 473.19\; 10^{-6}\, m^3$ y $F'_r = 0.7$

$$V'_D = \frac{V_D}{F'_r} = F_{r_{ef}} \frac{473.19\; 10^{-6}}{0.7}$$

Por otro lado, la cilindrada unitaria se puede expresar como:

$$V'_D = \frac{\pi}{4} D'^2 S' = \frac{\pi}{4} \frac{S'^3}{1.1^2}$$

$$S' = \sqrt[3]{\frac{V'_D \; 4 \; 1.1^2}{\pi}}$$

Y la nueva velocidad lineal media del pistón es:

$$cm' = 2\,S'n$$

Sustituyendo valores de cada motor:

	Z_{ef}	$F_{r_{ef}}$	$V'_D\ (cm^3)$	$S'\ (m)$	$cm'\ (m/s)$
4T AN	3	0.576	389.31	0.0843	8.433
4T AN	2	0.518	350.37	0.0814	8.142
2T SA	2	0.432	291.98	0.0766	7.662
2T SA	1	0.518	350.37	0.0814	8.142

15.3 Definición gama de motores a gas para pequeña cogeneración

En una fábrica de motores de encendido provocado de 4T a gas natural se dispone de conjuntos pistón cilindro de 3 medidas de diámetro 60, 65 y 70 mm. También se disponen de dos tipos de conjunto bloques-cigüeñal para 3 y 4 cilindros ambos con un radio de muñequilla de 32.5 mm. El sistema de distribución permite obtener a 3000 rpm un rendimiento volumétrico de 0.9, 0.85 y 0.8 respectivamente para cada uno de los diámetros de pistón.

Los motores trabajan con un rendimiento efectivo de 0.33 para un dosado relativo de 0.75 y se puede considerar que las condiciones en el colector de admisión son las del ambiente.

a. Combinando bloques y pistones, indicar la velocidad lineal media de cada caso y el rango de potencias que pueden ofertar para su utilización en generación eléctrica en estacionario a 3000 rpm.

Para el motor de 4 cilindros y 70 mm de diámetro, un fabricante de turbocompresores, les propone utilizar un conjunto que tiene rendimiento isoentrópico del compresor 0.7, de la turbina de 0.8 y rendimiento mecánico del eje 0.95, cuando la turbina trabaja con una presión de 2 bar y 500 °C a la entrada. Asumiendo que las condiciones de entrada a la turbina se pueden conseguir con el motor y que el compresor comprime la mezcla de aire y combustible.

b. Determinar la potencia que se puede obtener con ese motor sin intercooler si no hay límite de presión de admisión. Dimensionar el turbo en cuanto a gasto másico y relación de compresión en el compresor. Considerar que el dosado se mantiene.

c. Para limitar la presión de sobrealimentación a 1.8 bar, se coloca una válvula waste gate a la entrada de la turbina que permite reducir el gasto másico que atraviesa la turbina para regular la potencia de accionamiento del compresor. Calcular la fracción de gasto de gases de escape que hay que desviar a la entrada de la turbina para no superar esa presión. Calcular también la potencia que se obtendría en estas condiciones utilizando un intercooler que pudiese bajar la temperatura en el colector de admisión hasta 80ºC.

H_c=50 MJ/kg, F_e=1/17, γ=1.3, R=287 J/kg/K, condiciones ambiente 1 bar y 25ºC.

a) V_T=11.95 l, cm_{max}=10.5 m/s, pme_{max}=7.85 bar
b) η_v=0.843 con Fr=0.7
c) MEC de aspiración natural
d) Ne_2=163.36 kW, n_2=1992 rpm
e) Ne_{sob}=189.87 kW

RESOLUCIÓN

a. Combinando bloques y pistones, indicar la velocidad lineal media de cada caso y el rango de potencias que pueden ofertar para su utilización en generación eléctrica en estacionario a 3000 rpm.

La velocidad lineal media del pistón:

$$cm = 2\,S\,n$$

La carrera es dos veces el radio de la muñequilla

$$S = 2\,r_m = 2\ \ 0.0325 = 0.065\,m = 65\,mm$$

Por tanto, la velocidad lineal media en todos los casos es:

$$cm = 2\,S\,n = 2\ \ 0.065\ \frac{3000}{60} = 6.5\,m/s$$

La expresión de la potencia:

$$N_e = F_r\,F_e\,\eta_v\,\rho_{a\_ref}\,Z\,V_D\,n\,i\,H_c\,\eta_e$$

$$\rho_{a\_ref} = \frac{p_{col}}{R\,T_{col}} = \frac{p_{amb}}{R\,T_{amb}} = \frac{1\ 10^5}{287\,(25+273)} = 1.17\,kg/m^3$$

$$V_D = \frac{\pi}{4}D^2 S$$

$$N_e = 0.75\,\frac{1}{17}\,\eta_v\,1.17\,Z\,\frac{\pi}{4}D^2\,0.065\,\frac{3000}{60}\,50\ 10^6\ 0.33$$

$\boldsymbol{D}\,(mm)$	$\boldsymbol{\eta_v}$	$\boldsymbol{V_D}\,(m^3)$	$\boldsymbol{N_e}\,(kW)$ $Z=1$	$\boldsymbol{N_e}\,(kW)$ $Z=3$	$\boldsymbol{N_e}\,(kW)$ $Z=4$
60	0.9	0.00018378	3.519	10.5586	14.078
65	0.85	0.00021569	3.9011	11.7033	15.6044
70	0.8	0.00025015	4.2582	12.7746	17.0328

b. Determinar la potencia que se puede obtener con ese motor sin intercooler si no hay límite de presión de admisión: Dimensionar el turbo en cuanto a gasto másico y relación de compresión en el compresor. Considerar que el dosado se mantiene.

DATOS

Pto 1 Ambiente

$p_1 = 1\ bar,\ T_1 = 25°C$

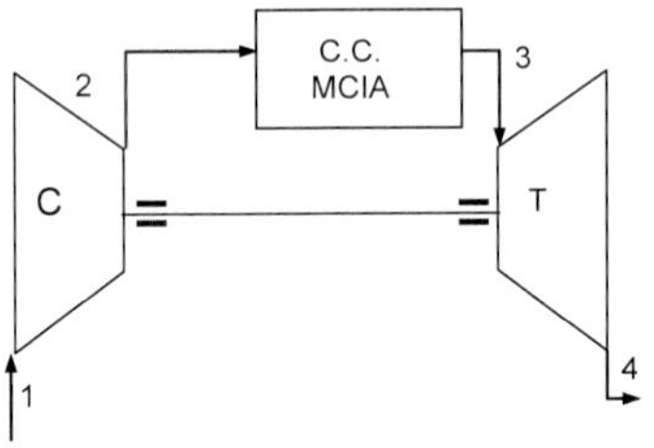

Pto 2 Salida compresor, colector

$p_2 =?\ bar$

Pto 3 Salida motor, entrada turbina

$p_3 = 2\ bar\ T_3 = 500°C$

Pto 4 salida turbina

$p_4 = p_{amb} = 1\ bar$

$\eta_C = 0.8$

$\eta_T = 0.8$

$\eta_{m\_eje} = 0.95$

Al colocar el turbocompresor, lo único que varía en la potencia respecto a la calculada en al apartado **a** es la densidad de referencia, por tanto:

$$N'_e = N_e \frac{\rho'_{a\_ref}}{\rho_{a\_ref}} = 17.0328 \frac{\rho'_{a\_ref}}{1.17}$$

Hay que calcular la densidad de referencia en el caso de tener un turbocompresor, es decir, la densidad en el punto 2:

$$\rho'_{a\_ref} = \rho_2 = \frac{p_2}{R\,T_2}$$

Hay que calcular T_2 y p_2. Para ello se plantea que la potencia que genera la turbina es la misma que la que absorbe el compresor:

$$N_{e_C} = N_{e_T}\,\eta_{m_{eje}}$$

$$(\dot{m}_a + \dot{m}_f)(h_2 - h_1) = (\dot{m}_a + \dot{m}_f)(h_3 - h_4)\eta_{m_{eje}}$$

Suponiendo gas perfecto:

$$T_2 - T_1 = (T_3 - T_4)\eta_{m_{eje}}$$

$$T_2 = T_1 + (T_3 - T_4)\eta_{m_{eje}}$$

Hay que calcular T_4. Planteando la evolución isoentrópica de 3 a 4s:

$$T_{4s} = T_3 \left(\frac{p_{4s}}{p_3}\right)^{\frac{\gamma-1}{\gamma}} = (500 + 273)\left(\frac{1}{2}\right)^{\frac{1.3-1}{1.3}} = 658.8\,K = 385.7\ °C$$

Con la expresión del rendimiento de la turbina:

$$\eta_T = \frac{h_3 - h_4}{h_3 - h_{4s}} = \frac{T_3 - T_4}{T_3 - T_{4s}}$$

$$T_4 = T_3 - (T_3 - T_{4s})\,\eta_T = 500 - (500 - 385.7)\,0.8 = 408.6\,°C$$

Sustituyendo en la ecuación de la T_2:

$$T_2 = T_1 + (T_3 - T_4)\eta_{m_{eje}} = 25 + (500 - 408.6)0.95 = 111.84\,°C$$

Ahora hay que calcular la p_2. Con el rendimiento isoentrópico del compresor:

$$\eta_c = \frac{h_{2s} - h_1}{h_2 - h_1} = \frac{T_{2s} - T_1}{T_2 - T_1}$$

$$T_{2s} = T_1 + (T_2 - T_1)\eta_C = 25 + (111.84 - 25)0.7 = 358.79\,K$$

Planteando el proceso isoentrópico desde 1 hasta 2s:

$$p_{2s} = p_1 \left(\frac{T_{2s}}{T_1}\right)^{\frac{\gamma}{\gamma-1}} = 1\left(\frac{358.79}{298}\right)^{\frac{1.3}{1.3-1}} = 2.23\,bar = p_2$$

Sustituyendo en la expresión de la densidad del aire de referencia:

$$\rho'_{a\_ref} = \rho_2 = \frac{p_2}{R\,T_2} = \frac{2.23\;10^5}{287\;384.84} = 2.024\,kg/m^3$$

$$N'_e = N_e \frac{\rho'_{a\_ref}}{\rho_{a\_ref}} = 17.0328 \frac{2.024}{1.17} = 29.48\,kW$$

El aumento de potencia sobrealimentando es:

$$\Delta N_e = \frac{N'_e - N_e}{N_e} 100 = 73.1\,\%$$

La relación de compresión del compresor será:

$$r_{cC} = \frac{p_2}{p_1} = \frac{2.23}{1} = 2.23$$

Para el cálculo del gasto másico que pasa por el compresor se calcula a partir de rendimiento volumétrico:

$$\left(\dot{m}_a + \dot{m}_f\right) = \eta_v\,\rho'_{a\_ref}\,V_T\,n\,i = \eta_v\,\rho'_{a\_ref}\,Z\,V_D\,n\,i = 0.8\;\;2.024\;\;4\;\;0.00025015\;\;\frac{3000}{60}\,\frac{1}{2} = 0.0405\,kg/s$$

c. Para limitar la presión de sobrealimentación a 1.8 bar, se coloca una válvula waste gate a la entrada de la turbina que permite reducir el gasto másico que atraviesa la turbina para regular la potencia de accionamiento del compresor. Calcular la fracción de gasto de gases de escape que hay que desviar a la entrada de la turbina para no superar esa presión. Calcular también la potencia que se obtendría en estas condiciones utilizando un intercooler que pudiese bajar la temperatura en el colector de admisión hasta 80ºC.

Si se llama α a la fracción de gasto que pasa por la turbina:

$$N_{e_C} = N_{e_T}\,\eta_{m_{eje}}$$

$$(\dot{m}_a + \dot{m}_f)(h_2 - h_1) = \alpha\,(\dot{m}_a + \dot{m}_f)(h_3 - h_4)\eta_{m_{eje}}$$

Suponiendo gas perfecto:

$$T_2 - T_1 = \alpha\,(T_3 - T_4)\eta_{m_{eje}}$$

Ahora lo que cambia es la temperatura en 2, puesto que se comprime menos. T_2 se puede calcular con T_{2s}, a partir de la expresión del rendimiento isoentrópico del compresor.

Para calcular T_{2s} se plantea la evolución isoentrópica desde 1 hasta 2s:

$$T_{2s} = T_1\left(\frac{p_{2s}}{p_1}\right)^{\frac{\gamma-1}{\gamma}} = (25+273)\left(\frac{1.8}{1}\right)^{\frac{1.3-1}{1.3}} = 341.3\,K = 68.3\,°\mathrm{C}$$

$$\eta_C = \frac{T_{2s} - T_1}{T_2 - T_1}$$

$$T_2 = T_1 + \frac{T_{2s} - T_1}{\eta_C} = 25 + \frac{68.3 - 25}{0.7} = 86.8\,°\mathrm{C}$$

$$\alpha = \frac{T_2 - T_1}{(T_3 - T_4)\eta_{m_{eje}}} = \frac{86.8 - 25}{(500 - 408.59)0.95} = 71.22\,\%$$

La fracción de gases que hay que desviar por la válvula waste-gate es:

$$1 - \alpha = 1 - 71.22 = 28.78\,\%$$

Si se introduce un intercooler después del compresor con $T''_2 = 80\,°\mathrm{C}$ se tiene otro valor de la densidad del aire de referencia:

$$\rho''_{a\_ref} = \frac{1.8\,10^5}{287\,(80+273)} = 1.78\,kg/m^3$$

Y la potencia obtenida introduciendo el intercooler es:

$$N''_e = N_e\frac{\rho''_{a\_ref}}{\rho_{a\_ref}} = 17.03\frac{1.78}{1.17} = 25.88\,kW$$

El incremento de potencia soberalimentando con intercooler respecto a aspiración natural es:

$$\Delta N_e = \frac{N''_e - N_e}{N_e}\,100 = 52\,\%$$

16 REGULACIÓN EN MCIA: GRADO DE CARGA

16.1 Comparación MEC y MEP mapa motor, variación grado de carga

Dos motores de 4T y 4 cilindros con una cilindrada total de 1600 cc con relación S/D=1, utilizan un combustible con Fe=1/15 y poder calorífico de 42 MJ/kg Trabajan en un punto de funcionamiento de potencia máxima con rendimiento efectivo de 30% y rendimiento volumétrico unidad.

Los dos motores tienen las siguientes características diferenciales en el punto de funcionamiento de máxima potencia (cm máxima):

TIPO	F_r	p_{col} (bar)	cm (m/s)
MEP	1	0.85	12
MEC	0.7	1.5	9

Las condiciones ambientales son p_{amb}=1bar y T_{amb}=20ºC; R = 287 J/kg/K, los procesos en el conducto de admisión se consideran isotermos.

a. Calcular para los dos motores en el punto de máxima potencia, la presión media efectiva, el par efectivo, el régimen de giro y la potencia efectiva.

b. Dibujar las curvas de par y potencia en función del régimen de giro para grado de carga máximo, si se supone que el rendimiento volumétrico y el F_r de grado de carga máximo no varían con el régimen de giro y que el rendimiento efectivo es independiente del régimen de giro y del grado de carga.

c. Teniendo en cuenta cómo se varía el grado de carga en MEC y MEP, determinar cómo tendrá que variar el dosado relativo o la presión en el colector en función del régimen de giro para cada tipo de motor, a fin de obtener el 25% de la potencia efectiva calculada en el apartado anterior. Hacer la hipótesis de que el rendimiento efectivo, el volumétrico y la temperatura del colector de admisión no dependen ni del régimen de giro ni del grado de carga.

d. Calcular la cilindrada de un motor con el mismo número de cilindros de dos tiempos semejante al anterior MEP para tener la misma potencia efectiva máxima, indicar a qué régimen de giro se producirá.

a)	Motor	Fr	P_{adm} (bar)	cm (m/s)	pme (bar)	Me (Nm)	n (rpm)	Ne (kW)
	MEP	1	0.85	12	8.49	133.6	4511	51.11
	MEC	0.7	1.5	9	10.49	108.2	3583	47.34

c)	MEP	P_{adm} x n =15.96 x 10^5 rps x Pa	P_{adm} < 0.85 n<4511 rpm
	MEC	Fr x n = 9.87 rps	Fr<0.7 n<3583 rpm

d) V_T*=564 cc, n*=6380 rpm

RESOLUCIÓN

a. Calcular para los dos motores en el punto de máxima potencia, la presión media efectiva, el par efectivo, el régimen de giro y la potencia efectiva.

La potencia se puede expresar como el trabajo por unidad de tiempo:

$$N_e = \frac{W_e}{tiempo\ de\ un\ ciclo}$$

La definición de la presión media efectiva es el trabajo efectivo por unidad de cilindrada: $pme = W_e/V_T$, y el tiempo de un ciclo es $1/(n\ i)$

$$N_e = pme\ V_T\ n\ i$$

Por otro lado, la potencia es:

$$N_e = \dot{m}_f\ H_c\ \eta_e = F\ \dot{m}_a H_c\ \eta_e = F_r\ F_e\ \eta_v\ \rho_{a\_ref}\ V_T\ n\ i\ H_c\ \eta_e$$

Por tanto:

$$pme = F_r\ F_e\ \eta_v\ \rho_{a\_ref}\ H_c\ \eta_e$$

La densidad del aire de referencia es la que hay en el colector de admisión:

$$\rho_{a\_ref} = \frac{p_{col}}{R\ T_{col}}$$

Donde T_{col} es la temperatura en el colector de admisión, y como los procesos en el conducto de admisión son isotermos, será igual a la temperatura ambiente 20°C.

El par se calcula a partir de la presión media efectiva:

$$M_e = \frac{N_e}{\omega} = \frac{pme\ V_T\ n\ i}{2\pi\ n} = pme \frac{V_T\ i}{2\pi}$$

El régimen de giro se calcula a partir de la velocidad lineal media del pistón:

$$n = \frac{cm}{2\ S}$$

La carrera se calcula a partir de los datos geométricos conocidos del motor, en este caso la cilindrada y la relación carrera diámetro S/D:

$$V_T = Z\ \frac{\pi}{4} D^2\ S = Z\ \frac{\pi}{4} S^3$$

$$S = \sqrt[3]{\frac{V_T\ 4}{Z\ \pi}} = 0.0799\ m$$

La potencia a partir de la pme se calcula:

$$N_e = pme\ V_T\ n\ i$$

Los resultados son los siguientes:

	F_r	p_{col} (bar)	cm (m/s)	$\rho_{a_{ref}}$ (kg/m^3)	pme (bar)	M_e (Nm)	S (m)	n (rpm)	N_e (kW)
MEP	1	0.85	12	1.01	7.22	91.94	0.0798	4507.19	43.37
MEC	0.7	1.5	9	1.784	8.91	113.57	0.0798	3380.39	40.18

b. Dibujar las curvas de par y potencia en función del régimen de giro para grado de carga máximo, si se supone que el rendimiento volumétrico y el F_r de grado de carga máximo no varían con el régimen de giro y que el rendimiento efectivo es independiente del régimen de giro y del grado de carga.

En la expresión de la potencia permanece todo constante excepto el régimen de giro por lo que la potencia será lineal con el régimen:

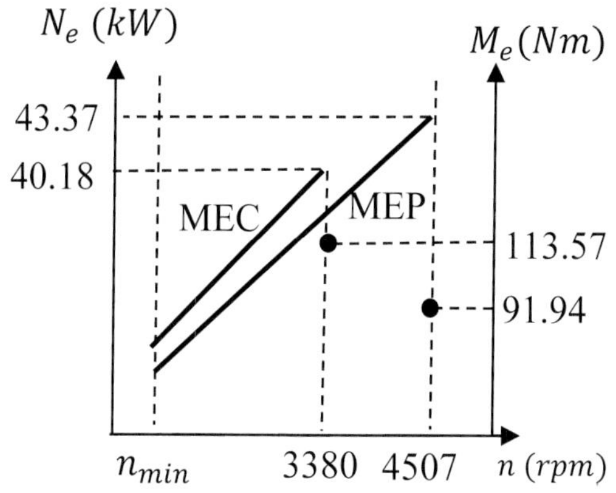

c. Teniendo en cuenta cómo se varía el grado de carga en MEC y MEP, determinar cómo tendrá que variar el dosado relativo o la presión en el colector en función del régimen de giro para cada tipo de motor, a fin de obtener el 25% de la potencia efectiva calculada en el apartado anterior. Hacer la hipótesis de que el rendimiento efectivo, el volumétrico y la temperatura del colector de admisión no dependen ni del régimen de giro ni del grado de carga.

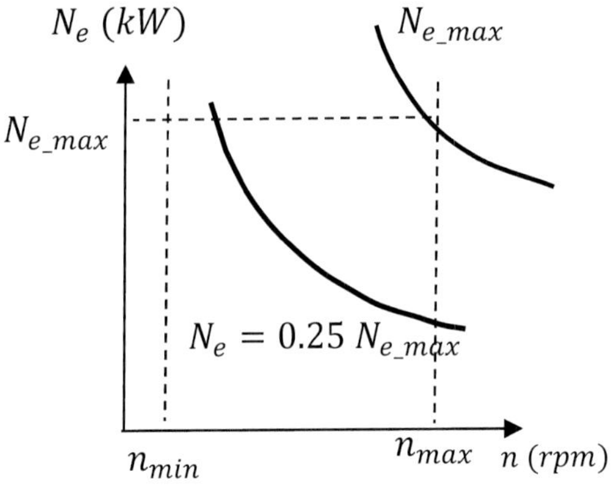

En el caso del motor de encendido provocado, el grado de carga se regula variando la densidad del aire de referencia en el colector de admisión, es decir, en este caso la presión en el colector de admisión. En la expresión de la potencia, al variar el grado de carga permanece todo igual excepto la densidad de referencia y el régimen de giro:

$$N_{e_{25\%}} = 0.25\ N_{e_{100\%}}$$

$$p_{col_{25\%}}\ n_{25\%} = 0.25\ p_{col_{100\%}}\ n_{100\%}$$

$$p_{col_{25\%}} = 0.25\ \frac{p_{col_{100\%}}\ n_{100\%}}{n_{25\%}} = \frac{0.25\ 0.85\ 4507.19}{n_{25\%}} = \frac{957.77}{n_{25\%}}$$

$$p_{col_{25\%}}\ (bar) = \frac{957.77}{n_{25\%}\ (rpm)}$$

En el caso del motor de encendido por compresión, el grado de carga se regula variando el dosado relativo:

$$F_{r_{25\%}}\ n_{25\%} = 0.25\ F_{r_{100\%}}\ n_{100\%}$$

$$F_{r_{25\%}} = \frac{0.25\ F_{r_{100\%}}\ n_{100\%}}{n_{25\%}} = \frac{0.25\ 0.7\ 3380.39}{n_{25\%}}$$

$$F_{r_{25\%}} = \frac{9.86}{n_{25\%}}$$

d. Calcular la cilindrada de un motor con el mismo número de cilindros de dos tiempos semejante al anterior MEP para tener la misma potencia efectiva máxima, indicar a qué régimen de giro se producirá.

La potencia se puede expresar como:

$$N_e = pme\ V_T\ n\ i = pme\ Z\ \frac{\pi}{4}\ D^2\ S\ \frac{cm}{2\ S}\ i = pme\ Z\ \frac{\pi}{8}\ D^2\ cm\ i$$

Para el motor de 2T, cambia i. Para obtener la misma potencia que con el de 4T, se cambia la cilindrada variando el diámetro del pistón, puesto que el número de cilindros es el mismo:

$$N_{e_{4T}} = N_{e_{2T}}$$

$$D_{4T}^2\, i_{4T} = D_{2T}^2\, i_{2T}$$

$$D_{2T} = D_{4T}\sqrt{\frac{i_{4T}}{i_{2T}}} = 0.0798\sqrt{\frac{0.5}{1}} = 0.0565\, m$$

$$V_{T_{2T}} = Z\,\frac{\pi}{4}\, D_{2T}^2\, S_{2T} = 565.7\ 10^{-6}\, m^3$$

$$n_{2T} = \frac{cm}{2\, S_{2T}} = \frac{12}{2\ \ 0.0565} = 6374.13\, rpm$$

16.2 Banco de ensayos, sobrealimentación y subida de cuesta

Un motor Diesel de 4 tiempos, con turbocompresor sin refrigeración intermedia a la salida del compresor, con las siguientes características geométricas.

Diámetro del pistón:	150 mm
Carrera del pistón:	160 mm
Número de cilindros:	12

El motor se prueba en un banco de ensayos, y se obtienen los siguientes resultados:

Número de revoluciones:	2200 rpm.
Par a este régimen:	4000 Nm
Consumo de combustible:	3.7 kg/min
Gasto de aire:	1.8 kg/seg

El combustible utilizado tiene las siguientes características:

Poder calorífico del combustible:	42000 kJ/kg
Dosado estequiométrico del combustible	1/15

Calcular:

- **a.** Potencia efectiva y presión media efectiva.
- **b.** Velocidad lineal media del pistón.
- **c.** Combustible inyectado por cilindro y ciclo.
- **d.** Consumo específico efectivo de combustible en g/kWh.
- **e.** Suponiendo que el rendimiento volumétrico en ese punto de funcionamiento es 0.94, calcular la densidad del aire en la pipa de admisión.

Se coloca un intercooler después del compresor isoentrópico que enfría el aire ΔT= 30 °C sin pérdida de presión.

- **f.** Calcular la nueva densidad del aire en la pipa de admisión.

Si en este nuevo motor el rendimiento volumétrico se mantiene constante, así como el dosado.

g. Calcular los nuevos valores de potencia y par.

El motor original se monta en un vehículo de manera que el conjunto pesa 9000 kg. Funcionando el motor en las condiciones iniciales, el vehículo circula en llano a 100km/h, si tiene que subir una pendiente del 3% (sube 3 m cada 100 m recorridos).

h. Calcular el nuevo dosado para poder mantener la velocidad si el resto de condiciones de funcionamiento se mantienen.

Indicaciones: se supone que el proceso en el compresor es isoentrópico. P_{amb}= 1bar, T_{amb}=20ºC, γ=1.4, R = 287 J/kg/K.

a) Ne=921.54 kW
b) pme=14.815 bar
c) cm=11.73 m/s
d) mf_{cc}=280.3 mg
e) g_{ef}=240.9 g/kWh
f) ρ_1=3.078 kg/m3
g) ρ_2=3.31 kg/m3
h) Ne_2=990.89 kW, Me_2=4301 Nm
i) Fr=0.555

RESOLUCIÓN

a. Potencia que está desarrollando el motor en kW.

$$N_e = M_e\, \omega = M_e\, n\, 2\pi = 4000\, \frac{2200}{60}\, 2\, \pi = 921.5\, kW$$

b. Presión media efectiva en bar.

$$N_e = pme\, V_T\, n\, i$$

$$pme = \frac{N_e}{V_T\, n\, i} = \frac{M_e\, n\, 2\pi}{V_T\, n\, i} = M_e \frac{2\pi}{V_T\, i}$$

$$V_T = Z\, \frac{\pi}{4} D^2\, S = 12\, \frac{\pi}{4} 0.15^2\, 0.16 = 0.03393\, m^3 = 33.93\, l$$

$$pme = 4000\, \frac{2\, \pi}{0.03393\;\, 0.5} = 14.81\, bar$$

c. Velocidad lineal media del pistón.

$$cm = 2\, S\, n = 2\, 0.16\, \frac{2200}{60} = 11.73\, m/s$$

d. Combustible inyectado por cilindro y ciclo.

$$m_{fcc} = \dot{m}_f\, \left(\frac{kg}{s}\right)\, \frac{1}{Z\ (cilindros)}\, \frac{1}{n\, i}\left(\frac{s}{ciclo}\right)$$

$$m_{fcc} = \frac{\frac{3.7}{60}}{12\ \frac{2200}{60}\ \frac{1}{2}} = 280.3\ mg/s$$

e. Consumo específico efectivo de combustible en g/kWh.

$$g_{ef} = \frac{\dot{m}_f}{N_e} = \frac{\frac{3.7}{60}\ 10^3\ \left(\frac{gr}{s}\right)\ 3600\ \left(\frac{s}{h}\right)}{921.54\ kW} = 240.9\ gr/kWh$$

f. ¿Qué densidad tiene el aire en el colector de admisión, después del compresor de sobrealimentación, suponiendo un rendimiento volumétrico de 0.91?

$$\eta_v = \frac{1}{C}\frac{\dot{m}_a}{\rho_{a\_ref}\ V_T\ n\ i}$$

Suponiendo que el combustible es de alto peso molecular, $C = 1$

$$\rho_{a\_ref} = \frac{\dot{m}_a}{\eta_v\ V_T\ n\ i} = \frac{1.8}{0.94\ \ 0.03393\ \frac{2200}{60}\frac{1}{2}} = 3.0784\ kg/s$$

g. Calcular la nueva densidad del aire en el colector de admisión, con intercooler, ΔT= 30 °C sin pérdida de presión. Compresión isoentrópica.

En este caso la densidad del aire de referencia en el colector de admisión después del compresor más el intercooler, será la resultante de la presión que suministra el compresor y la temperatura después del compresor restándola 30 °C. Hay que calcular las condiciones de presión y temperatura después del compresor:

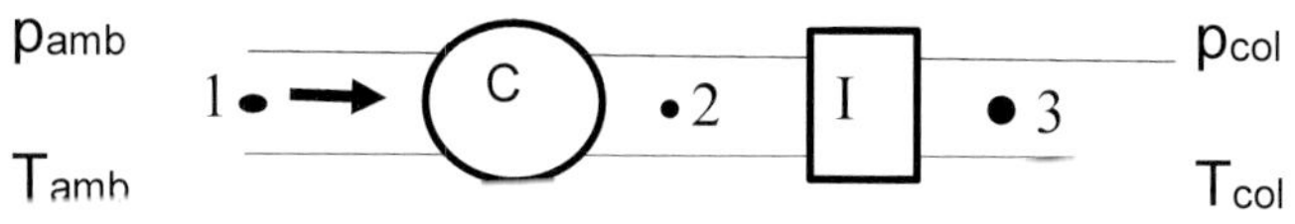

La densidad del aire de referencia calculada en el apartado **f** es la densidad después del compresor, punto 2 del esquema. En la compresión isoentrópica de 1 a 2:

$$p_1\ v_1^{\gamma} = p_2\ v_2^{\gamma}$$

$$p_1\ \frac{1}{\rho_1^{\gamma}} = p_2\ \frac{1}{\rho_2^{\gamma}}$$

La densidad del aire de referencia en el punto 1 es la ambiente:

$$\rho_1 = \rho_{amb} = \frac{p_{amb}}{R\ T_{amb}} = \frac{1\ 10^5}{287\ (20 + 273)} = 1.189\ kg/m^3$$

$$p_2 = p_1\ \left(\frac{\rho_2}{\rho_1}\right)^{\gamma} = 1\ \left(\frac{3.078}{1.189}\right)^{1.4} = 3.787\ bar$$

La presión en el punto 3, después del intercooler, es la misma que la del punto 2 puesto que no hay pérdidas de carga en el intercooler.

La temperatura después del compresor se obtiene con la ecuación de gas ideal $p\ v = R\ T$:

$$T_2 = \frac{p_2}{R\ \rho_2} = \frac{3.787\ 10^5}{287\ 3.078} = 428.6\ K$$

La temperatura en el punto 3 después del intercooler es:

$$T_3 = T_2 - 30 = 398.6\ K$$

Una vez obtenidas la presión y temperatura en el punto 3, se calcula la densidad del punto 3, que es la densidad del aire de referencia con compresor más intercooler:

$$\rho_{a\_ref_3} = \rho_3 = \frac{p_3}{R\ T_3} = \frac{3.787\ 10^5}{287\ 398.6} = 3.31\ kg/m^3$$

h. Calcular los nuevos valores de potencia y par. Rendimiento volumétrico y dosado se mantienen constantes

En la expresión de la potencia, se mantiene todo constante excepto la densidad del aire de referencia

$$\frac{N_{e_3}}{N_{e_2}} = \frac{\rho_{a\_ref_3}}{\rho_{a\_ref_2}}$$

$$N_{e_3} = N_{e2}\frac{\rho_{a\_ref_3}}{\rho_{a\_ref_2}} = 921.54\frac{3.31}{3.078} = 990.89\ kW$$

Por tanto, al introducir el intercooler la potencia sube en:

$$\Delta N_e = \frac{N_{e_3} - N_{e_2}}{N_{e_2}}100 = \frac{990.89 - 921.5}{921.5}100 = 7.5\ \%$$

Haciendo lo mismo con el par, la subida será la misma:

$$\frac{M_{e_3}}{M_{e_2}} = \frac{\rho_{a\_ref_3}}{\rho_{a\_ref_2}}$$

$$M_{e_3} = M_{e_2}\frac{\rho_{a\_ref_3}}{\rho_{a\_ref_2}} = 4000\frac{3.31}{3.078} = 4301\ Nm$$

$$\Delta M_e = \frac{M_{e_3} - M_{e_2}}{M_{e_2}}100 = \frac{4301 - 4000}{4000}100 = 7.5\ \%$$

i. Calcular el nuevo dosado para poder mantener la velocidad si el resto de condiciones de funcionamiento se mantienen.

El motor original se monta en un vehículo de manera que el conjunto pesa 9000 kg. Funcionando el motor en las condiciones iniciales, el vehículo circula en llano a 100km/h, si tiene que subir una pendiente del 3% (sube 3 m cada 100 m recorridos).

Al encontrar una pendiente, el vehículo tiene que aumentar la potencia para mantener la velocidad. La pendiente de un 3% significa que de cada 100m recorridos se suben 3m en altura. La fuerza adicional que hay que hacer al subir la pendiente es el peso del vehículo por el seno del ángulo de la pendiente

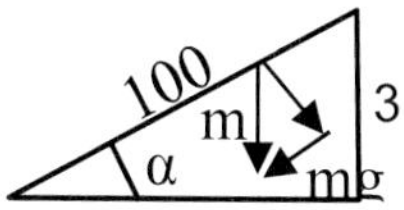

La potencia adicional es la fuerza adicional multiplicada por la velocidad del vehículo:

$$\Delta N_e = \Delta F\ v = m\ g\ sin(\alpha)\ v = 9000\ 9.8\ \frac{3}{100}\ 100\ \frac{10^3}{3600} = 73.57kW$$

Por tanto, la potencia que tiene que dar el motor es la potencia para andar en llano más la potencia adicional.

$$N'_e = N_e + \Delta N_e = 921.54 + 73.57 = 995.1\ kW$$

La forma de aumentar la potencia es aumentar el grado de carga. Como es un MEC, el grado de carga se aumenta con el dosado, inyectando más combustible en la cámara de combustión. En la expresión de la potencia todo permanece igual excepto el dosado, que tendrá que aumentar:

$$\frac{N'_e}{N_e} = \frac{F'_r}{F_r}$$

$$F = \frac{\dot{m}_f}{\dot{m}_a} = \frac{0.06167}{1.8} = 0.03426$$

$$F_r = \frac{F}{F_e} = \frac{0.03426}{\frac{1}{15}} = 0.5139$$

$$F'_r = F_r \frac{N'_e}{N_e} = 0.5139 \frac{995.1}{921.54} = 0.555$$

17 SEMEJANZA EN MCIA

17.1 Comparación motos de competición

En una competición de motos, los motores son de 4 tiempos y se puede optar por dos alternativas de diseño: 4 cilindros y 600cc de cilindrada total o 2 cilindros y 800cc de cilindrada total. Asumiendo que los dos motores son semejantes y funcionan con los mismos reglajes, determinar la relación de potencias de los dos motores y cuál tiene más potencia.

Nota: aunque no es necesario, se pueden asumir valores razonables de pme, cm y S/D para resolver el problema.

$$\frac{N_{e_2}}{N_{e_1}} = 0.9615$$

RESOLUCIÓN

La relación de semejanza es la relación entre dos parámetros geométricos del motor, siendo el motor 2 más grande que el motor 1:

$$\lambda = \frac{L_2}{L_1} > 1 \qquad\qquad L_2 > L_1$$

El motor 1 será el de 600cc y el motor 2 será el de 800cc. Se calcula la relación desemejanza con los datos conocidos, en este caso las cilindradas:

$$\frac{V_{T_2}}{V_{T_1}} = \frac{800}{600} = \frac{Z_2\, A_{p_2}\, S_2}{Z_1\, A_{p_1}\, S_1} = \frac{Z_2}{Z_1}\lambda^3$$

$$\lambda = \sqrt[3]{\frac{V_{T_2}}{V_{T_1}}\frac{Z_1}{Z_2}} = \sqrt[3]{\frac{800}{600}\frac{4}{2}} = 1.387$$

Hay que escribir la expresión de la potencia en función de parámetros que sean convenientes para la aplicación de la teoría de la semejanza:

$$N_e = \frac{W_e}{tiempo\ de\ 1\ ciclo} = W_e\, n\, i = pme\, V_T\, n\, i = pme\, Z\, A_p\, S\, n\, i = pme\, Z\, A_p\, \frac{cm}{2}\, i$$

Dos motores semejantes tienen la misma presión media efectiva y la misma velocidad media del pistón:

$$\frac{N_{e_2}}{N_{e_1}} = \frac{pme_2\, Z_2\, A_{p_2}\, \frac{cm_2}{2}\, i_2}{pme_1\, Z_1\, A_{p_1}\, \frac{cm_1}{2}\, i_1} = \frac{Z_2\, A_{p_2}}{Z_1\, A_{p_1}} = \frac{Z_2}{Z_1}\lambda^2 = \frac{2}{4}\, 1.387^2 = 0.9615$$

17.2 Variación del número de cilindros

Un MEP de 4T, de cuatro cilindros de 1600 cm^3, con una relación carrera-diámetro del pistón igual a 1.1, suministra una potencia máxima de 90 kW a 6500 rpm. Se quiere ampliar la gama de motores diseñando un motor semejante al anterior de 3 cilindros que suministre la misma potencia.

- **a.** Determinar la relación de semejanza.
- **b.** Determinar la velocidad lineal media del pistón y la presión media efectiva de ambos motores.
- **c.** Determinar el diámetro y carrera, cilindrada y régimen de giro de máxima potencia del nuevo motor.
- **d.** Si el diámetro del cilindro no pudiera superar los 90 mm, cuál sería la potencia que se podría obtener del nuevo motor semejante.
- **e.** Tomando como elemento de comparación el motor del apartado c, ¿qué ventajas e inconvenientes presenta frente al motor original?

a) λ=1.4142
b) cm=18.438 m/s, pme=10.385 bar
c) S_1=85.1 mm, S_2=120.3 mm, V_{T2}=2262.7 cc, n_2=4596.2 rpm
d) Ne_3=60.873 kW

RESOLUCIÓN

a. Determinar la relación de semejanza.

Como se ha visto en el ejercicio 17.1, la relación de potencias en motores semejantes es:

$$\frac{N_{e_2}}{N_{e_1}} = 1 = \frac{pme_2\, Z_2\, A_{p_2}\, \frac{cm_2}{2}\, i_2}{pme_1\, Z_1\, A_{p_1}\, \frac{cm_1}{2}\, i_1} = \frac{Z_2\, A_{p_2}}{Z_1\, A_{p_1}} = \frac{Z_2}{Z_1}\, \lambda^2$$

$$\lambda = \sqrt{\frac{Z_1}{Z_2}} = \sqrt{\frac{4}{3}} = 1.4142$$

b. Determinar la velocidad lineal media del pistón y la presión media efectiva de ambos motores.

Como los motores son semejantes, la presión media efectiva y la velocidad media del pistón son iguales en los dos motores. Calculamos los dos parámetros para el motor 1: Se calcula la carrera del pistón:

$$V_{T_1} = Z_1\, \frac{\pi}{4} D_1^2\, S_1 = Z_1\, \frac{\pi}{4} D_1^2\, 1.1\, D_1 = Z_1\, \frac{\pi}{4} D_1^3\, 1.1$$

$$D_1 = \sqrt[3]{\frac{4\, V_{T_1}}{Z_1\, \pi\, 1.1}} = \sqrt[3]{\frac{4\; 1600\; 10^{-6}}{4\, \pi\, 1.1}} = 0.0774\, m$$

La velocidad lineal media del pistón:

$$cm_1 = 2\, S_1\, n_1 = 2\ 0.0774\ 1.1\ \frac{6500}{60} = 18.44\, m/s$$

La presión media efectiva se obtiene a partir de la potencia:

$$pme_1 = \frac{N_{e_1}}{V_{T_1}\, n_1\, i} = \frac{90\ 10^3}{1600\ 10^{-6}\ \frac{6500}{60}\ \frac{1}{2}} = 10.385\ bar$$

c. Determinar el diámetro y carrera, cilindrada y régimen de giro de máxima potencia del nuevo motor.

$$S_2 = S_1\, \lambda = 0.0851\ \ 1.4142\ = 0.1203\, m$$

$$D_2 = \frac{S_2}{1.1} = 0.1094\, m$$

$$\frac{V_{T_2}}{V_{T_1}} = \frac{Z_2\, A_{p_2}\, S_2}{Z_1\, A_{p_1}\, S_1} = \frac{Z_2}{Z_1}\lambda^3$$

$$V_{T_2} = V_{T_1}\frac{Z_2}{Z_1}\lambda^3 = 1600\ \frac{3}{4}\ 1.4142^3 = 2262.7\ cc$$

$$\frac{cm_2}{cm_1} = 1 = \frac{2\, S_2\, n_2}{2\, S_1\, n_1} = \lambda\ \frac{n_2}{n_1}$$

$$\frac{n_2}{n_1} = \frac{1}{\lambda}$$

$$n_2 = \frac{n_1}{\lambda} = \frac{6500}{1.4142} = 4596.2\ rpm$$

d. Si el diámetro del cilindro no pudiera superar los 90 mm, cuál sería la potencia que se podría obtener del nuevo motor semejante.

$$N_{e_3} = pme\, Z_3\, A_{p_3}\ \frac{cm}{2}\ i = 10.385\ 10^5\ \ 3\ \ \frac{\pi}{4}0.09^2\ \frac{18.44}{2}\ \frac{1}{2} = 60.873\ kW$$

e. Tomando como elemento de comparación el motor del apartado c, ¿qué ventajas e inconvenientes presenta frente al motor original?

- El motor nuevo tendrá menos piezas por lo que será más barato.
- Al ser el motor más grande será ligeramente más adiabático y por tanto tendrá mejor rendimiento.
- La tendencia a la detonación será mayor en el nuevo motor.
- El rango de regímenes de giro de funcionamiento será menor, siendo una desventaja si se quiere realizar una conducción deportiva.
- Asumiendo que el peso del motor es proporcional a la cilindrada total, el nuevo motor será más pesado.

17.3 Comparación motores de scooters

Existen dos tipos de motores monocilíndricos para scooter de pequeño tamaño.

- 2T, 50cc
- 4T, 125cc

Asumiendo que los dos motores son semejantes, indicar cuál de los dos tiene mayor potencia máxima.

$$\frac{N_{e_{2T}}}{N_{e_{4T}}} = 1.0857$$

RESOLUCIÓN

Se expresa la potencia en función de la presión media efectiva y la velocidad media del pistón ya que estos dos parámetros son iguales en motores semejantes:

$$N_e = \frac{W_e}{tiempo\ de\ 1\ ciclo} = pme\ V_T\ n\ i$$

La relación entre las dos potencias de los dos motores semejantes es:

$$\frac{N_{e_{2T}}}{N_{e_{4T}}} = \frac{pme_{2T}\ V_{T_{2T}}\ n_{2T}\ i_{2T}}{pme_{4T}\ V_{T_{4T}}\ n_{4T}\ i_{4T}} = \frac{V_{T_{2T}}}{V_{T_{4T}}} \frac{\frac{cm_{2T}}{2\,S_{2T}}\ i_{2T}}{\frac{cm_{4T}}{2\,S_{4T}}\ i_{4T}} = \frac{V_{T_{2T}}}{V_{T_{4T}}} \frac{S_{4T}}{S_{2T}} \frac{i_{2T}}{i_{4T}} = \lambda^3\ \frac{1}{\lambda}\ \frac{1}{\frac{1}{2}} = 2\,\lambda^2$$

La relación de semejanza se puede calcular con los parámetros conocidos, las cilindradas:

$$\frac{V_{T_{2T}}}{V_{T_{4T}}} = \lambda^3$$

$$\lambda = \left(\frac{V_{T_{2T}}}{V_{T_{4T}}}\right)^{1/3} = \left(\frac{50}{125}\right)^{1/3} = 0.7368$$

La relación de potencias entonces es:

$$\frac{N_{e_{2T}}}{N_{e_{4T}}} = 2\,\lambda^2 = 2\ 0.7368^2 = 1.0857$$

Por tanto, el motor de 2T tiene mayor potencia.

18 MCIA. EMISIONES Y PROPIEDADES DE COMBUSTIBLES

18.1 Cálculo de emisiones específicas

Un motor Diesel industrial de cuatro tiempos 8 cilindros (S/D=1) y 14 litros de cilindrada total, funciona a 1500 rpm produciendo 250 kW. Con un rendimiento efectivo de 0.4, rendimiento volumétrico 0.9 y dosado relativo de 0.5.

- T_{amb}= 20ºC
- p_{amb}= 1bar
- γ= 1.4, R= 287 J/kg/K
- H_c= 39 MJ/kg
- Combustible: $C_{12}H_{22}$

Determinar:

a. El dosado estequiométrico a partir de la fórmula de sustitución del combustible.
b. Par efectivo, presión media efectiva, gasto de combustible y gasto de aire.
c. Para el mismo motor con las mismas prestaciones, determinar la presión en el colector de admisión en los siguientes supuestos:
- El motor es sobrealimentado sin intercooler (compresión isoentrópica)
- El motor es sobrealimentado (compresión isoentrópica) con intercooler que enfría el aire hasta 80ºC

d. Las emisiones de NOx en g/kWh si en los gases de escape hay una concentración en volumen de NOx de 500 ppm. Despreciar los moles de NOx a la hora de calcular los moles producto de la reacción de combustión.
e. Las emisiones de CO2 en g/kWh.

a) Fe=0.0691=1/14.47
b) Me=1592 Nm, pme=14.3 bar, $\dot{m}_f$=16 g/s, $\dot{m}_a$=464 g/s
c) e_{NOx} =4.54 g/kw/h, e_{CO2}=734 g/kWh
d) p_1=3.56 bar, p_2=2.98 bar

RESOLUCIÓN

a. El dosado estequiométrico a partir de la fórmula de sustitución del combustible.

La reacción de combustión estequiométrica es:

$$C_{12}H_{22} + \left(12 + \frac{22}{4}\right)(O_2 + 3.76N_2) \Rightarrow 12\,CO_2 + \frac{22}{2}H_2O$$

$$F_e = \frac{m_f}{m_a} = \frac{12\,M_C + 22\,M_H}{\left(12 + \frac{22}{4}\right)(2\,M_O + 3.76\;\;2M_N)} = \frac{12\;\;12 + 22\;\;1}{\left(12 + \frac{22}{4}\right)(2\;\;16 + 3.76\;\;2\;\;14)} = \frac{1}{14.47}$$

b. Par efectivo, presión media efectiva, gasto de combustible y gasto de aire.

El par efectivo:

$$M_e = \frac{N_e}{\omega} = \frac{N_e}{2\,\pi\,n} = \frac{250\;10^3}{2\,\pi\,\frac{1500}{60}} = 1591.55\;Nm$$

La presión media efectiva:

$$pme = \frac{W_e}{V_T} = \frac{N_e}{V_T\,n\,i} = \frac{M_e\,\omega}{V_T\,n\,i} = \frac{M_e\,2\,\pi\,n}{V_T\,n\,i} = M_e\frac{2\,\pi}{V_T\,i} = 1591.55\,\frac{2\,\pi}{14\;10^{-3}\,\frac{1}{2}} = 14.28\;bar$$

Para calcular el gasto de combustible, se parte de la potencia y el rendimiento efectivo que son conocidos:

$$N_e = \dot{m}_f\,H_c\,\eta_e$$

$$\dot{m}_f = \frac{N_e}{H_c\,\eta_e} = \frac{250\;10^3}{39\;10^6\;0.4} = 0.016\frac{kg}{s}$$

El gasto de aire se calcula con el dosado:

$$\dot{m}_a = \frac{\dot{m}_f}{F} = \frac{\dot{m}_f}{F_r\,F_e} = \frac{0.016}{0.5\,\frac{1}{14.47}} = 0.464\;kg/s$$

c. Para el mismo motor con las mismas prestaciones, determinar la presión en el colector de admisión en los siguientes supuestos:

- El motor es sobrealimentado sin intercooler (compresión isoentrópica)
- El motor es sobrealimentado (compresión isoentrópica) con intercooler que enfría el aire hasta 80°C

Para el caso de motor sobrealimentado sin intercooler.

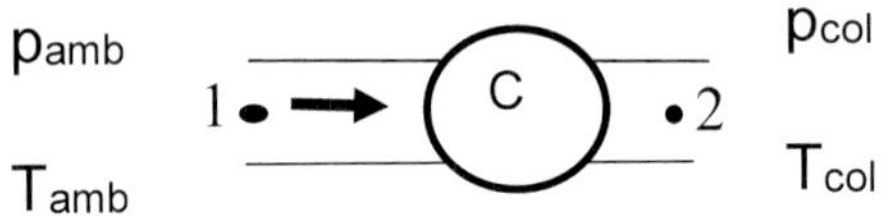

Con el dato del rendimiento volumétrico se puede obtener la densidad en el colector, en el punto 2:

$$\eta_v = \frac{\dot{m}_a}{\rho_{a\_ref}\,V_T\,n\,i}$$

$$\rho_{a\_ref} = \rho_2 = \frac{\dot{m}_a}{\eta_v\,V_T\,n\,i} = \frac{0.464}{0.9\;14\;10^{-3}\,\frac{1500}{60}\,\frac{1}{2}} = 2.945\;kg/m^3$$

La compresión es isoentrópica, por lo que desde el ambiente, punto 1, al colector, punto 2, la evolución es isoentrópica. Se conocen la presión y temperatura ambiente, punto 1, y la densidad en el punto 2, por lo que se puede obtener la presión en el punto 2:

$$p_1\,v_1^{\gamma} = p_2\,v_2^{\gamma}$$

$$p_1 \left(\frac{1}{\rho_1}\right)^{\gamma} = p_2 \left(\frac{1}{\rho_2}\right)^{\gamma}$$

La densidad en el punto 1 es la densidad ambiente:

$$\rho_1 = \frac{p_{amb}}{R\, T_{amb}} = \frac{1\ 10^5}{287\ (20 + 273)} = 1.189\ kg/m^3$$

$$p_2 = p_1 \left(\frac{\rho_2}{\rho_1}\right)^{\gamma} = 1 \left(\frac{2.945}{1.189}\right)^{\gamma} = 3.56\ bar$$

En el caso de motor sobrealimentado con intercooler. Para que el motor dé las mismas prestaciones, la densidad en el colector debe ser la misma que en el caso anterior, pero se debe bajar la presión de sobrealimentación:

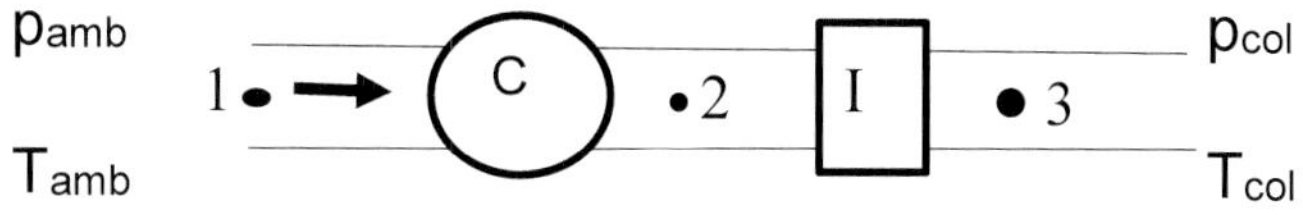

En este caso, la presión en el colector de admisión se calcula con la densidad en 3, que debe ser igual que la del caso sin intercooler $\rho_3 = 2.945 \frac{kg}{m^3}$, y con la temperatura en 3, que es 80°C:

$$p_3 = \rho_3\, R\, T_3 = 2.945\ 287\ \ (80 + 273) = 2.984\ bar$$

d. Las emisiones de NOx en g/kWh si en los gases de escape hay una concentración en volumen de NOx de 500 ppm. Despreciar los moles de NOx a la hora de calcular los moles producto de la reacción de combustión.

Las emisiones de NOx se miden siempre en volumen (que es lo mismo que en moles) porque es lo que miden los aparatos de medida de NOx. Las partes por millón, *ppm*, es fracción volumétrica (volumen NOx / volumen escape), y es lo mismo que la fracción molar $X_{NOx-esc}$ (moles de NOx / moles escape).

Las emisiones de NOx en gr/kWh se obtienen:

$$e_{NOx} = \frac{\dot{m}_{NOx}}{N_e}$$

El gasto de emisiones de NOx no es dato, pero se puede expresar como:

$$\dot{m}_{NOx} \left(\frac{kg}{s}\right) = \dot{m}_{esc}\ \frac{\dot{m}_{NOx}}{\dot{m}_{esc}} = \dot{m}_{esc}\ Y_{NOx-esc}$$

Donde $\dot{m}_{esc} = \dot{m}_a + \dot{m}_f$, y $Y_{NOx-esc}$ es la fracción másica de NOx en el escape. Para calcularla se puede poner en función de la fracción molar $X_{NOx-esc} = mol_{NOx}/mol_{esc}$

$$Y_{NOx-esc} = X_{NOx-esc}\ \frac{M_{NOx}}{M_{esc}}$$

Siendo M el peso molecular (g/mol). El peso molecular de los NOx, se puede calcular como el peso molecular de $NO_{1.5}$ ya que los NOx engloban al NO_2 y NO.

$$M_{NOx} = M_{NO1.5} = M_N + 1.5\, M_O = 14 + 1.5\;\; 16 = 38\, gr/mol$$

La fracción molar de NOx en el escape:

$$X_{NOx-esc} = 500\, ppm = 500\; 10^{-6}\;\; (mol_{NOx}/mol_{escape})$$

Hay que calcular el peso molecular del escape. Para ello se ajusta la reacción de combustión para cualquier dosado:

$$C_{12}H_{22} + \left(12 + \frac{22}{4}\right)\frac{1}{F_r}(O_2 + 3.76N_2)$$
$$\Rightarrow 12\, CO_2 + \frac{22}{2}H_2O + \left(\frac{1}{F_r} - 1\right)\left(12 + \frac{22}{4}\right)O_2 + \left(12 + \frac{22}{4}\right)\frac{1}{F_r}3.76\, N_2$$

$$M_{esc} = \frac{masa_{esc}}{moles_{esc}} = \frac{12M_{CO2} + \frac{22}{2}M_{H_2O} + \left(\frac{1}{F_r} - 1\right)\left(12 + \frac{22}{4}\right)M_{O_2} + \left(12 + \frac{22}{4}\right)\frac{1}{F_r}3.76M_{N2}}{12 + \frac{22}{2} + \left(\frac{1}{F_r} - 1\right)\left(12 + \frac{22}{4}\right) + \left(12 + \frac{22}{4}\right)\frac{1}{F_r}3.76}$$

$$M_{esc} = \frac{12\;\, 44 + \frac{22}{2}18 + \left(\frac{1}{F_r} - 1\right)\left(12 + \frac{22}{4}\right)32 + \left(12 + \frac{22}{4}\right)\frac{1}{F_r}3.76\;\; 28}{12 + \frac{22}{2} + \left(\frac{1}{F_r} - 1\right)\left(12 + \frac{22}{4}\right) + \left(12 + \frac{22}{4}\right)\frac{1}{F_r}3.76} = 28.88\, gr/mol$$

Por tanto, las emisiones de NOx en gr/kWh:

$$e_{NOx} = \frac{\dot{m}_{NOx}}{N_e} = \frac{\dot{m}_{esc}\, Y_{NOx-esc}}{N_e} = \frac{\left(\dot{m}_a + \dot{m}_f\right)X_{NOx-esc}\,\frac{M_{NOx}}{M_{esc}}}{N_e}$$

$$e_{NOx} = \frac{(464 + 16)3600\left(\frac{gr}{h}\right)500\; 10^{-6}\,\frac{38}{28.88}}{250\;(kW)} = 4.54\, gr/kWh$$

e. Las emisiones de CO2 en g/kWh

$$e_{CO_2} = \frac{\dot{m}_{CO_2}}{N_e} = \frac{\dot{m}_{esc}\, Y_{CO_2-esc}}{N_e} = \frac{\left(\dot{m}_a + \dot{m}_f\right)X_{CO_2-esc}\,\frac{M_{CO_2}}{M_{esc}}}{N_e}$$

Otra forma de calcularlo más rápida es:

$$e_{CO_2} = \frac{\dot{m}_{CO_2}}{N_e} = \frac{\dot{n}_{CO_2}\, M_{CO_2}}{N_e}$$

El número de moles de CO_2, $\dot{n}_{CO_2}$, es igual al número de moles de combustible multiplicado por el número de átomos de carbono en el combustible. Por otro lado, el número de moles de combustible es igual al gasto de combustible dividido por el peso molecular del mismo:

$$\dot{n}_{CO_2} = \dot{n}_f\, n = \frac{\dot{m}_f}{M_f}n = \frac{16\;\; 3600\left(\frac{gr}{h}\right)}{12\;\; 12 + 22\;\; 1}12$$

$$e_{CO_2} = \frac{\dot{n}_{CO_2}\ M_{CO_2}}{N_e} = \frac{\frac{16\ 3600}{12\ 12+22\ 1}\left(\frac{gr}{h}\right) 12\ (12+2\ 16)}{250} = 734\ gr/kWh$$

18.2 Cálculo de propiedades de mezclas de combustibles

Comparar la potencia que se puede obtener de un motor alternativo de cuatro tiempos funcionando a 3000 rpm con los siguientes combustibles:

- Biogás con F_r=1
- Gas de gasificación (gas pobre) F_r=1
- Octano C_8H_{18} (gasolina) F_r=1
- Gas natural F_r=0.8
- Decano $C_{10}H_{22}$ (gasóleo) F_r=0.7
- Hidrógeno puro con F_r=0.5
- Glicerina F_r = 1

La humedad del aire se desprecia, considerándola 0.

Datos del motor:

- Rendimiento efectivo: 0.3
- Cilindrada total: 2200 cc
- Rendimiento volumétrico: 0.9
- P_{amb}= 1 bar
- T_{amb}= 20°C
- No hay variación de densidad en los conductos de admisión

Datos de los combustibles:

	Entalpías de formación h_f^0 (kJ/mol)	Composición BIOGÁS (%)	Composición GAS POBRE (%)
CO_2	–393	34	10
N_2	0		47
CH_4	–75	63	
H_2	0		18
CO	-110		22
H_2O	–242	3	3
C_8H_{18}	-209		
$C_{10}H_{22}$	-250		
$C_3H_8O_3$	-669.6		

Resultados:

	BIOGÁS	GAS POBRE	OCTANO	GAS NATURAL	DECANO	HIDRÓGENO	GLICERINA
Fr	1,000	1,000	1,000	0,800	0,700	0,500	1,000
M_f (kg/mol)	25,580	24,620	114,000	16,000	142,000	2,000	92,000
Fe	0,148	0,897	0,066	0,058	0,067	0,029	0,191
$1/Fe$	6,762	1,115	15,053	17,160	14,985	34,320	5,223
Hc (MJ/kg)	19,752	4,593	44,851	50,125	44,662	121,000	16,059
C	0,856	0,486	0,983	0,922	0,991	0,826	0,943
Ne (kW)	44,177	35,371	51,744	38,052	36,495	25,701	51,209

RESOLUCIÓN

La potencia efectiva es:

$$N_e = \dot{m}_f\, H_c\, \eta_e = F\, \dot{m}_a H_c\, \eta_e = F_r\, F_e\, \eta_v C\, \rho_{a\_ref}\, V_T\, n\, i\, H_c\, \eta_e$$

El dosado relativo, F_r, es dato diferente para cada combustible. El dosado estequiométrico, F_e, la constante C y el poder calorífico, H_c, son propiedades de los combustibles y hay que calcularlas. El rendimiento volumétrico, $\eta_v = 0.9$, la densidad de referencia, $\rho_{a\_ref} = 10^5/(287\,(20+273)) = 1.19\, kg/m^3$, la cilindrada, $V_T = 2200\, 10^{-6} m^3$, el régimen de giro, $n = 3000/60 = 50\, rps.$, el número de tiempos, $i = 0.5$, y el rendimiento efectivo, $\eta_e = 0.3$, son datos y constantes en el motor para todos los combustibles.

Por tanto, hay que calcular el dosado estequiométrico, F_e, la constante C y el poder calorífico, H_c, para cada combustible.

Para ello primero hay que ajustar la reacción de combustión estequiométrica para cada combustible para el cálculo del dosado estequiométrico.

$$F_e = \frac{m_f}{m_a}$$

El poder calorífico se calcula como la entalpía de los reactivos menos la entalpía de los productos, en kJ/mol, dividido por la masa del combustible en kg/mol:

$$H_c = \frac{h_r - h_p}{m_f}$$

La constante C se calcula como:

$$C = \frac{V_a}{V_T} = \frac{p_a}{p_i} = \frac{\dfrac{m_a}{M_a}}{\dfrac{m_a}{M_a} + \dfrac{m_h}{M_{Agua}} + \dfrac{m_f}{M_f}} = \frac{\dfrac{1}{29}}{\dfrac{1}{29} + \dfrac{h}{18} + \dfrac{F}{M_f}}$$

m_h es la masa de agua en el aire, h es la humedad relativa del aire que se considera nula.

Caso del BIOGÁS con $F_r = 1$:

El biogás tiene una composición de 34% de CO_2, 63% de CH_4 y 3% H_2O:

$$34\,CO_2 + 63\,CH_4 + 3H_2O + 63(1+1)\,(O_2 + 3.76\,N_2)$$
$$\Rightarrow (34+63)\,CO_2 + \ (3+2\ \ 63)\,H_2O + 63\ \ 2\ \ 3.76\,N_2$$

$$F_e = \frac{m_f}{m_a} = \frac{34\,M_{CO_2} + 63\,M_{CH_4} + 3\,M_{H_2O}}{63\ \ 2\,(M_{O_2} + 3.76\ \ M_{N_2})} = \frac{34\ \ 44 + 63\ \ 16 + 3\ \ 18}{63\ \ 1(32 + 3.76\ \ 28)} = 0.1479 = \frac{1}{6.762}$$

$$H_c = \frac{h_r - h_p}{m_f} = \frac{\left(34\,h^0_{CO_2} + 63\,h^0_{CH_4} + 3\,h^0_{H_2O}\right) - \left[(34+63)h^0_{CO_2} + (3+2\ \ 63)h^0_{H_2O}\right]}{34\,M_{CO_2} + 63\,M_{CH_4} + 3\,M_{H_2O}}$$

$$H_c = \frac{63(-75) - [63\,(-393) + 2\ 63(-242)]}{34\ \ 44 + 63\ \ 16 + 3\ \ 18} = 19.75\ MJ/kg$$

$$M_f = 34\%\,M_{CO_2} + 63\%\,M_{CH_4} + 3\%\,M_{H_2O} = 0.34\ \ 44 + 0.63\ \ 16 + 0.03\ \ 18$$
$$= 25.58\ \ gr/mol$$

$$C = \frac{\frac{1}{29}}{\frac{1}{29} + \frac{h}{18} + \frac{F_r F_e}{M_f}} = \frac{\frac{1}{29}}{\frac{1}{29} + \frac{1\ 0.1479}{25.58}} = 0.856$$

Caso GAS POBRE de gasificación

El gas pobre de gasificación tiene una composición de 10% de CO_2, 47% de N_2, 18% de H_2, 22% de CO y 3% H_2O

$$10\,CO_2 + 47\,N_2 + 18\,H_2 + 22\,CO + 3\,H_2O + \frac{(22+18)}{2}\,(O_2 + 3.76\,N_2)$$
$$\Rightarrow (10+22)\,CO_2 + \ (18+3)\,H_2O + \left(47 + \frac{(22+18)}{2}\ 3.76\right)N_2$$

$$F_e = \frac{m_f}{m_a} = \frac{10\,M_{CO_2} + 47\,M_{N_2} + 18\,M_{H_2} + 22\,M_{CO} + 3\,M_{H_2O}}{\frac{(22+18)}{2}\,(M_{O_2} + 3.76\ \ M_{N_2})}$$

$$F_e = \frac{10\ \ 44 + 63\ \ 28 + 18\ \ 2 + 22\ \ 28 + 3\ \ 18}{\frac{(22+18)}{2}(32 + 3.76\ \ 28)} = 0.8967 = \frac{1}{1.1152}$$

$$H_c = \frac{h_r - h_p}{m_f}$$
$$= \frac{\left(10\,h^0_{CO_2} + 47\,h^0_{N_2} + 18\,h^0_{H_2} + 22\,h^0_{CO} + 3\,h^0_{H_2O}\right) - \left[(10+22)h^0_{CO_2} + (18+3)h^0_{H_2O}\right]}{10\,M_{CO_2} + 47\,M_{N_2} + 18\,M_{H_2} + 22\,M_{CO} + 3\,M_{H_2O}}$$

$$H_c = \frac{47\,(0) + 18\,(0) + 22\,(-110) - [22\,(-393) + 18\,(-242)]}{10\ \ 44 + 47\ \ 28 + 18\ \ 2 + 22\ \ 28 + 3\ 18} = 4.298\ MJ/kg$$

$$M_f = 10\%\ M_{CO_2} + 47\%\ M_{N_2} + 18\%\ M_{H_2} + 22\%\ M_{CO} + 3\%\ M_{H_2O}$$

$$M_f = 0.10\ \ 44 + 0.47\ \ 28 + 0.18\ \ 2 + 0.22\ \ 28 + 0.03\ \ 18 = 24.62\ \ gr/mol$$

$$C = \frac{\frac{1}{29}}{\frac{1}{29} + \frac{h}{18} + \frac{F_r F_e}{M_f}} = \frac{\frac{1}{29}}{\frac{1}{29} + \frac{1\ 0.8967}{24.62}} = 0.4863$$

Caso OCTANO C_8H_{18} (gasolina)

$$C_8H_{18} + \left(8 + \frac{18}{2\ 2}\right)(O_2 + 3.76\,N_2) \Rightarrow 8\,CO_2 + \frac{18}{2}\,H_2O + \left(8 + \frac{18}{2\ 2}\right)3.76\,N_2$$

$$F_e = \frac{m_f}{m_a} = \frac{1\,M_{C_8H_{18}}}{\left(8 + \frac{18}{4}\right)(M_{O_2} + 3.76\ \ M_{N_2})} = \frac{8\ \ 12 + 18\ \ 1}{\left(8 + \frac{18}{4}\right)(32 + 3.76\ \ 28)} = 0.0664 = \frac{1}{15.05}$$

$$H_c = \frac{h_r - h_p}{m_f} = \frac{1\ \ h^0_{C_8H_{18}} - \left(8\ \ h^0_{CO_2} + \frac{18}{2}\ h^0_{H_2O}\right)}{1\,M_{C_8H_{18}}}$$

$$H_c = \frac{1\,(-209) - [8\,(-393) + 9\,(-242)]}{8\ \ 12 + 18\ \ 1} = 44.85\ MJ/kg$$

$$M_f = M_{C_8H_{18}} = 8\ \ 12 + 18\ \ 1 = 114\ \ gr/mol$$

$$C = \frac{\frac{1}{29}}{\frac{1}{29} + \frac{h}{18} + \frac{F_r F_e}{M_f}} = \frac{\frac{1}{29}}{\frac{1}{29} + \frac{1\ 0.0664}{114}} = 0.9834$$

Caso GAS NATURAL

$$CH_4 + \left(1 + \frac{4}{2\ 2}\right)(O_2 + 3.76\,N_2) \Rightarrow CO_2 + \frac{4}{2}\,H_2O + \left(1 + \frac{4}{2\ 2}\right)3.76\,N_2$$

$$F_e = \frac{m_f}{m_a} = \frac{1\,M_{CH_4}}{\left(1 + \frac{4}{4}\right)(M_{O_2} + 3.76\ \ M_{N_2})} = \frac{1\ \ 12 + 4\ \ 1}{(1+1)(32 + 3.76\ \ 28)} = 0.05827 = \frac{1}{17.16}$$

$$H_c = \frac{h_r - h_p}{m_f} = \frac{1\ \ h^0_{CH_4} - \left(1\ \ h^0_{CO_2} + \frac{4}{2}\ h^0_{H_2O}\right)}{1\,M_{CH_4}}$$

$$H_c = \frac{1\ (-75) - [1\,(-393) + 2\,(-242)]}{12 + 4\ 1} = 50.125\ MJ/kg$$

$$M_f = M_{CH_4} = 1\ \ 12 + 4\ \ 1 = 16\ \ gr/mol$$

$$C = \frac{\frac{1}{29}}{\frac{1}{29} + \frac{h}{18} + \frac{F_r F_e}{M_f}} = \frac{\frac{1}{29}}{\frac{1}{29} + \frac{0.8\ \ 0.05827}{16}} = 0.9220$$

Caso DECANO $C_{10}H_{22}$ (gasóleo)

$$C_{10}H_{22} + \left(10 + \frac{22}{2\ \ 2}\right)(O_2 + 3.76\,N_2)\ \Rightarrow 10\,CO_2 + \frac{22}{2}\,H_2O + \left(10 + \frac{22}{2\ \ 2}\right)3.76\,N_2$$

$$F_e = \frac{m_f}{m_a} = \frac{1\,M_{C_{10}H_{22}}}{\left(10 + \frac{22}{4}\right)(M_{O_2} + 3.76\ \ M_{N_2})} = \frac{10\ \ 12 + 22\ \ 1}{\left(10 + \frac{22}{4}\right)(32 + 3.76\ \ 28)} = 0.06677$$
$$= \frac{1}{14.984}$$

$$H_c = \frac{h_r - h_p}{m_f} = \frac{1\ \ h^0_{C_{10}H_{22}} - \left(10\ \ h^0_{CO_2} + \frac{22}{2}\ h^0_{H_2O}\right)}{1\,M_{C_{10}H_{22}}}$$

$$H_c = \frac{1\,(-250) - [10\,(-393) + 11\,(-242)]}{10\ \ 12 + 22\ \ 1} = 44.95\ MJ/kg$$

$$M_f = M_{C_{10}H_{22}} = 10\ \ 12 + 22\ \ 1 = 142\ \ gr/mol$$

$$C = \frac{\frac{1}{29}}{\frac{1}{29} + \frac{h}{18} + \frac{F_r F_e}{M_f}} = \frac{\frac{1}{29}}{\frac{1}{29} + \frac{0.7\ 0.06677}{142}} = 0.9892$$

Caso HIDRÓGENO PURO

$$H_2 + \frac{1}{2}\ (O_2 + 3.76\,N_2)\ \Rightarrow\ H_2O + \frac{1}{2}3.76\,N_2$$

$$F_e = \frac{m_f}{m_a} = \frac{1\,M_{H_2}}{\frac{1}{2}(M_{O_2} + 3.76\ \ M_{N_2})} = \frac{1\ \ 2}{0.5\ (32 + 3.76\ \ 28)} = 0.02914 = \frac{1}{34.32}$$

$$H_c = \frac{h_r - h_p}{m_f} = \frac{1\ \ h^0_{H_2} - 1\ h^0_{H_2O}}{1\ M_{H_2}}$$

$$H_c = \frac{1\ \ (0) - 1\,(-242)}{1\ \ 2} = 121\ MJ/kg$$

$$M_f = M_{H_2} = 2\ \ 1 = 2\ \ gr/mol$$

$$C = \frac{\frac{1}{29}}{\frac{1}{29} + \frac{h}{18} + \frac{F_r F_e}{M_f}} = \frac{\frac{1}{29}}{\frac{1}{29} + \frac{0.5\ 0.02914}{2}} = 0.8256$$

Caso GLICERINA

$$C_3H_8O_3 + \left(3 + \frac{8}{2\ 2} - \frac{3}{2}\right)(O_2 + 3.76\ N_2) \Rightarrow 3\ CO_2 + \frac{8}{2}\ H_2O + \left(3 + \frac{8}{2\ 2} - \frac{3}{2}\right)3.76\ N_2$$

$$F_e = \frac{m_f}{m_a} = \frac{1\ M_{C_3H_8O_3}}{\left(3 + \frac{8}{2\ 2} - \frac{3}{2}\right)(M_{O_2} + 3.76\ M_{N_2})} = \frac{3\ 12 + 8\ 1 + 3\ 16}{\left(3 + \frac{8}{4} - \frac{3}{2}\right)(32 + 3.76\ 28)} = 0.17 = \frac{1}{5.88}$$

$$H_c = \frac{h_r - h_p}{M_f} = \frac{1\ h^0_{C_3H_8O_3} - \left(3\ h^0_{CO_2} + \frac{8}{2}\ h^0_{H_2O}\right)}{1\ M_{C_3H_8O_3}}$$

$$H_c = \frac{1\ (-669.6) - [3\ (-393) + 4\ (-242)]}{3\ 12 + 8\ 1 + 3\ 16} = 18.14\ MJ/kg$$

$$M_f = M_{C_3H_8O_3} = 3\ 12 + 8\ 1 + 3\ 16 = 92\ \ gr/mol$$

$$C = \frac{\frac{1}{29}}{\frac{1}{29} + \frac{h}{18} + \frac{F_r F_e}{M_f}} = \frac{\frac{1}{29}}{\frac{1}{29} + \frac{1\ 0.17}{92}} = 0.94$$

Con estos resultados, se calcula la potencia:

	BIOGÁS	GAS POBRE	OCTANO	GAS NATURAL	DECANO	HIDRÓGENO	GLICERINA
Fr	1,000	1,000	1,000	0,800	0,700	0,500	1,000
M_f (kg/mol)	25,580	24,620	114,000	16,000	142,000	2,000	92,000
Fe	0,148	0,897	0,066	0,058	0,067	0,029	0,191
$1/Fe$	6,762	1,115	15,053	17,160	14,985	34,320	5,223
Hc (MJ/kg)	19,752	4,593	44,851	50,125	44,662	121,000	16,059
C	0,856	0,486	0,983	0,922	0,991	0,826	0,943
Ne (kW)	44,177	35,371	51,744	38,052	36,495	25,701	51,209

18.3 Sustitución de combustible en un MEP industrial, grado de carga

Un camión usado para la extracción de árido de una cantera está equipado con un motor de encendido provocado de 4T sobrealimentado con 9 litros de cilindrada total que utiliza como combustible gas natural. En el punto de potencia máxima se obtienen 298 kW a 2000 rpm. El motor trabaja en este punto con dosado estequiométrico, un rendimiento efectivo del 39% y un rendimiento volumétrico en el colector del 85%. Calcular:

a. La constante C del rendimiento volumétrico, el dosado estequiométrico y el poder calorífico del combustible utilizado (supóngase el gas natural es equivalente al metano y despreciar la humedad del aire).
b. La densidad tras el compresor del aire admitido en las condiciones de potencia máxima.

Se considera el cambio de combustible a un biogás de una granja cercana con composición estimada de 60% en volumen de CH4 y el 40% de CO2.

c. Calcular C, Fe y poder calorífico para el nuevo combustible.
d. Manteniéndose el dosado de operación y la densidad en la entrada del colector de admisión, calcúlese la potencia que el motor es capaz de suministrar en máxima potencia (n=2000 rpm) con el nuevo combustible (supóngase el mantenimiento de los rendimientos volumétrico y efectivo).

Cuando el camión está completamente cargado tiene una masa total de 20 Tm y para extraer el árido de la cantera, debe superar una rampa de 20 metros de ascensión por cada 100 metros recorridos, a una velocidad constante de 20 km/h. En estas condiciones se considera que la potencia resistente del motor es la debida a la rampa más un 8% asociada al resto de pérdidas a considerar en esas condiciones (rodadura y transmisión).

e. Calcular la potencia resistente y el grado de carga con el que trabajarían los dos motores para subir la cuesta a 2000 rpm.

Entalpías de formación en condiciones estándar: h^0_{CH4}=-74 kJ/mol, h^0_{H2O}=-242 kJ/mol, h^0_{CO2}=-393 kJ/mol

M_{CH4}=16 g/mol, M_{CO2}=44 g/mol, M_{H2O}=18 g/mol

a) C=0.904, Fe=0.0583=1/17.16, Hc=50.18 MJ/kg
b) ρ_{col}=2.265 kg/m3
c) C=0.86, Fe=0.165=1/6.06, Hc=17.71 MJ/kg
d) Ne=280.2 kW
e) GdC_{GN}=79%, GdC_{biogas}=84%

RESOLUCIÓN

a. La constante C del rendimiento volumétrico, el dosado estequiométrico y el poder calorífico del combustible utilizado (supóngase el gas natural es equivalente al metano y despreciar la humedad del aire).

Si el combustible es metano, la reacción de combustión es:

$$C\,H_4 + 2\,(O_2 + 3.76\,N_2)\ \Rightarrow CO_2 + 2\,H_2O + 2\ \ 3.76\,N_2$$

El valor de C en la expresión del rendimiento volumétrico es:

$$C = \frac{V_a}{V_T} = \frac{p_a}{p_i} = \frac{\frac{m_a}{M_a}}{\frac{m_a}{M_a} + \frac{m_h}{M_{Agua}} + \frac{m_f}{M_f}} = \frac{\frac{1}{29}}{\frac{1}{29} + \frac{h}{18} + \frac{F}{M_f}} = \frac{\frac{1}{29}}{\frac{1}{29} + \frac{F_r F_e}{M_f}}$$

El peso molecular del metano es:

$$M_f = 12 + 4\ \ 1 = 16\,g/mol$$

El dosado estequiométrico se calcula:

$$F_e = \frac{m_f}{m_a} = \frac{1\,M_{CH_4}}{2\,(M_{O_2} + 3.76\ \ M_{N_2})} = \frac{1\ \ 12 + 4\ \ 1}{2\,(32 + 3.76\ \ 28)} = 0.05827 = \frac{1}{17.16}$$

Suponiendo que en el punto de máxima potencia el dosado es 1, sustituyendo los datos en la expresión de C:

$$C = \frac{\frac{1}{29}}{\frac{1}{29} + \frac{1\ \ 0.05827}{16}} = 0.904$$

El poder calorífico será:

$$H_c = \frac{h_r - h_p}{M_f} = \frac{1\ \ h^0_{CH_4} - \left(1\ \ h^0_{CO_2} + 2\ h^0_{H_2O}\right)}{M_f} = \frac{-74 - (-393 + 2(-242))}{16}$$
$$= 50.1875\ MJ/kg$$

b. La densidad tras el compresor del aire admitido en las condiciones de potencia máxima.

La potencia se puede expresar como:

$$N_e = \dot{m}_f\ H_c\ \eta_e = F\ \dot{m}_a H_c\ \eta_e = F_r\ F_e\ \eta_v\ C\ \rho_{a\_ref}\ V_T\ n\ i\ H_c\ \eta_e$$

De esta expresión es todo conocido excepto la densidad, de donde se puede despejar:

$$\rho_{a\_ref} = \frac{N_e}{F_r\ F_e\ \eta_v C\ V_T\ n\ i\ H_c\ \eta_e}$$
$$= \frac{298\ 10^3}{1\ \ 0.05827\ 0.85\ \ 0.904\ 9\ 10^{-3}\,\frac{2000}{60}\,0.5\ \ 50.1875\ 10^{-6} 0.39}$$

$$\rho_{a\_ref} = 2.26\ kg/m^3$$

c. Se considera el cambio de combustible a un biogás de una granja cercana con composición estimada de 60% en volumen de CH4 y el 40% de CO2. Calcular C, Fe y Poder calorífico para el nuevo combustible.

$$60\ \ CH_4 + 40\,CO_2 + 2\ \ 60\,(O_2 + 3.76\,N_2)\ \Rightarrow (60 + 40)\,CO_2 +\ \ 2\ \ 60\,H_2O + 2\ \ 60\ \ 3.76\,N_2$$

$$F_e = \frac{m_f}{m_a} = \frac{60\ M_{CH_4} + 40\ M_{CO_2}}{2\ 60\ (M_{O_2} + 3.76\ M_{N_2})} = \frac{60\ \ 16 + 40\ \ 44}{2\ \ 60\ (32 + 3.76\ \ 28)} = 0.1651 = \frac{1}{6.0564}$$

$$M_f = 60\%\ M_{CH_4} + 40\%\ M_{CO_2} = 0.60\ \ 16 + 0.40\ \ 44 = 27.2\ \ gr/mol$$

$$C = \frac{\frac{1}{29}}{\frac{1}{29} + \frac{h}{18} + \frac{F_r F_e}{M_f}} = \frac{\frac{1}{29}}{\frac{1}{29} + \frac{1\ \ 0.1651}{27.2}} = 0.8503$$

$$H_c = \frac{h_r - h_p}{M_f} = \frac{60\ \ h^0_{CH_4} + 40\ h^0_{CO_2} - \left((40 + 60)h^0_{CO_2} + 2\ 60\ h^0_{H_2O}\right)}{M_f}$$

$$= \frac{60\ (-74) - (60\ (-393) + 2\ \ 60(-242))}{60\ 16 + 40\ 44} = 17.7132\ MJ/kg$$

d. Manteniéndose el dosado de operación y la densidad en la entrada del colector de admisión, calcúlese la potencia que el motor es capaz de suministrar en máxima potencia (n=2000 rpm) con el nuevo combustible (supóngase el mantenimiento de los rendimientos volumétrico y efectivo).

La potencia se puede expresar como:

$$N_e = \dot{m}_f\ H_c\ \eta_e = F\ \dot{m}_a H_c\ \eta_e = F_r\ F_e\ \eta_v C\ \rho_{a\_ref}\ V_T\ n\ i\ H_c\ \eta_e$$

Con el nuevo combustible, se mantiene todo constante excepto las propiedades del combustible, es decir el dosado estequiométrico, C y el poder calorífico

$$N'_e = N_e\ \frac{F'_e\ H'_c\ C'}{F_e\ H_c\ C} = 298\frac{0.1651\ \ \ 17.7132\ \ 0.8503}{0.05827\ \ 50.1875\ \ 0.904} = 280.15\ kW$$

$$\Delta N_e = \frac{N_e - N'_e}{N_e} = \frac{298 - 280.15}{298} = 0.0598$$

La potencia disminuye un 5.98% con la utilización de biogás en lugar de gas natural.

e. Cuando el camión está completamente cargado tiene una masa total de 20 Tm y para extraer el árido de la cantera, debe superar una rampa de 20 metros de ascensión por cada 100 metros recorridos, a una velocidad constante de 20 km/h. En estas condiciones se considera que la potencia resistente del motor es la debida a la rampa más un 8% asociada al resto de pérdidas a considerar en esas condiciones (rodadura y transmisión). Calcular la potencia resistente y el grado de carga con el que trabajarían los dos motores para subir la cuesta a 2000 rpm.

La potencia para subir una cuesta

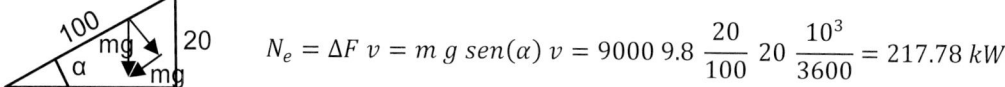

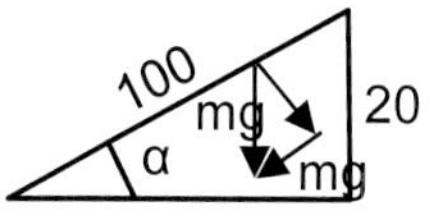

$$N_e = \Delta F\ v = m\ g\ sen(\alpha)\ v = 9000\ 9.8\ \frac{20}{100}\ 20\ \frac{10^3}{3600} = 217.78\ kW$$

La potencia resistente total será la anterior N_e más un 8% más:

$$N_e(1 + 0.08) = 217.78\ 1.08 = 235.2\ kW$$

El grado de carga GdC se define como el par M_e frente al par máximo:

$$\mathrm{GdC} = \frac{M_e}{M_{e\,max}} = \frac{\frac{N_e}{\omega}}{\frac{N_{e\,max}}{\omega}} = \frac{N_e}{N_{e\,max}}$$

En el caso del gas natural:

$$\mathrm{GdC} = \frac{N_e}{N_{e\,max}} = \frac{235.2}{298} = 78.72\ \%$$

Con biogás:

$$\mathrm{GdC} = \frac{N_e}{N_{e\,max}} = \frac{235.2}{280.15} = 83.95\ \%$$

18.4 MEP con etanol, cálculo de emisiones de HC

Un MEP de 4T, aspiración natural, 4 cilindros y una cilindrada total V_T=1600 cc utiliza etanol (C_2H_6O) como combustible en una aplicación de generación de electricidad renovable a pequeña escala. En el punto de operación el motor gira a n=3000 rpm, trabaja con dosado estequiométrico, F_r=1, y tiene rendimiento efectivo η_e=0.3 y rendimiento volumétrico η_v=0.9. Se supone que las condiciones ambientales se mantienen en el colector.

a. Calcular el dosado estequiométrico F_e, el poder calorífico H_c(MJ/kg) y la relación volumétrica C para el dosado de operación (despreciar humedad del aire). Calcular la potencia mecánica que está entregando el motor y su consumo específico en el punto de funcionamiento.

b. Calcular las emisiones de hidrocarburos sin quemar en g/kWh si con un analizador de gases se ha medido $HC_{inquemados}$=1200 ppm en volumen en el escape equivalentes en metano (utilizar como peso molecular el del metano, se asume que las emisiones de HC son metano). Despreciar los HC en el escape en los cálculos de las propiedades medias de los gases de escape.

Para abaratar el coste de producción del combustible, se considera utilizar etanol con un porcentaje molar del 10% de agua. Se precalienta el aire hasta los 90ºC para evitar condensaciones.

c. Calcular los nuevos F_e, H_c(MJ/kg) y C. Calcular la nueva potencia y consumo específico.

Datos adicionales: entalpías de formación en condiciones estándar $h^0_{C2H6O(líq)}$ = -277.6 kJ/mol, h^0_{CO2} = -393 kJ/mol, $h^0_{H2O(gas)}$=-242 kJ/mol, $h^0_{H2O(líq)}$=-286 kJ/mol
T_{amb}= 25ºC, P_{amb}= 0,95 bar, R=287 J/kg/K

a) Fe=0.1117=1/8.95, Hc=26.83 MJ/kg, C=0.9342, Ne=33.59 kW, g_{ef}=447.18 g/kWh

b) HC (g/kWh)=3.04 g/kWh
c) Fe=0.1165=1/8.58, Hc=25.61 MJ/kg, C=0.9274, Ne=27.26 kW, g_{ef}=468.48 g/kWh

RESOLUCIÓN

a. Calcular el dosado estequiométrico F_e, el poder calorífico H_c(MJ/kg) y la relación volumétrica C para el dosado de operación (despreciar humedad del aire). Calcular la potencia mecánica que está entregando el motor y su consumo específico en el punto de funcionamiento.

La reacción de combustión del etanol es:

$$C_2\,H_6O + 3\,(O_2 + 3.76\,N_2)\ \Rightarrow 2\,CO_2 + 3\,H_2O + 3\ \ 3.76\,N_2$$

El dosado estequiométrico se calcula:

$$F_e = \frac{m_f}{m_a} = \frac{1\,M_{C_2H_6O}}{3\,(M_{O_2} + 3.76\ \ M_{N_2})}$$

El peso molecular del etanol es:

$$M_{C_2H_6O} = 2\ \ 12 + 6\ \ 1 + 1\ 16 = 46\ g/mol$$

$$F_e = \frac{1\,M_{C_2H_6O}}{3\,(M_{O_2} + 3.76\ \ M_{N_2})} = \frac{1\ \ 46}{3\,(32 + 3.76\ \ 28)} = 0.1117 = \frac{1}{8.95}$$

El poder calorífico será:

$$H_c = \frac{h_r - h_p}{M_f}$$

$$H_c = \frac{1\ \ h^0_{C_2H_6O} - \left(2\ \ h^0_{CO_2} + 3\ h^0_{rH_2O}\right)}{M_f} = \frac{-277.6 - (2(-393) + 3(-242))}{46\ 10^{-3}} = 26.83\ \mathrm{M}J/kg$$

El valor de C enla expresión del rendimiento volumétrico es:

$$C = \frac{V_a}{V_T} = \frac{p_a}{p_i} = \frac{\frac{m_a}{M_a}}{\frac{m_a}{M_a} + \frac{m_h}{M_{Agua}} + \frac{m_f}{M_f}} = \frac{\frac{1}{29}}{\frac{1}{29} + \frac{h}{18} + \frac{F}{M_f}} = \frac{\frac{1}{29}}{\frac{1}{29} + \frac{F_rF_e}{M_f}} = \frac{\frac{1}{29}}{\frac{1}{29} + \frac{1\ 0.1169}{46}}$$
$$= 0.9342$$

La potencia efectiva es:

$$N_e = \dot{m}_f\ H_c\ \eta_e$$

Para calcular el gasto de combustible se calcula primero el gasto de aire:

$$\dot{m}_a = C\ \eta_v\ \rho_{a\_ref}\ V_T\ n\ i$$

La densidad de referencia es la que hay en la pipa de admisión. Se supone que en la pipa el aire está en condiciones ambiente, con lo que la densidad del aire de referencia:

$$\rho_{a\_ref} = \rho_{amb} = \frac{p_{amb}}{R\ T_{amb}} = \frac{0.95\ 10^5}{287\ (25 + 273)} = 1.11\ kg/m^3$$

$$\dot{m}_a = C\,\eta_v\,\rho_{a\_ref}\,V_T\,n\,i = 0.9342\ \ 0.9\ \ 1.11\ \ 1600\,10^{-6}\,\frac{3000}{60}\,\frac{1}{2} = 0.0373\,kg/s$$

$$\dot{m}_f = F\,\dot{m}_a = F_r\,F_e\,\dot{m}_a = 1\ \ \frac{1}{8.95}\ 0.04 = 0.004172\,kg/s$$

$$N_e = \dot{m}_f\,H_c\,\eta_e = 0.004172\ \ 26.83\,10^6\ \ 0.3 = 33.59\,kW$$

El consumo específico efectivo es:

$$g_{ef} = \frac{\dot{m}_f}{N_e} = \frac{0.004172}{33.59}10^3 3600 = 447.18\,gr/kWh$$

b. Calcular las emisiones de hidrocarburos sin quemar en g/kWh si con un analizador de gases se ha medido $HC_{inquemados}$=1200 ppm en volumen en el escape equivalentes en metano (utilizar como peso molecular el del metano, se asume que las emisiones de HC son metano). Despreciar los HC en el escape en los cálculos de las propiedades medias de los gases de escape.

Las emisiones de HC sin quemar en gr/kWh son las emisiones específicas, es decir, por unidad de potencia:

$$HC\,(gr/kWh) = \frac{\dot{m}_{HC}}{N_e}$$

El gasto de HC sin quemar será la fracción másica de HC sin quemar en el escape por la el gasto del escape:

$$\dot{m}_{HC} = \dot{m}_{esc}\,X_{HC\,masa}$$

$$\dot{m}_{esc} = \dot{m}_a + \dot{m}_f = 0.0373 + 0.004172 = 0.04153\,kg/s$$

Por otro lado, el dato que se da es la concentración de los HC sin quemar en el escape en partes por millón en volumen, que es lo mismo que en moles:

$$HC_v = 1200\,ppm$$

$$HC_v = 0.0012 = \frac{n_{HC}}{n_{esc}} = \frac{\frac{\dot{m}_{HC}}{M_{HC}}}{\frac{\dot{m}_{esc}}{M_{esc}}}$$

$$\dot{m}_{HC} = 0.0012\,\dot{m}_{esc}\frac{M_{HC}}{M_{esc}} = 0.0012\ \ 0.04153\ \ \frac{M_{CH_4}}{M_{esc}}$$

$$M_{CH4} = 12 + 4\ \ 1 = 16\,g/mol$$

$$M_{esc} = \frac{2\,M_{CO_2} + 3\,M_{H_2O} + 3\ \ 3.76\,M_{N_2}}{2 + 3 + 3\ \ 3.76} = \frac{2\ \ 44 + 3\ \ 18 + 3\ \ 3.76\ \ 28}{2 + 3 + 3\ \ 3.76} = 28.12\,g/mol$$

$$\dot{m}_{HC} = 0.0012\ \ 0.04153\ \ \frac{M_{CH4}}{M_{esc}} = 0.0012\ \ 0.04153\ \frac{16}{28.12} = 2.83\,10^{-5}\,kg/s$$

$$HC\,(gr/kWh) = \frac{\dot{m}_{HC}}{N_e} = \frac{2.83\,10^{-5}}{33.59\,10^3}\,10^3\,3600 = 3.04\,gr/kWh$$

c. Se considera utilizar etanol con un porcentaje molar del 10% de agua. Se precalienta el aire hasta los 90ºC para evitar condensaciones. Calcular los nuevos F_e, H_c(MJ/kg) y C. Calcular la nueva potencia y consumo específico.

Se plantea la reacción de combustión:

$$0.9\ C_2H_6O + 0.1\ H_2O + \ X_O\ (O_2 + 3.76\ N_2)$$
$$\Rightarrow 0.9\ \ 2\ CO_2 + (0.9\ \ 6 + 0.1\ 2)\frac{1}{2}\ H_2O + 3\ \ 3.76\ N_2$$

$$X_O = \left(0.9 + 0.1 - \left(0.9\ \ 2\ \ 2 + (0.9\ \ 6 + 0.1\ 2)\frac{1}{2}\right)\right)\frac{1}{2} = 2.7$$

La reacción ajustada queda:

$$0.9\ C_2H_6O + 0.1\ \mathrm{H_2O} + \ 2.7\ (O_2 + 3.76\ N_2) \Rightarrow 1.8\ CO_2 + 2.8\ \ H_2O + 11.28\ N_2$$

El dosado estequiométrico se calcula:

$$F_e = \frac{m_f}{m_a} = \frac{0.9\ M_{C_2H_6O} + 0.1\ M_{H_2O}}{2.7\ (M_{O_2} + 3.76\ \ M_{N_2})} = \frac{0.9\ \ 46 + 0.1\ 18}{2.7\ (32 + 3.76\ \ 28)} = 0.1165 = \frac{1}{8.58}$$

El poder calorífico será:

$$H_c = \frac{h_r - h_p}{M_f} = \frac{0.9\ \ h^0_{C_2H_6O} + 0.1h^0_{H_2O\_liq} - \left(1.8\ \ h^0_{CO_2} + 2.8\ h^0_{H_2O\_gas}\right)}{M_f}$$

El peso molecular del combustible es:

$$M_f = 0.9\ M_{C_2H_6O} + 0.1\ M_{H_2O} = 0.9\ \ 46 + 0.1\ \ 18 = 43.2\ g/mol$$

$$H_c = \frac{0.9\ (-277.6) + 0.1\ (-286) - (1.8(-393) + 2.8(-242))}{43.2\ 10^{-3}} = 25.61\ \mathrm{MJ}/kg$$

El valor de C enla expresión del rendimiento volumétrico es:

$$C = \frac{V_a}{V_T} = \frac{p_a}{p_i} = \frac{\frac{m_a}{M_a}}{\frac{m_a}{M_a} + \frac{m_h}{M_{Agua}} + \frac{m_f}{M_f}} = \frac{\frac{1}{29}}{\frac{1}{29} + \frac{h}{18} + \frac{F}{M_f}} = \frac{\frac{1}{29}}{\frac{1}{29} + \frac{F_rF_e}{M_f}} = \frac{\frac{1}{29}}{\frac{1}{29} + \frac{1\ 0.1165}{43.2}}$$
$$= 0.9274$$

La potencia será:

$$N_e = \dot{m}_f\ H_c\ \eta_e$$

Se calcula el gasto de aire y de combustible nuevos. La densidad del aire de referencia en la pipa de admisión será distinta, puesto que ha cambiado la temperatura del aire, y también ha cambiado la C:

$$\dot{m}_a = C\ \eta_v\ \rho_{a\_ref}\ V_T\ n\ i$$

$$\rho_{a\_ref} = \rho_{amb} = \frac{p_{amb}}{R\ T_{amb}} = \frac{0.95\ 10^5}{287\ (90 + 273)} = 0.912\ kg/m^3$$

$$\dot{m}_a = C\,\eta_v\,\rho_{a\_ref}\,V_T\,n\,i = 0.9274\;\;0.9\;\;0.912\;\;1600\;10^{-6}\;\frac{3000}{60}\;\frac{1}{2} = 0.03044\;kg/s$$

El gasto de combustible se calcula con el dosado:

$$\dot{m}_f = F\,\dot{m}_a = F_r\,F_e\,\dot{m}_a = 1\;\;\frac{1}{8.58}\;0.03044 = 0.003548\;kg/s$$

$$N_e = \dot{m}_f\,H_c\,\eta_e = 0.003548\;\;25.61\;10^3\;0.3 = 27.26\;kW$$

El consumo específico efectivo es:

$$g_{ef} = \frac{\dot{m}_f}{N_e} = \frac{0.003548}{27.26}\,10^3\;3600 = 468.48\;gr/kWh$$

19 MCIA. PÉRDIDAS MECÁNICAS

19.1 Cálculos de rendimientos a partir de $pmpm$

Un MEP que funciona con dosado relativo 0.8 utiliza una mezcla de H2 y CH4 al 50% en volumen (molar). El motor es sobrealimentado sin intercooler con un compresor con relación de compresión r_c=2.2 y rendimiento isoentrópico η_C=0.9. En unas determinadas condiciones de funcionamiento, la presión media de pérdidas mecánicas vale 2 bar y el rendimiento volumétrico 0.95. El motor está dando 14 bar de pme.

Si la humedad ambiente absoluta es 0.02, calcular:

a. Poder calorífico H_c, dosado estequiométrico F_e y C del combustible.
b. Presión media indicada pmi, rendimiento indicado η_i, rendimiento efectivo η_e y rendimiento mecánico η_m.
c. Si la relación de compresión volumétrica del motor es de 12, calcular los índices de calidad del ciclo referidos a parámetros efectivos e indicados.

Datos adicionales: $h^o_{f\,H2}$ = 0 kJ/mol, $h^o_{f\,CH4}$ = -74 kJ/mol, $h^o_{f\,CO2}$ = -393 kJ/mol, $h^o_{f\,H2O}$ = -242 kJ/mol, T_{amb}= 50ºC, p_{amb}= 0,95 bar, R=287 J/kg/K, c_p=1 kJ/kg/K

a) Fe=0.05245=1/19.07, Hc=58 MJ/kg, C=0.8566
b) pmi=16 bar, η_i= 0.449, η_e= 0.393, η_m= 0.875
c) K_i=0.7261, K_e=0.6353

RESOLUCIÓN

a. Poder calorífico H_c, dosado estequiométrico F_e y C del combustible.

$$0.5\ H_2 + 0.5\, CH_4 + \left(0.5 + \frac{1.5}{2}\right)(O_2 + 3.76\, N_2)$$
$$\Rightarrow 0.5\, CO_2 + (0.5+1)\, H_2O + \left(0.5 + \frac{1.5}{2}\right) 3.76\, N_2$$

$$F_e = \frac{m_f}{m_a} = \frac{0.5\, M_{H_2} + 0.5\, M_{CH_4}}{\left(0.5 + \frac{1.5}{2}\right)(M_{O_2} + 3.76\ M_{N_2})} = \frac{0.5\ 2 + 0.5\ 16}{1.25\,(32 + 3.76\ 28)} = 0.05245 = \frac{1}{19.0667}$$

$$M_f = 0.5\ 2 + 0.5\ 16 = 9\ gr/mol$$

$$C = \frac{V_a}{V_T} = \frac{p_a}{p_i} = \frac{\frac{m_a}{M_a}}{\frac{m_a}{M_a} + \frac{m_h}{M_{Agua}} + \frac{m_f}{M_f}} = \frac{\frac{1}{29}}{\frac{1}{29} + \frac{h}{18} + \frac{F}{M_f}} = \frac{\frac{1}{29}}{\frac{1}{29} + \frac{0.02}{18} + \frac{0.8\ 0.05245}{9}} = 0.8566$$

$$H_c = \frac{h_r - h_p}{M_f} = \frac{0.5\ h^0_{rH_2} + 0.5\ h^0_{rCH_4} - \left(0.5\ h^0_{rCO_2} + 1.5\ h^0_{rH_2O}\right)}{M_f}$$

$$= \frac{0.5\ 0 + 0.5\,(-74) - (0.5\,(-393) + 1.5\,(-242))}{9} = 58.06\ MJ/kg$$

b. Presión media indicada pmi, rendimiento indicado η_i, rendimiento efectivo η_e y rendimiento mecánico η_m.

$$pmi = pme + pmpm = 14 + 2 = 16\ bar$$

$$pmi = \frac{W_i}{V_D} = \frac{N_i\ \ tiempo\_1\_ciclo}{V_D} = \frac{N_i}{V_D\ n\ i}$$

$$N_i = \dot{m}_f\ H_c\ \eta_i = F_r\ F_e\ \ \eta_v\ C\ \rho_{a\_ref}\ V_D\ n\ i\ H_c\ \eta_i$$

$$pmi = \frac{N_i}{V_D\ n\ i} = \frac{F_r\ F_e\ \ \eta_v\ C\ \rho_{a\_ref}\ V_D\ n\ i\ H_c\ \eta_i}{V_D\ n\ i} = F_r\ F_e\ \ \eta_v\ C\ \rho_{a\_ref}\ H_c\ \eta_i$$

La densidad del aire en un punto de referencia es la densidad del aire en el colector de admisión, antes de la válvula de admisión. La presión es la que se obtiene comprimiendo con el compresor de relación de compresión $r_c = p_{col}/p_{amb}$=2.2. Por tanto, $p_{col} = r_c\ p_{amb} = 2.2\ \ 0.95 = 2.09\ bar$. La temperatura en el colector será la temperatura después del compresor. Si se considera que la compresión es isoentrópica:

$$T_{col_s} = T_{amb}\left(\frac{p_{col}}{p_{amb}}\right)^{\frac{\gamma-1}{\gamma}} = (50 + 273)\ \left(\frac{2.09}{0.95}\right)^{\frac{1.4-1}{1.4}} = 405\ K$$

$$R = c_p - c_v \qquad \gamma = \frac{c_p}{c_v} = \frac{c_p}{c_p - R} = \frac{1000}{1000-287} = 1.4$$

Como el compresor tiene un rendimiento isoentrópico:

$$\eta_C = \frac{h_{col_s} - h_{amb}}{h_{col} - h_{amb}} = \frac{T_{col_s} - T_{amb}}{T_{col} - T_{amb}}$$

$$T_{col} = T_{amb} + \frac{T_{col_s} - T_{amb}}{\eta_c} = (273 + 50) + \frac{405 - (273 + 50)}{0.9} = 414.13\ K$$

$$\rho_{a\_ref} = \frac{p_{col}}{R\ T_{col}} = \frac{2.09\ 10^5}{287\ \ 414.13} = 1.76\ kg/m^3$$

$$\eta_i = \frac{pmi}{F_r\ F_e\ \ \eta_v\ C\ \rho_{a\_ref}\ H_c} = \frac{16\ 10^5}{0.8\ \ 0.05245\ \ 0.95\ \ 0.8566\ \ 1.76\ \ \ 58.06\ 10^6} = 0.459$$

El rendimiento mecánico se calcula con la relación entre un parámetro efectivo y el indicado, en este caso la presión media:

$$\eta_m = \frac{pme}{pmi} = \frac{14}{16} = 0.875$$

Y el rendimiento efectivo:

$$\eta_e = \eta_m \, \eta_i = 0.875 \;\; 0.459 = 0.401$$

c. Si la relación de compresión volumétrica del motor es de 12, calcular los índices de calidad del ciclo referidos a parámetros efectivos e indicados.

El rendimiento térmico del ciclo ideal de aire con combustión a volumen constante, que se puede escoger como representativo de un MEP, tiene la siguiente expresión, donde r es la relación de compresión volumétrica:

$$\eta_{ideal} = 1 - \frac{1}{r^{\gamma-1}} = 1 - \frac{1}{12^{1.4-1}} = 0.6322$$

El índice de calidad K compara un ciclo real con uno teórico o ideal, y puede ser referido a parámetros efectivos o indicados, según se tengan en cuenta o no las pérdidas mecánicas respectivamente:

$$K_i = \frac{\eta_i}{\eta_{ideal}} = \frac{0.459}{0.6322} = 0.7261$$

$$K_e = \frac{\eta_e}{\eta_{ideal}} = \frac{0.401}{0.6322} = 0.6353$$

19.2 $pmpm$ dependiente de cm, grado de carga.

De un motor de 4T de encendido provocado se conocen los siguientes datos:

- Cilindrada total 1000cc
- Número de cilindros 4
- Relación carrera/diámetro 1
- Régimen de giro máximo 6000 rpm
- Dosado relativo en todos los puntos de funcionamiento 1
- Presión media de pérdidas mecánicas $pmpm$ (bar)= $cm/2.3$ (con cm en m/s)
- Rendimiento indicado en todos los puntos de funcionamiento 0.4
- Poder calorífico del combustible 39 MJ/kg
- Dosado estequiométrico 1/14.5
- Densidad de referencia 1.1 kg/m3

En un punto de funcionamiento a plena carga (punto 1) el régimen de giro es 2000 rpm y la presión media efectiva es de 9 bar. Comparando este punto con otro de igual potencia efectiva a régimen de giro máximo, calcular para los dos puntos:

a. Dibujar en un gráfico M_e-n la curva de par máximo e identificar los dos puntos.
b. El gasto de combustible y de aire en kg/h.
c. La masa de combustible por cilindro y ciclo.
d. El consumo específico de combustible en gr/kWh.
e. El rendimiento volumétrico en el punto de plena carga.

Suponiendo que el rendimiento volumétrico de plena carga no varía con el régimen:

f. Determinar la potencia máxima del motor y a qué régimen se obtiene, compararla con la potencia máxima a 6000 rpm.

Indicaciones: El par efectivo a plena carga varía con el régimen de giro debido a que la $pmpm$ no es constante.

En el caso de que fuese un MEC con $F_{r_{max}}$ =0.7 y n_{max} =4500 rpm

g. Calcular el rendimiento volumétrico del punto 1 si la presión media efectiva es de 8.5 bar.
h. Calcular el dosado del punto 2 si la potencia es la misma que en el punto 1.

b) c) d) e)	Gf (kg/h)	Ga (kg/h)	mfcc (mg/cc)	gef (g/kWh)	η_v
Punto 1	4.22	61.23	17.59	281.5	0.9277
Punto 2	10.31	149.53	14.32	687.5	0.7552

f) Ne_{max}=25.38 kW a 5547 rpm, Ne_{max}(6000 rpm)=25.21 kW
g) η_v = 1.265 (motor sobrealimentado)
h) Fr = 0.5497

RESOLUCIÓN

a. Dibujar en un gráfico M_e-n la curva de par máximo e identificar los dos puntos.

La curva de par frente al régimen de giro decrece debido a las pérdidas mecánicas. Con las pérdidas mecánicas aumentan linealmente con el régimen de giro, el par decrec linealmente con el régimen de giro. La curva de par máximo será la de grado de carg máximo. El punto 1 estará en 2000 rpm. La potencia es el par dividido por el régimen, por que es una hipérbola. Por el punto 1 pasará la hipérbola de valor N_{e_1}. En esa línea c isopotencia está situado el punto 2, en el punto de régimen máximo, es decir, a 6000 rpm.

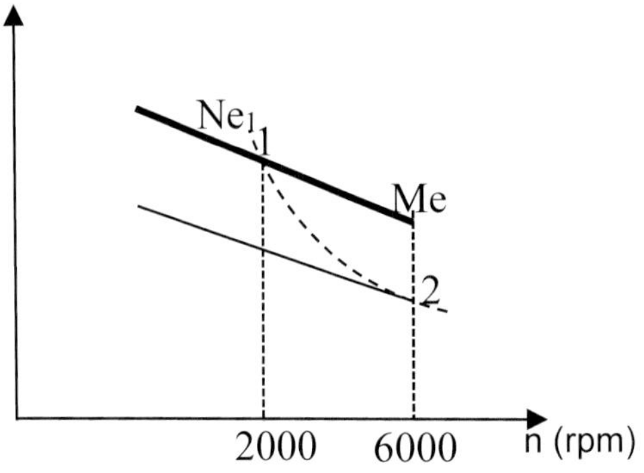

b. El gasto de combustible y de aire en kg/h.

El gasto de combustible se obtendrá con el dato de rendimiento indicado.

$$\eta_i = \frac{N_i}{\dot{m}_f H_c}$$

Para ello hay que calcular la potencia indicada

$$N_i = \frac{W_i}{tiempo\ de\ 1\ ciclo} = W_i\ n\ i = pmi\ V_T\ n\ i$$

La presión media indicada es la efectiva más la presión media de pérdidas mecánicas:

$$pmi = pme + pmpm$$

La presión media de pérdidas mecánicas se calcula con la expresión que da el enunciado:

$$pmpm = \frac{cm}{2.3}$$

La velocidad media del pistón es $cm = 2\,S\,n$. Hay que calcular primero la carrera:

$$V_T = Z\,\frac{\pi}{4}D^2S = Z\,\frac{\pi}{4}\,S^3$$

$$S = \sqrt[3]{\frac{V_T\,4}{Z\,\pi}} = \sqrt[3]{\frac{1000\,10^{-6}\,4}{4\,\pi}} = 0.06827\,m$$

Para el punto 1:

$$cm_1 = 2\,S\,n_1 = 2\;\;0.06827\,\frac{2000}{60} = 4.552\,m/s$$

$$pmpm_1 = \frac{cm_1}{2.3} = \frac{4.552}{2.3} = 1.98\,bar$$

$$pmi_1 = pme_1 + pmpm_1 = 9 + 1.98 = 10.98\,bar$$

$$N_{i_1} = pmi_1\,V_T\,n_1\,i = 10.98\;\;10^5\;\;1000\,10^{-6}\,\frac{2000}{60}\;0.5 = 18.3\,kW$$

$$\dot{m}_{f_1} = \frac{N_{i_1}}{\eta_i H_c} = \frac{183\;10^3}{0.4\;\;39\;10^6} = 0.00117\,kg/s = 4.223\,kg/h$$

$$\dot{m}_{a_1} = \frac{\dot{m}_{f_1}}{F} = \frac{\dot{m}_{f_1}}{F_r\,F_e} = \frac{0.0117}{1\;\;\frac{1}{14.5}} = 0.017\,kg/s = 61.229\,kg/h$$

Para el punto 2:

$$cm_2 = 2\,S\,n_2 = 2\;\;0.06827\,\frac{6000}{60} = 13.656\,m/s$$

$$pmpm_2 = \frac{cm_2}{2.3} = \frac{13.656}{2.3} = 5.937\,bar$$

La presión media efectiva en el punto 2 no es dato, hay que calcularla. Sabiendo que la potencia en el punto 2 es igual a la potencia en el punto1:

$$N_{e_2} = N_{e_1} = pme_1\,V_T\,n_1\,i = 15\,kW$$

$$pme_2\;\;V_T\,n_2\,i = pme_1\;\;V_T\,n_1\,i$$

$$pme_2 = \;pme_1\;\;\frac{n_1}{n_2} = 9\,\frac{2000}{6000} = 3\,bar$$

$$pmi_2 = pme_2 + pmpm_2 = 3 + 5.937 = 8.937\,bar$$

$$N_{i_2} = pmi_2\, V_T\, n_2\, i = 8.937\ 10^5\ 1000\ 10^{-6} \frac{6000}{60}\ 0.5 = 44.68\, kW$$

$$\dot{m}_{f_2} = \frac{N_{i_2}}{\eta_i H_c} = \frac{5.362\ 10^3}{0.4\ 39\ 10^6} = 0.0028\, kg/s = 10.31\, kg/h$$

$$\dot{m}_{a_2} = \frac{\dot{m}_{f_2}}{F} = \frac{\dot{m}_{f_2}}{F_r\, F_e} = \frac{0.00955}{1\ \frac{1}{14.5}} = 0.0415\, kg/s = 149.52\, kg/h$$

c. La masa de combustible por cilindro y ciclo.

$$m_{fcc_1} = \dot{m}_{f_1} \frac{1}{Z} \frac{1}{n_1\, i} = 0.0117\ \frac{1}{4} \frac{1}{\frac{2000}{60} 0.5} = 0.0176\, gr/cc$$

$$m_{fcc_2} = \dot{m}_{f_2} \frac{1}{Z} \frac{1}{n_2\, i} = 0.000344\ \frac{1}{4} \frac{1}{\frac{6000}{60} 0.5} = 0.0143\, gr/cc$$

d. El consumo específico de combustible en gr/kWh.

$$g_{ef_1} = \frac{\dot{m}_{f_1}}{N_{e_1}} = \frac{0.00117\ 10^3\ 3600}{15} = 281.51\, gr/kWh$$

$$g_{ef_2} = \frac{\dot{m}_{f_2}}{N_{e_2}} = \frac{0.0028\ 10^3\ 3600}{15} = 687.48\, gr/kWh$$

e. El rendimiento volumétrico en el punto de plena carga.

El punto de plena carga es el punto 1. El rendimiento volumétrico es:

$$\eta_{v_1} = \frac{\dot{m}_{a_1}}{\rho_{a\_ref}\, V_T\, n_1\, i} = \frac{0.017}{1.1\ 1000\ 10^{-6}\ \frac{2000}{60}\ 0.5} = 0.9277$$

f. Determinar la potencia máxima del motor y a qué régimen se obtiene, compararla con la potencia máxima a 6000 rpm.

La potencia máxima ocurre a plena carga. Para calcularla se deriva una expresión de la potencia respecto del régimen y se iguala a cero.

$$N_e = pme\, V_T\, n\, i = (pmi - pmpm)\, V_T\, n\, i$$

La presión media indicada es:

$$pmi = \frac{W_i}{V_T} = \frac{m_f\, H_c\, \eta_i}{V_T} = \frac{m_a\, F_r\, F_e\, H_c\, \eta_i}{V_T} = \frac{\eta_{vol}\, \rho_{a\_ref}\, V_T F_r\, F_e\, H_c\, \eta_i}{V_T} = \eta_{vol}\, \rho_{a\_ref}\, F_r\, F_e\, H_c\, \eta_i$$

Todos estos parámetros son constantes con el régimen a plena carga. El valor de la pmi es el mismo que el del punto 1, pmi=10.98 bar

Substituyendo en la expresión de la potencia:

$$N_e = (pmi - pmpm)\, V_T\, n\, i = \left(\eta_v\, \rho_{a\_ref}\, F_r\, F_e\, H_c\, \eta_i - \frac{2\, S\, n}{2.3} 10^5\right) V_T\, n\, i$$

$$= \left(10.98\ 10^5 - \frac{2\, S\, n}{2.3} 10^5\right) V_T\, n\, i$$

Derivando la expresión e igualando a cero:

$$\frac{dN_e}{dn} = 10.98 - \frac{2\, S}{2.3}\, 2\, n = 0$$

$$n_{N_e max} = 10.98\, \frac{2.3}{4\ S} = 10.98\ \frac{2.3}{4\ 0.06827} = 92.46\, rps = 5547\, rpm$$

Y la potencia máxima es:

$$N_{e\, max} = \left(10.98\ 10^5 - \frac{2\, S\, n}{2.3} 10^5\right) V_T\, n\, i$$

$$N_{e\, max} = \left(10.98\ 10^5 - \frac{2\ 0.0683\ 92.46}{2.3} 10^5\right) 1000\ 10^{-6}\ 92.46\ 0.5 = 25.37\, kW$$

La potencia máxima a 6000 rpm será la que se obtenga a plena carga a ese régimen de giro

$$N_{e\, \max 6000rpm} = \left(10.98\ 10^5 - \frac{2\ 0.0683\ \frac{6000}{60}}{2.3} 10^5\right) 1000\ 10^{-6}\ \frac{6000}{60}\ 0.5 = 25.21\, kW$$

g. En el caso de que fuese un MEC con F_{rmax}=0.7 y n_{max}=4500 rpm. Calcular el rendimiento volumétrico del punto 1 si la presión media efectiva es de 8.5 bar.

Para el cálculo del rendimiento volumétrico hay que acudir a una expresión en la que aparezca, y se puedan calcular los valores de las variables que intervienen. A partir de la expresión que se ha obtenido antes de la pmi:

$$pmi = \eta_v\, \rho_{a\_ref}\, F_r\, F_e\, H_c\, \eta_i$$

se pueden conocer todos los valores de las variables. El régimen de giro del punto 1 es 2000 rpm, por lo que la presión media de pérdidas mecánicas es la misma que en el punto 1 del caso anterior.

$$pmi_1 = pme_1 + pmpm_1 = 8.5 + 1.979 = 10.479\, bar$$

Los valores de las demás variables de la expresión de la pmi son los mismos que el punto 1 de los apartados anteriores, excepto el $F_{r_1} = 0.7$

$$\eta_{v_1} = \frac{pmi_1}{\rho_{a\_ref_1}\, F_{r_1}\, F_e\, H_c\, \eta_{i_1}} = \frac{10.479\ 10^5}{1.1\ 0.7\ \frac{1}{14.5}\ 39\ 10^6\ 0.4} = 1.265$$

h. Calcular el dosado del punto 2 si la potencia es la misma que en el punto 1.

Al ser iguales las potencias:

$$N_{e_2} = N_{e_1}$$

$$pme_2 \ V_T \, n_2 \, i = pme_1 \ V_T \, n_1 \, i$$

$$pme_2 \ n_2 = pme_1 \ n_1$$

$$pme_2 = pme_1 \ \frac{n_1}{n_2} = 8.5 \frac{2000}{4500} = 3.77 \ bar$$

Por otro lado, la presión media efectiva es:

$$pme_2 = pmi_2 - pmpm_2 = \eta_{v_2} \, \rho_{a\_ref_2} \, F_{r_2} \, F_e \, H_c \, \eta_i - pmpm_2$$

$$pmpm_2 = \frac{2 \, S \, n_2}{2.3} = \frac{2 \ 0.0682 \ \frac{4500}{60}}{2.3} = 4.45 \ bar$$

Despejando el dosado relativo:

$$F_{r_2} = \frac{pme_2 + pmpm_2}{\eta_{v_2} \, \rho_{a\_ref_2} F_e \, H_c \, \eta_i} = \frac{(3.77 + 4.45) \ 10^5}{1.265 \ 1.1 \ \frac{1}{14.5} \ 39 \ 10^6 \ 0.4} = 0.5498$$

19.3 Motor a régimen de giro constante y variando Grado de carga (GdC)

Un MCIA MEP industrial 4T de gas para generación eléctrica funciona en las siguientes condiciones:

- Régimen de giro 1500 rpm.
- Condiciones en la pipa de admisión (antes de la válvula de admisión) presión 2 bar y temperatura 90ºC.
- El rendimiento volumétrico referido a la pipa es de admisión de 0.9 para todas las condiciones.
- El dosado relativo de funcionamiento es 0.65 para todas las condiciones.
- El rendimiento mecánico es de 0.91 y el indicado es de 0.45.
- El combustible que utiliza es metano h_f^0=-74 kJ/mol.
- La cilindrada total es de 20 litros, la relación S/D=1.1 y la relación de compresión volumétrica es de 13.

Calcular:

a. Propiedades del combustible: poder calorífico del combustible, dosado estequiométrico y coeficiente C.

b. Gasto de aire y gasto de combustible.

c. Potencia, par y presión media, todos efectivos.

d. El número mínimo de cilindros para que la velocidad lineal media no supere los 8 m/s y la velocidad lineal media real.

e. Índice de calidad del ciclo termodinámico referido a parámetros efectivos comparado con un ciclo ideal de aire con combustión a volumen constante.

El motor tiene que cambiar sus condiciones de funcionamiento para suministrar el 50% de la potencia que está dando manteniendo el régimen de giro.

f. Dibujar en un gráfico M_e-n los dos puntos de funcionamiento.
g. Determinar la presión en la pipa de admisión en esas condiciones asumiendo que la temperatura en la pipa, la presión media de pérdidas mecánicas y el rendimiento indicado no cambian con el grado de carga.

Indicaciones: R=287 J/kg/K, c_p=1000 J/kg/K, h_f^0(CO2)=-393 KJ/mol, h_f^0(H20v)=-242 kJ/mol. No despreciar el parámetro C, considerar humedad absoluta ambiente 2%.

a) F_e=0.05827, Hc = 560.19 MJ/kg, C = 0.9084
b) $\dot{m}_a$= 0.392 kg/s, $\dot{m}_f$= 14.86 g/s
c) N_e = 305.44 kW, M_e = 1944 Nm, pme = 12.22 bar
d) Z =8, cm= 7.84 m/s
e) K_e =0.636
f) P_{adm2} = 1.09 bar

RESOLUCIÓN

a. Propiedades del combustible: poder calorífico del combustible, dosado estequiométrico y coeficiente C.

La reacción de combustión del metano es:

$$CH_4 + 2(O_2 + 3.76\, N_2) \Longrightarrow CO_2 + 2\, H_2O + 2\ \ 3.76\, N_2$$

$$F_e = \frac{m_f}{m_a} = \frac{1\, M_{CH_4}}{2\,(M_{O_2} + 3.76\ \ M_{N_2})} = \frac{1\ \ 12 + 4\ \ 1}{2\,(32 + 3.76\ \ 28)} = 0.05827 = \frac{1}{17.16}$$

$$H_c = \frac{h_r - h_p}{m_f} = \frac{1\ \ h^0_{rCH_4} - \left(1\ \ h^0_{rCO_2} + 2\, h^0_{rH_2O}\right)}{1\, M_{CH_4}}$$

$$H_c = \frac{1\ \ (-74) - [1\ (-393) + 2\ (-242)]}{12 + 4\ \ 1} = 50.19\ MJ/kg$$

$$M_f = M_{CH_4} = 1\ \ 12 + 4\ \ 1 = 16\ \ gr/mol$$

$$C = \frac{\frac{1}{29}}{\frac{1}{29} + \frac{h}{18} + \frac{F_r F_e}{M_f}} = \frac{\frac{1}{29}}{\frac{1}{29} + \frac{0.02}{18} + \frac{0.65\ \ 0.05827}{16}} = 0.9083$$

b. Gasto de aire y gasto de combustible.

El gasto de aire se puede obtener a partir del rendimiento volumétrico:

$$\eta_v = \frac{1}{C}\frac{\dot{m}_a}{\rho_{a\_ref}\, V_T\, n\, i}$$

$$\dot{m}_a = \eta_v\, C\, \rho_{a\_ref}\, V_T\, n\, i$$

La densidad de referencia es la densidad en la pipa de admisión:

$$\rho_{a\_ref} = \frac{p_{adm}}{R\,T_{adm}} = \frac{2\;10^5}{287\;(90+273)} = 1.92\;kg/m^3$$

$$\dot{m}_a = \eta_v\;C\;\rho_{a\_ref}\;V_T\;n\;i = 0.9\;\;1.92\;\;20\;10^{-3}\;\frac{1500}{60}\;\frac{1}{2} = 0.3923\;kg/s$$

El gasto de combustible se calcula con el dosado:

$$\dot{m}_f = F\;\dot{m}_a = F_r\;F_e\;\dot{m}_a = 0.65\;\;\frac{1}{17.16}\;0.432 = 0.01486\;kg/s$$

c. Potencia, par y presión media, todos efectivos.

$$N_e = \dot{m}_f\;H_c\;\eta_e = \dot{m}_f\;H_c\;\eta_i\;\eta_m = 0.01486\;\;50.19\;10^6\;0.45\;\;0.91 = 305.44\;kW$$

$$M_e = \frac{N_e}{\omega} = \frac{N_e}{2\pi\;n} = \frac{305.44\;10^3}{2\;\pi\;\frac{1500}{60}} = 1944.5\;Nm$$

$$pme = \frac{W_e}{V_T} = \frac{N_e}{V_T\;n\;\;i} = \frac{305.44\;\;10^5}{20\;10^{-3}\;\frac{1500}{60}\;\frac{1}{2}} = 12.22\;bar$$

d. El número mínimo de cilindros para que la velocidad lineal media no supere los 8 m/s y la velocidad lineal media real.

A partir de la velocidad lineal media máxima del pistón se puede conocer la carrera del pistón:

$$cm_{max} = 2\;S\;n_{max}$$

$$S = \frac{cm_{max}}{2\;n_{max}} = \frac{8}{2\;\frac{1500}{60}} = 0.16\;m$$

La cilindrada del motor será:

$$V_T = Z\;\frac{\pi}{4}D^2\;S = Z\;\frac{\pi}{4}\frac{S^3}{1.1^2}$$

$$Z = \frac{V_T\;4\;\;1.1^2}{\pi\;S^3} = \frac{20\;10^{-3}\;4\;\;1.1^2}{\pi\;\;0.16^3} = 7.52$$

Para que la velocidad media del pistón no supere 8 m/s, se elige el número natural mayor: Z' =8. Por tanto, el motor con 8 cilindros, tendrá otra carrera:

$$S' = \left(\frac{V_T\;4\;1.1^2}{\pi\;Z'}\right)^{1/3} = \left(\frac{20\;10^{-3}\;4\;1.1^2}{3.1416\;\;8}\right)^{1/3} = 0.1567\;m$$

La velocidad lineal media real será:

$$cm' = 2\;S'n = 2\;\;0.1567\;\;\frac{1500}{60} = 7.837\;m/s$$

e. Índice de calidad del ciclo termodinámico referido a parámetros efectivos comparado con un ciclo ideal de aire con combustión a Volumen constante.

El índice de calidad del ciclo termodinámico es la relación entre el rendimiento efectivo y el rendimiento del ciclo ideal.

En un ciclo ideal de aire con combustión a volumen constante, el rendimiento del ciclo ideal es:

$$\eta_{ciclo\ ideal} = 1 - \frac{1}{r^{r-1}}$$

$$\gamma = \frac{c_p}{c_v}$$

$$R = c_p - c_v$$

$$\gamma = \frac{c_p}{c_v} = \frac{c_p}{c_p - R} = \frac{1000}{1000 - 287} = 1.4025$$

$$\eta_{ciclo\ ideal} = 1 - \frac{1}{r^{r-1}} = 1 - \frac{1}{18^{1.4-1}} = 0.6438$$

Entonces, el índice de calidad del ciclo:

$$K = \frac{\eta_e}{\eta_{ciclo\ ideal}} = \frac{\eta_i\ \eta_m}{\eta_{ciclo\ ideal}} = \frac{0.45\ \ 0.91}{0.6438} = 0.636$$

f. El motor tiene que cambiar sus condiciones de funcionamiento para suministrar el 50% de la potencia que está dando manteniendo el régimen de giro. Dibujar en un gráfico Me-n los dos puntos de funcionamiento.

Para el mismo régimen de giro, para conseguir un 50% de la potencia hay que bajar un 50% del par. Por tanto, el par en este nuevo punto de funcionamiento 2 es $M_{e_2} = M_e/2 = 1944/2 = 972.25\ Nm$

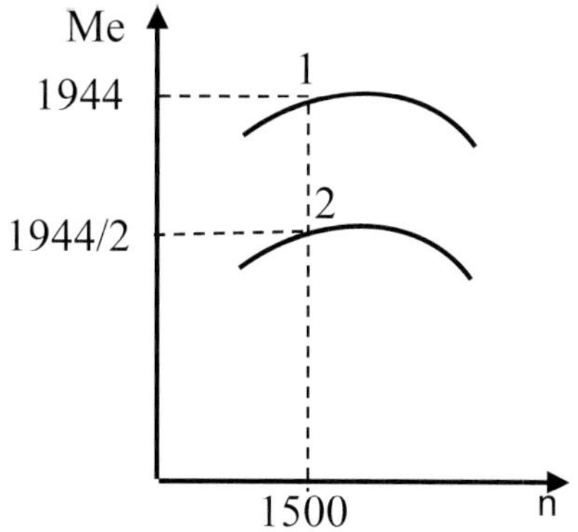

g. Determinar la presión en la pipa de admisión en esas condiciones asumiendo que la temperatura en la pipa, la presión media de pérdidas mecánicas y el rendimiento indicado no cambian con el grado de carga.

Si se tiene la densidad en la pipa de admisión, como se conoce la temperatura, se puede calcular la presión.

La presión media efectiva se relaciona con el par efectivo con una constante, por lo que, si el par es un 50% que el anterior, la presión media efectiva será un 50% de la anterior:

$$pme_2 = 0.5\ pme_1 = 0.5\ \ 12.2177 = 6.109\ bar$$

La presión media indicada se puede expresar de la siguiente forma:

$$pmi = \frac{W_i}{V_T} = \frac{m_f\, H_c\, \eta_i}{V_T} = \frac{m_a\, F_r\, F_e\, H_c\, \eta_i}{V_T} = \frac{\eta_v\, \rho_{a\_ref}\, V_T F_r\, F_e\, H_c\, \eta_i}{V_T} = \eta_v\, \rho_{a\_ref}\, F_r\, F_e\, H_c\, \eta_i$$

De aquí se puede despejar la densidad del aire de referencia en la pipa de admisión si se conoce la pmi. La presión media de pérdidas mecánicas se mantiene:

$$pmi_2 = pme_2 + pmpm_2 = pme_2 + pmpm_1$$

La presión media de pérdidas mecánicas en función del rendimiento mecánicos es:

$$\eta_m = \frac{pme}{pmi} = \frac{pme}{pme + pmpm}$$

$$pmpm = pme\ \frac{1-\eta_m}{\eta_m}$$

$$pmi_2 = pme_2 + pme_1\ \frac{1-\eta_{m_1}}{\eta_{m_1}} = 6.109 + 12.217\ \frac{1-0.91}{0.91} = 7.317\ bar$$

$$\rho_{a\_ref_2} = \frac{pmi_2}{\eta_v\ F_r\, F_e\, H_c\, \eta_i} = \frac{7.317\ 10^5}{0.9\ \ 0.65\ \ \frac{1}{17.16}\ \ 50.18\ 10^6\ 0.45} = 0.95\ kg/m^3$$

$$\rho_{a\_ref_2} = \frac{p_2}{R\, T_2}$$

Despejando la presión en la pipa de admisión:

$$p_2 = \rho_{a\_ref_2}\, R\, T_2 = \rho_{a\_ref_2} R\, T_1 = 0.95\ \ 287\ \ (90+273) = 1.09\ bar$$

También se puede plantear de la siguiente forma:

$$\frac{pmi_2}{pmi_1} = \frac{\rho_{a\_ref_2}\, \eta_v\ \ F_r\, F_e\, H_c\, \eta_i}{\rho_{a\_ref_2}\, \eta_v\ \ F_r\, F_e\, H_c\, \eta_i} = \frac{\rho_{a\_ref_2}}{\rho_{a\_ref_2}} = \frac{p_2}{p_1}\frac{T_1}{T_2} = \frac{p_2}{p_1}$$

$$p_2 = p_1 \frac{pmi_2}{pmi_1} = 2\ \frac{7.317}{12.217} = 1.09\ bar$$

19.4 Rendimiento volumétrico y $pmpm$ dependientes de régimen

Un MEP de automoción de 4T, trabaja en todos los puntos de funcionamiento con las siguientes condiciones:

- F_r=1
- Rendimiento indicado 0.4
- Rendimiento volumétrico referido a las condiciones antes de la válvula de admisión $\eta_v = 0.95 - 0.3\ n/n_{max}$.
- Presión media de pérdidas mecánicas $pmpm\ (bar) = 1 + 3\,n/n_{max}$.
- n_{max}=5500 rpm, P_{amb}=0.98 bar y T_{amb}=25ºC, c_p=1 kJ/kgK y R=287 J/kg/K

El motor desarrolla una potencia efectiva de 100 kW a 3000 rpm con una cilindrada de 2000 cc. El combustible utilizado es gasolina con H_c=39 MJ/kg y F_e=1/15.

a. Determinar presión media efectiva, rendimiento efectivo, gasto de combustible y de aire y densidad en un punto antes de la válvula de admisión. Justificar que el motor es sobrealimentado.

A 1000 rpm el sistema de sobrealimentación no está funcionando y se puede suponer que en un punto antes de la válvula de admisión las condiciones son las ambientales.

b. Determinar la potencia máxima que puede desarrollar el motor a ese régimen de giro

c. Determinar la densidad en el colector de admisión en un punto de funcionamiento a régimen de giro máximo y 100 kW de potencia efectiva.

d. Si el motor no tiene intercooler, determinar la relación de compresión del compresor en ese punto asumiendo un proceso de compresión isoentrópico.

Indicación: considerar C=1

a) pme=20 bar, η_e=0.3534, $\dot{m}_f$=0.725 g/s, $\dot{m}_a$=0.1088 kg/s, ρ=2.768
b) Ne_{1000}=15.2 kW
c) ρ_{5500}=2.205 kg/m3
d) r_c=2.501

RESOLUCIÓN

a. Determinar presión media efectiva, rendimiento efectivo, gasto de combustible y de aire y densidad en un punto antes de la válvula de admisión. Justificar que el motor es sobrealimentado.

$$pme = \frac{W_e}{V_T} = \frac{N_e}{V_T\, n\, i} = \frac{100\ 10^3}{2000\ 10^{-6}\ \dfrac{3000}{60}\ \dfrac{1}{2}} = 20\ bar$$

$$pmpm = 1 + 3\frac{n}{n_{max}} = 1 + 3\frac{3000}{5500} = 2.63\ bar$$

$$pmi = pme + pmpm = 20 + 2.63 = 22.63\ bar$$

$$\eta_m = \frac{pme}{pmi} = \frac{20}{22.63} = 0.8835$$

$$\eta_e = \eta_i \, \eta_m = 0.4 \;\; 0.8835 = 0.3534$$

$$N_e = \dot{m}_f \, H_c \, \eta_e$$

$$\dot{m}_f = \frac{N_e}{H_c \, \eta_e} = \frac{100 \; 10^3}{39 \; 10^6 \; 0.3534} = 0.00725 \; kg/s$$

$$\dot{m}_a = \frac{\dot{m}_f}{F} = \frac{\dot{m}_f}{F_r \, F_e} = \frac{0.00725}{1 \; \frac{1}{15}} = 0.1088 \; kg/s$$

$$\eta_v = 0.95 - 0.3 \; \frac{n}{n_{max}} = 0.95 - 0.3 \frac{3000}{5500} = 0.7863$$

$$\eta_v = \frac{\dot{m}_a}{\rho_{a\_ref} \; V_T \; n \; i}$$

$$\rho_{a\_ref} = \frac{\dot{m}_a}{\eta_v \; V_T \; n \; i} = \frac{0.1088}{0.7863 \;\; 2000 \; 10^{-6} \; \frac{3000}{60} \frac{1}{2}} = 2.7679 \; kg/m^3$$

La densidad ambiente es:

$$\rho_{amb} = \frac{p_{amb}}{R \; T_{amb}} = \frac{0.98 \; 10^5}{287(25 + 273)} = 1.1458 \; kg/m^3$$

Al ser la densidad en la pipa de admisión mayor que la densidad ambiente indica que el motor está sobrealimentado.

b. A 1000 rpm el sistema de sobrealimentación no está funcionando y se puede suponer que en un punto antes de la válvula de admisión las condiciones son las ambientales. Determinar la potencia máxima que puede desarrollar el motor a ese régimen de giro

Este punto será el punto 2, y se llamará punto 1 al del apartado anterior.
La potencia se puede expresar como:

$$N_e = \dot{m}_f \, H_c \, \eta_e = F \; \dot{m}_a \, H_c \, \eta_i \, \eta_m = F_r \, F_e \, \eta_v \, \rho_{a\_ref} \, V_T \, n \, i \, H_c \, \eta_i \, \eta_m$$

Al variar el régimen de giro, lo que se modifica en esta expresión de la potencia es el rendimiento volumétrico, el rendimiento mecánico y el n. Además, para obtener la potencia máxima a 1000 rpm, la mariposa de admisión estará abierta del todo, con lo que la presión en la pipa de admisión será la presión ambiente, y por tanto la densidad será la densidad ambiente si la temperatura no varía (no hay intercooler).

$$N_{e_2} = F_r \, F_e \, \eta_{v_2} \;\; \rho_{a\_ref_2} \, V_T \, n_2 \, i \, H_c \, \eta_i \, \eta_{m_2}$$

$$\eta_{v_2} = 0.95 - 0.3 \frac{1000}{5500} = 0.895$$

$$\rho_{a\_ref_2} = \rho_{amb} = 1.1458 \; kg/m^3$$

$$pmpm_2 = 1 + 3\frac{1000}{5500} = 1.545\ bar$$

$$\eta_{m_2} = \frac{pme_2}{pmi_2} = \frac{pme_2}{pme_2 + pmpm_2}$$

Por otro lado $N_{e_2} = pme_2\, V_T\, n_2\, i$

$$pme_2 = F_r\, F_e\, \eta_{v_2}\ \rho_{a\_ref_2}\, H_c\, \eta_i\, \eta_{m_2} = F_r\, F_e\, \eta_{v_2}\ \rho_{a\_ref_2}\, H_c\, \eta_i\, \frac{pme_2}{pme_2 + pmpm_2}$$

$$pme_2 = F_r\, F_e\, \eta_{v_2}\ \rho_{a\_ref_2}\, H_c\, \eta_i - pmpm_2$$

$$pme_2 = 1\ \frac{1}{15}\ 0.895\ 1.1458\ \ 39\ 10^6\ \ 0.4\ 10^{-5} - 1.545 = 9.1255\ bar$$

$$N_{e_2} = pme_2\, V_T\, n_2\, i = 9.1255\ \ 10^5\ 2000\ 10^6\ \ \frac{1000}{60}\ \frac{1}{2} = 15.21\ kW$$

También se podría hacer de forma directa:

$$N_{e_2} = pme_2\, V_T\, n_2\, i = (pmi_2 - pmpm_2)\, V_T\, n_2\, i$$

$$pmi_2 = F_r\, F_e\, \eta_{v_2}\ \rho_{a\_ref_2}\, H_c\, \eta_i = 10.67\ bar$$

c. Determinar la densidad en el colector de admisión en un punto de funcionamiento a régimen de giro máximo y 100 kW de potencia efectiva.

Este punto será el punto 3.
La densidad del colector de admisión se obtendrá a partir de la definición del rendimiento volumétrico:

$$N_{e_3} = pme_3\, V_T\, n_3\, i$$

$$pme_3 = \frac{N_{e_3}}{V_T\, n_3\, i} = \frac{100\ 10^3}{2000\ 10^{-6}\ \frac{5500}{60}\frac{1}{2}} = 10.9\ bar$$

$$pmpm_3 = 1 + 3\frac{5500}{5500} = 4\ bar$$

$$pmi_3 = pme_3 + pmpm_3 = 10.9 + 4 = 14.9\ bar$$

$$pmi_3 = F_r\, F_e\, \eta_{v_3}\ \rho_{a\_ref_3}\, H_c\, \eta_i$$

$$\eta_{v_3} = 0.95 - 0.3\frac{5500}{5500} = 0.65$$

$$\rho_{a\_ref_3} = \frac{pmi_3}{F_r\, F_e\, \eta_{v_3}\ \ H_c\, \eta_i} = \frac{14.9\ 10^5}{1\ \frac{1}{15}\ 0.65\ \ 39\ 10^6\ 0.4} = 2.205\ kg/m^3$$

d. Si el motor no tiene intercooler, determinar la relación de compresión del compresor en ese punto asumiendo un proceso de compresión isoentrópico.

El compresor comprime desde las condiciones ambiente hasta las condiciones del punto 3. Aplicando la ecuación de la isoentrópica entre estos dos puntos:

$$p\, v^{\gamma} = cte$$

$$p_{amb} \frac{1}{\rho_{amb}^{\gamma}} = p_3 \frac{1}{\rho_{a\_ref_3}^{\gamma}}$$

$$\gamma = \frac{c_p}{c_v} = \frac{c_p}{c_p - R} = \frac{1000}{1000 - 287} = 1.403$$

$$r_c = \frac{p_3}{p_{amb}} = \left(\frac{\rho_{a\_ref_3}}{\rho_{amb}}\right)^{\gamma} = \left(\frac{2.2055}{1.1458}\right)^{1.403} = 2.501$$

19.5 Disminución de las pérdidas mecánicas por reducción del número de cilindros y sobralimentación

Un fabricante de automóviles monta un motor de 4T y ciclo MEP, de 4 cilindros y aspiración natural con una cilindrada unitaria V_D=400cc que trabaja con gasolina (C=1, F_e=1/15 y H_c=42500 kJ/kg). En el punto de potencia máxima se tienen 65 kW a 5500 rpm con un rendimiento volumétrico η_v=0.87 y un rendimiento indicado de η_i=0.43. Puede suponerse que las condiciones de presión y temperatura a la entrada del colector de admisión son las ambientales. El motor trabaja con dosado estequiométrico (F_r=1).

a. Calcular el rendimiento mecánico del motor en el punto de funcionamiento.

b. Calcular la presión media efectiva pme, presión media indicada pmi y presión media de pérdidas mecánicas $pmpm$.

El fabricante está desarrollando un nuevo diseño MEP de gasolina de 4T con la misma cilindrada unitaria V_D=400cc y Z_2=3 de inyección directa que debe dar 100 kW a 5500 rpm en el punto de máxima potencia con F_r=1. Para llegar a este nivel de potencia se sobrealimenta el motor y debido a la reducción del número de cilindros se reduce la potencia de pérdidas mecánicas en un 30% en el punto de funcionamiento. Suponiendo que se mantiene rendimiento volumétrico en el colector η_v=0.87 y el rendimiento indicado de η_i=0.43:

c. Calcular la nueva $pmpm$, pme, pmi y rendimiento mecánico.

d. Calcular la presión a la salida del compresor suponiendo que en el intercooler no hay pérdida de carga y tiene una temperatura del fluido a la salida de 60 °C.

El turbocompresor que se monta en el nuevo motor tiene un rendimiento isoentrópico η_C=0.8. Una turbina acciona el compresor a través de un eje con un rendimiento mecánico η_m=0.95. La turbina opera con un rendimiento isoentrópico η_T=0.9, una presión a la salida de 1.25 bar y una temperatura media a la entrada (escape del motor) de 830°C.

e. Calcular la temperatura a la salida del compresor.

f. Calcular la presión a la entrada de la turbina y la temperatura a la salida.

g. Representar en un diagrama h-s, la evolución por el compresor, el intercooler y la turbina.

Condiciones ambientales T_{amb}=20°C y p_{amb}=1 bar

Indicaciones: Considerar gas perfecto con R=287 J/kg/K, γ=1.4. No se desprecia la masa de combustible frente a la del aire

a) η_m=0.7036
b) pme=8.86 bar, pmi= 12.6 bar, pmpm=3.734
c) pmpm=3.485 bar, pme=18.18 bar, pmi=21.67 bar, η_m=0.839
d) P_{col}=1.95 bar
e) T_{sal}=370.5 K
f) p_{tur}=1.67 bar T_{sal}=994.4 K

RESOLUCIÓN

a. Calcular el rendimiento mecánico del motor en el punto de funcionamiento.

A partir de la expresión de la potencia:

$$N_e = \dot{m}_f\, H_c\, \eta_e = F\, \dot{m}_a\, H_c\, \eta_i\, \eta_m = F_r\, F_e\, \eta_v\, \rho_{a\_ref}\, V_T\, n\, i\, H_c\, \eta_i\, \eta_m$$

$$\eta_m = \frac{N_e}{F_r\, F_e\, \eta_v\, \rho_{a\_ref}\, V_T\, n\, i\, H_c\, \eta_i} = \frac{65\ 10^3}{1\ \frac{1}{15}\ 0.87\ \ 1.189\ \ 400\ 10^{-6}\ \frac{5500}{60}\frac{1}{2}} = 0.703$$

$$\rho_{amb} = \frac{p_{amb}}{R\, T_{amb}} = \frac{1\ 10^5}{287\ (20+273)} = 1.189\ kg/m^3$$

b. Calcular la presión media efectiva pme, presión media indicada pmi y presión media de pérdidas mecánicas $pmpm$.

$$N_e = pme\ V_T\ n\ i$$

$$V_T = Z_1\, V_D = 4\ \ 400 = 1600\ cc$$

$$pme = \frac{N_e}{V_T\, n\, i} = \frac{65\ 10^3}{1600\ 10^{-6}\ \frac{5500}{60}\ \frac{1}{2}} = 8.86\ bar$$

$$pmi = \frac{pme}{\eta_m} = \frac{8.86}{0.703} = 12.6\ bar$$

$$pmpm = pmi - pme = 12.6 - 8.86 = 3.74\ bar$$

$$Ne_{pm_1} = pmpm_1\, V_{T_1}\, n_1\, i = 3.74\ 10^5\ 4\ \ 400\ 10^{-6}\ \frac{5500}{60}\ \frac{1}{2} = 27.43\ kW$$

c. Calcular la nueva $pmpm$, pme, pmi y rendimiento mecánico.

Se llamará al punto anterior punto 1, punto 2 al de este apartado.

$$Ne_{pm_2} = 0.7\ Ne_{pm_1} = 0.7\ \ 27.43 = 19.2\ kW$$

$$V_{T_2} = Z_2\, V_D = 3\ 400 = 1200\ cc$$

$$pmpm_2 = \frac{Ne_{pm_2}}{V_{T_2}\, n_2\, i} = 0.7\ pmpm_1 \frac{V_{T_1}}{V_{T_2}} = 0.7\ pmpm_1 \frac{Z_1}{Z_2} = 0.7\ \ 3.74\ \ \frac{4}{3} = 3.49\ bar$$

$$pme_2 = \frac{N_{e2}}{V_{T2}\, n_2\, i} = \frac{100\ 10^3}{1200\ 10^{-6}\, \frac{5500}{60}\, \frac{1}{2}} = 18.18\ bar$$

$$pmi_2 = pme_2 + pmpm_2 = 18.18 + 3.49 = 21.67\ bar$$

$$\eta_{m_2} = \frac{pme_2}{pmi_2} = \frac{18.18}{21.67} = 0.8388$$

d. Calcular la presión a la salida del compresor suponiendo que en el intercooler no hay pérdida de carga y tiene una temperatura del fluido a la salida de 60 °C.

$$pmi_2 = F_r\, F_e\, \eta_v\, \rho_{a\_ref_2}\, H_c\, \eta_i$$

$$\rho_{a\_ref_2} = \frac{pmi_2}{F_r\, F_e\, \eta_v\, H_c\, \eta_i} = \frac{21.67\ 10^5}{1\ \frac{1}{15}\ 0.87\ 42500\ 10^3\ 0.43} = 2.044\ kg/m^3$$

$$\rho_{a\_ref_2} = \frac{p_2}{R\, T_2}$$

$$p_2 = \rho_{a\_ref_2}\, R\, T_2 = 2.044\ \ 287\ \ (60 + 273) = 1.954\ bar$$

e. Calcular la temperatura a la salida del compresor.

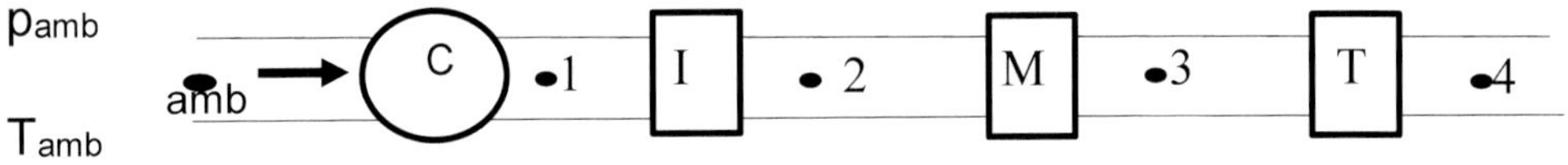

En el esquema, C es compresor, I es Intercooler, M es el motor, y T es la turbina. Si no hay pérdidas de carga en el intercooler, la presión e 2 es la misma que la presión en 1.
La evolución isoentrópica en el compresor:

$$T_{1s} = T_{amb} \left(\frac{p_{1s}}{p_{amb}}\right)^{\gamma-1/\gamma} = (20 + 273) \left(\frac{1.954}{1}\right)^{1.4-1/1.4} = 354.8\ K$$

$$\eta_C = \frac{T_{1s} - T_{amb}}{T_1 - T_{amb}}$$

$$T_1 = T_{amb} + \frac{T_{1s} - T_{amb}}{\eta_C} = (20 + 273) + \frac{354.8 - (20 + 273)}{0.8} = 370.27\ K = 97.27\ °C$$

f. Calcular la presión a la entrada de la turbina y la temperatura a la salida.

La potencia que da la turbina es igual a la potencia que absorbe el compresor

$$N_{e_T} = N_{e_C}$$

$$(\dot{m}_a + \dot{m}_f)\, (h_3 - h_4)\, \eta_m = \dot{m}_a\, (h_1 - h_{amb})$$

Despreciando la masa de combustible frente a la de aire, y suponiendo gas perfecto:

$$(T_3 - T_4)\, \eta_m = T_1 - T_{amb}$$

En el enunciado se dice que la temperatura a la entrada de la turbina es T_3=830 °C, por lo que se puede obtener la temperatura a la salida de la turbina en el punto 4:

$$T_4 = T_3 - \frac{T_1 - T_{amb}}{\eta_m} = 830 - \frac{97.27 - 20}{0.95} = 748.66\ °C$$

Con el rendimiento de la turbina, se calcula T_{4s}:

$$\eta_T = \frac{T_3 - T_4}{T_3 - T_{4s}}$$

$$T_{4s} = T_3 - \frac{T_3 - T_4}{\eta_T} = 830 - \frac{830 - 748.66}{0.9} = 739.62\ °C$$

Para calcular la presión a la entrada de la turbina, se plantea la evolución isoentrópica en la misma:

$$p_3 = p_{4s}\left(\frac{T_3}{T_{4s}}\right)^{\gamma/\gamma-1} = 1.25\left(\frac{830+273}{739.62+273}\right)^{1.4/1.4-1} = 1.68\ bar$$

g. Representar en un diagrama h-s, la evolución por el compresor, el intercooler y la turbina.

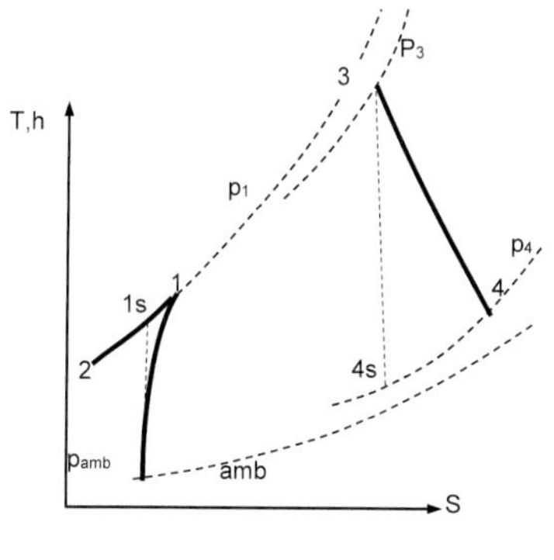

20 MCIA. CICLOS

20.1 Cálculo rendimiento

Determinar una expresión del rendimiento de un ciclo ideal de aire a volumen constante en función de la relación de compresión volumétrica y del exponente politrópico.

$$\eta = 1 - \frac{1}{r^{\gamma-1}}$$

RESOLUCIÓN

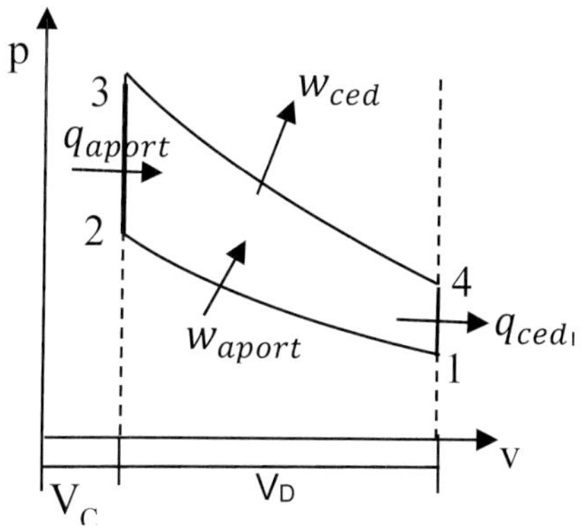

$$\eta_{ciclo} = \frac{w}{q_{aport}} = \frac{w_{ced} - w_{aport}}{q_{uport}}$$

$$w_{sal} = h_3 - h_4 = c_p(T_3 - T_4)$$

$$w_{ent} = h_2 - h_1 = c_p(T_2 - T_1)$$

$$q_{aport} = h_3 - h_2 = c_p(T_3 - T_2)$$

$$\eta_{ciclo} = \frac{(T_3 - T_4) - (T_2 - T_1)}{(T_3 - T_2)} = \frac{T_3\left(1 - \frac{T_4}{T_3}\right) - T_2\left(1 - \frac{T_1}{T_2}\right)}{(T_3 - T_2)}$$

En una compresión isoentrópica del punto 1 a un punto 2, se cumple:

$$p_1\, v_1^{\gamma} = p_2\, v_2^{\gamma}$$

Con la ecuación de gas ideal:

$$p\, v = R\, T$$

$$p = \frac{R\, T}{v}$$

Sustituyendo en la ecuación de la evolución isoentrópica:

$$\frac{R\,T_1}{v_1}\,v_1^{\gamma} = \frac{R\,T_2}{v_2}\,v_2^{\gamma}$$

$$\frac{T_1}{T_2} = \left(\frac{v_2}{v_1}\right)^{\gamma-1} = \frac{1}{r^{\gamma-1}}$$

Siendo la relación de compresión volumétrica:

$$r = v_1/v_2 = v_4/v_3$$

Del mismo modo, en la expansión isoentrópica desde el punto 3 al punto 4:

$$\frac{T_4}{T_3} = \left(\frac{v_3}{v_4}\right)^{\gamma-1} = \frac{1}{r^{\gamma-1}}$$

Substituyendo en la ecuación del rendimiento:

$$\eta_{ciclo} = \frac{\left(1-\frac{1}{r^{\gamma-1}}\right) - T_2\left(1-\frac{1}{r^{\gamma-1}}\right)}{(T_3 - T_2)} = \frac{(T_3 - T_2)\left(1-\frac{1}{r^{\gamma-1}}\right)}{(T_3 - T_2)} = 1 - \frac{1}{r^{\gamma-1}}$$

20.2 Comparación ciclo a presión limitada AN, Sobrealimentado y Sobrealimentado con intercooler

Un ciclo ideal de aire de presión limitada se realiza con una relación de compresión volumétrica de r=11 y la presión máxima alcanzada es p_{max}=65 bar. En el punto muerto inferior antes de la compresión hay una presión de 0.934 bar y una temperatura de 50ºC. El calor aportado por unidad de masa total dentro del cilindro es de 2437.5 kJ/(kg de masa en el cilindro). Calcular:

- **a.** El dosado relativo.
- **b.** Presión, temperatura y volumen específico de los puntos del ciclo.
- **c.** Determinar w_i (trabajo específico), pmi y rendimiento indicado sin utilizar la expresión del rendimiento en función de alfa y beta.
- **d.** Sabiendo que este ciclo se desarrolla en un motor de 4 tiempos, 1600 cc de cilindrada total y que funciona a 4000 rpm, determinar par y potencia indicada.
- **e.** Comparar este ciclo con otro en el que se eleva la presión inicial isoentrópicamente hasta 2 bar y se mantiene el calor aportado por unidad de masa en cada fase de la combustión.
- **f.** Comparar también con un ciclo con la misma presión de sobrealimentación, pero con un posterior enfriamiento hasta la temperatura inicial.

c_p=1.1 kJ/kg/K, R=289 J/kg/K, F_e=1/15, H_c=39 MJ/kg.

a) Fr=1

b)	Pto 1	Pto 2	Pto 3	Pto 3a	Pto 4
Presión (bar)	0.934	24.1	65	65	4.84
Temperatura (K)	323	759.1	2403	3312.5	1674.2
Volumen esp. (m3/kg)	0.9994	0.0908	0.0908	0.1473	0.9994

c) wi=1342 kJ/kg, pmi=14.77 bar, η_i=0.5504
d) N_i=78.8 kW, M_i=118 Nm

e. y f.	w_i (kJ/kg)	pmi (bar)	η_i	N_i (kW)	M_i (Nm)	p_{max} (bar)	T_{max} (K)
Asp. Natural	1341.7	14.77	0.5504	78.757	118	65	3312.5
Sobrealimentado	1345.7	25.97	0.552	138.5	330.6	123.3	3480.6
Sob. Intercooler	1341.7	31.62	0.5504	168.6	402.6	139.2	3312.5

RESOLUCIÓN

a. El dosado relativo.

$$q_{aport} = 2437.5\frac{kJ}{kg} = \frac{Q_{aport}}{m_{acc} + m_{fcc}} = \frac{m_{fcc}H_c}{m_{acc} + m_{fcc}} = \frac{F}{1+F}\ H_c$$

$$F = \frac{q_{aport}}{H_c - q_{aport}} = \frac{2437.5}{39000 - 2437.5} = 0.0667$$

$$F_r = \frac{F}{F_e} = \frac{0.0667}{\frac{1}{15}} = 1$$

b. Presión, temperatura y volumen específico de los puntos del ciclo.

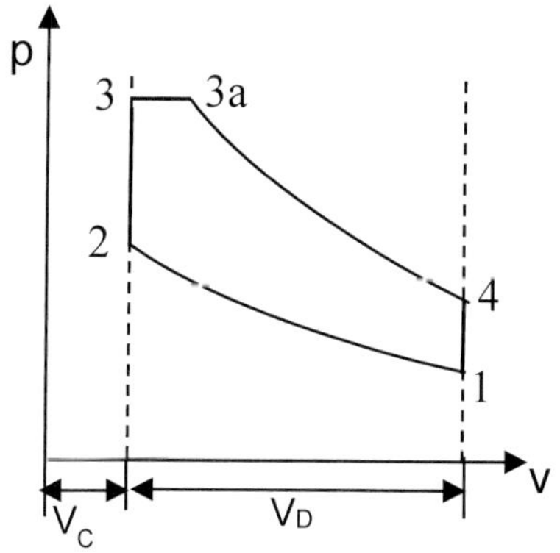

Para calcular las propiedades termodinámicas de un punto del ciclo, es necesario conocer 2 de ellas:

Pto1

$$p_1 = 0.934\ bar$$

$$T_1 = 323\ K$$

$$v_1 = \frac{R\ T_1}{p_1} = \frac{289\ \ 323}{0.934\ 10^5} = 0.9994\ m^3/kg$$

Pto2

$$v_2 = \frac{v_1}{r} = \frac{0.994}{11} = 0.09086\, m^3/kg$$

$$p_1 v_1^\gamma = p_2 v_2^\gamma$$

$$\gamma = \frac{c_p}{c_v} = \frac{c_p}{c_p - R} = \frac{1100}{1100 - 289} = 1.356$$

$$p_2 = p_1 \left(\frac{v_1}{v_2}\right)^\gamma = p_1\, r^\gamma = 0.934\ 11^{1.356} = 24.146\, bar$$

$$T_2 = \frac{p_2\, v_2}{R} = \frac{24.146\ 10^5\ 0.09086}{289} = 759.1\, K$$

Pto3

$$p_3 = p_{max} = 65\, bar$$

$$v_3 = v_2 = 0.09086\, m^3/kg$$

$$T_3 = \frac{p_3\, v_3}{R} = \frac{65\ 10^5\ 0.09089}{289} = 2043\, K$$

$$c_v = c_p - R = 1100 - 289 = 811\, J/kgK$$

$$q_{2-3} = c_v\,(T_3 - T_2) = 811\,(2043 - 759.1) = 1041.6\, kJ/kg$$

Pto3a

$$p_{3a} = p_3 = 65\, bar$$

$$q_{3-3a} = q_{apor} - q_{2-3} = 2437.5 - 1041.6 = 1396\, kJ/kg$$

$$q_{3-3a} = c_p\,(T_{3a} - T_3)$$

$$T_{3a} = T_3 + \frac{q_{3-3a}}{c_p} = 2043 + \frac{1396}{1.1} = 3312\, K$$

$$v_{3a} = \frac{R\, T_{3a}}{p_{3a}} = \frac{289\ 3312}{65\ 10^5} = 0.1473\, m^3/kg$$

Pto4

$$v_4 = v_1 = 0.9994\, m^3/kg$$

$$p_{3a} v_{3a}^\gamma = p_4 v_4^\gamma$$

$$p_4 = p_{3a} \left(\frac{v_{3a}}{v_4}\right)^\gamma = 65 \left(\frac{0.1473}{0.9994}\right)^{1.356} = 4.841\, bar$$

$$T_4 = \frac{p_4\, v_4}{R} = \frac{4.841\ 10^5\ 0.9994}{289} = 1674\, K$$

c. Determinar w_i (trabajo específico), pmi y rendimiento indicado sin utilizar la expresión del rendimiento en función de alfa y beta.

$$w_{comp} = c_v\,(T_2 - T_1) = 811\ 10^{-3}\,(759.1 - 323) = 353.7\, kJ/kg$$

$$w_{exp_1} = p_{max}\,(v_{3a} - v_3) = 65\ 10^5\,(0.1473 - 0.0908) = 366.7\, kJ/kg$$

$$w_{exp_2} = c_v\,(T_{3a} - T_4) = 811\ 10^{-3}\,(3312 - 1674) = 1329 kJ/kg$$

$$w_i = w_{exp_1} + w_{exp_2} - w_{comp} = 366.7 + 1329 - 353.7 = 1342\ kJ/kg$$

$$pmi = \frac{w_i}{v_D} = \frac{w_i}{v_1 - v_2} = \frac{1342\ 10^3}{0.9994 - 0.09085} = 14.77\ bar$$

$$\eta_i = \frac{w_i}{q_{aport}} = \frac{1342}{2437.5} = 0.5504$$

d. Sabiendo que este ciclo se desarrolla en un motor de 4 tiempos, 1600 cc de cilindrada total y que funciona a 4000 rpm, determinar par y potencia indicada.

$$W_i = pmi\ V_T = 14.77\ 10^5\ 1600\ 10^{-6} = 2666.78\ J$$

$$N_i = \frac{W_i}{tiempo\ de\ un\ ciclo} = W_i\ n\ \ i = 2666.78\ \frac{4000}{60}\frac{1}{2} = 33.34\ kW$$

$$M_i = \frac{N_i}{\omega} = \frac{pmi\ n\ i}{n\ 2\ \pi} = pmi\ \frac{i}{2\ \pi} = 14.77\ 10^5\ \frac{1}{4\ \pi} = 212.21\ Nm$$

e. Comparar este ciclo con otro en el que se eleva la presión inicial isoentrópicamente hasta 2 bar y se mantiene el calor aportado por unidad de masa en cada fase de la combustión.

El problema se resuelve igual, pero empezando con las condiciones iniciales de $p_1 = 2\ bar$ y la temperatura la obtenida con una compresión isoentrópica en el compresor.

Pto1

$$p_1 = 2\ bar$$

$$T_1 = T_{amb}\left(\frac{P_1}{p_{amb}}\right)^{\gamma-1/\gamma} = 323\ \left(\frac{2}{0.934}\right)^{1.356-1/1.356} = 394.53\ K$$

$$v_1 = \frac{R\ T_1}{p_1} = \frac{289\ \ 394.53}{2\ 10^5} = 0.57\ m^3/kg$$

Pto2

$$v_2 = \frac{v_1}{r} = \frac{0.57}{11} = 0.05182\ m^3/kg$$

$$p_1 v_1^{\gamma} = p_2 v_2^{\gamma}$$

$$p_2 = p_1\left(\frac{v_1}{v_2}\right)^{\gamma} = p_1\ r^{\gamma} = 2\ 11^{1.356} = 51.703\ bar$$

$$T_2 = \frac{p_2\ v_2}{R} = \frac{51.703\ \ 10^5\ 0.05182}{289} = 927.2\ K$$

Pto3

$$v_3 = v_2 = 0.05182\ m^3/kg$$

$$q_{2-3} = c_v\ (T_3 - T_2)$$

$$T_3 = T_2 + \frac{q_{2-3}}{c_v} = 927.2 + \frac{1041.6}{0.811} = 2211.6\,K$$

$$p_3 = \frac{R\,T_3}{v_3} = \frac{289\ 2211.6}{0.05182} = 123.32\,bar$$

Pto3a

$$p_{3a} = p_3 = 123.32\,bar$$

$$q_{3-3a} = q_{apor} - q_{2-3} = 2437.5 - 1141.6 = 1395.8\,kJ/kg$$

$$q_{3-3a} = c_p\,(T_{3a} - T_3)$$

$$T_{3a} = T_3 + \frac{q_{3-3a}}{c_p} = 2211.6 + \frac{1395.8}{1.1} = 3480.6\,K$$

$$v_{3a} = \frac{R\,T_{3a}}{p_{3a}} = \frac{289\ 3480.6}{123.32\ 10^5} = 0.08156\,m^3/kg$$

Pto4

$$v_4 = v_1 = 0.5700\,m^3/kg$$

$$p_{3a}v_{3a}^{\gamma} = p_4 v_4^{\gamma}$$

$$p_4 = p_{3a}\left(\frac{v_{3a}}{v_4}\right)^{\gamma} = 123.32\left(\frac{0.08156}{0.57}\right)^{1.356} = 8.824\,bar$$

$$T_4 = \frac{p_4\,v_4}{R} = \frac{8.824\ 10^5\ 0.57}{289} = 1740.7\,K$$

f. Comparar también con un ciclo con la misma presión de sobrealimentación, pero con un posterior enfriamiento hasta la temperatura inicial.

El problema se resuelve igual, pero con las condiciones iniciales:

$$p_1 = 2\,bar$$

$$T_1 = 50\,°C$$

Los resultados son los siguientes

e. y **f.**	w_i (kJ/kg)	pmi (bar)	η_i	N_i (kW)	M_i (Nm)	p_{max} (bar)	T_{max} (K)
Asp. Natural	1341.7	14.77	0.5504	78.757	118	65	3312.5
Sobrealimentado	1345.7	25.97	0.552	138.5	330.6	123.3	3480.6
Sob. Intercooler	1341.7	31.62	0.5504	168.6	402.6	139.2	3312.5

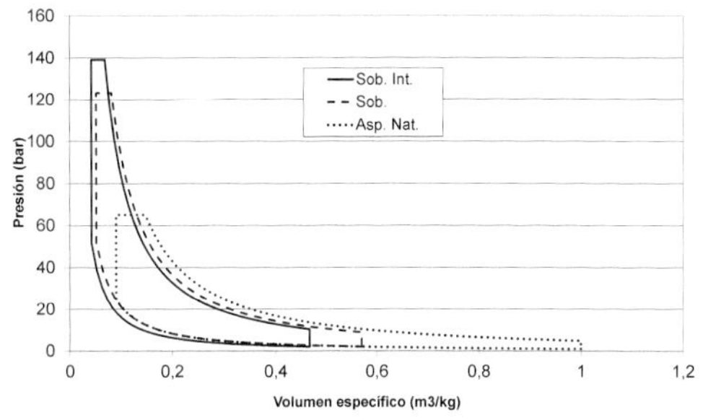

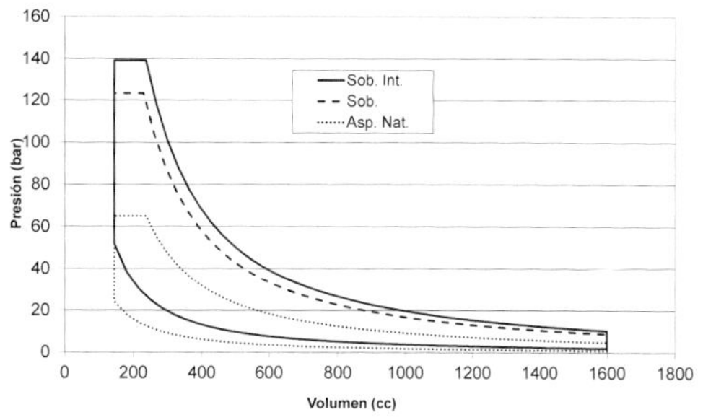

20.3 Repotenciación de un motor con dosado o con relación de compresión

Se tiene un ciclo ideal de aire equivalente de volumen constante, de las siguientes características:

- $q_{combustion}$ = 1800 kJ/kg
- $p_{admisión}$ = 1.5 bar
- $T_{admisión}$ = 60ºC
- Relación de compresión volumétrica r = 12
- γ=1.35, R=287 J/kg K

a. Si se disminuye la relación de compresión volumétrica de 12 a 10, manteniendo el calor de combustión, ¿cuánto disminuye el trabajo específico indicado del ciclo?

b. Calcular el calor de combustión que se tiene que aportar con la nueva relación de compresión volumétrica para mantener el trabajo específico indicado original.

c. Comparar las temperaturas y presiones máximas de combustión en los dos casos de mismo trabajo específico indicado.

d. Analizar qué ocurre si en lugar de modificar la relación de compresión volumétrica, se mantienen la relación de compresión volumétrica y el calor aportado, y la mitad del calor se libera a volumen constante y el resto a presión constante.

- a) $wi_{(r=12)}$=1045.7 kJ/kg, $wi_{(r=10)}$=996 kJ/kg
- b) q=1890 kJ/kg

c y d)	r=12 q=1800 kJ/kg V=cte	r=10 q=1800 kJ/kg V=cte	r=10 q=1890 kJ/kg V=cte	r=12 q=1800 kJ/kg P limitada
P_{max} (bar)	161.6	132.5	137.4	102.3
T_{max} (K)	2990	2941	3050	2705
η_i	0.5809	0.5533	0.5533	0.566
w_i	1045.7	996	1045.7	1019.6

RESOLUCIÓN

a. Si se disminuye la relación de compresión volumétrica de 12 a 10, manteniendo el calor de combustión, ¿cuánto disminuye el trabajo específico indicado del ciclo?

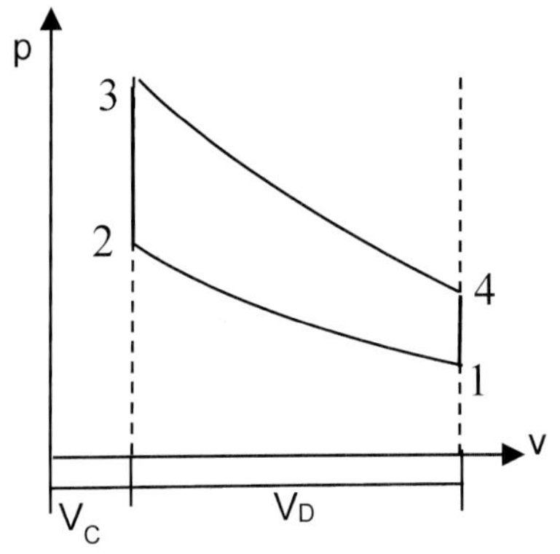

Pto1

$$p_1 = 1.5\ bar$$

$$T_1 = 60 + 273 = 333\ K$$

$$v_1 = \frac{R\ T_1}{p_1} = \frac{287\ 333}{1.5\ 10^5} = 0.6371\ m^3/kg$$

Pto2

$$v_2 = \frac{v_1}{r} = \frac{0.6371}{12} = 0.05309\ m^3/kg$$

$$p_1 v_1^{\gamma} = p_2 v_2^{\gamma}$$

$$p_2 = p_1 \left(\frac{v_2}{v_1}\right)^{\gamma} = p_1\ r^{\gamma} = 1.5\ 12^{1.35} = 42.95\ bar$$

$$T_2 = \frac{p_2\ v_2}{R} = \frac{42.95\ 10^5\ 0.05309}{287} = 794.6\ K$$

Pto3

$$v_3 = v_2 = 0.05309\ m^3/kg$$

$$q_{combustion} = c_v\ (T_3 - T_2)$$

$$T_3 = T_2 + \frac{q_{combustion}}{c_v}$$

$$c_v = c_p - R = c_v\ \gamma - R$$

$$c_v = \frac{R}{\gamma - 1} = 820\ J/kgK$$

$$c_p = c_v + R = 820 + 287 = 1107\ J/kgK$$

$$T_3 = 794.6 + \frac{1800\ 10^3}{820} = 2990\ K$$

$$p_3 = \frac{R\ T_3}{v_3} = \frac{287\ \ 2990}{0.05309} = 161.6\ bar$$

Pto4

$$v_4 = v_1 = 0.6371\ m^3/kg$$

$$p_3 v_3^{\gamma} = p_4 v_4^{\gamma}$$

$$p_4 = p_3 \left(\frac{v_3}{v_4}\right)^{\gamma} = p_3 \frac{1}{r^{\gamma}} = 161.6 \frac{1}{12^{1.35}} = 5.644\ bar$$

$$T_4 = \frac{p_4\, v_4}{R} = \frac{5.644\ 10^5\ 0.6371}{287} = 1252.9\ K$$

Para calcular el trabajo indicado, se calcula el trabajo de expansión y el trabajo de compresión y se restan:

$$w_{i_{exp}} = c_v\ (T_3 - T_4) = 820\ \ (2990 - 1252.9) = 1424\ kJ/kg$$

$$w_{i_{comp}} = c_v\ (T_2 - T_1) = 820\ (794.6 - 333) = 378.5\ kJ/kg$$

$$w_{i_{r=12}} = w_{i_{exp}} - w_{i_{comp}} = 1424 - 378.5 = 1045.7\ kJ/kg$$

Calculando las propiedades termodinámicas de los puntos con la relación de compresión volumétrica igual a 10 de la misma forma que se ha hecho, se obtiene los siguientes valores. El punto 1 es el mismo que en el caso anterior:

Pto2

$$v_2 = \frac{v_1}{r} = \frac{0.6371}{10} = 0.0637\ m^3/kg$$

$$p_2 = p_1 \left(\frac{v_2}{v_1}\right)^{\gamma} = p_1\ r^{\gamma} = 1.5\ 10^{1.35} = 33.58\ bar$$

$$T_2 = \frac{p_2\, v_2}{R} = \frac{33.58\ 10^5\ 0.0637}{287} = 745.49\ K$$

Pto3

$$v_3 = v_2 = 0.0637\ m^3/kg$$

$$T_3 = T_2 + \frac{q_{combustion}}{c_v} = 745.49 + \frac{1800\ 10^3}{820} = 2940.6\ K$$

$$p_3 = \frac{R\ T_3}{v_3} = \frac{287\ 2940.6}{0.0637} = 132.5\ bar$$

Pto4

$$v_4 = v_1 = 0.6371\ m^3/kg$$

$$p_4 = p_3 \left(\frac{v_3}{v_4}\right)^{\gamma} = p_3 \frac{1}{r^{\gamma}} = 132.5 \frac{1}{10^{1.35}} = 5.917\ bar$$

$$T_4 = \frac{p_4\, v_4}{R} = \frac{5.917\ 10^5\ 0.6371}{287} = 1313.5\ K$$

El trabajo indicado para la relación de compresión volumétrica 10 será:

$$w_{i_{exp}} = c_v\ (T_3 - T_4) = 820\ \ (2940.5 - 1313.5) = 1334.2\ kJ/kg$$

$$w_{i_{comp}} = c_v\ (T_2 - T_1) = 820\ (745.5 - 333) = 338.2\ kJ/kg$$

$$w_{i_{r=10}} = w_{i_{exp}} - w_{i_{comp}} = 1334.2 - 338.2 = 996\ kJ/kg$$

La disminución del trabajo indicado es

$$\Delta w_i = \frac{w_{i_{r=12}} - w_{i_{r=10}}}{w_{i_{r=12}}} = \frac{1045.7 - 996}{1045.7} 100 = 4.75\ \%$$

b. Calcular el calor de combustión que se tiene que aportar con la nueva relación de compresión volumétrica para mantener el trabajo específico indicado original.

Cuando aumenta el calor aportado el rendimiento del ciclo no se modifica, por lo tanto el calor se aumentará en la misma proporción que se quiere aumentar el trabajo:

$$q'_{r=10} = q_{r=10} \frac{w_{i_{r=12}}}{w_{i_{r=10}}} = 1800 \frac{1045.7}{996} = 1890\ kJ/kg$$

c. Comparar las temperaturas y presiones máximas de combustión en los dos casos de mismo trabajo específico indicado.

En el nuevo ciclo con relación de compresión 10 y calor aportado 1890 kJ/kg, la T_2 y el v_2 son iguales que en el caso de la relación de compresión volumétrica 10 y calor aportado 1800 kJ/kg.

Hay que calcular la temperatura en 3. El calor de combustión es:

$$q_{combustion} = c_v\ (T_3 - T_2)$$

$$T_3 = T_2 + \frac{q'_{r=10}}{c_v} = 794.6 + \frac{1890\ 10^3}{820} = 3050\ K$$

El volumen específico en 3 es el mismo que en 2. Las temperaturas y presiones máximas se alcanzan en el punto 3. La presión en el punto 3 se puede calcular:

$$p_3 = \frac{R\ T_3}{v_3} = \frac{R\ T_3}{v_2} = \frac{287\ \ 3050}{0.0637} = 137.4\ bar$$

	w_i (kJ/kg)	$T_{max} = T_3$ (K)	$P_{max} = P_3$ (bar)
r=12	1045.7	2990	161.6
r=10	996	2941	132.5
r=10 con $w_{i_{r=12}}$	1045.7	3050	137.4

d. Analizar qué ocurre si en lugar de modificar la relación de compresión, se mantienen la relación de compresión y el calor aportado, y la mitad del calor se libera a volumen constante y el resto a presión constante.

En este caso se trata de un ciclo a presión limitada. Los puntos 1 y 2 serían los mismos que en el apartado **a** en el caso de r=12. Se calculan los puntos 3, 3a y 4:
Pto3

$$v_3 = v_2 = 0.05309\ m^3/kg$$

$$\frac{q_{combustion}}{2} = c_v(T_3 - T_2)$$

$$T_3 = T_2 + \frac{\frac{q_{combustion}}{2}}{c_v} = 794.6 + \frac{900\ 10^3}{820} = 1892.2\ K$$

$$p_3 = \frac{R\ T_3}{v_3} = \frac{287\ \ 1892.2}{0.05309} = 102.3\ bar$$

Pto3a

$$p_{3a} = p_3 = 102.3\ bar$$

$$q_{3-3a} = \frac{q_{combustion}}{2} = \frac{1800}{2} = 900\ kJ/kg$$

$$q_{3-3a} = c_p\ (T_{3a} - T_3)$$

$$T_{3a} = T_3 + \frac{q_{3-3a}}{c_p} = 2705.2 + \frac{900\ 10^3}{1107} = 2705.2\ K$$

$$v_{3a} = \frac{R\ T_{3a}}{p_{3a}} = \frac{287\ \ 2705.2}{102.3\ 10^5} = 0.07591\ m^3/kg$$

Pto4

$$v_4 = v_1 = 0.6371\ m^3/kg$$

$$p_4 = p_3 \left(\frac{v_{3\mathrm{a}}}{v_4}\right)^{\gamma} = 102.3 \left(\frac{0.07591}{0.6371}\right)^{1.35} = 5.787\ bar$$

$$T_4 = \frac{p_4\ v_4}{R} = \frac{5.787\ 10^5\ 0.6371}{287} = 1284.7\ K$$

En este caso, el trabajo indicado para la relación de compresión volumétrica 12 será:

$$w_{i_{exp_1}} = c_v\ (T_{3\mathrm{a}} - T_4) = 820\ \ (2705.2 - 1284.7) = 1164.8\ kJ/kg$$

$$w_{i_{exp_2}} = p_3\ (v_{3\mathrm{a}} - v_3) = 102.3\ 10^5\ \ (0.07591 - 0.05309) = 233.3\ kJ/kg$$

$$w_{i_{comp}} = c_v\ (T_2 - T_1) = 820\ (794.6 - 333) = 378.5\ kJ/kg$$

$$w'_{i_{r=12}} = w_{i_{exp}} - w_{i_{comp}} = 1164.8 + 233.3 - 378.5 = 1019.6\ kJ/kg$$

Calculando el rendimiento indicado como:

$$\eta_i = \frac{w_i}{q_{aportado}} = \frac{w_i}{q_{combustion}}$$

Los resultados se muestran en la tabla siguiente

	r=12 q=1800 kJ/kg V=cte	r=10 q=1800 kJ/kg V=cte	r=10 q=1890 kJ/kg V=cte	r=12 q=1800 kJ/kg P limitada
P_{max} (bar)	161.6	132.5	137.4	102.3
T_{max} (K)	2990	2941	3050	2705
η_i	0.5809	0.5533	0.5533	0.566
w_i	1045.7	996	1045.7	1019.6

20.4 Cálculo de la temperatura de escape

Determinar una expresión de la temperatura de escape en función del dosado para un ciclo ideal de aire a volumen constante con relación de compresión volumétrica r, temperatura de admisión T_1, exponente politrópico γ, calor especifico a volumen constante c_v y poder calorífico del combustible H_c.

$$T_4 = T_1 + \frac{F\, H_c}{(1+F)\, c_v\, r^{\gamma-1}}$$

RESOLUCIÓN

En un ciclo de aire ideal con combustión a volumen constante, la evolución del punto 1 al punto 2 es isoentrópico:

$$p_1\, v_1^{\gamma} = p_2\, v_2^{\gamma}$$

Con la ecuación de gas ideal $p\, v = R\, T$

$$\frac{R\, T_1}{v_1}\, v_1^{\gamma} = \frac{R\, T_2}{v_2}\, v_2^{\gamma}$$

$$T_2 = T_1 \left(\frac{v_1}{v_2}\right)^{\gamma-1} = T_1\, r^{\gamma-1}$$

De la misma forma:

$$T_4 = T_3 \left(\frac{v_3}{v_4}\right)^{\gamma-1} = T_3\, \frac{1}{r^{\gamma-1}}$$

Por otro lado, el calor aportado es:

$$q_{aport} = \frac{m_{fcc} H_c}{m_{acc} + m_{fcc}} = \frac{F}{1+F}\, H_c$$

$$q_{aport} = c_v (T_3 - T_2)$$

$$T_3 = T_2 + \frac{F}{1+F}\, H_c \frac{1}{c_v}$$

$$T_4 = T_3\, \frac{1}{r^{\gamma-1}} = \frac{1}{r^{\gamma-1}} \left(T_2 + \frac{F}{1+F}\, H_c \frac{1}{c_v}\right) = \frac{1}{r^{\gamma-1}} \left(T_1\, r^{\gamma-1} + \frac{F}{1+F}\, H_c \frac{1}{c_v}\right)$$

$$T_4 = T_1 + \frac{F\, H_c}{(1+F)\, c_v\, r^{\gamma-1}}$$

20.5 Definición de un motor a partir del ciclo ideal

Un MEP industrial de cuatro tiempos con una potencia indicada de 1 MW funciona a 1500 rpm según un ciclo ideal a presión limitada de manera que la mitad del calor se libera a volumen constante y la otra mitad a presión constante. El dosado relativo es 0.65 y es un motor sobrealimentado con presión de admisión 2 bar y temperatura de admisión después del intercooler de 60°C.

Determinar:

- **a.** Para todos los puntos del ciclo, presión, temperatura y volumen específico.
- **b.** El trabajo indicado y el rendimiento indicado del ciclo.
- **c.** Determinar la cilindrada y el gasto de aire.

H_c=45000 kJ/kg, F_e=1/17, r=12, γ =1.4, c_p=1kJ/kg/K

indicación: para el último apartado, despreciar el volumen de la cámara de combustión frente al volumen desplazado.

a)	Pto 1	Pto 2	Pto 3	Pto 3A	Pto 4
P (bar)	2	64.85	148.4	148.4	7.35
T (K)	333	899.7	2059.8	2888.4	1223.8
v (m3/kg)	0.4757	0.0396	0.0396	0.0556	0.4757

b) w_i=1021 kJ/kg, η_i=0.616

c) V_T=37.3 l, $\dot{m}_a$=0.943 kg/s

RESOLUCIÓN

a. Para todos los puntos del ciclo, presión, temperatura y volumen específico.

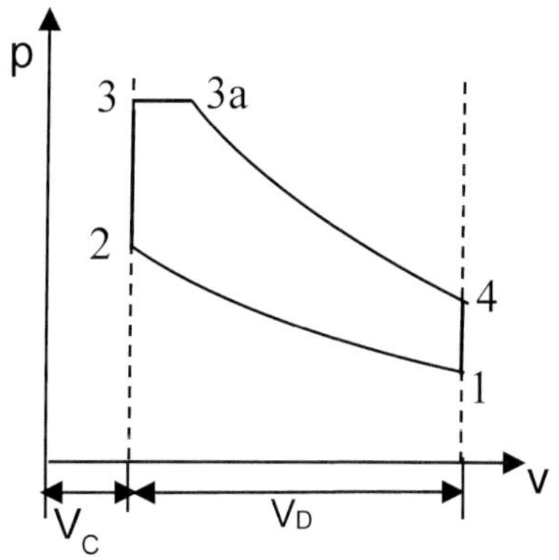

Pto1

$$p_1 = 2\ bar$$

$$T_1 = 60 + 273 = 333\ K$$

$$v_1 = \frac{R\,T_1}{p_1} = \frac{285.71\ \ 333}{2\ 10^5} 0.4757\ m^3/kg$$

$$R = c_p - \frac{c_p}{\gamma} = 10000 - \frac{1000}{1.4} = 285.71\ J/kgK$$

Pto2

$$v_2 = \frac{v_1}{r} = \frac{1}{12} = 0.03964\ m^3/kg$$

$$p_1 v_1^\gamma = p_2 v_2^\gamma$$

$$p_2 = p_1 \left(\frac{v_2}{v_1}\right)^\gamma = p_1\, r^\gamma = 2\ 12^{1.4} = 64.84\ bar$$

$$T_2 = \frac{p_2\ v_2}{R}$$

$$T_2 = \frac{p_2\ v_2}{R} = \frac{64.84\ 10^5\ 0.03964}{285.71} = 899.7\ K$$

Pto3

$$v_3 = v_2 = 0.03964\ m^3/kg$$

$$q_{combustion} = q_{2-3} + q_{3-3a}$$

$$q_{2-3} = c_v\ (T_3 - T_2)$$

$$T_3 = T_2 + \frac{q_{2-3}}{c_v}$$

$$c_v = \frac{c_p}{\gamma} = \frac{1000}{1.4} = 714.28\ J/kgK$$

$$F = F_r\ F_e = 0.65\ \frac{1}{17} = 0.03823$$

$$q_{combustion} = q_{aport} = \frac{m_{fcc} H_c}{m_{acc} + m_{fcc}} = \frac{F}{1 + F}\ H_c = \frac{0.03823}{1 + 0.03823} 45000 = 1657.22\ kJ/kg$$

$$q_{2-3} = 0.5\ q_{combustion} = 0.5\ \ 1657.22 = 828.61 \frac{kJ}{kg} = q_{3-3a}$$

$$T_3 = 899.7 + \frac{828.61\ 10^3}{714.28} = 2059.8\ K$$

$$p_3 = \frac{R\ T_3}{v_3} = \frac{297\ \ 2059.8}{0.125} = 148.4\ bar$$

Ppto3a

$$p_{3a} = p_3 = 148.4\ bar$$

$$q_{3-3a} = 0.5\ q_{combustion} = 828.61\ kJ/kg$$

$$q_{3-3a} = c_p\ (T_{3a} - T_3)$$

$$T_{3a} = T_3 + \frac{q_{3-3a}}{c_p} = 2059.8 + \frac{826.61}{1000} = 2888.4\ K$$

$$v_{3a} = \frac{R\ T_{3a}}{p_{3a}} = \frac{285.7\ \ 2888.4}{148.4\ \ 10^5} = 0.0556\ m^3/kg$$

Pto4

$$v_4 = v_1 = 0.4757\ m^3/kg$$

$$p_3 v_3^{\gamma} = p_4 v_4^{\gamma}$$

$$p_4 = p_{3a} \left(\frac{v_{3a}}{v_4}\right)^{\gamma} = 148.4\ \left(\frac{0.0556}{0.4757}\right)^{1.4} = 7.35\ bar$$

$$T_4 = \frac{p_4\ v_4}{R} = \frac{4.28\ 10^5\ 1}{297} = 1223.8\ K$$

b. El trabajo indicado y el rendimiento indicado del ciclo.

$$w_{comp} = c_v\ (T_2 - T_1) = 714.28\ 10^{-3}\ (899.74 - 333) = 404.81\ kJ/kg$$

$$w_{exp_1} = p_{max}\,(v_{3a} - v_3) = 148.45\;10^5\;(0.0556 - 0.03964) = 236.74\;kJ/kg$$

$$w_{exp_2} = c_v\,(T_{3a} - T_4) = 714.28\;10^{-3}\;(2888.4 - 1223.8) = 1188.98\;kJ/kg$$

$$w_i = w_{exp_1} + w_{exp_2} - w_{comp} = 236.74 + 1188.98 - 404.81 = 1020.91\;kJ/kg$$

$$\eta_i = \frac{w_i}{q_{aport}} = \frac{1020.91}{1657.22} = 0.616$$

c. Determinar la cilindrada y el gasto de aire.

Se parte del dato de la potencia indicada:

$$N_i = pmi\;V_T\;n\;i$$

$$pmi = \frac{w_i}{v_1 - v_2} = \frac{1020.91}{0.475 - 0.03964} = 23.41\;bar$$

$$V_T = \frac{N_i}{pmi\;n\;i} = \frac{1000\;10^3}{23.41\;10^5\;\frac{1500}{60}\frac{1}{2}} = 34.17\;l$$

Para el cálculo del gasto de aire, primero se calcula el gasto de combustible:

$$N_i = \dot{m}_f\;H_c\;\eta_i$$

$$\dot{m}_f = \frac{N_i}{H_c\;\eta_i} = \frac{1000\;10^3}{45000\;10^3\;0.616} = 0.036\;kg/s$$

$$\dot{m}_a = \frac{\dot{m}_f}{F} = \frac{\dot{m}_f}{F_r\;F_e} = \frac{0.036}{0.65\;\frac{1}{17}} = 0.9434\;kg/s$$

20.6 Modificación del motor sobrealimentándolo

Se tiene un motor diésel de aspiración natural que inicialmente funciona con F_r=0.75. El motor tiene una relación de compresión volumétrica r=15. Se establece que el 50% de la masa de combustible se quema en la fase a volumen constante y el resto en la fase de presión constante.

Se quiere sobrealimentar este motor con una presión de admisión de 1.6 bar a una temperatura de 310 K.

- **a.** ¿Qué F_r se requerirá si se pretende mantener la temperatura máxima?
- **b.** ¿Qué presión máxima se obtendrá si se aplica este criterio?

Otro criterio aplicable es mantener el nivel de presión máxima. Si se aplica este criterio,

- **c.** ¿Qué F_r se obtiene?
- **d.** ¿Qué temperatura máxima se obtiene en este caso?
- **e.** Elabore una tabla con los trabajos específicos de expansión, compresión y total en los 3 casos.

Datos:

p_1=0.95 bar, T_1= 293.15 K, F_e=1/15, H_c=42000 kJ/kg, c_p=1 kJ/(kgK), γ=1.35.

a) F_r=0.735

b) p_3=164.5 bar

c) F_r=0.28
d) T_{3A}=1709.7 K

e)	w_{comp} (kJ/kg)	$w_{\exp_1}$ (kJ/kg)	$w_{\exp_2}$ (kJ/kg)	w_T (kJ/kg)
Asp. Natural	343.1	259.3	1279	1195
Sob T_{max}=3016 K	362.8	254.4	1282	1174
Sob. p_{max}=102 bar	362.8	100.4	729.4	467

RESOLUCIÓN

a. ¿Qué F_r se requerirá si se pretende mantener la temperatura máxima?

La temperatura máxima se alcanza en el punto 3a. Para calcularla se calculan las propiedades termodinámicas con aspiración natural en todos los puntos:

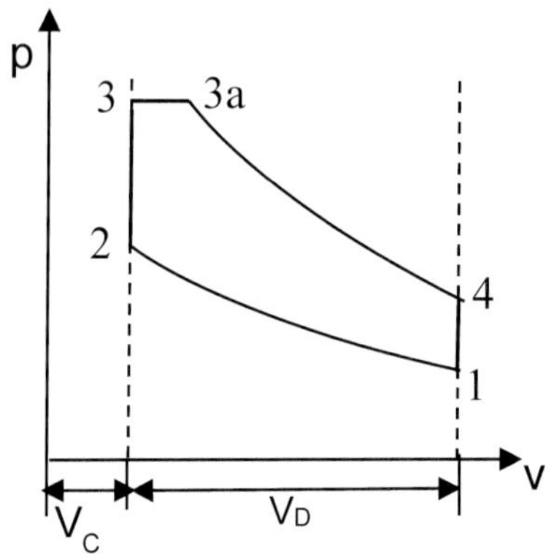

Pto1

$$p_1 = 0.95\ bar$$

$$T_1 = 293.15\ K$$

$$v_1 = \frac{R\,T_1}{p_1} = \frac{259.26\ 293.15}{0.95\ 10^5} = 0.8\ m^3/kg$$

$$R = c_p - \frac{c_p}{\gamma} = 1000 - \frac{1000}{1.35} = 259.26\ J/kgK$$

Pto2

$$v_2 = \frac{v_1}{r} = \frac{1}{15} = 0.0533\ m^3/kg$$

$$p_1 v_1^\gamma = p_2 v_2^\gamma$$

$$p_2 = p_1 \left(\frac{v_2}{v_1}\right)^\gamma = p_1\, r^\gamma = 0.95\ 15^{1.35} = 36.76\ bar$$

$$T_2 = \frac{p_2\, v_2}{R}$$

$$T_2 = \frac{p_2\, v_2}{R} = \frac{36.76\ 10^5\ 0.0533}{259.26} = 756.35\ K$$

Pto3

$$v_3 = v_2 = 0.0533\ m^3/kg$$

$$q_{combustion} = q_{2-3} + q_{3-3a}$$

$$q_{2-3} = c_v\,(T_3 - T_2)$$

$$T_3 = T_2 + \frac{q_{2-3}}{c_v}$$

$$c_v = \frac{c_p}{\gamma} = \frac{1000}{1.35} = 740.74\, J/kgK$$

$$F = F_r\, F_e = 0.75\, \frac{1}{15} = 0.05$$

$$q_{combustion} = q_{aport} = \frac{m_{fcc} H_c}{m_{acc} + m_{fcc}} = \frac{F}{1+F}\;\; H_c = \frac{0.05}{1+0.05} 42000 = 2000\, kJ/kg$$

$$q_{2-3} = 0.5\, q_{combustion} = 0.5\;\; 2000 = 1000 \frac{kJ}{kg} = q_{3-3a}$$

$$T_3 = 756.35 + \frac{2000\; 10^3}{740.74} = 2106.35\, K$$

$$p_3 = \frac{R\, T_3}{v_3} = \frac{259.26\;\; 2106.35}{0.0533} = 102.39\, bar$$

Ppto3a

$$p_{3a} = p_3 = 102.39\, bar$$

$$q_{3-3a} = 0.5\, q_{combustion} = 1000\, kJ/kg$$

$$q_{3-3a} = c_p\, (T_{3a} - T_3)$$

$$T_{3a} = T_3 + \frac{q_{3-3a}}{c_p} = 2106.35 + \frac{1000}{1} = 3106.35\, K$$

$$v_{3a} = \frac{R\, T_{3a}}{p_{3a}} = \frac{259.26\;\; 3106.35}{102.39\;\; 10^5} = 0.0786\, m^3/kg$$

Pto4

$$v_4 = v_1 = 0.8\, m^3/kg$$

$$p_3 v_3^\gamma = p_4 v_4^\gamma$$

$$p_4 = p_{3a} \left(\frac{v_{3a}}{v_4}\right)^\gamma = 102.39 \left(\frac{0.0786}{0.8}\right)^{1.35} = 4.47\, bar$$

$$T_4 = \frac{p_4\, v_4}{R} = \frac{4.47\; 10^5\; 0.8}{259.26} = 1379.33\, K$$

La temperatura máxima es $T_{3a} = 3106.35\, K$

Ahora se tiene el motor sobrealimentado, empezando con una presión p_1=1.6 bar y una temperatura T_1=310 K.
Pto1:

$$p_1 = 1.6\, bar$$

$$T_1 = 310\, K$$

$$v_1 = \frac{R\,T_1}{p_1} = \frac{259.26\ 310}{1.6\ 10^5} = 0.5\ m^3/kg$$

Pto2

$$v_2 = \frac{v_1}{r} = \frac{0.5}{15} = 0.033\ m^3/kg$$

$$p_1 v_1^\gamma = p_2 v_2^\gamma$$

$$p_2 = p_1 \left(\frac{v_2}{v_1}\right)^\gamma = p_1\, r^\gamma = 1.6\ 15^{1.35} = 61.92\ bar$$

$$T_2 = \frac{p_2\ v_2}{R}$$

$$T_2 = \frac{p_2\ v_2}{R} = \frac{61.92\ 10^5\ 0.033}{259.26} = 799.82\ K$$

Pto3

$$v_3 = v_2 = 0.033\ m^3/kg$$

$$q_{combustion} = q_{2-3} + q_{3-3a}$$

$$q_{2-3} = c_v\ (T_3 - T_2) = 0.5\ q_{combustion}$$

$$T_3 = T_2 + \frac{q_{2-3}}{c_v} = T_2 + \frac{0.5\ q_{combustion}}{c_v}$$

Pto3a

La temperatura del punto 3a es la máxima y será la temperatura en el punto 3a del caso del motor de aspiración natural:

$$T_{3\mathrm{a}} = 3106.35K$$

$$q_{3-3a} = 0.5\ q_{combustion}$$

$$q_{3-3a} = c_p\ (T_{3a} - T_3)$$

$$T_3 = T_{3\mathrm{a}} - \frac{q_{3-3a}}{c_p} = T_{3\mathrm{a}} - \frac{0.5\ q_{\mathrm{combustion}}}{c_p}$$

Igualando las dos expresiones de T_3

$$T_2 + \frac{0.5\ q_{combustion}}{c_v} = T_{3\mathrm{a}} - \frac{0.5\ q_{\mathrm{combustion}}}{c_p}$$

$$\frac{0.5\ q_{\mathrm{combustion}}}{c_p} + \frac{0.5\ q_{combustion}}{c_v} = T_{3\mathrm{a}} - T_2$$

$$q_{\mathrm{combustion}} = \frac{T_{3\mathrm{a}} - T_2}{0.5\left(\frac{1}{c_p} + \frac{1}{c_v}\right)} = \frac{c_p\ (T_{3\mathrm{a}} - T_2)}{0.5\ (\gamma + 1)} = \frac{1\ (3106.35 - 799.82)}{0.5\ (1.35 + 1)} = 1963\ kJ/kg$$

$$q_{combustion} = \frac{F}{1 + F}\ H_c$$

$$F = \frac{q_{combustion}}{H_c - q_{combustion}} = \frac{1963}{42000 - 1963} = 0.049$$

$$F_r = \frac{F}{F_e} = \frac{0.049}{\frac{1}{15}} = 0.735$$

Ahora ya se pueden calcular las propiedades en el resto de puntos:

Pto3

$$T_3 = T_2 + \frac{0.5\, q_{combustion}}{c_v} = 799.82 + \frac{0.5\ 1963\ 10^3}{740.74} = 2124.84\ K$$

$$p_3 = \frac{R\ T_3}{v_3} = \frac{259.26\ \ 2124.84}{0.033} = 164.5\ bar$$

Pto 3a

$$p_{3a} = p_3 = 164.5\ bar$$

$$T_{3\mathrm{a}} = 3106.35K$$

$$v_{3a} = \frac{R\ T_{3a}}{p_{3a}} = \frac{259.26\ \ 3106.35}{164.5\ 10^5} = 0.049\ m^3/kg$$

Pto4

$$v_4 = v_1 = 0.5023\ m^3/kg$$

$$p_3 v_3^\gamma = p_4 v_4^\gamma$$

$$p_4 = p_{3a}\left(\frac{v_{3a}}{v_4}\right)^\gamma = 62\left(\frac{0.13}{0.5023}\right)^{1.35} = 7.1\ bar$$

$$T_4 = \frac{p_4\ v_4}{R} = \frac{7.1\ 10^5\ 0.5023}{259.26} = 1375.12\ K$$

b. ¿Qué presión máxima se obtendrá si se aplica este criterio?

La presión máxima se alcanza en el punto 3

$$p_{max} = p_3 = 164.5\ bar$$

c. Manteniendo el nivel de presión máxima ¿Qué F_r se obtiene?

Los puntos 1 y 2 son los mismos que los del apartado **b**.

Pto3

$$p_3 = p_{max} = 102.39\ bar$$

$$v_3 = v_2 = 0.0335\ m^3/kg$$

$$T_3 = \frac{p_3\ v_3}{R} = \frac{102.39\ 10^5\ 0.0335}{259.26} = 1322.53\ K$$

$$q_{2-3} = c_v\,(T_3 - T_2) = 740.74\,(1322.53 - 799.82) = 387.19\ kJ/kg$$

$$q_{combustion} = 2\ q_{2-3} = 2\ \ 387.19 = 774.38\ kJ/kg$$

$$F = \frac{q_{combustion}}{H_c - q_{combustion}} = \frac{774.38}{42000 - 774.38} = 0.01878$$

$$F_r = \frac{F}{F_e} = \frac{0.01878}{\frac{1}{15}} = 0.2817$$

d. ¿Qué temperatura máxima se obtiene en este caso?

La temperatura máxima es la del punto 3a:

Pto3a

$$p_{3a} = p_3 = 102.39\ bar$$

$$q_{3-3a} = q_{2-3} = 387.19\ kJ/kg$$

$$q_{3-3a} = c_p\,(T_{3a} - T_3)$$

$$T_{3a} = T_3 + \frac{q_{3-3a}}{c_p} = 1322.53 + \frac{387.19}{1} = 1709.7\ K$$

$$v_{3a} = \frac{R\,T_{3a}}{p_{3a}} = 0.0433\ m^3/kg$$

Pto4

$$v_4 = v_1 = 0.5023\ m^3/kg$$

$$p_4 = p_{3a}\left(\frac{v_{3a}}{v_4}\right)^{\gamma} = 102.39\ \left(\frac{0.0433}{0.5023}\right)^{1.35} = 3.74\ bar$$

$$T_4 = \frac{p_4\,v_4}{R} = 724.97\ K$$

e. Elabore una tabla con los trabajos específicos de expansión, compresión y total en los 3 casos.

$$w_{exp_1} = p_{max}\,(v_{3a} - v_3)$$

$$w_{exp_2} = c_v\,(T_{3a} - T_4)$$

$$w_{comp} = c_v\,(T_2 - T_1)$$

$$w_i = w_{exp_1} + w_{exp_2} - w_{comp}$$

$$\eta_i = \frac{w_i}{q_{aport}}$$

	w_{exp_1} (kJ/kg)	w_{exp_2} (kJ/kg)	w_{comp} (kJ/kg)	w_i (kJ/kg)	η_i
Aspiración Natural	259.26	1279.26	343.1	1195.4	0.5977
Sobrealimentación Misma T_{max}	254.46	1282.39	362.83	1174.02	0.5981
Sobrealimentación misma p_{max}	100.38	729.44	362.83	466.99	0.6030

20.7 Predicción de prestaciones utilizando el índice de calidad

Un MEC de 4 cilindros, 4 tiempos y 6000 cc de cilindrada total, tiene una relación de compresión volumétrica de 17:1 y una presión máxima de combustión de 85 bar operando en unas condiciones ambientales de 1 bar y 20 °C. Se considera que estas condiciones se dan al inicio de la compresión.

La masa de combustible inyectado por cilindro y ciclo en el motor es de 38.4 x 10^{-6} kg y su poder calorífico de 42000 kJ/kg. Si el motor funcionando a 1500 rpm tiene un factor de calidad referido a los parámetros efectivos de 0.8 respecto del ciclo ideal de aire, determinar el valor de la presión media efectiva y de la potencia.

Datos para el aire: c_p = 1 kJ/kgK, γ= 1.4

Indicación: despreciar la masa de combustible frente a la de aire a la hora de calcular los puntos del ciclo.

pme=5.68 bar, Ne=42.66 kW

RESOLUCIÓN

Se elije el ciclo ideal de aire con combustión a presión limitada, típico de un MEC, y además se da como dato la presión máxima. Como el índice de calidad es dato, se puede calcular el trabajo indicado del ciclo y, a partir del índice de calidad, el trabajo efectivo.

Pto1

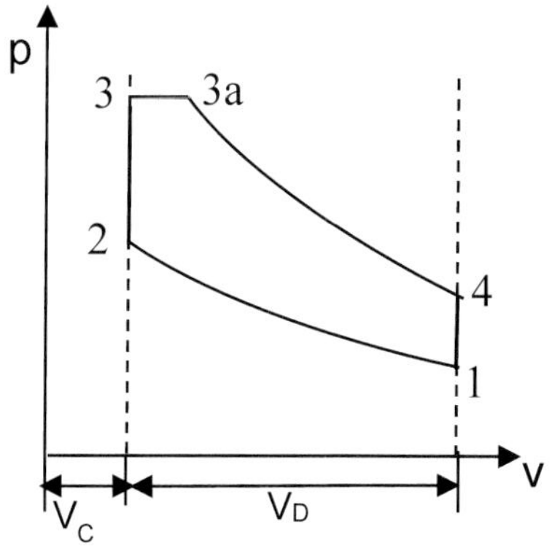

$$p_1 = 1\ bar$$

$$T_1 = 293\ K$$

$$v_1 = \frac{R\,T_1}{p_1} = \frac{285.71\ 293}{1\ 10^5} = 0.837\ m^3/kg$$

$$R = c_p - \frac{c_p}{\gamma} = 1000 - \frac{1000}{1.4} = 285.71\ J/kgK$$

Pto2

$$v_2 = \frac{v_1}{r} = \frac{1}{17} = 0.0492\ m^3/kg$$

$$p_1 v_1^{\gamma} = p_2 v_2^{\gamma}$$

$$p_2 = p_1 \left(\frac{v_2}{v_1}\right)^{\gamma} = p_1\ r^{\gamma} = 1\ \ 17^{1.4} = 52.8\ bar$$

$$T_2 = \frac{p_2\ v_2}{R}$$

$$T_2 = \frac{p_2\ v_2}{R} = \frac{52.8\ 10^5\ 0.0492}{285.71} = 910\ K$$

Pto3

$$v_3 = v_2 = 0.0492\ m^3/kg$$

$$p_3 = p_{max} = 85\ bar$$

$$T_3 = \frac{p_3\ v_3}{R} = \frac{85\ 10^5\ \ 0.0429}{285.71} = 1465\ K$$

$$q_{combustion} = q_{2-3} + q_{3-3a}$$

$$q_{2-3} = c_v\ (T_3 - T_2) = 714.28\ (1465 - 910) = 396.42\ kJ/kg$$

$$c_v = \frac{c_p}{\gamma} = \frac{1000}{1.4} = 714.28\ J/kgK$$

$$q_{combustion} = q_{aport} = \frac{m_{fcc} H_c}{m_{acc} + m_{fcc}} = \frac{m_{fcc}}{m_{acc}}\ H_c = \frac{38\ 10^{-6}}{0.00179} 42000 = 890.72\ kJ/kg$$

$$m_{acc} = \rho_{a1}\ (V_D + V_c)$$

$$\rho_{a1} = \frac{P_1}{R\ T_1} = \frac{1\ 10^5}{285.71\ \ 293} = 1.1945\ kg/m^3$$

$$V_D = \frac{V_T}{Z} = \frac{6000\ 10^{-6}}{4} = 1500\ 10^{-6}\ m^3$$

$$r = \frac{V_D + V_C}{V_C}$$

$$V_C = \frac{V_D}{r-1} = \frac{1500\ 10^{-6}}{17-1} = 93.75\ 10^{-6}$$

$$m_{acc} = \rho_{a1}\ (V_D + V_c) = 0.0019\ kg$$

$$q_{combustion} = \frac{m_{fcc}}{m_{acc}}\ H_c = \frac{38\ 10^{-6}}{0.0019} 42000 = 838.32\ kJ/kg$$

Ppto3a

$$p_{3a} = p_3 = 102.39\ bar$$

$$q_{3-3a} = q_{combustion} - q_{2-3} = 441.9\ kJ/kg$$

$$q_{3-3a} = c_p\,(T_{3a} - T_3)$$

$$T_{3a} = T_3 + \frac{q_{3-3a}}{c_p} = 1465 + \frac{441.9}{1} = 1906.9\ K$$

$$v_{3a} = \frac{R\,T_{3a}}{p_{3a}} = \frac{285.71\ 1906.9}{85\ 10^5} = 0.064\ m^3/kg$$

Pto4

$$v_4 = v_1 = 0.8371\ m^3/kg$$

$$p_3 v_3^\gamma = p_4 v_4^\gamma$$

$$p_4 = p_{3a}\left(\frac{v_{3a}}{v_4}\right)^\gamma = 85\left(\frac{0.064}{0.8371}\right)^{1.4} = 2.33\ bar$$

$$T_4 = \frac{p_4\ v_4}{R} = \frac{2.42\ 10^5\ 0.8371}{285.71} = 682.25\ K$$

Se calcula el trabajo indicado:

$$w_{exp_1} = p_{max}\,(v_{3a} - v_3) = 85\ 10^5\ (0.064 - 0.0492) = 126.26\ kJ/kg$$

$$w_{exp_2} = c_v\,(T_{3a} - T_4) = 714.28\ (1906.9 - 682.25) = 874.75\ kJ/kg$$

$$w_{comp} = c_v\,(T_2 - T_1) = 714.28\ (910 - 293) = 440.72\ kJ/kg$$

$$w_i = w_{exp_1} + w_{exp_2} - w_{comp} = 126.26 + 874.75 - 440.72 = 560.28\ kJ/kg$$

$$pmi = \frac{w_i}{v_1 - v_2} = \frac{560.28}{0.8371 - 0.0492} = 7.11\ bar$$

La presión media efectiva se puede obtener con el índice de calidad del ciclo:

$$K = \frac{pme}{pmi}$$

$$pme = K\ pmi = 0.8\ 7.11 = 5.68\ bar$$

La potencia efectiva será:

$$N_e = pme\ V_T\ n\ i = 5.68\ 10^5\ 6000\ 10^{-6}\ \frac{1500}{60}\ \frac{1}{2} = 42.66\ kW$$

21 MCIA COMBINADOS CON TURBOMÁQUINAS

21.1 Motor Sobrealimentado con intercooler

Un MCIA de 4T funcionando con gas natural H_c=50 MJ/kg y F_e=1/17, sobrealimentado con un turbogrupo con refrigeración intermedia está dando una potencia de 250 kW. Las condiciones en el colector de admisión son 3 bar y 60 ºC. Consume 13 g/s de combustible y funciona con un dosado relativo de 0.6 a 1500 rpm.

Calcular:

a. Rendimiento efectivo y consumo específico efectivo en g/kWh.
b. Si la presión media efectiva es 20 bar, calcular cilindrada, rendimiento volumétrico y número de cilindros para que la velocidad media del pistón cm sea menos de 8 m/s (S/D=1) (C=1).

Las condiciones ambientales son 20ºC y 1 bar y los rendimientos isoentrópicos de turbina y compresor son 0.85 y 0.65 respectivamente y el rendimiento mecánico del eje que los une es de 0.95, la turbina descarga al ambiente, el intercambiador no tiene caída de presión. Determinar:

c. Dibujar un esquema del motor indicando los puntos
  1. Antes del compresor
  2. Después del compresor
  3. Después de la refrigeración
  4. Antes de la turbina
  5. Después de la turbina.

d. Condiciones a la salida del compresor, potencia interna del mismo y potencia térmica disipada en el intercambiador.
e. Presión necesaria a la entrada de la turbina si la temperatura a la salida del motor es 500ºC. No despreciar la masa de combustible frente a la del aire.

Indicación: el combustible se inyecta después del grupo de sobrealimentación, no despreciar la masa de combustible frente a la del aire.

Datos del aire: c_p = 1 kJ/kgK, γ = 1.4

a) η_e=0.385, g_{ef}=187.2 g/kWh.
b) V_T=10 l, η_v=0.939; Z=4.
d) N_{i_comp}=61.22 kW, N_{inter}=46.49 kW.
e) p_4 = 2.83 bar.

RESOLUCIÓN

a. Rendimiento efectivo y consumo específico efectivo en g/kWh.

$$N_e = \dot{m}_f \, H_c \, \eta_e$$

$$\eta_e = \frac{N_e}{\dot{m}_f\, H_c} = \frac{250}{13\ 10^{-3}\ 50\ 10^6} = 0.3846$$

$$g_{ef} = \frac{\dot{m}_f}{N_e} = \frac{16}{250} 3600 = 187.2\ g/kWh$$

b. Si la presión media efectiva es 20 bar, calcular cilindrada, rendimiento volumétrico y número de cilindros para que la cm sea menos de 8 m/s (S/D=1) (C=1).

$$N_e = \frac{W_e}{tiempo1ciclo} = W_e\, n\, i = pme\ V_T\, n\, i$$

$$V_T = \frac{N_e}{pme\ n\ i} = \frac{250\ 10^3}{20\ 10^5\ \frac{1500}{60}\ \frac{1}{2}} = 0.01\ m^3$$

$$\eta_v = \frac{\dot{m}_a}{\rho_{a\_ref}\ V_T\ n\ i}\ \frac{1}{C}$$

$$\dot{m}_a = \frac{\dot{m}_f}{F} = \frac{\dot{m}_f}{F_r\, F_e} = \frac{13}{0.6\ \frac{1}{17}} = 0.368\ kg/s$$

$$\rho_{a\_ref} = \rho_{col} = \frac{p_{col}}{R\ T_{col}} = \frac{3\ 10^5}{285.71\ (60 + 273)} = 3.15\ kg/m^3$$

$$R = c_p - \frac{c_p}{\gamma} = 1000 - \frac{1000}{1.4} = 285.71\ J/kgK$$

$$\eta_v = \frac{\dot{m}_a}{\rho_{a\_ref}\ V_T\ n\ i}\ \frac{1}{C} = \frac{0.368}{3.15\ \ 0.01\ \frac{1500}{60}\ \frac{1}{2}}\ \frac{1}{1} = 0.934$$

$$cm = 2\, S\, n$$

$$S = \frac{cm}{2\, n} = \frac{8}{2\ \frac{1500}{60}} = 0.16\ m$$

$$V_T = Z\ \frac{\pi}{4}\ D^2\ S = Z\ \frac{\pi}{4}\ S^3$$

$$Z = \frac{4\ V_T}{\pi\ S^3} = \frac{4\ \ 0.01}{3.1416\ \ 0.16^3} = 3.108$$

El número de cilindros debe ser un número entero, y como la velocidad media del pistón debe ser menor que 8 m/s, el número de cilindros debe ser mayor que 3.108. Por tanto, el número de cilindros será 4. Con este número de cilindros, para la misma cilindrada, deberá disminuir la carrera, y por tanto la velocidad lineal media del pistón será menor que 8 m/s.

Se debería recalcular la carrera y la velocidad media del pistón:

$$S' = \left(\frac{4\ V_T}{Z\ \pi}\right)^{1/3} = \left(\frac{4\ \ 0.01}{4\ \ 3.1416}\right)^{1/3} = 0.147\ m$$

$$cm' = 2\,S'n = 2\ 0.147\ \frac{1500}{60} = 7.35\ m/s$$

c. Dibujar un esquema del motor indicando los puntos
1. Antes del compresor
2. Después del compresor
3. Después de la refrigeración
4. Antes de la turbina
5. Después de la turbina.

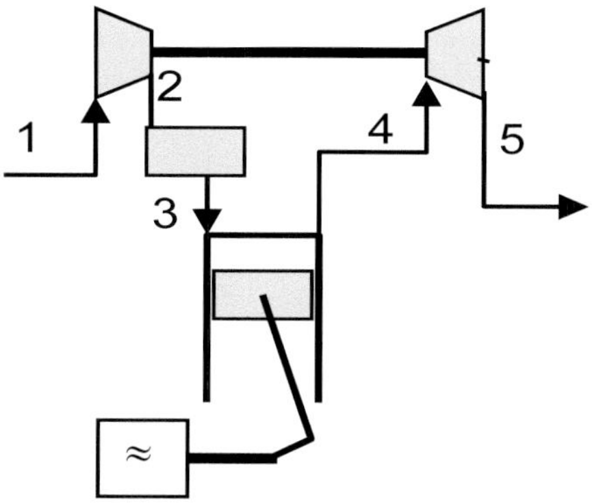

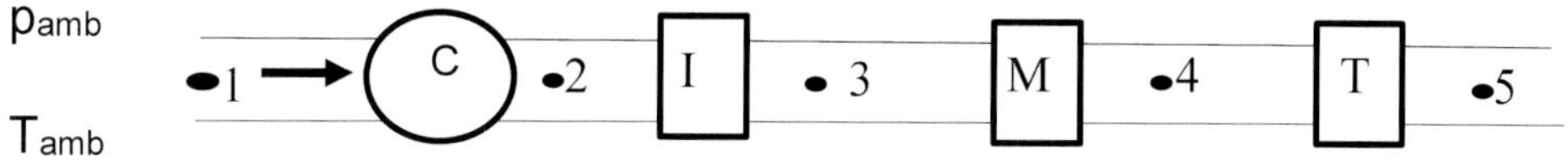

d. Condiciones a la salida del compresor, potencia interna del mismo y potencia térmica disipada en el intercambiador.

Como no hay pérdidas de carga en el intercambiador, la presión a la salida del compresor es la misma que a la salida del intercambiador, e igual a la presión en el colector.

$$p_2 = p_3 = p_{col} = 3\ bar$$

En la compresión isoentrópica desde el ambiente, punto1, hasta la salida del compresor, punto 2, se pude utilizar la ecuación de la evolución isoentrópica:

$$p_1 v_1^{\gamma} = p_{2s}\ v_{2s}^{\gamma}$$

$$v_1 = \frac{R\,T_1}{p_1} = \frac{R\,T_{amb}}{p_{amb}} = \frac{285.71\ (20+273)}{1\ 10^5} = 0.837\ m^3/kg$$

$$v_{2s} = v_1 \left(\frac{p_1}{p_{2s}}\right)^{\frac{1}{\gamma}} = 0.837\ \left(\frac{1}{3}\right)^{1/1.4} = 0.382\ m^3/kg$$

$$T_{2s} = \frac{p_{2s}\ v_{2s}}{R} = \frac{3\ 10^5\ 0.382}{285.71} = 401\ K$$

Para calcular las propiedades en el punto 2, se aplica la expresión del rendimiento isoentrópico del compresor, suponiendo el gas perfecto con c_p constante:.

$$\eta_C = \frac{h_{2s} - h_1}{h_2 - h_1} = \frac{T_{2s} - T_1}{T_2 - T_1}$$

$$T_2 = T_1 + \frac{T_{2s} - T_1}{\eta_C} = (20 + 273) + \frac{401 - (20 + 273)}{0.65} = 459.2\ K$$

$$v_2 = \frac{R\,T_2}{p_2} = \frac{285.71\ \ 459.2}{3\ 10^5} = 0.437\ m^3/kg$$

La potencia interna del compresor será:

$$N_{i_C} = \dot{m}_a\,(h_2 - h_1) = \dot{m}_a\,c_p\,(T_2 - T_1) = 0.368\ \ 1000\ (459.2 - 293) = 61.22\ kW$$

La temperatura a la salida del intercambiador, punto 3, es la temperatura del colector. La potencia térmica disipada en el intercambiador es:

$$N_{intercam} = \dot{m}_a\,(h_2 - h_3) = \dot{m}_a\,c_p\,(T_2 - T_3) = 0.368\ \ 1000\ \big(459.2 - (60 + 273)\big) = 46.49\ kW$$

e. Presión necesaria a la entrada de la turbina si la temperatura a la salida del motor es 500ºC. No despreciar la masa de combustible frente a la del aire.

En el punto 4 se tiene:

$$T_4 = 500\ °C = 773\ K$$

La potencia que genera la turbina es igual a la potencia del compresor:

$$N_{i_T}\,\eta_m = N_{i_C}$$

$$\left(\dot{m}_a + \dot{m}_f\right)(h_4 - h_5)\,\eta_m = N_{i_C}$$

$$\left(\dot{m}_a + \dot{m}_f\right)c_p\,(T_4 - T_5)\,\eta_m = N_{i_C}$$

$$T_5 = T_4 - \frac{N_{i_C}}{\left(\dot{m}_a + \dot{m}_f\right)c_p\,\eta_m} = 773 - \frac{61.22\ 10^3}{(0.368 + 0.013)\ 1000\ \ 0.95} = 604\ K$$

Con el rendimiento de la turbina, se obtiene la temperatura en el punto 5s:

$$\eta_T = \frac{h_4 - h_5}{h_4 - h_{5s}} = \frac{T_4 - T_5}{T_4 - T_{5s}}$$

$$T_{5s} = T_4 - \frac{T_4 - T_5}{\eta_T} = 773 - \frac{773 - 604}{0.85} = 895.35\ K$$

En la expansión isoentrópica, se puede utilizar la expresión de la evolución isoentrópica:

$$p_4 v_4^{\gamma} = p_{5s}\,v_{5s}^{\gamma}$$

$$p_4\left(\frac{R\,T_4}{p_4}\right)^{\gamma} = p_{5s}\left(\frac{R\,T_{5s}}{p_{5s}}\right)^{\gamma}$$

$$p_4^{1-\gamma}\,T_4^{\gamma} = p_{5s}^{1-\gamma}\,T_{5s}^{\gamma}$$

$$p_4 = p_{5s}\left(\frac{T_4}{T_{5s}}\right)^{\gamma/\gamma-1} = 1\left(\frac{773}{895.35}\right)^{1.4/1.4-1} = 2.83\,bar$$

21.2 Ciclo combinado con los tres motores térmicos

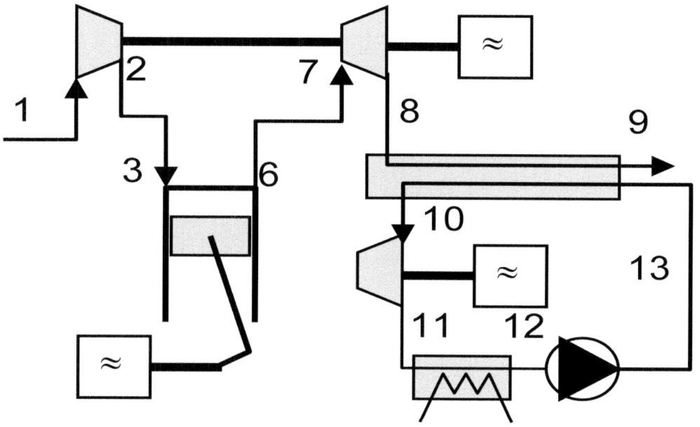

Un motor alternativo de 4T está conectado a una turbina de gas que le sirve de sistema de sobrealimentación y al mismo tiempo el motor hace de cámara de combustión de la turbina de gas. Los gases a la salida de la turbina de gas se utilizan para aportar calor a un ciclo de turbina de vapor.

El ciclo ideal de aire en el motor alternativo es de presión constante.

Los procesos de admisión y escape se consideran isotermos (T_2=T_3 y T_7=T_6), el punto 3 corresponde con el inicio de la compresión dentro del motor. La presión de entrada a la turbina es igual que la presión de salida del compresor (p_7=p_2).

El rendimiento isoentrópico en la bomba es la unidad.

No se desprecia la masa de combustible frente a la de aire.

Presión a la entrada de la turbina de vapor	100 bar
Presión a la salida de la turbina de vapor	1 bar
Relación de compresión en el compresor de gas P_2/P_1	4
Rendimiento isoentrópico del compresor	0.85
Rendimiento isoentrópico turbinas de gas y de vapor	0.9
Relación de compresión volumétrica del motor alternativo $(V_D + V_{cc})/V_{cc}$	12
Temperatura de salida de los gases del intercambiador	310°C
Rendimiento volumétrico del motor	0.9
Parámetro C del rendimiento volumétrico	1
Dosado relativo motor	0.5
Temperatura de entrada a la turbina de vapor	450°C
Pérdida de carga en el intercambiador, lado gas	0.5 bar

c_p=1000 J/kg/K, R=287 J/kg/K, H_c=38 MJ/kg, F_e= 1/15, p_{amb}=1bar, T_{amb}=20°C

a. Calcular las propiedades de los puntos del ciclo tanto del gas como del vapor (los puntos 3, 4, 5 y 6 corresponden al ciclo a presión constante en el MCIA).
b. Calcular el trabajo específico indicado que se obtiene en el motor alternativo, en la turbina de gas y en la turbina de vapor.
c. Calcular la relación entre el gasto másico que pasa por el motor y el que pasa por la turbina de vapor. Calcular también la relación de potencias $(N_{i_{MCIA}} + N_{i_{TG}})/N_{i_{TV}}$.
d. Si la cilindrada del motor alternativo es de 2000 litros y gira a 750 rpm, calcular las potencias indicadas de cada máquina, la potencia total de la instalación y los gastos másicos de gas y de vapor.

Punto	Título de vapor	Presión abs (bar)	Temperatura (°C)	Entalpía (kJ/kg)	Entropía kJ/kg/K	Volumen dm3/kg
A	0,5	100	311	2068	4,49	9,75
B	V	100	450	3244	6,42	29,7
C	0,84	1	99,5	2327	6,42	1432,3
D	0,0	1	99,5	417	1,30	1,04
E	L	100	100,3	429	1,30	1,04

b) w_{TG}=105.43 kJ/kg (aire), w_{MCIA}=711.35 kJ/kg (aire), w_{TV}=813.3 kJ/kg (vapor)
c) $\dot{m}_a/\dot{m}_v$=7.73 kg(aire)/kg(vapor), (Ne_{TG}+Ne_{MCIA})/Ne_{TV}=7.76
d) $\dot{m}_a$=33.98 kg/s, $\dot{m}_v$=4.39 kg/s, Ne_{MCIA}=24.17 MW, Ne_{TG}=3.58 MW, Ne_{TV}=3.57 MW

RESOLUCIÓN

a. Calcular las propiedades de los puntos del ciclo tanto del gas como del vapor (los puntos 3, 4, 5 y 6 corresponden al ciclo a presión constante en el MCIA).

CICLO DE GAS:
Compresor:
Pto1

$$p_1 = p_{amb} = 1\ bar$$

$$T_1 = T_{amb} = 20\ °C = 293\ K$$

$$v_1 = \frac{R\ T_1}{p_1} = \frac{287\ \ 293}{1\ 10^5} = 0.84\ m^3/kg$$

Pto2s y pto2

$$r_c = \frac{p_2}{p_1}$$

$$p_2 = r_c\ p_1 = 4\ \ 1 = 4\ bar = p_{2s}$$

En la compresión isoentrópica en el compresor se puede aplicar la ecuación de la evolución isoentrópica:

$$T_{2s} = T_1\left(\frac{p_{2s}}{p_1}\right)^{\gamma-1/\gamma} = T_1\ r_c^{\ \gamma-1/\gamma} = 293\ \ 4^{1.4-1/1.4} = 436.4\ K$$

$$\gamma = \frac{c_p}{c_v} = \frac{c_p}{c_p - R} = \frac{1000}{1000 - 287} = 1.4$$

Con el rendimiento isoentrópico del compresor, suponiendo gas perfecto:

$$\eta_C = \frac{h_{2s} - h_1}{h_2 - h_1} = \frac{T_{2s} - T_1}{T_2 - T_1}$$

$$T_2 = T_1 + \frac{T_{2s} - T_1}{\eta_C} = 293 + \frac{436.4 - 293}{0.85} = 461.4\ K$$

$$v_2 = \frac{R\,T_2}{p_2} = \frac{287\ \ 461.4}{4\ 10^5} = 0.331\ m^3/kg$$

Motor de combustión interna

Se supone que el ciclo ideal que mejor se aproxima a este motor es un ciclo con combustión a presión constante

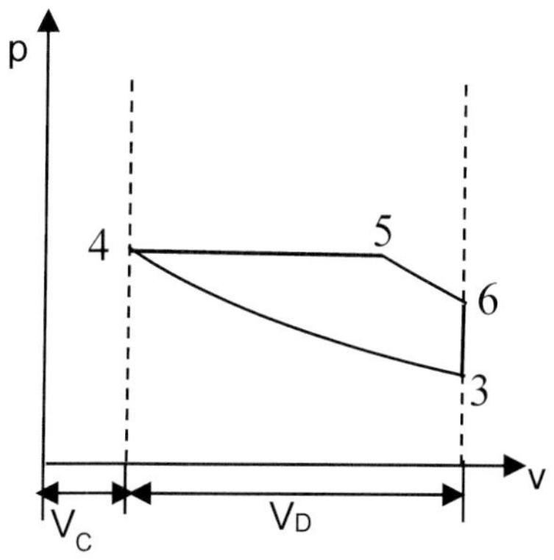

Pto3

La temperatura y presión en el punto 3 será la temperatura y la presión que hay dentro del motor cuando cierra la válvula de admisión, en el inicio de la compresión. La temperatura se supone que es la temperatura que hay en el colector de admisión, es decir en el punto 2, puesto que se considera que el proceso de admisión es isotermo, y la presión disminuirá al pasar por la válvula de admisión, y lo hará con el rendimiento volumétrico.

$$T_3 = T_2 = 461.4\ K$$

$$p_3 = p_2\ \eta_v = 4\ \ 0.9 = 3.6\ bar$$

$$v_3 = \frac{R\,T_3}{p_3} = \frac{287\ 461.4}{3.6\ 10^5} = 0.3678\ m^3/kg$$

Pto4

$$r = \frac{v_3}{v_4}$$

$$v_4 = \frac{v_3}{r} = \frac{0.3678}{12} = 0.0306\ m^3/kg$$

En el proceso de compresión isoentrópica desde el punto 3 al punto 4:

$$p_3\, v_3^{\gamma} = p_4\, v_4^{\gamma}$$

$$p_4 = p_3 \left(\frac{v_3}{v_4}\right)^{\gamma} = p_3\, r^{\gamma} = 3.6\ \ 12^{1.4} = 117.45\ bar$$

$$T_4 = \frac{p_4\, v_4}{R} = \frac{117.45\ 10^5\ 0.0306}{287} = 1254.61\ K$$

Pto5

$$p_5 = p_4 = 117.45\ bar$$

$$q_{4-5} = q_{combustion} = \frac{m_{fcc} H_c}{m_{acc} + m_{fcc}} = \frac{F}{1+F}\ H_c = \frac{0.0333}{1+0.0333} 38\ 10^6 = 1225.8\ kJ/kg$$

$$F = F_r\, F_e = 0.5\ \ \frac{1}{15} = 0.0333$$

$$q_{4-5} = c_p (T_5 - T_4)$$

$$T_5 = T_4 + \frac{q_{4-5}}{c_p} = 1254.6 + \frac{1225.8}{1} = 2480.4\ K$$

$$v_5 = \frac{R\, T_5}{p_5} = \frac{287\ \ 2480.4}{117.45\ 10^5} = 0.0606\ m^3/kg$$

Pto6

$$v_6 = v_3 = 0.3678\ m^3/kg$$

$$p_5\, v_5^{\gamma} = p_6\, v_6^{\gamma}$$

$$p_6 = p_5 \left(\frac{v_5}{v_6}\right)^{\gamma} = 117.45 \left(\frac{0.0606}{0.3678}\right)^{1.4} = 9.36\ bar$$

$$T_6 = \frac{p_6\, v_6}{R} = \frac{9.36\ 10^5\ 0.3678}{287} = 1200.3\ K$$

Turbina

Pto7

$$p_7 = p_2 = 4\ bar$$

$$T_7 = T_6 = 1200.3\ K$$

$$v_7 = \frac{R\, T_7}{p_7} = \frac{287\ \ 1200.3}{4\ 10^5} = 0.8612\ m^3/kg$$

Pto8s

$$p_{8s} = p_8 = p_{amb} + pérdidas\ de\ carga = 1 + 0.5 = 1.5\ bar$$

$$T_{8s} = T_7 \left(\frac{p_{8s}}{p_7}\right)^{\gamma-1/\gamma} = 1200.3 \left(\frac{1.5}{4}\right)^{1.4-1/1.4} = 905.8\ K$$

Pto8

$$\eta_T = \frac{h_7 - h_8}{h_7 - h_{8s}}$$

$$T_8 = T_7 - (T_7 - T_{8s})\ \eta_T = 1200.3 - (1200.3 - 905.8)\ 0.9 = 935.2\ K$$

$$v_8 = \frac{R\,T_8}{p_8} = \frac{287\ 935.2}{1.5\ 10^5} = 1.79\ m^3/kg$$

Pto9

$$p_9 = p_{amb} = 1\ bar$$
$$T_9 = 310\ °C = 583\ K$$

CICLO DE VAPOR
Pto10: Pto B de la tabla

$$p_{10} = 100\ bar$$
$$T_{10} = 450 + 273 = 723\ K$$
$$h_{10} = 3244\ kJ/kg$$

Pto11s: Pto C

$$p_{11s} = 1\ bar$$
$$T_{11s} = 99.5 + 273 = 372.5\ K$$
$$h_{11s} = 2327\ kJ/kg$$

Pto11

$$p_{11} = 100\ bar$$
$$\eta_T = \frac{h_{10} - h_{11}}{h_{10} - h_{11s}}$$
$$h_{11} = h_{10} - (h_{10} - h_{11s})\eta_T = 3244 - (3244 - 2327)\ 0.9 = 2418.7\ kJ/kg$$

Pto12: Pto D

$$p_{12} = 1\ bar$$
$$T_{12} = 99.5 + 273 = 417\ K$$
$$h_{12} = 417\ kJ/kg$$

Pto13: Pto L

$$p_{13} = 100\ bar$$
$$T_{13} = 100.3 + 273 = 373.3\ K$$
$$h_{13} = 429\ kJ/kg$$

b. Calcular el trabajo específico que se obtiene en el motor alternativo, en la turbina de gas y en la turbina de vapor.

El trabajo específico que se obtiene en el motor alternativo se calcula como el trabajo indicado obtenido en el ciclo de presión constante:

$$w_{exp_1} = F\ H_c + c_v\ T_4 - c_v\ (1 + F)T_5$$
$$w_{exp_1} = 0.0333\ 38\ 10^3 + 713\ 10^{-3}\ 1254.6\ +\ 713\ 10^{-3}\ (1 + 0.0333)2480.4 = 333.71\ kJ/kg$$
$$w_{exp_2} = (1 + F)\ c_v(T_5 - T_6) = 713\ (2722.7 - 1274) = 943.16\ kJ/kg$$
$$c_v = c_p - R = 1000 - 287 = 713\ J/kgK$$
$$w_{comp} = c_v\ (T_4 - T_3) = 713\ (1254.6 - 461.4) = 565.53\ kJ/kg$$
$$w_{i_{MCIA}} = w_{exp_1} + w_{exp_2} - w_{comp} = 333.71 + 943.16 - 565.53 = 711.35\ kJ/kg$$

El trabajo indicado de la turbina de gas:

$$w_{\mathrm{T}} = h_7 - h_8 = c_p\,(T_7 - T_8) = 1\,(1200.3 - 935.2) = 265\,kJ/kg)$$

$$w_{\mathrm{C}} = h_2 - h_1 = c_p\,(T_2 - T_1) = 1\,\,(461.4 - 293) = 168.42\,kJ/kg)$$

$$w_{i_{TG}} = (1 + F)\,w_{\mathrm{T}} - w_{\mathrm{C}} = (1 + 0.0333)\,265 - 168.42 = 105.43\,kJ/kg$$

El trabajo indicado de la turbina de vapor:

$$w_{\mathrm{T}} = h_{10} - h_{11} = 3244 - 2418.7 = 825.3\,kJ/kg)$$

$$w_{\mathrm{B}} = h_{13} - h_{12} = 429 - 417 = 12\,kJ/kg$$

$$w_{i_{TV}} = w_{\mathrm{T}} - w_{\mathrm{B}} = 813.3\,kJ/kg$$

c. Calcular la relación entre el gasto másico por el motor y por la turbina de vapor. Calcular también la relación de potencias (Ni_{MCIA}+Ni_{TG})/Ni_{TV}.

Haciendo un balance de energía en el intercambiador de la TV:

$$(\dot{m}_a + \dot{m}_f)(h_8 - h_9) = \dot{m}_v(h_{10} - h_{13})$$

$$\dot{m}_a(1 + F)(h_8 - h_9) = \dot{m}_v(h_{10} - h_{13})$$

$$\frac{\dot{m}_a}{\dot{m}_v} = \frac{h_{10} - h_{13}}{(1 + F)(h_8 - h_9)} = \frac{3244 - 429}{(1 + 0.0333)\,\,1\,(935.2 - 583)} = 7.73$$

La relación de potencias:

$$N_{i_{MCIA}} = \dot{m}_a\,w_{exp_1} + \dot{m}_a\,w_{exp_2} - \dot{m}_a\,w_{\mathrm{comp}} = \dot{m}_a\left[w_{exp_1} + w_{exp_2} - w_{\mathrm{comp}}\right] = \dot{m}_a w_{i_{MCIA}}$$

$$N_{i_{TG}} = \dot{m}_a\,w_{\mathrm{T}} - \dot{m}_a\,w_{\mathrm{C}} = \dot{m}_a\,\,w_{i_{TG}}$$

$$N_{i_{TV}} = \dot{m}_v\,(w_{\mathrm{T}} - w_{\mathrm{B}}) = \dot{m}_v w_{i_{TV}}$$

$$\frac{N_{i_{MCIA}} + N_{i_{TG}}}{N_{i_{TV}}} = \frac{\dot{m}_a w_{i_{MCIA}} + \dot{m}_a\,w_{i_{TG}}}{\dot{m}_v w_{i_{TV}}} = \frac{\dot{m}_a}{\dot{m}_v}\,\frac{w_{i_{MCIA}} + w_{i_{TG}}}{w_{i_{TV}}}$$

$$\frac{N_{i_{MCIA}} + N_{i_{TG}}}{N_{i_{TV}}} = 7.73\,\frac{711.35 + 105.43}{813.3} = 7.76$$

d. Si la cilindrada del motor alternativo es de 2000 litros y gira a 750 rpm, calcular las potencias indicadas de cada máquina, la potencia total de la instalación y los gastos másicos de gas y de vapor.

Para calcular las potencias se necesita calcular previamente los gastos de aire y de vapor.

$$\dot{m}_a = \rho_a\,V_T\,n\,i$$

Se toma la densidad del aire del punto 3, que es la que hay ya dentro del motor:

$$\rho_3 = \frac{1}{v_3} = \frac{1}{0.395} = 2.53\,kg/m^3$$

$$\dot{m}_a = 2.53\,\,2000\,10^{-3}\,\,\frac{750}{60}\,\frac{1}{2} = 33.98\,\,kg/s$$

$$N_{i_{MCIA}} = \dot{m}_a w_{i_{MCIA}} = 33.98\,\,711.35 = 24.17\,MW$$

$$N_{i_{TG}} = \dot{m}_a\,w_{i_{TG}} = 33.98\,\,105.43 = 3.58\,MW$$

$$\frac{\dot{m}_a}{\dot{m}_v} = 7.73$$

$$\dot{m}_v = \frac{\dot{m}_a}{7.73} = \frac{28.5}{7.73} = 4.39\ kg/s$$

$$N_{i_{TV}} = \dot{m}_v\ w_{i_{TV}} = 4.39\ \ 813.3 = 3.57\ MW$$

Potencia total de la instalación:

$$N_{i_{total}} = N_{i_{MCIA}} + N_{i_{TG}} + N_{i_{TV}} = 24.17 + 3.58 + 3.57 = 31.32\ MW$$

21.3 Motor muy sobrealimentado

Se pretende aumentar la potencia especifica de un M.C.I.A. de 4T sobrealimentándolo con una doble etapa de compresión con refrigeración después de cada etapa de compresión. Los compresores están accionados con una única turbina que aprovecha los gases de escape del motor.

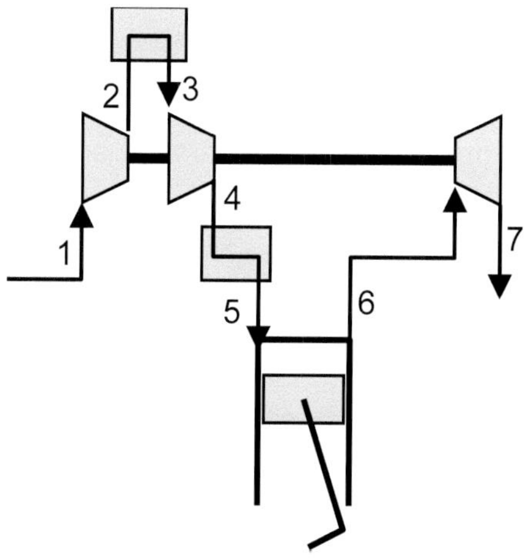

- Temperatura de salida de los refrigeradores de aire 50°C.
- Temperatura ambiente 20°C.
- Presión ambiente 1 bar.
- No hay pérdidas de carga en los intercambiadores.
- Relación de compresión de cada compresor 1.5.
- Rendimiento isoentrópico de los compresores 0.75.
- Rendimiento isoentrópico de la turbina 0.8.
- Rendimiento mecánico del conjunto 0.95.
- Dosado relativo de funcionamiento del motor 0.7.
- Rendimiento efectivo del motor 0.4.
- Relación entre el calor cedido al refrigerante y el trabajo obtenido Q_r/Q_N=0.8, el resto de la energía se va por el escape (esto vale para calcular la temperatura de escape).
- Rendimiento volumétrico 0.9.
- Volumen desplazado por el motor 1000cc.
- Régimen de giro del motor 4000 rpm.

Calcular:

- **a.** Trabajo específico necesario para accionar cada compresor.
- **b.** Energía térmica específica cedida en cada refrigerador.
- **c.** Presión media efectiva del motor.
- **d.** Gasto másico de aire y de combustible y potencia del motor.
- **e.** Relación de expansión en la turbina y presión necesaria a la salida del motor para que la turbina pueda accionar los compresores.

F_e=1/15, H_c= 39 MJ/kg, R=287 J/kg/K vale para gases de escape y admisión, c_p =1000 J/kg/K

- a) w_{c1} = 48.2 kJ/kg, w_{c2} = 53.1 kJ/kg
- b) q_{r1} = 18.21 kJ/kg, q_{r2} = 53.15 kJ/kg
- c) pme = 15.9 bar
- d) $\dot{m}_a$= 0.0728 kg/s, $\dot{m}_f$= 3.4 g/s, Ne = 53 kW
- e) p_6 = 1.6 bar

RESOLUCIÓN

Primero se calculan las propiedades termodinámicas en todos los puntos.
Pto1

$$p_1 = p_{amb} = 1\ bar$$

$$T_1 = T_{amb} = 20 + 273 = 293\ K$$

Pto2s

$$p_{2s} = r_c\, p_1 = 1.5\ \ 1 = 1.5\ bar$$

$$T_{2s} = T_1 \left(\frac{p_{2s}}{p_1}\right)^{\gamma-1/\gamma} = T_1\, r_c^{\ \gamma-1/\gamma} = 293\ 1.5^{1.4-1/1.4} = 329.15\ K$$

$$\gamma = \frac{c_p}{c_p - R} = \frac{1000}{1000 - 287} = 1.4$$

Pto2

$$p_2 = p_{2s} = 1.5\ bar$$

$$\eta_C = \frac{h_{2s} - h_1}{h_2 - h_1} = \frac{T_{2s} - T_1}{T_2 - T_1}$$

$$T_2 = T_1 + \frac{T_{2s} - T_1}{\eta_C} = 293 + \frac{329.15 - 293}{0.75} = 341.2\ K$$

Pto3

$$T_3 = 50\ °C = 323\ K$$

Como no hay pérdidas de carga en los refrigeradores, ε_{ref}=0

$$p_3 = p_2\left(1 - \varepsilon_{ref}\right) = p_2 = 1.5\ bar$$

Pto4s

$$p_{4s} = r_c\, p_3 = 1.5\ \ 1.5 = 2.25\ bar$$

$$T_{4s} = T_3\left(\frac{p_{4s}}{p_3}\right)^{\gamma-1/\gamma} = T_3\, r_c^{\ \gamma-1/\gamma} = 323\ 1.5^{1.4-1/1.4} = 362.8\ K$$

Pto4

$$T_4 = T_3 + \frac{T_{4s} - T_3}{\eta_C} = 323 + \frac{362.8 - 323}{0.75} = 376.15\ K$$

Pto5

$$T_5 = 50\ °C = 323\ K$$

Como no hay pérdidas de carga en los refrigeradores, ε_{ref}=0

$$p_5 = p_4\left(1 - \varepsilon_{ref}\right) = p_4 = 2.25\ bar$$

Pto6

Es la salida del motor. La temperatura en este punto se puede calcular planteando que la potencia del combustible se transforma en potencia en el cigüeñal más potencia cedida al refrigerante más potencia cedida en los gases de escape:

Siendo N_{ref}/N_e =0.8

$$\dot{m}_f\, H_c = N_e + N_{ref} + N_{esc} = N_e + 0.8\, N_e + N_{esc}$$

$$\frac{N_e}{\eta_e} = 1.8\, N_e + N_{esc}$$

$$N_{esc} = N_e\left(\frac{1}{\eta_e} - 1.8\right)$$

$$N_e = \dot{m}_f\, H_c\, \eta_e = F_r\, F_e\, \dot{m}_a\, H_c\, \eta_e = F_r\, F_e\, C\, \eta_v\, \rho_{a\ ref}\, V_T\, n\, i\, H_c\, \eta_e$$

$$\rho_{a\_ref} = \frac{p_5}{R\, T_5} = \frac{2.25\ 10^5}{287\ \ 323} = 2.42\ kg/m^3$$

$$N_e = 0.7\ \ \frac{1}{15}\ 1\ \ 0.9\ \ 2.42\ \ 1000\ 10^{-6}\ \frac{4000}{60}\ \frac{1}{2}\ 39\ 10^6\ 0.4 = 53\ kW$$

$$N_{esc} = N_e\left(\frac{1}{\eta_e} - 1.8\right) = 53\ \left(\frac{1}{0.4} - 1.8\right) = 37.1\ kW$$

Por otro lado, la potencia cedida en el escape se puede expresar como:

$$N_{esc} = \left(\dot{m}_a + \dot{m}_f\right)\left(h_6 - h_{amb}\right) = \left(\dot{m}_a + \dot{m}_f\right) c_p\, \left(T_6 - T_{amb}\right)$$

$$T_6 = T_{amb} + \frac{N_{esc}}{\left(\dot{m}_a + \dot{m}_f\right) c_p}$$

El gasto de aire se calcula con el rendimiento volumétrico:

$$\eta_v = \frac{1}{C} \frac{\dot{m}_a}{\rho_{a\_ref}\, V_T\, n\, i}$$

$$\dot{m}_a = C\, \eta_v\, \rho_{a\_ref}\, V_T\, n\, i = 1\ \ 0.9\ \ 2.42\ 1000\ 10^{-6}\ \frac{4000}{60}\ \frac{1}{2} = 0.0728\ kg/s$$

$$\dot{m}_f = F\, \dot{m}_a = F_r\, F_e\, 0.0728 = 0.0034\ kg/s$$

$$T_6 = T_{amb} + \frac{N_{esc}}{\left(\dot{m}_a + \dot{m}_f\right) c_p} = 293 + \frac{37.1\ 10^3}{(0.0728 + 0.0034)1000} = 988.5\ K$$

Para calcular la presión en el punto 6 hay que calcular primero las condiciones termodinámicas de los puntos 7 y 7s.

Pto7

$$p_7 = p_{amb} = 1\ bar$$

Para calcular la temperatura en el punto 6, se hace un balance de potencias entre la turbina y los dos compresores:

$$N_{e_T} = N_{e_{C1}} + N_{e_{C2}}$$

$$\left(\dot{m}_a + \dot{m}_f\right)(h_6 - h_7)\, \eta_m = \dot{m}_a(h_2 - h_1) + \dot{m}_a(h_4 - h_3)$$

$$(1 + \mathrm{F})\,(T_6 - T_7)\, \eta_m = (T_2 - T_1) + (T_4 - T_3)$$

$$T_7 = T_6 - \frac{(T_2 - T_1) + (T_4 - T_3)}{(1 + F_r\, F_e)\, \eta_m} = 988.5 - \frac{341.2 - 293 + 376.1 - 323}{\left(1 + 0.7\ \frac{1}{15}\right)\ 0.95} = 886.6\ K$$

Pto7s

$$p_{7s} = p_7 = p_{amb} = 1\ bar$$

$$\eta_T = \frac{h_6 - h_7}{h_6 - h_{7s}}$$

$$T_{7s} = T_6 - \frac{T_6 - T_7}{\eta_T} = 988.5 - \frac{988.5 - 886.6}{0.8} = 861.1\ K$$

En la evolución isoentrópica desde el punto 6 al 7s:

$$p_6 = p_{7s}\left(\frac{T_6}{T_{7s}}\right)^{\gamma/\gamma-1} = 1\left(\frac{988.6}{T_{7s}}\right)^{\gamma/\gamma-1} = 1.61\ bar$$

a. Trabajo específico necesario para accionar cada compresor.

$$w_{C1} = h_2 - h_1 = c_p\,(T_2 - T_1) = 1\ \ (341.2 - 293) = 48.2\ kJ/kg$$

$$w_{C2} = h_4 - h_3 = c_p\,(T_4 - T_3) = 1\ \ (376.1 - 323) = 53.15\ kJ/kg$$

b. Energía térmica específica cedida en cada refrigerador.

$$q_{23} = (h_2 - h_3) = c_p\,(T_2 - T_3) = 1\,(341.2 - 323) = 18.21\,kJ/kg$$

$$q_{45} = (h_4 - h_5) = c_p\,(T_4 - T_5) = 1\,(362.8 - 323) = 53.1\,kJ/kg$$

c. Presión media efectiva del motor.

$$pme = \frac{N_e}{V_T\,n\,i} = \frac{53\;10^3}{1000\;10^{-6}\,\frac{4000}{60}\frac{1}{2}} = 15.9\,bar$$

d. Gasto másico de aire y de combustible y potencia del motor.

La potencia del motor se calculó en el apartado anterior $N_e = 53\,kW$

$$\dot{m}_a = \eta_v\,\rho_{a\_ref}\,V_T\,n\,i = 0.9\;2.42\;\;1000\;10^{-6}\,\frac{4000}{60}\frac{1}{2} = 0.0728\,kg/s$$

$$\dot{m}_f = F\,\dot{m}_a = F_r\,F_e\,\dot{m}_a = 0.7\,\frac{1}{15}\,0.0728 = 0.0034\,kg/s$$

e. Relación de expansión en la turbina y presión necesaria a la salida del motor para que la turbina pueda accionar los compresores.

La presión a la salida del motor es la en el punto 6, que se calculó anteriormente $p_6 = 1.61\,bar$

La relación de expansión es:

$$r_e = \frac{p_6}{p_7} = \frac{1.61}{1} = 1.61$$